AI Agent 开发实战

MCP+A2A+LangGraph 驱动的智能体全流程开发

邢云阳 著

人 民 邮 电 出 版 社

北 京

图书在版编目（CIP）数据

AI Agent 开发实战 : MCP+A2A+LangGraph 驱动的智能体全流程开发 / 邢云阳著. -- 北京 : 人民邮电出版社, 2025. -- ISBN 978-7-115-68202-4

Ⅰ. TP18

中国国家版本馆 CIP 数据核字第 2025NM2415 号

内 容 提 要

本书从基础理论到工程实践系统讲解 AI Agent 的开发，共 7 章。

第 1～3 章介绍 AI Agent 开发需要具备的基础知识，包括 AI 应用开发快速入门、大模型私有化部署的 3 种主流方案，以及模型微调与蒸馏。第 4～7 章涵盖 4 个 AI Agent 开发项目，包括基于 MCP 打造 AI 求职助手、基于平台化开发思想实现 AI 版“作业帮”、基于 LangGraph 打造智能编程助手，以及基于 A2A 打造多 Agent 金融项目，每章均配有代码示例与实操步骤。

本书既适合希望向 AI 应用开发领域转型的传统软件开发工程师阅读，也适合有一定 AI 开发经验并希望提升实战能力的技术人员阅读。

◆ 著　　　　邢云阳
　责任编辑　贾　静
　责任印制　王　郁　胡　南

◆ 人民邮电出版社出版发行　　北京市丰台区成寿寺路 11 号
　邮编　100164　　电子邮件　315@ptpress.com.cn
　网址　https://www.ptpress.com.cn
　大厂回族自治县聚鑫印刷有限责任公司印刷

◆ 开本：800×1000　1/16
　印张：20.75　　　　2025 年 10 月第 1 版
　字数：452 千字　　　2025 年 10 月河北第 1 次印刷

定价：99.80 元

读者服务热线：(010) 81055410　印装质量热线：(010) 81055316

反盗版热线：(010) 81055315

前言

2025 年是国内 AI Agent 应用蓬勃兴起并广泛落地的元年。新年伊始，性能比肩 OpenAI GPT 系列模型的 DeepSeek 模型火爆推出，为 AI 应用开发奠定了坚实的基础。

到了 3 月，随着 Manus 登上央视新闻，Agent 工具标准化协议——模型上下文协议（Model Context Protocol，MCP）开始受到广泛关注。包括百度、腾讯在内的各大互联网公司纷纷在其产品中引入 MCP，如百度地图 MCP 等。而 4 月谷歌发布的 A2A（Agent-to-Agent）协议，则为多 Agent 间的互联互通提供了标准化解决方案。

这一系列技术突破与生态演进，将 AI 应用带入了一个全新的发展阶段。Agent 不再只是小范围试点的 Demo，而是逐步走向实际业务场景成为推动产业智能化的重要力量。而回顾我与 AI 应用开发的结缘，其实早在几年前便已悄然开始。

我在 AI 应用开发领域的探索，可以追溯到 OpenAI GPT 刚刚问世的时候。那时，LangChain、Agent、RAG 等概念尚未成熟，开发者们只能依靠提示词工程（Prompt Engineering）这一相对原始的方式，尝试让大模型完成传统应用程序难以实现的任务。例如，我曾尝试使用 AI 重构 Kubernetes 管理系统，让用户能够通过自然语言指令而非复杂的图形界面来操作资源。具体做法是，预设 API 模板，由大模型根据用户的输入填充参数，生成可执行的接口请求。例如，当 API 模板为 `GET/v1/{resourceName}/{Namespace}`时，若用户输入“请帮我查询 `default` 命名空间下的 `pods` 列表”，AI 将解析并填充为 `GET /v1/pods/default`，经前端调用后完成数据查询。

尽管这种方法在当时颇具创新性，但随着 Function Calling 和 Agent 技术的应用，逐渐被更高效、更智能的方式所取代。类似的案例还有很多，因此 AI 开发者们始终在技术迭代中摸爬滚打、持续前行。

鉴于此，我将个人的开发经验汇编成书，旨在为广大传统软件开发领域的工程师提供进入 AI 领域的切入点，加速对 AI 应用开发相关知识的掌握，少走弯路，实现快速转型与能力提升。

为什么选择 AI Agent 作为主线

选择 AI Agent 作为本书的主线，主要是因为它代表了当前 AI 应用发展的核心趋势。AI Agent 不仅仅是被动回答问题的工具，而是具备自主思考、规划、行动和反馈能力的实体，能够在复杂系统流程中扮演“助手”“分析师”“程序员”等多种角色，实现真正意义上的嵌入式智能应用。

在过去的两年时间里，AI Agent 开发面临一系列的挑战。

在模型层面，尽管商业大模型提供了强大的功能，但出于数据隐私与安全性考虑，许多企业无法在实际业务中使用这些模型；开源模型虽然可以解决部分隐私问题，但其效果难以符合复杂应用场景的要求。

在标准层面，AI 应用开发缺乏统一标准，导致工具调用方式多样、资源访问接口不一致，限制了工具或 Agent 间的互操作性与集成效率，使得开发者不得不重复“造轮子”。

在框架层面，AI 开发框架层出不穷，开发者在面对众多选项时往往感到困惑。高度抽象封装的框架虽简化了开发过程，但也隐藏了底层逻辑，影响了初学者对技术的深入理解，限制了他们在具体业务场景中的灵活应用与创新能力。

然而，随着 DeepSeek、Qwen3 等先进模型的开源，以及 MCP、A2A 协议等标准化解决方案的推出，上述挑战的应对方案也陆续出现。这不仅促进了多 Agent 之间的互联互通，还为传统软件开发者提供了理想的切入点，帮助他们快速上手 AI 应用开发，从而实现从传统软件开发到 AI 应用开发领域的有效转型。

本书的读者对象

本书主要面向希望转型到 AI 应用开发领域的传统软件开发工程师。无论读者是从事前端开发还是后端开发，均可通过系统学习本书，顺利实现从传统开发模式向 AI 应用开发的过渡与转型。

对于具备一定 AI 应用开发经验的工程师而言，本书不仅有助于他们紧跟技术发展趋势、查漏补缺，还能深入理解 AI Agent 开发的底层原理，掌握主流云厂商在模型私有化部署方面的实践经验。同时，通过 4 个各具特色的 Agent 实战项目，读者将熟悉当前主流的 AI 应用开发工具与方法论，并掌握 MCP、LangGraph 等前沿技术。

对于没有 AI 应用开发经验的工程师，本书提供了一条高效、系统的入门路径，能够帮助读者跳过过去两到三年 AI 应用开发领域的探索与试错过程，直接接触并掌握目前国内非常核心、非常前沿的 AI 应用开发技术、框架与理论体系，实现快速上手与“弯道超车”，为顺利进入 AI 应用开发领域打下坚实基础。

学完本书的收获

通过阅读本书，读者将有以下几方面的收获。

- 全面了解 AI Agent 的基本概念与原理：从理论到实践，深入理解 Agent 的工作原理及其在不同领域中的应用。
- 掌握 Agent 开发的核心技能：包括大模型私有化部署、模型微调与蒸馏、MCP、平台化开发思想、多模态模型、LangGraph、A2A 等 AI 应用开发技术与框架。
- 动手实操经验：每章都配有详细的步骤说明和代码示例，确保读者能边学边做，逐步积累实战经验。同时，针对书中的重点和难点部分，还配套了视频，帮助读者理解与吸收。
- 解决实际问题的能力：通过 4 个实战项目，学会如何利用 Agent 解决实际业务中的复杂问题。

围绕 AI Agent 展开，直面实战难题

本书以 AI Agent 开发为主线，系统讲解当前主流的 AI 应用开发思想与技术栈，特别强调在动手实践的过程中掌握 AI 应用开发精髓。全书共 7 章，涵盖 AI Agent 开发从入门到进阶的相关内容。

第 1 章：AI 应用开发快速入门。本章介绍 AI Agent 开发的基本理念和技术手段，包括作为“应用级”程序员应如何快速切入 AI 应用开发领域、Function Calling 的核心机制，以及如何在不依赖任何框架的情况下实现一个完整的 ReAct Agent。

第 2 章：大模型私有化部署的 3 种主流方案。本章聚焦模型部署，以 DeepSeek 模型的部署为例，介绍在不同硬件环境（GPU 集群、Kubernetes 分布式环境、无 GPU 的服务器）下的部署方法，涵盖 Ollama、Higress、vLLM、Ray、llama.cpp 等工具，解决不同场景下的模型私有化部署等难题。

第 3 章：模型微调与蒸馏。本章介绍如何通过 LLaMA-Factory 对模型进行一站式微调，并实践将 DeepSeek R1 微调成特定任务模型（如新闻分类器）。同时，本章还将深入讲解模型蒸馏技术，并实践蒸馏出一个自定义的 DeepSeek-R1-Distill-Qwen2.5-7B 模型。

第 4 章：基于 MCP 打造 AI 求职助手。本章设计并实现一个基于 MCP 的 AI 求职助手，具备抓取岗位数据、人岗智能匹配、简历浓缩和简历完善等功能，并引入 RAG 技术，提升信息处理能力。

第 5 章：基于平台化开发思想实现 AI 版“作业帮”。本章使用平台化开发思想，通过零代码构建 Agent 和工作流系统的方式，实现 AI 版“作业帮”。这个项目支持使用视觉大模型识别试卷题目，并使用 DeepSeek、QwQ 等 LLM 进行题目的解答与校验。同时，引入 RAG 技术并构建题库，以提高题目解答能力。如遇到题目解答出现错误的场景，还支持自动通过飞书发送

通知消息。

第 6 章：基于 LangGraph 打造智能编程助手。本章利用 DeepSeek 出色的代码能力，以及热门的 AI 应用开发框架 LangGraph、RAG 技术等打造一个智能编程助手，让 AI 生成固定风格的项目代码。

第 7 章：基于 A2A 打造多 Agent 金融项目。本章通过边学股票知识边实战的方式，探索 LangGraph、A2A 和 Agent 计划模式等技术在股票数据分析等领域的应用。

未来的 AI 世界，已经悄然展开。让我们以技术的力量拥抱变革，踏上这场充满无限可能的科技征程。

配套资源

为方便读者学习，本书提供以下配套资源。

- 配套源代码：可访问 https://github.com/xingyunyang01/AIAgent 获取，也可访问本书在“异步社区”网站对应页面下载。
- 配套视频：可访问本书在“异步社区”网站对应页面，免费兑换观看。
- 配套图片文件：本书的思维导图及书内图片，可访问本书在“异步社区”网站对应页面下载。

致谢

一本书的诞生，不仅是一个人的思考与努力，更是一群人在背后默默支持的结果。

首先，我要衷心感谢我的家人。我的父母及爱人始终给予我坚定的支持与理解，正是他们承担起了“后援”的角色，才让我能够安心写作，有充足的时间和精力去打磨每一个细节。这本书的背后，有他们无声却温暖的陪伴。

同时，我也要感谢极客时间的王冬青与赵宇新，感谢你们在内容策划与呈现方式上给予的宝贵建议，为本书注入了更多灵感与思路。还要感谢人民邮电出版社的贾静，在整个成书过程中给予持续的鼓励和细致的帮助，让本书得以顺利面世。

最后，感谢每一位愿意翻开本书、花时间阅读与思考的读者，但愿本书能为你带来一些启发与价值。

邢云阳
2025 年 6 月 20 日

目录

第1章 AI应用开发快速入门

随着 DeepSeek 的 R1 和 V3 两款模型的现象级突破，其通过高性价比训练路径打造高性能模型的技术实践，不仅推动了国内 LLM 技术的代际跃迁，更促进了 AI 应用开发的爆发式增长。2025 年 3 月发布的 Manus 平台、2025 年 4 月发布的扣子空间，均在业内引发高度关注。在此背景下，具备传统应用层开发经验的“应用级”程序员，选择以 AI 应用开发为切入点入局 AI 赛道，是上佳之选。

本章将通过技术原理解析与动手实践相结合的方式，帮助读者构建 AI 应用开发的知识体系，并快速入门 AI 应用开发。

本章主要知识点如下：

- DeepSeek 简介；
- 零框架实现 Function Calling；
- Agent 常用设计模式；
- 零框架实现 ReAct Agent。

1.1 “应用级”程序员入局 AI 应用开发领域的捷径

本节将从 DeepSeek 的使用开始，为读者介绍 DeepSeek 系列模型的家族成员及各成员的能力与使用场景，以及 DeepSeek 开源的真正价值。

1.1.1 DeepSeek 的使用

OpenAI 发布 GPT 系列模型后，提供网页版对话应用成了模型服务商让用户体验 LLM 能力的标准做法，DeepSeek 自然也不例外。在图 1-1（a）所示的 DeepSeek 官网中，点击“开始对话”即可进入如图 1-1（b）所示的对话应用，免费体验 DeepSeek 系列模型的能力。

（a）

（b）

图 1-1　DeepSeek 对话应用展示

在图 1-1（b）中，“深度思考（R1）”模式已被选中，意味着用户将使用 DeepSeek R1 模型。如果此时进行对话，将先出现表示思考过程的灰色小字，再出现表示答案的黑色大字，如图 1-2 所示。

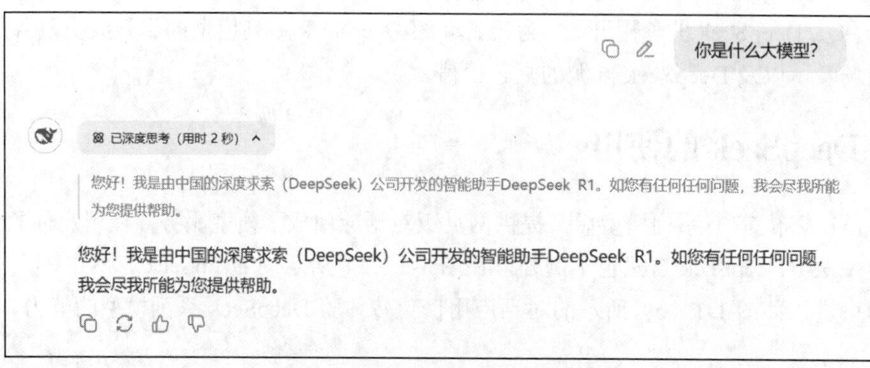

图 1-2　DeepSeek R1 对话展示

如果没有选中“深度思考（R1）”模式，将使用 DeepSeek V3 模型。如果此时进行对话，将直接显示回复，而不会展示思考过程，如图 1-3 所示。

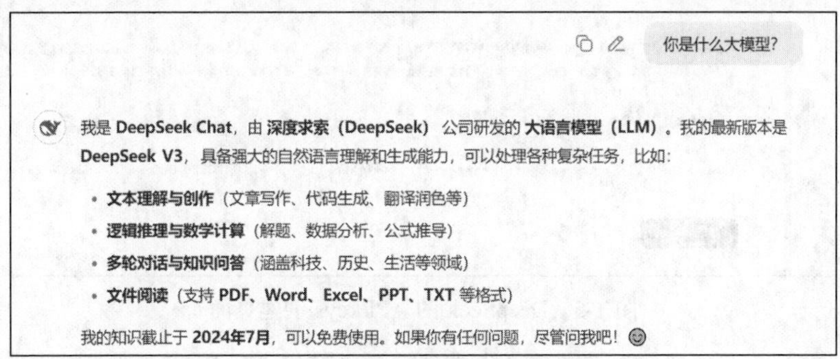

图 1-3　DeepSeek V3 对话展示

此外，“满血版”这个词经常与 DeepSeek 一起出现。所谓“满血版”，指的是参数量为 671B 的 DeepSeek 系列模型。前面提到的 DeepSeek R1 和 DeepSeek V3 模型，都是 671B 的“满血版”。

对开发者而言，要使用 DeepSeek 开发应用，必须使用 DeepSeek 的 API 开放平台。图 1-1（a）右上角有入口“API 开放平台”，点击它将跳转到如图 1-4 所示的页面。

图 1-4　DeepSeek API 开放平台

很多公司都将其服务封装成付费 API 供开发者调用。如果读者之前接触过 API 开发或者调用过 API，应该对类似的平台不陌生。例如，要开发地图应用，需选择付费调用高德地图等地图服务提供商的 API。

为鉴定调用者的身份，以及统计 API 调用量等信息以便计费，服务提供商要求调用者创建

API Key。调用者调用 API 时，必须提供 API Key。图 1-5 展示了 DeepSeek 的 API keys 创建页面。

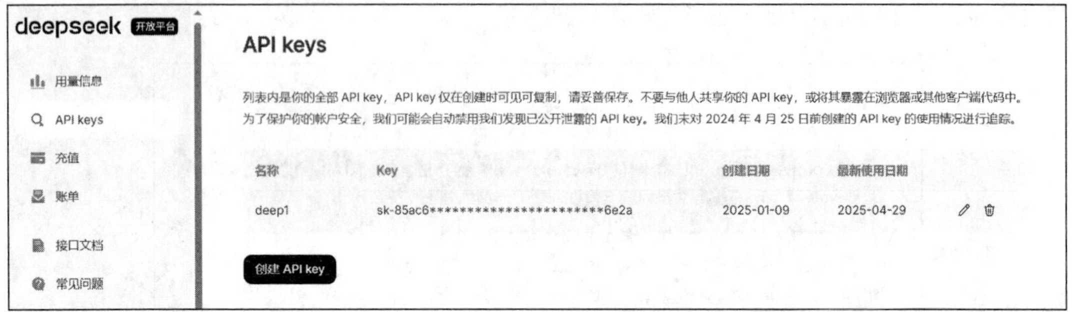

图 1-5 DeepSeek 的 API keys 创建页面

准备好 API Key 后，便可以点击图 1-5 左边栏的“接口文档”，跳转到接口文档页面继续学习如何调用 API。有关首次调用 DeepSeek API 的文档说明如图 1-6 所示。

DeepSeek API 使用与 OpenAI 兼容的 API 格式，通过修改配置，您可以使用 OpenAI SDK 来访问 DeepSeek API，或使用与 OpenAI API 兼容的软件。

PARAM	VALUE
base_url *	https://api.deepseek.com
api_key	apply for an API key

* 出于与 OpenAI 兼容考虑，您也可以将 base_url 设置为 https://api.deepseek.com/v1 来使用，但注意，此处 v1 与模型版本无关。

* deepseek-chat **模型已全面升级为 DeepSeek-V3，接口不变。** 通过指定 model='deepseek-chat' 即可调用 DeepSeek-V3。

* deepseek-reasoner **是 DeepSeek 最新推出的推理模型 DeepSeek-R1**。通过指定 model='deepseek-reasoner'，即可调用 DeepSeek-R1。

图 1-6 首次调用 DeepSeek API 文档说明

在这个文档中，展示了与 OpenAI 兼容的 API 格式：将参数 `base_url*` 设置为 `https://api.deepseek.com`，将参数 `api_key` 设置为调用者自己的 API Key。除这两个参数外，model 参数也特别重要，它用于指定调用什么模型：`deepseek-chat` 表示 DeepSeek V3 模型，`deepseek-reasoner` 表示 DeepSeek R1 模型。

在这个文档中，还提供了一条适用于 Linux 环境的 Curl 命令，用于测试通过调用 API 与 deepseek-chat 模型对话的效果。使用如下 Curl 命令调用 API，测试一下效果。

```
curl https://api.deepseek.com/chat/completions \
  -H "Content-Type: application/json" \
  -H "Authorization: Bearer <DeepSeek API Key>" \
  -d '{
```

```
5.          "model": "deepseek-chat",
6.          "messages": [
7.            {"role": "system", "content": "You are a helpful assistant."},
8.            {"role": "user", "content": "Hello!"}
9.          ],
10.         "stream": false
11.       }'
```

需要将第 3 行的<DeepSeek API Key>替换为自己创建的 API Key。调用效果如图 1-7 所示。

{"id":"ff64bbdf-c8a4-4eef-bf46-d132621e2f5d","object":"chat.completion","created":1746023859,"model":"deepseek-chat","choices":[{"index":0,"message":{"role":"assistant","content":"Hello! 😊 How can I assist you today?"},"logprobs":null,"finish_reason":"stop"}],"usage":{"prompt_tokens":11,"completion_tokens":11,"total_tokens":22,"prompt_tokens_details":{"cached_tokens":0},"prompt_cache_hit_tokens":0,"prompt_cache_miss_tokens":11},"system_fingerprint":"fp_8802369eaa_prod0425fp8"}(base) root@hi-test:~#

图 1-7 通过调用 API 与 deepseek-chat 模型对话的效果

在图 1-7 中，content 后面的信息即为 deepseek-chat 的回复。

1.1.2 DeepSeek 的能力边界

对于相同的问题，DeepSeek R1 与 DeepSeek V3 给出回答的方式和答案不同，意味着它们的能力与使用场景不同。

DeepSeek R1 属于慢速思考模型，其特点是收到人类提问后不急于回复，而先深度思考人类为什么要提出这样的问题，可能出于什么样的背景和考虑，应该如何回复，以及回复是否能解决人类的问题、是否有遗漏等。DeepSeek V3 属于快速反应模型，其特点是收到人类提问后“不假思索”地快速回答。DeepSeek R1 和 DeepSeek V3 的对比，如表 1-1 所示。

表 1-1 DeepSeek R1 和 DeepSeek V3 的对比

	DeepSeek R1	DeepSeek V3
核心定位	擅长复杂推理任务（数学、代码、逻辑分析），对标 OpenAI o1 系列模型	通用型多模态模型，擅长文本生成、多语言翻译、对话等自然语言处理任务
技术架构	优化混合专家架构，动态门控激活数学/代码专家，强制输出思维链	混合专家架构
推理速度与算力成本	响应速度慢，算力成本高	响应速度快，算力成本低
运算原理	基于思维链，对问题进行拆解，分步推理得到答案	基于概率预测，通过大量数据训练来快速预测可能的答案
问题解决能力	能够处理多维度和非结构化问题，提供创造性的解决方案	擅长解决结构化和定义明确的问题

总之，DeepSeek R1 模型虽然有思维链（Chain of Thought，CoT）加持，但并非各方面的性能都超越了 DeepSeek V3 模型，因此需要根据具体场景在 DeepSeek R1 和 DeepSeek V3 模型之间做出合理选择。

1.1.3 DeepSeek 开源的价值

除 DeepSeek R1 与 DeepSeek V3 外，还有名为 DeepSeek-R1-Distill-Llama-70B、DeepSeek-R1-Distill-Qwen-14B 等的模型，其中 Distill 指的是蒸馏，因此这类模型被称为蒸馏模型。

所谓蒸馏，就是借助监督微调（Supervised Fine-Tuning，SFT）技术实现能力的传递。1.1.2 节说过，DeepSeek R1 具备深度思考能力，而 Llama-70B、Qwen-14B 等快速反应模型不具备这种能力。要让这些快速反应模型也具备深度思考能力，需要让 DeepSeek R1 像老师一样将深度思考能力教给它们，这便是蒸馏。

蒸馏之后，因为有 DeepSeek R1 深度思考能力的加持，Llama-70B、Qwen-14B 等小参数模型回答人类提问的能力将得到大幅提升。此外，使用 DeepSeek-R1-Distill-Qwen-14B 等模型时，本质上使用的还是 Qwen-14B 模型，而不是参数量为 14B 的 DeepSeek R1 模型。目前，官方版 DeepSeek R1 只有参数量为 671B 的模型。

虽然 DeepSeek R1 的能力很强，但真正将 LLM 落地到具体业务，尤其在对模型微调后进行私有化部署时，并非都需要部署参数量为 671B 的 DeepSeek-R1 模型。其中 B 指的是 Billion，671B 表示参数量为 6710 亿。对参数量为 671B 的模型进行微调，意味着以下两点。

- 至少需要数百万到数十亿条样本。对大部分场景（如医疗领域的专科模型，如口腔科模型、呼吸科模型；金融领域的股票模型等）来说，可用样本量远远不够。
- 至少需要 1600 G 的算力。这样的算力相当于 20 张 NVDIA A100 显卡（80 G 显存）。目前单张 A100 显卡的报价为 8 万～9 万元，也就是说微调 671B 模型的算力成本高达 160 万～180 万元。对大部分场景来说，这是难以承受的。

因此，对于行业细分的小业务场景，通常建议采用小参数（7B～70B）模型并进行微调。例如，医院的呼吸科微调一个呼吸科模型，胃肠科微调一个胃肠科模型。不过，由于参数量较少，这些小模型在经过传统微调后的回复效果通常不尽如人意，这也是过去几年虽然微调技术已经发展得如火如荼，但真正落地的行业模型却比较少的原因。

DeepSeek R1 并不是第一个深度思考模型，例如，OpenAI 更早提出的 GPT-o1 模型也是深度思考模型，但是闭源的，不允许进行蒸馏。而 DeepSeek R1 是开源的，可以进行蒸馏并用于商业用途。经过蒸馏的行业小模型的回复质量将大大提升，这将促使越来越多的行业通过蒸馏模型完成 LLM 在实际业务场景中的落地，这便是 DeepSeek 开源的真正价值。

1.2 零开发框架实现 Function Calling

Function Calling 由 OpenAI 公司提出，旨在解决 LLM 与外界环境交互的问题，在业界得到了广泛的响应，且现已得到几乎所有模型服务商的支持。本节将带领读者在不使用框架的情况下，使用 DeepSeek 和 OpenAI SDK 进行 Function Calling 实现。

1.2.1 Function Calling 诞生的背景

自 ChatGPT 爆火以来，LLM 悄然地改变了许多人的提问方式。从以前的“有问题，百度一下”，到现在的“遇事不决问 AI”，这种转变反映了技术对日常生活的深远影响。但是，LLM 有时会给出看似正确实则错误的答案，也就是常说的“幻觉”。例如，被问及“谁发明了时间旅行？”这一问题时，虽然“时间旅行”目前并不存在，但 DeepSeek V3 却给出了发明者，如图 1-8 所示。

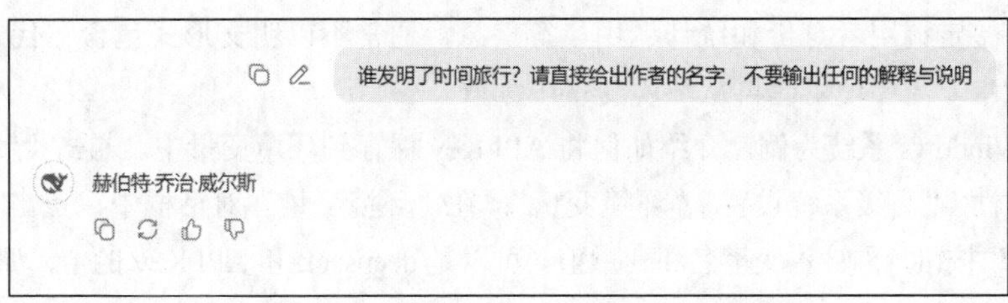

图 1-8 使用 DeepSeek V3 测试时间旅行问题

“幻觉”出现的原因很简单。LLM 的训练数据有限，尤其是在面对垂直领域专业问题或实时性信息查询问题（如“附近加油站位置”“北京今日天气”）时，LLM 无法给出准确回答。此时就需要让 LLM 具备与外界环境交互的能力，使其能够在回答问题前从外部获取相关数据，实现“开卷考试”式回答。

基于这样的背景，OpenAI 公司提出了 Function Calling。Function Calling 的原理是向 LLM 提问时，通过特定的提示词向 LLM 提供工具（函数）列表，LLM 再根据需要从列表中选择合适的工具去解决问题。例如，Function Calling 向 LLM 提供天气查询工具后，LLM 便能够准确回答“今天北京的天气如何？”等相关问题。

现在，Function Calling 已经成为解决 LLM 与外界环境交互问题的标准技术，DeepSeek V3 模型也对 Function Calling 提供了支持。在 1.2.2 节与 1.2.3 节中，将以股票收盘价查询工具为例，实现 Function Calling。

1.2.2 开发环境准备

开发环境的准备包括编程语言的选择和 LLM 相关环境的准备。

首先是**选择编程语言**。本书所有案例均使用 Python 语言编写，因为 Python 既书写灵活，又对机器学习等 SDK 包有很好的支持，是最佳的 AI 应用开发语言。

本节以 Python 3.11（根据 OpenAI 官方要求，使用 OpenAI SDK 需确保 Python 版本在 3.8 及以上）为例进行讲解。此外，无论是在 Windows 还是 Linux 系统上，都可以顺利运行本节的代码。

1.1.1 节说过，DeepSeek 提供的 API 接口在设计上兼容 OpenAI 的 API 格式，这意味着开发者可以调用 OpenAI SDK 来访问 DeepSeek 提供的模型服务。因此，在编写相关代码时，可以使用 OpenAI SDK，而无须引入其他库或进行复杂的适配。

为了确保后续实验环境的正常运行，请提前安装 openai 包或升级 openai 包至最新版本，命令如下：

```
pip install -U openai
```

然后，**准备 LLM 相关的环境**。这里需要参考 1.1.1 节介绍的方式创建 API Key。API Key 供 DeepSeek 鉴定调用者身份和统计调用量等信息，通常不以明文形式包含在代码中，而是保存在环境变量中，需要使用时再从环境变量中读取。

下面以 Windows 系统为例，介绍如何将 API Key 保存到环境变量中。右击“我的电脑”，再依次选择“属性”“高级系统设置”“环境变量”；在“环境变量”对话框中，点击“系统变量”部分的“新建”按钮，再输入变量名和变量值（可以是 deepseek 和 API Key 的值，如图 1-9 所示）。

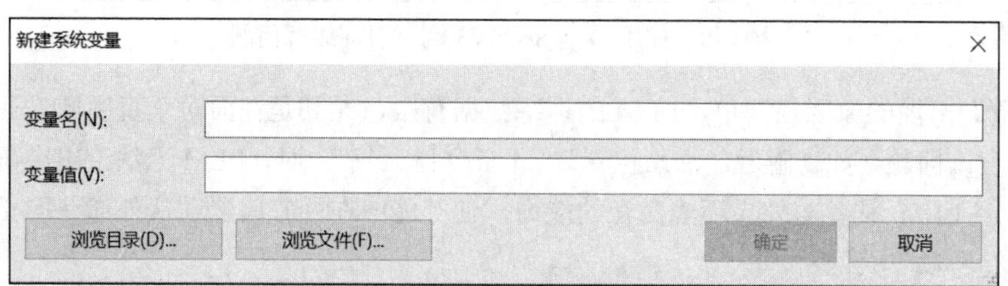

图 1-9 新建系统环境变量

至此，开发环境便准备好了。

1.2.3 Function Calling 实践演示

要通过调用 OpenAI SDK 来实现 Function Calling，需要如下 3 步：

- 在 OpenAI SDK 中配置兼容 OpenAI API 格式的 LLM（如 DeepSeek）；
- 与 LLM 进行对话；
- 实现 Function Calling。

1. 配置 DeepSeek

通过 OpenAI SDK 中的方法 OpenAI 初始化一个客户端，再通过这个客户端完成与 LLM 的对话。

初始化客户端的代码如下。

```
1.   import os
2.   from openai import OpenAI
3.
4.   client = OpenAI(
5.       api_key=os.getenv("DeepSeek"),
6.       base_url="https://api.deepseek.com/v1"
7.   )
```

第 5 行使用 Python 包 `os` 从环境变量 `DeepSeek` 中读取 API Key 的值，并将其赋给 `api_key` 参数。

第 6 行将 DeepSeek 的访问地址 `https://api.deepseek.com/v1` 赋给 `base_url` 参数。

这两行代码借助 OpenAI SDK 构建了一个可用来访问 DeepSeek 的客户端，如需访问其他与 OpenAI API 格式兼容的模型服务商的 LLM（如通义千问的 qwen-max 等），只需修改这两行代码中相应的信息即可。

2. 与 LLM 进行对话

要与 LLM 进行对话，需要使用 Chat Completions（对话补全）API。在对话过程中，涉及如下 4 种角色。

- `system`：系统角色，可将其视为全局变量或前置条件。通过设置该角色，可以约束 LLM 的聊天范围——可形象地理解为设置"人设"。
- `user`：人类角色，用于标识对话中哪句话是由人类发出的。
- `assistant`：AI 角色，用于标识对话中哪句话是由 LLM 返回的。
- `tool`：工具角色，用于标识对话中哪句话是工具的调用结果。该角色仅在使用 Function Calling 时才会用到。

为简化开发过程，OpenAI Python SDK 使用 `client.chat.completions.create` 方法对 Chat Completions API 进行了封装，因此只需调用该方法即可完成与大模型的对话。下面的代码演示了如何调用 `client.chat.completions.create` 来与 `deepseek-reasoner` 对话，以及 `system`、`user` 和 `assistant` 这 3 种角色的用法。

```
completion = client.chat.completions.create(
    #指定对话模型为 deepseek-reasoner
    model="deepseek-reasoner",
    #构建对话消息列表
    messages=[
        {'role': 'system', 'content': '你是一个足球领域的专家，请针对问题给出简洁的回答。'},
        {'role': 'user', 'content': 'C 罗是哪个国家的足球运动员？'},
        {'role': 'assistant', 'content': 'C 罗是葡萄牙足球运动员。'},
        {'role': 'user', 'content': '内马尔呢？'},
    ]
)

# 通过 reasoning_content 字段打印思考过程
```

```
print("###思考过程：")
print(completion.choices[0].message.reasoning_content)

print("\n\n")

# 通过 content 字段打印最终答案
print("###最终答案：")
print(completion.choices[0].message.content)
```

在上面的代码中，client.chat.completions.create 方法通过 model 参数指定模型，通过 messages 参数构建消息列表。

在消息列表中，使用 system 角色为 LLM 设置了“足球领域的专家”的人设；使用 user 角色与 assistant 角色编写了一轮历史对话，咨询 C 罗是哪个国家的足球运动员；最后使用 user 角色给出了“内马尔呢？”这样一个模糊的提问。LLM 根据历史对话将“内马尔呢？”解读为“内马尔是哪个国家的足球运动员？”。

完成 create 方法调用后等待一段时间，将得到 LLM 的回复，这些回复存储在 completion 中。

上述代码的执行结果如图 1-10 所示。

```
###思考过程：
好的，用户刚才问了C罗的国家，现在接着问内马尔。我需要先确认内马尔的国籍。内马尔全名内马尔·达·席尔瓦·桑托斯·儒尼奥尔，他确实来自巴西。记得他代表巴西国家队参加过多次国际比赛，比如世界杯和美洲杯。用户可能对足球明星的国家感兴趣，或者是在做相关的研究。回答要简洁准确，不需要多余的信息。确认无误后直接回答即可，保持和之前一致的格式。


###最终答案：
内马尔是巴西足球运动员。
```

图 1-10　执行 client.Chat.Completions.create 方法得到的结果

3. Function Calling

Function Calling 发生在人类与 LLM 的对话中，由 LLM 进行工具的选择，因此需要在 client.Chat.Completions.create 方法的基础上完成 Function Calling 的代码编写。

（1）**工具描述定义**。按照如下代码定义工具描述。

```
{
    "type": "function",
    "function": {
        "name": "",
        "description": "",
        "parameters": {},
    }
}
```

在这段代码中，包含工具类型 type 与工具定义 function 两个参数。type 参数的值为固定的字符串 function；function 参数包括名称 name、描述 description 和参数 parameters 这 3 个部分。下面以一个股票收盘价查询工具的定义为例进行演示。

```
tools = [
    {
        "type": "function",
        "function": {
            "name": "get_closing_price",
            "description": "使用该工具获取指定股票的收盘价",
            "parameters": {
                "type": "object",
                "properties": {
                    "name": {
                        "type": "string",
                        "description": "股票名称",
                    }
                },
                "required": ["name"]
            },
        }
    },
]
```

在这段代码中定义了列表 tools，其中包含一个工具定义 function。在 function 中，description 部分清晰地描述了工具的作用；parameters 部分使用标准的 JSON Schema 方式指出了参数名称 name、类型 type 和参数描述 description 等，这种结构化数据有助于提高 LLM 对内容的理解力。

（2）**在对话补全中提供工具描述**。在对话补全过程中将 tools 列表传递给 LLM，让 LLM 知道可以调用哪些工具。为此，可设置 client.chat.completions.create 方法的如下两个参数：

- tools，用于指定定义好的工具列表；
- tool_choice，用于设置 LLM 是否使用工具，默认为 auto，表示由 LLM 根据实际情况自主选择是否调用工具。

包含工具定义的对话补全代码如下所示。

```
def send_messages(messages):
    response = client.chat.completions.create(
        model="deepseek-chat",
        messages=messages,
        tools=tools,
        tool_choice="auto"
    )
    return response
```

可以看到，这里将模型换成了 deepseek-chat，因为目前只有 deepseek-chat（对应 DeepSeek V3 模型）支持 Function Calling。

在 main 函数中构建 messages，以测试 LLM 能否根据提示词选择合适的工具，如下代码所示。

```
if __name__ == "__main__":
    messages = [{"role": "user", "content": "青岛啤酒的收盘价是多少？"}]
    response = send_messages(messages)
    print("回复：")
    print(response.choices[0].message.content)
    print("工具选择：")
    print(response.choices[0].message.tool_calls)
```

输出结果如图 1-11 所示。

```
回复：

工具选择：
[ChatCompletionMessageToolCall(id='call_0_4faf977a-bf65-4566-a99d-2105ab7f8356', function=Function(arguments='{"name":"青岛啤酒"}', name='get_closing_price'), type='function', index=0)]
```

图 1-11 使用 Function Calling 后 LLM 的第一轮回复

可以看到，LLM 选择了工具 get_closing_price，并在人类提问中提取了“青岛啤酒”作为该工具的入参。此外，只要 LLM 选择了工具，其“回复”就是空字符串。

小结一下。所谓“调用”工具的机制，其实就是将工具描述与人类提问一起作为提示词输入 LLM，由 LLM 对问题进行理解后选择调用哪个工具来解决问题。在 LLM 判断出要选择哪个工具后，需要由人类进行工具调用，再通过 tool 角色将工具执行结果返回给 LLM。

这个过程就类似于 AI 想要去仓库中取物料，但进不去仓库。通过查看值班表（工具描述列表）知道管理员小王（人类）有钥匙（工具），于是便让小王用钥匙打开了仓库的门（选择工具、调用工具并返回结果）。

（3）**工具方法具体实现**。LLM 具备选择工具的能力后，需要实现工具 get_closing_price，如下代码所示。

```
def get_closing_price(name):
    if name == "青岛啤酒":
        return "67.92"
    elif name == "贵州茅台":
        return "1488.21"
    else:
        return "未搜到该股票"
```

这段代码用一个简单的 if…else 语句模拟了股票收盘价查询。

（4）**人类调用工具并提供反馈**。如下代码展示了人类调用工具，并通过 tool 角色将执行结果反馈给 LLM 的过程。

```
1.  messages.append(response.choices[0].message)
2.
3.  tool_call = response.choices[0].message.tool_calls[0]
4.  arguments_dict = json.loads(tool_call.function.arguments)
5.  price = get_closing_price(arguments_dict['name'])
6.  messages.append({
7.      "role": "tool",
8.      "content": price,
9.      "tool_call_id": tool_call.id
10. })
11.
12. response = send_messages(messages)
13.
14. print("回复：")
15. print(response.choices[0].message.content)
```

第 1 行将 LLM 的第一轮回复保存到消息列表中，以构建完整的历史对话，为 LLM 提供上下文参考。

第 3 行从 LLM 回复中提取工具选择的相关信息并赋给变量 tool_call。

第 4～5 行从 tool_call 中提取参数（也就是“青岛啤酒”）并调用工具 get_closing_price，再将工具的执行结果保存到变量 price 中。

第 6～10 行构建 tool 角色的 message：将工具执行结果赋给参数 content，并将 tool_call 中 tool 的 id 赋给参数 tool_call_id 以将 LLM 选择工具与人类执行工具的结果进行关联。

第 12 行再次调用向 LLM 发送消息的函数 send_messages，与 LLM 进行第二轮对话；第 14～15 行打印 LLM 的回复。输出结果如图 1-12 所示。

```
回复：

工具选择：
[ChatCompletionMessageToolCall(id='call_0_96f86d9e-32ae-4dfd-9367-e3ee7dbf6093', function=Function(arguments
='{"name":"青岛啤酒"}', name='get_closing_price'), type='function', index=0)]
回复：
青岛啤酒的收盘价是67.92元。
```

图 1-12 使用 Function Calling 后 LLM 的第二轮回复

收到工具执行结果后，LLM 认为已经得到了最终答案，因此给出了“青岛啤酒的收盘价是 67.92 元”的回复，该数据符合工具执行代码中的定义。

以上便是 Function Calling 的完整过程，从中可以得出如下两个结论。

- 工具描述也是提示词的一部分。
- LLM 只能选择使用哪个工具，而不能调用工具！真正调用工具的是人类！

（5）**实现多轮对话**。当然，在面对复杂问题（如“青岛啤酒与贵州茅台的收盘价谁高？”）时，LLM 需要多次调用工具、进行多轮对话，才能够最终解决问题。因此，可以将上述代码放到 for 循环中，如下代码所示。

```
1.  if response.choices[0].message.tool_calls != None:
2.          messages.append(response.choices[0].message)
3.
4.          for tool_call in response.choices[0].message.tool_calls:
5.              if tool_call.function.name == "get_closing_price":
6.                  arguments_dict = json.loads(tool_call.function.arguments)
7.                  price = get_closing_price(arguments_dict['name'])
8.
9.                  messages.append({
10.                     "role": "tool",
11.                     "content": price,
12.                     "tool_call_id": tool_call.id
13.                 })
14.
15.     response = send_messages(messages)
16.
17.     print("回复：")
18.     print(response.choices[0].message.content)
19.
20.     print("工具选择：")
21.     print(response.choices[0].message.tool_calls)
```

在这段代码中，循环判断条件为 LLM 的回复中 `tool_calls` 是否为空（如第 1 行所示），如果不为空，说明 LLM 在持续调用工具，否则说明 LLM 得到了最终答案，此时便可以结束循环了。

使用上述代码后，如果提问“青岛啤酒与贵州茅台，谁的收盘价更高？”，输出结果将如图 1-13 所示。

```
回复：

工具选择：
[ChatCompletionMessageToolCall(id='call_0_8ebccda6-6737-4289-9902-a9ecc73626f7', function=Function(arguments='{"name": "青岛啤酒"}', name='get_closing_price'), type='function', index=0), ChatCompletionMessageToolCall(id='call_1_e6340b42-b724-4bb1-b6f7-0b4b64a0f608', function=Function(arguments='{"name": "贵州茅台"}', name='get_closing_price'), type='function', index=1)]
回复：
贵州茅台的收盘价为1488.21元，而青岛啤酒的收盘价为67.92元。因此，贵州茅台的收盘价更高。
工具选择：
None
```

图 1-13　使用循环后的输出结果

面对这个需要调用工具两次的问题，LLM 正确地调用工具并完成了查询，且给出了正确的回复。

至此，Function Calling 实现便演示完毕了。下面总结一下 Function Calling 的原理。

定义工具描述后，在与 LLM 进行对话的过程中将其与人类提问一并发送给 LLM。LLM 根据人类提问选择最合适的工具，并将其反馈给人类操作者。操作者执行具体操作后，在下一轮对话中将工具执行结果反馈给 LLM。随后，LLM 评估此结果是否解决了问题。这一过程不断循环，直至问题得到彻底解决。

在本书后续的项目实战章节中，将大量使用基于平台或框架的 Function Calling，如基于 Dify 或 LangGraph。只要掌握了本节介绍的 Function Calling 的工具选择与调用原理，以及如何利用多轮对话实现多轮工具调用，以后无论使用什么框架都可以做到游刃有余。

1.3 Agent 常用设计模式

并非所有 LLM 都原生支持 Function Calling；实际上，它是模型服务商通过大量包含工具调用的对话数据进行专项训练获得的核心能力。以开源模型 DeepSeek V3 为例，在 DeepSeek-V3-0324 版本之前，就不支持 Function Calling。

对于不具备原生 Function Calling 能力的模型，可以通过提示词工程等后处理方法，为其赋予工具选择与使用的能力，以及针对不同场景的思考能力，这正是本节要介绍的 Agent 设计模式。

本节将从最基础的思维链（CoT）模式开始，逐步剖析各类 Agent 设计模式——ReAct（Reason+Act）模式、Reflexion 模式和 ReWOO（Reason WithOut Observation）模式的原理。在 1.4 节及第 4～7 章的项目实战中，将引导读者掌握完整的 Agent 构建方法。

1.3.1 CoT 模式

CoT 始于人类向 LLM 提问时无意中发现，如果在提示词中加上“Let’s think step by step”，将大幅改善 LLM 回答的效果。图 1-14 展示了使用 Kimi 模型时，在提示词中加与不加“Let’s think step by step”的效果。

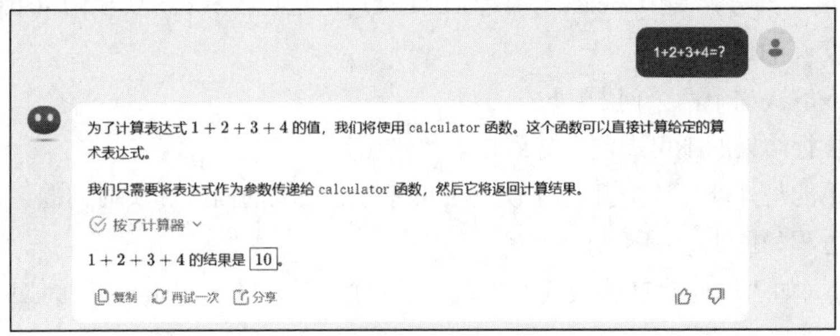

（a）

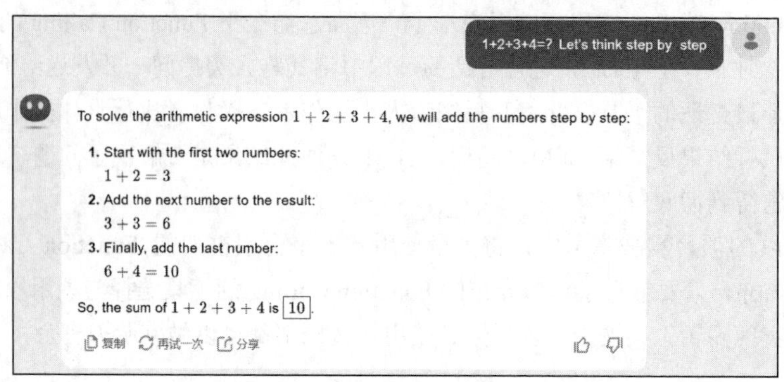

（b）

图 1-14 使用 Kimi 模型测试在提示词中加与不加“Let’s think step by step”的效果

可以看到，虽然加与不加“Let’s think step by step” LLM 都给出了正确答案，但添加这句提示词后，LLM 的输出展示了任务拆分及每步的思考过程。如果是复杂的逻辑任务，或者人类想知道问题的具体解决步骤，加上这句提示词显然效果会更好。

这句提示词的作用是让 LLM 不着急回答问题，而先对问题进行拆解，再逐一回答拆解后的子问题，从而让 LLM 有了推理能力。

当前，CoT 已经成为业界共识，很多 LLM（如 DeepSeek R1）在训练时，便已经加入 CoT。不过，CoT 只是单纯的链式思维推理，它会按照既定逻辑机械地执行每一步，而不关心每一步的结果是什么，因此容易产生“幻觉”。例如，对于图 1-14 的计算题“1+2+3+4=？”，如果在计算 1+2 时，由于某种异常而返回了“无法计算 1+2”，后续步骤将全部出错。为解决这个问题，需要让 LLM 具备观察能力，这便是 ReAct 模式。

1.3.2 ReAct 模式

ReAct 始于论文 *ReAct: Synergizing Reasoning and Acting in Language Models*。ReAct 包含 Reason 与 Act 两个部分，其中 Reason 就是 LLM 推理的过程，其推理运用了 CoT 的思想；Act 是与外界环境交互的过程。

ReAct 旨在解决如下两个问题：

- LLM 执行结果的不可观测，导致出现“幻觉”；
- LLM 不能与外部环境交互，导致无法回答特定领域的问题和实时问题。

ReAct 的过程如图 1-15 所示。

- 将任务（如“请问北京的天气如何？”）与对应工具描述（如天气查询工具说明）作为输入给到 LLM。
- LLM 通过推理确定解决任务所需的工具（如得出需调用天气查询工具的结论），这一过程就是“LLM 推理-工具选择”环节。

- 人类基于 LLM 的反馈采取行动（调用天气查询工具），该行动作用于外部环境（天气数据系统）。
- 外部环境针对行动给予反馈（返回北京的天气信息），再由人类反馈给 LLM。
- LLM 对反馈信息进行观察分析，如果 LLM 认为没问题，将继续推理：确定需要继续调用工具，还是已经得到最终答案（如返回“北京当前天气晴朗”等具体回答）。如果是前者，就继续进入选择工具、调用工具、反馈、观察的过程；如果是后者，就直接输出答案。

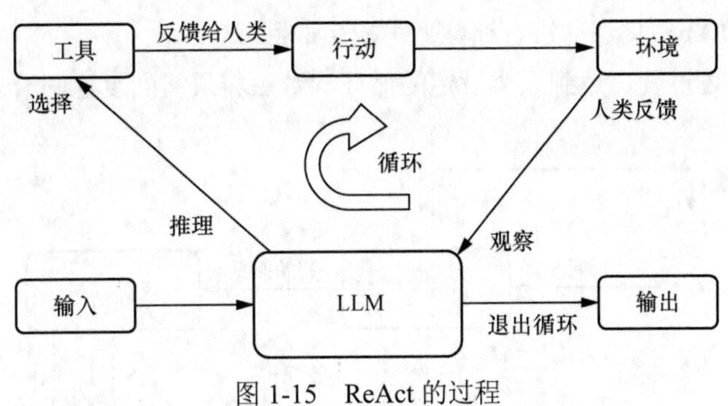

图 1-15 ReAct 的过程

下面的代码模拟了 ReAct 的过程：

```
user: 北京的天气如何? + 天气查询工具(get_weather)
assistant: 经过思考，我需要调用 get_weather 工具
人类调用 get_weather 工具...
user: Observasion: 400 bad request
assistant: 看起来调用 get_weather 工具出错了，尝试再次调用。我需要调用 get_weather 工具
人类调用 get_weather 工具...
user: Observasion: 北京晴，温度 20℃
assistant: 我已经得到了最终答案，北京是晴天，温度 20℃。
```

总之，ReAct 就是在 CoT 的基础上，增加工具调用和工具结果观察。ReAct 的实现思路简单，且能有效解决类似天气查询等常规工具调用问题，以及类似“2024 年 NBA 总冠军球队的主教练叫什么名字”等稍复杂的问题，因此得到了广泛应用。

不过，ReAct 仍有缺陷。假设调用天气查询工具返回的北京温度是 50℃，LLM 不会认为答案有问题，进而返回“我已经得到了最终答案，北京是晴天，温度 50℃。”要解决这类问题，需要使用 Reflexion 模式。

1.3.3 Reflexion 模式

Reflexion 始于论文 *Reflexion: Language Agents with Verbal Reinforcement Learning*，其中文翻译为“反思”，包含 Basic Reflection（基础反思）和 Reflexion（反思）两种模式。

Basic Reflection 的过程如图 1-16 所示。该模式涉及两个 LLM，分别是内容生成 LLM 和反思 LLM。这两个 LLM 的协作过程如下。

- 收到人类提问后，内容生成 LLM 生成初始回复，并将其交给反思 LLM。
- 反思 LLM 将评估反馈给内容生成 LLM。
- 内容生成 LLM 根据评估进行调整，再次生成回复。
- 不断重复上述过程，达到人类设定的循环次数后将最终回复返回给人类。

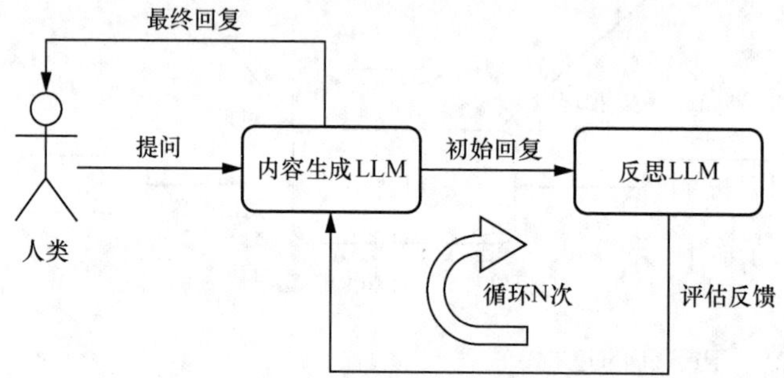

图 1-16 Basic Reflection 的过程

Basic Reflection 模式的核心在于模拟人类“实践-反思-改进”的认知闭环，其本质是通过动态自我评估与经验沉淀实现渐进式优化。

Reflexion 在 Basic Reflection 的基础上做了如下 3 点加强，如图 1-17 所示。

- 将内容生成 LLM 替换为 ReAct Agent，以借助与外部环境的交互解决更多问题。
- 对反思 LLM 进行细化，将其分为评估 LLM 与自我反思 LLM 两部分。
- 新增长期记忆与短期记忆两种负责记忆的模块。

Relecxion 的核心流程如图 1-17 所示。

（1）**首次提问**。在图 1-17（a）中，人类首次对 ReAct Agent 进行提问，ReAct Agent 执行从思考到生成最终回复的过程。最终回复产生后，ReAct Agent 将其返回给人类，同时将整个思考过程、工具调用流程、中间结果、最终回复等轨迹信息全部存储到短期记忆中。

（2）**评估与反思**。评估 LLM 对存储在短期记忆中的轨迹信息进行评估，并给出评价。例如，回答问题“计算 1+2+3-4=？”时，如果 ReAct Agent 先调用加法工具计算 1+2（3），然后再次调用加法工具计算 3+3（6），最后调用减法工具计算 6-4（2，即最终回复），评估 LLM 可能给出 8 分的评价（假设满分为 10 分）；但如果 ReAct Agent 先调用加法工具计算 1+2+3（6），再调用减法工具计算 6-4（2，即最终回复），评估 LLM 可能给出 10 分的评价。

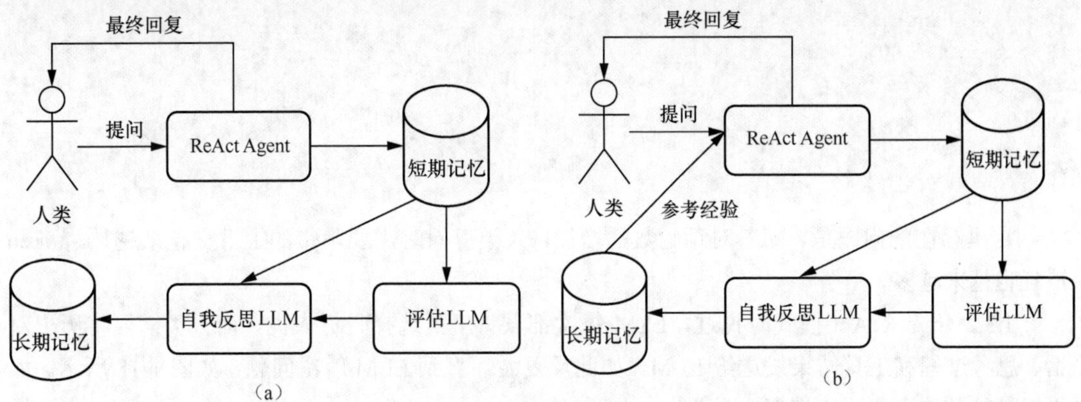

图 1-17　进阶版 Reflecxion

自我反思 LLM 结合短期记忆中的轨迹信息和评估 LLM 产生的评估结果，进行自我反思：在 ReAct 过程中，哪些步骤是多余的，如何优化才能用更少的步骤解决人类问题。反思完毕后，将反思得到的经验教训存储到长期记忆中。

（3）**再次提出相似问题**。如图 1-17（b）所示，当人类再次提出相似问题时，可从长期记忆中选取参考经验，连带问题一起发送给 ReAct Agent；ReAct Agent 将参考相似的解决方案，给出优化后的解决方案，从而避免再次从零开始推理。

使用 Reflexion 模式时，由于有大量反思及评估的过程，消耗的 token 要比 ReAct 模式多。但总结出的宝贵经验，将为后续解决类似问题提供极高的参考价值，让 ReAct Agent 能够更快地给出回复。

1.3.4　ReWOO 模式

ReWOO 模式是在 ReAct 模式的基础上沿另一个方向做出的探索。

由于 LLM 没有记忆，因此进行多轮对话时，需要提供完整的对话历史，让 LLM 能够结合上下文进行理解。下面展示了一个多轮对话过程。

```
第一轮提问：
user: C 罗是哪个国家的运动员？


第一轮回复：
assistant: 葡萄牙。


```

```
第二轮提问：
user: C 罗是哪个国家的运动员？
assistant: 葡萄牙。
user: 内马尔呢？


第二轮回复：
assistant: 巴西。
```

这里存在的问题是，随着对话轮数的增加，人类提问时需要附带的上下文越来越长，token 消耗也越来越多。

1.3.2 介绍 ReAct 模式时说过，LLM 每次都只将工具选择告诉人类，而人类需要将历史对话、思考过程和工具结果发送给 LLM，如此反复循环直到 LLM 解决问题，如图 1-18 所示。如果对话轮数特别多，将消耗大量 token。

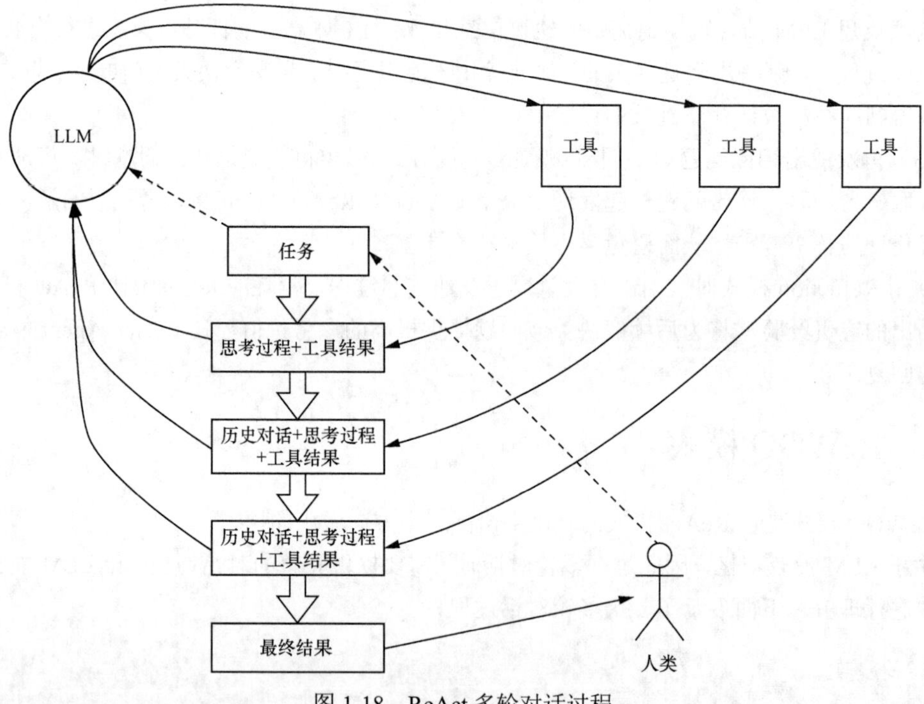

图 1-18 ReAct 多轮对话过程

为了解决这个问题，论文 *ReWOO: Decoupling Reasoning from Observations for Efficient Augmented Language Models* 提出了 ReWOO 模式。ReWOO 模式的核心思想是将推理过程与工具调用分离：首先，让 LLM 一次性生成完整的解决方案步骤；然后，由人类根据这些步骤统一调用所需工具；最后，将所有工具的执行结果汇总反馈给 LLM 进行最终处理。这种设计模式显著提升了任务执行效率。

ReWOO 的过程如图 1-19 所示，其中涉及计划 LLM 和解决 LLM。计划 LLM 负责列出解决问题的步骤，解决 LLM 负责根据步骤调用工具一次性解决问题；解决到最后一步时，将最终答案回复给人类。这样避免了每解决一个小问题后，都需要带上历史对话向 LLM 回复一次，从而节省了大量 token。

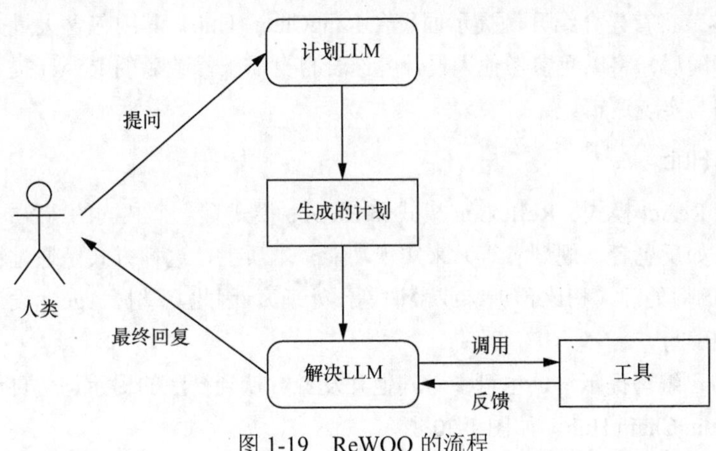

图 1-19 ReWOO 的流程

在 Manus、扣子空间等基于 Deep Research 理念开发的产品中，广泛应用了类似 ReWOO 的模式（如计划模式）。为帮助读者深入掌握这种模式，本书后面的项目实战章节（第 4～7 章）专门安排了相关的实践内容。

1.4 零开发框架实现 ReAct Agent

1.3 节介绍 Agent 常用的 4 种设计模式，其中 ReAct 模式因其应用广泛及对初学者较为直观、易懂的特点，被视为学习 Agent 开发的首选模式。当前，许多 AI 开发框架（如 LangChain）对常用的 ReAct Agent 进行了封装，开发者只需调用接口即可使用其功能。然而，这种高度集成的设计虽然提高了开发效率，却不利于初学者深入理解 ReAct 的实现原理。

有鉴于此，本节将抛开已有的开发框架，从零开始实现一个 ReAct Agent，以帮助读者掌握其核心机制。要实现 ReAct Agent，通常需要完成如下 3 个步骤。

- 构建高质量的 ReAct 提示词模板，让 LLM 具备 ReAct 能力。
- 编写工具描述和工具执行函数。
- 实现与 LLM 的多轮对话，从而实现 LLM 的多轮工具调用。

下面分别实现这 3 个步骤。

1.4.1 LangChain Hub 与 ReAct 提示词模板

1.3.2 节提到 ReAct 模式包含推理、反馈和观察等多个步骤。因此，要让 LLM 能够以 ReAct 模式解决人类问题，需要构建一套合适的提示词体系，而从零开始这样做并非易事。通常的做法是参考已有的提示词设计，并根据实际运行效果进行调整与优化。

鉴于此，本节将首先介绍开源提示词平台 LangChain Hub，其中包含大量关于 ReAct 模式的提示词资源；随后，将以我参考他人设计并结合自身需求修改后的 ReAct 提示词为例，详细讲解其设计思路与实现逻辑。

1. LangChain Hub

CoT 模式、ReAct 模式、Reflexion 模式和 ReWoo 模式有一个共同的特征：都通过让 LLM 扮演特定角色（如反思者、规划者等）来实现功能。本质上，这种方式是通过精心设计的提示词对 LLM 进行的后处理（相比预训练或微调等预处理）。因此，掌握 Agent 设计模式的关键在于精通提示词的编写。

读者可以自己编写提示词，也可参考其他开发者贡献到社区的提示词。目前，最大的提示词开源平台是 LangChain Hub，如图 1-20 所示。

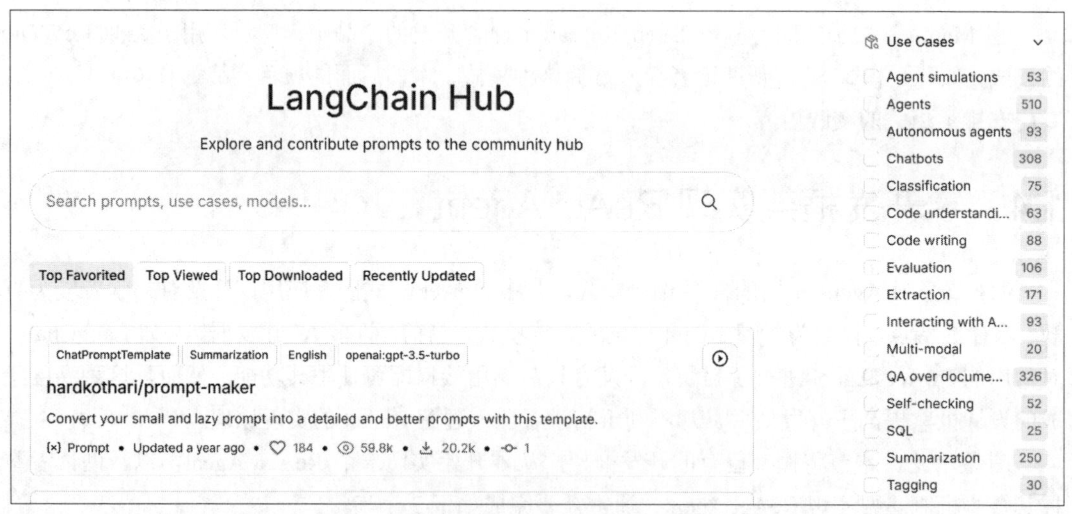

图 1-20 LangChain Hub 主页

图 1-20 中的搜索框支持模糊搜索，右侧的侧边栏展示的是按照使用场景进行分类的提示词，开发者可根据自己的场景查找合适的提示词。例如，如果在搜索框输入“ReAct template”，将搜索到多条与 ReAct 相关的提示词，如图 1-21 所示。点击任意一条搜索结果，可查看详情。

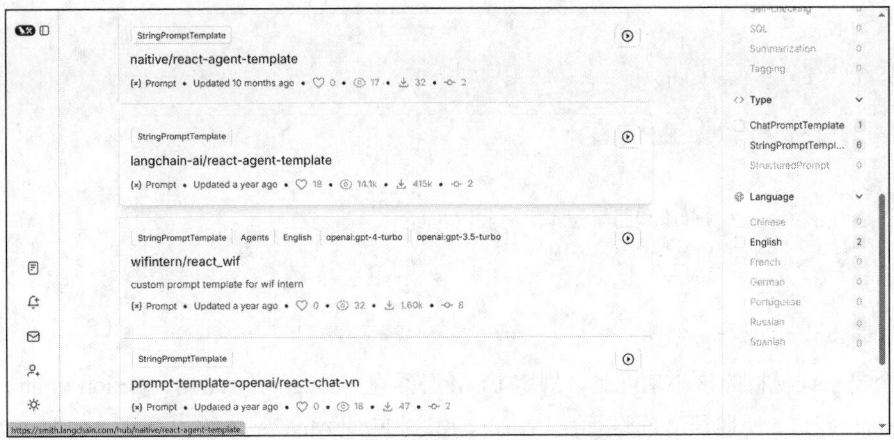

图 1-21 搜索 ReAct 提示词的结果

2. ReAct 提示词模板

让 LLM 具备 ReAct 能力并非易事，不当的提示词极易导致 LLM 出现“幻觉”问题。因此，本节特别准备了如下经过优化的提示词模板，并以它为例介绍 ReAct 提示词模板的设计原理与实现细节。

```
You run in a loop of Thought, Action, Action Input, PAUSE, Observation.
At the end of the loop you output an Answer.
Use Thought to describe your thoughts about the question you have been asked.
Use Action to run one of the actions available to you.
Use Action Input to indicate the input to the Action- then return PAUSE.
Observation will be the result of running those actions.

Your available actions are:

{tools}

Rules:
1- If the input is a greeting or a goodbye, respond directly in a friendly manner without using the Thought-Action loop.
2- Otherwise, follow the Thought-Action Input loop to find the best answer.
3- If you already have the answer to a part or the entire question, use your knowledge without relying on external actions.
4- If you need to execute more than one Action, do it on separate calls.
5- At the end, provide a final answer.

Some examples:

### 1
Question: 今天北京天气怎么样?
Thought: 我需要调用 get_weather 工具获取天气
Action: get_weather
Action Input: {"city": "BeiJing"}

```

```
PAUSE

You will be called again with this:

Observation: 北京的温度是 0℃.

You then output:
Final Answer: 北京的温度是 0℃.

Begin!

New input: {input}
```

这个提示词模板的核心功能是，规定 LLM 必须在 Thought、Action、Action Input、PAUSE 和 Observation 这 5 个阶段之间进行循环，仅当得到 Final Answer 才跳出循环，如图 1-22 所示。

- Thought 是 LLM 对人类问题进行拆解并思考各步该如何解决的环节。
- Action 是 LLM 期望调用的工具的名称。
- Action Input 是 LLM 期望调用的工具的参数。
- PAUSE 非常关键，它让 LLM 暂停思考与循环，等待人类反馈工具执行结果后再恢复循环。如果不加 PAUSE，将极易出现“幻觉”问题：LLM 会杜撰工具执行结果、自己完成循环，并进一步杜撰 Final Answer，完全忽视与人类的交互。
- Obscrvation 用于记录人类反馈的工具执行结果，LLM 收到以“Observation:”开头的提示词后，便认为收到了工具执行结果，并观察该结果对解决问题是否有帮助。

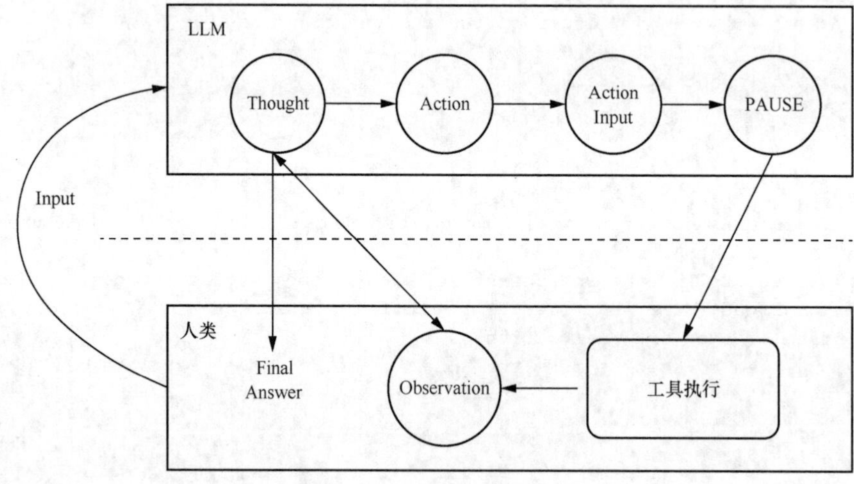

图 1-22 ReAct 的 5 阶段循环

该提示词模板的后半部分通过“Some examples”给出了 5 阶段循环的示例，旨在帮助 LLM 更好地理解提示词。

此外，该提示词模板中还增加了如下两个变量。

- {tools}：用于将工具描述传递给 LLM。
- {input}：用于将人类提问传递给 LLM。

以上就是 ReAct 提示词的设计思路。借助于这种提示词，可让 LLM 具备 ReAct 能力。

1.4.2 Agent 工具实现逻辑

构建出高质量的提示词模板后，Agent 开发工作已完成一半。接下来需要完成 Agent 工具的编写工作。

本节将模拟开发一个员工绩效管理 Agent，它需要实现如下两个工具：

- 员工绩效评分查询工具 `get_score_by_name`；
- 员工绩效评语生成工具 `generating_performance_reviews`。

有关工具描述文件的编写规范，可参考 Function Calling 的标准格式。工具 `get_score_by_name` 和 `generating_performance_reviews` 的描述文件如下面的代码所示。需要特别注意的是，工具描述的质量将决定 LLM 能否准确地理解并调用工具。

```
tools = [
    {
        "name": "get_score_by_name",
        "description": "使用该工具获取指定员工的绩效评分",
        "parameters": {
            "type": "object",
            "properties": {
                "name": {
                    "type": "string",
                    "description": "员工姓名",
                }
            },
            "required": ["name"]
        },
    },
    {
        "name": "generating_performance_reviews",
        "description": "根据输入的简单员工评价，生成员工的绩效评语",
        "parameters": {
            "type": "object",
            "properties": {
                "estimation": {
                    "type": "string",
                    "description": "员工的简单评价",
                }
            },
            "required": ["estimation"]
        },
    },
]
```

接下来，实现工具函数。get_score_by_name 用于模拟员工绩效查询，generating_performance_reviews 用于通过 deepseek-reasoner 模型生成员工绩效评语。具体实现如下代码所示。

```
def get_score_by_name(name):
    if name == "张三":
        return "name: 张三 绩效评分: 85.9"
    elif name == "李四":
        return "name: 李四 绩效评分: 92.7"
    else:
        return "未搜到该员工的绩效"

def generating_performance_reviews(estimation):
    completion = client.chat.completions.create(
        model="deepseek-reasoner",
        messages=[
            {'role': 'system', 'content': '你是一个公司的领导，请根据我给你的员工的简单评价，生成一段 50 字左右的评语'},
            {'role': 'user', 'content': estimation},
        ]
    )

    return completion.choices[0].message.content
```

到此，Agent 应用开发的工具部分便完成了。

1.4.3　Agent 多轮对话核心逻辑

ReAct 框架的核心机制是，LLM 先将复杂的人类查询分解为多个子问题，再选择并调用相应工具链来逐步解决问题。因此，需要构建一个支持多轮对话的循环系统，这与 Function Calling 的实现逻辑类似。不同的是，Function Calling 将 LLM 的输出是否有 tool_call 作为循环结束标志，而 ReAct Agent 将 LLM 的输出是否包含 Final Answer 作为循环结束标志。

支持多轮对话的循环系统的实现代码如下。

```
query = "请比较张三和李四的绩效谁好？并给予绩效好的员工以赞扬的绩效评价，给予绩效差一点的员工以鼓励的绩效评价"
prompt = REACT_PROMPT.replace("{tools}", json.dumps(tools)).replace("{input}", query)
messages = [{"role": "user", "content": prompt}]

while True:
    response = send_messages(messages)
    response_text = response.choices[0].message.content

    print("大模型的回复：")
```

```
10.     print(response_text)
11.
12.     final_answer_match = re.search(r'Final Answer:\s*(.*)', response_text)
13.     if final_answer_match:
14.         final_answer = final_answer_match.group(1)
15.         print("最终答案:", final_answer)
16.         break
17.
18.     messages.append(response.choices[0].message)
19.
20.     action_match = re.search(r'Action:\s*(\w+)', response_text)
21.     action_input_match = re.search(r'Action Input:\s*({.*?}|".*?")', response_text, re.DOTALL)
22.
23.     if action_match and action_input_match:
24.         tool_name = action_match.group(1)
25.         params = json.loads(action_input_match.group(1))
26.
27.         observation = ""
28.         if tool_name == "get_score_by_name":
29.             observation = get_score_by_name(params['name'])
30.             print("人类的回复: Observation:", observation)
31.         elif tool_name == "generating_performance_reviews":
32.             observation = generating_performance_reviews(params['estimation'])
33.             print("人类的回复: Observation:", observation)
34.
35.         messages.append({"role": "user", "content": f"Observation: {observation}"})
```

第 1 行给出的人类提问比较复杂，需多次调用工具才能解决。

第 2～3 行将工具描述与人类提问注入 ReAct 提示词模板，并构建消息列表。

第 5～35 行代码是一个循环，实现了工具调用和多轮对话。

- 第 6～7 行使用 1.2.3 节封装的 `send_messages` 方法向 LLM 发送消息，并获取 LLM 的回复。
- 第 12～16 行使用正则表达式判断 LLM 的回复是否包含 `Final Answer`，如果包含就提取 `Final Answer` 后面的内容，并使用 `break` 结束循环，否则执行第 18～35 行的代码。
- 第 18～35 行使用正则表达式提取 `Action` 和 `Action Input` 的内容，以便调用相应的工具。然后，将工具执行结果附加到 `Observation` 后，再放入历史消息列表 `messages` 中，作为下一轮向 LLM 发送的 user 消息。

运行结果如图 1-23 所示。

在图 1-23（a）中，根据人类提问中的“请比较张三和李四的绩效谁好？”，LLM 调用员工绩效查询工具 `get_score_by_name` 两次，以获取张三和李四的绩效得分。

在图 1-23（b）中，LLM 根据上一步的结果推断出李四的绩效高于张三，开始处理人类提问中的“给予绩效好的员工以赞扬的绩效评价，给予绩效差一点的员工以鼓励的绩效评价”。可以看到，LLM 也调用了工具 `generating_performance_reviews` 两次，分别生成李四和张三的绩效评价。

```
大模型的回复：
Thought: 我需要先获取张三和李四的绩效评分，然后比较他们的分数，最后根据分数为他们生成绩效评价。

Action: get_score_by_name
Action Input: {"name": "张三"}

PAUSE
人类的回复：Observation: name: 张三 绩效评分：85.9
大模型的回复：
Thought: 现在我需要获取李四的绩效评分，以便进行比较。

Action: get_score_by_name
Action Input: {"name": "李四"}

PAUSE
人类的回复：Observation: name: 李四 绩效评分：92.7
```

（a）

```
大模型的回复：
Thought: 李四的绩效评分（92.7）高于张三（85.9），因此李四表现更好。接下来，我需要为李四生成赞扬的绩效评价，
并为张三生成鼓励的绩效评价。

Action: generating_performance_reviews
Action Input: {"estimation": "李四的绩效表现优秀，工作成果突出，值得表扬。"}

PAUSE
人类的回复：Observation: 李四工作表现优异，高效完成各项任务并超额达成目标，尤其在关键项目中贡献突出，展现出
卓越的专业能力和责任心。望再接再厉，持续发挥榜样作用！（50字）

注：这段评语通过"高效""超额""关键项目"等具象化表述强化说服力，以"责任心""榜样作用"体现员工价值，最后用激励性
结语收尾，符合管理场景中既表彰成绩又激发动力的沟通需求。
大模型的回复：
Thought: 现在需要为张三生成鼓励的绩效评价。

Action: generating_performance_reviews
Action Input: {"estimation": "张三的绩效表现良好，仍有进步空间，建议加强时间管理和团队协作能力。"}

PAUSE
人类的回复：Observation: 张三在本季度工作中展现出良好的执行力和责任意识，工作成果符合预期。建议后续注重时间
规划效率及跨部门沟通主动性，期待在团队协作中进一步发挥纽带作用，相信能在专业领域取得更大突破。
```

（b）

```
Final Answer:
李四的绩效评分（92.7）高于张三（85.9），表现更优。

**对李四的赞扬评价**:
李四工作表现优异，高效完成各项任务并超额达成目标，尤其在关键项目中贡献突出，展现出卓越的专业能力和责任心。望
再接再厉，持续发挥榜样作用！

**对张三的鼓励评价**:
张三在本季度工作中展现出良好的执行力和责任意识，工作成果符合预期。建议后续注重时间规划效率及跨部门沟通主动性
，期待在团队协作中进一步发挥纽带作用，相信能在专业领域取得更大突破。
```

（c）

图 1-23 绩效管理系统 Agent 的运行结果

在图 1-23（c）中，LLM 根据以上历史对话，认为得到了最终答案，并以 Final Answer 的格式输出。

第 2 章

大模型私有化部署的 3 种主流方案

2025 年上半年，我走访了很多企事业单位。在探讨智算应用（通过大规模数据训练模型，实现智能化应用，是 AI 技术的典型应用场景）落地的过程中，客户普遍对使用商业 LLM（如 DeepSeek）的数据安全性表示担心。因此，LLM 的私有化部署成为不二选择。

本章将从云厂商一线研发人员的视角，揭秘针对不同用户场景如何部署 DeepSeek 模型。学完本章后，读者将能够举一反三，完成其他开源模型的私有化部署。

2.1 基于 Ollama、AI 网关和 LobeChat 构建高可用大模型集群

在企业场景中，通常采用模型集群方案。LLM 推理是计算密集型任务，所以每个用户任务都需采用单线程处理，这就限制了推理性能与并发能力。为了提高并发能力，很多 LLM 推理服务使用多实例部署——每个实例服务一个请求。此外，为了高效地为多个用户提供服务，通常还会引入负载均衡技术，将用户请求分发到多个模型实例。

但是，多 LLM 实例对算力的需求也会成倍增加，因此在用户对模型能力要求不是特别苛刻的情况下，可以部署量化版模型，以损失部分精度为代价来降低对算力的需求。

本节将采用 Ollama、AI 网关和 LobeChat 搭建基于 DeepSeek-R1-32B 的模型集群，以展示高可用大模型集群的构建过程。

2.1.1 Ollama 简介

部署量化版模型的方式有很多，比较常用的是使用 Ollama 框架。Ollama 是专为在本地机器上便捷部署和运行 LLM 而设计的开源框架，具有如下 3 个方面的优势。

- 使用简单的命令行便可快捷部署多种 LLM，如 DeepSeek、Qwen、Llama3 等。
- 可以通过权重量化技术，调整模型权重。

- 通过分块加载、缓存机制和 GPU、CPU 灵活调度等技术，降低模型对硬件的要求，提高资源利用率。

以部署 DeepSeek R1 的蒸馏模型 DeepSeek-R1-Distill-Qwen-7B 为例，如果部署 fp16 精度的非量化版本需要至少 14 GB 显存，但如果通过 Ollama 部署 int8 精度的量化版本只需 7 GB 显存。

除此之外，Ollama 还有一个非常出色的特性，这也是众多开发者选择它的关键原因：Ollama 为所有支持的 LLM 封装了兼容 OpenAI 数据格式的统一 API。这一点至关重要，由于不同 LLM 是由不同公司或团队训练的，每种模型都提供各自的开发接口，因此由 Ollama 进行统一封装后，用户使用起来极为便捷。

2.1.2　GPU 环境准备与 Ollama 安装

现在进入实战环节。首先，准备好 GPU 环境并安装 Ollama。

1．GPU 环境准备

在云服务商（阿里、腾讯、华为等）网站开通一台带有 2 张 NVIDIA T4 显卡的云服务器，并指定使用操作系统 Ubuntu 22.04。

NVIDIA T4 的单卡显存是 16 GB，理论上至多能部署非量化版的 7B LLM，然而，通过使用 Ollama 进行模型量化，可以在相同的硬件条件下部署 32B LLM。其实，无论 LLM 的参数规模如何，部署方法都一样。

开通云服务器后，使用 `nvidia-smi` 命令确认 GPU 卡的驱动已安装好，且能够被识别。执行这个命令的效果如图 2-1 所示。

```
root@testllama:~# nvidia-smi
Tue May 20 15:38:43 2025
+---------------------------------------------------------------------------------------+
| NVIDIA-SMI 535.183.01             Driver Version: 535.183.01   CUDA Version: 12.2     |
|-----------------------------------------+----------------------+----------------------+
| GPU  Name                 Persistence-M | Bus-Id        Disp.A | Volatile Uncorr. ECC |
| Fan  Temp   Perf          Pwr:Usage/Cap |         Memory-Usage | GPU-Util  Compute M. |
|                                         |                      |               MIG M. |
|=========================================+======================+======================|
|   0  Tesla T4                       Off | 00000000:00:07.0 Off |                    0 |
| N/A   28C    P8              11W /  70W |      5MiB / 15360MiB |      0%      Default |
|                                         |                      |                  N/A |
+-----------------------------------------+----------------------+----------------------+
|   1  Tesla T4                       Off | 00000000:00:08.0 Off |                    0 |
| N/A   27C    P8               9W /  70W |      5MiB / 15360MiB |      0%      Default |
|                                         |                      |                  N/A |
+-----------------------------------------+----------------------+----------------------+

+---------------------------------------------------------------------------------------+
| Processes:                                                                            |
|  GPU   GI   CI        PID   Type   Process name                            GPU Memory |
|        ID   ID                                                             Usage      |
|=======================================================================================|
|  No running processes found                                                           |
+---------------------------------------------------------------------------------------+
```

图 2-1　执行 `nvidia-smi` 命令的效果

可以看到，两张 NIVIDIA T4 卡的编号分别为 0 和 1，表明这两张 GPU 卡的驱动已安装好且能够被识别。

2. 安装 Ollama

Ollama 的安装方法有二进制安装、Docker 安装等。

二进制安装是直接在服务器上部署软件，安装命令如下：

```
curl -fsSL https://ollama.com/install.sh | sh
```

这种方法简单方便，但由于 Ollama 默认使用服务器的 11434 端口（作为 HTTP 访问的端口），因此在一台服务器上只能启动一个 Ollama 实例。

要在一台服务器上启动多个实例，推荐使用 **Docker 方式**进行安装。Docker 方式使用镜像进行安装：所有与 Ollama 相关的依赖包都被打包到镜像中，安装时只需一键运行镜像，便可完成环境搭建。另外，启动 Docker 容器时，可将 11434 端口映射到特定的服务器端口，因此可将不同实例映射到不同的端口，确保启动多个实例时不会发生冲突。

使用 Docker 安装前，先执行 `docker info | grep -i nvidia` 命令，看看它是否有输出。如果输出类似于下面这样，就可以进行下一步操作。

```
root@aitest:~# docker info | grep -i nvidia
 Runtimes: io.containerd.runc.v2 nvidia runc
```

如果没有输出，说明服务器上没有安装 NVIDIA Container Toolkit，这时需要执行如下命令：

```
distribution=$(. /etc/os-release;echo $ID$VERSION_ID)
curl -s -L https://nvidia.github.io/nvidia-docker/gpgkey | sudo apt-key add -
curl -s -L https://nvidia.github.io/nvidia-docker/$distribution/nvidia-docker.list
| sudo tee /etc/apt/sources.list.d/nvidia-docker.list
apt-get update
apt-get install -y nvidia-docker2
systemctl restart docker
```

安装完成后，执行下面的命令，从 DockerHub 下载并启动 Ollama 镜像。

```
#下载 Ollama 镜像
docker pull ollama/ollama:0.5.11
#启动镜像
docker run -dp 8880:11434 --gpus device=0 --name DeepSeek-R1-1 ollama/ollama:0.5.11
```

上述镜像启动命令使用了如下 3 个参数。

- `-dp 8880:11434` 是端口映射参数，将 Docker 容器的 11434 端口映射到宿主机（云服务器）的 8880 端口。
- `--gpus device=0` 指定容器使用编号为 0 的 GPU 卡。

- `--name` 指定容器实例的名称为 `DeepSeek-R1-1`。

启动镜像后，可使用 `docker ps` 命令查看正在运行的 Ollama 容器实例。

```
root@aitest:~# docker ps
CONTAINER ID   IMAGE                  COMMAND                  CREATED          STATUS
PORTS                                          NAMES
7049f65fd9d3   ollama/ollama:0.5.11   "/bin/ollama serve"   10 seconds ago   Up 9
seconds   0.0.0.0:8880->11434/tcp, [::]:8880->11434/tcp   DeepSeek-R1-1
```

2.1.3　实战：使用 Ollama 单点部署 DeepSeek R1

环境准备就绪后，本节介绍使用 Ollama 单点部署 DeepSeek R1 模型的过程：从 Ollama 模型仓库下载并部署模型；修改模型的对话模板使其进行深度思考；通过 API 方式访问模型等。

1．Ollama 模型仓库

Ollama 官网提供了一个模型仓库，可通过搜索“Ollama Library”关键词找到，其主页如图 2-2 所示。该仓库汇集了近乎全部主流模型的量化版本，为用户提供了便捷的搜索功能以确认所需模型是否得到支持，并指导用户下载相应的模型文件。

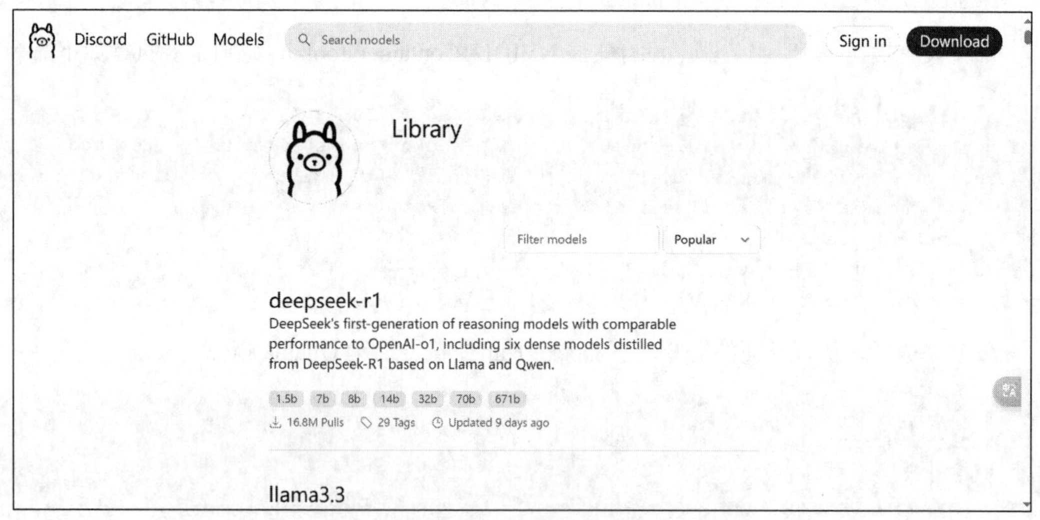

图 2-2　Ollama 模型仓库主页

点击图 2-2 中的 `deepseek-r1`，进入该模型的详情页面，如图 2-3 所示。

该页面包含模型的尺寸信息（1.5b～671b）、模型部署命令（如图 2-3 右上角矩形框所示），以及模型文件列表等。

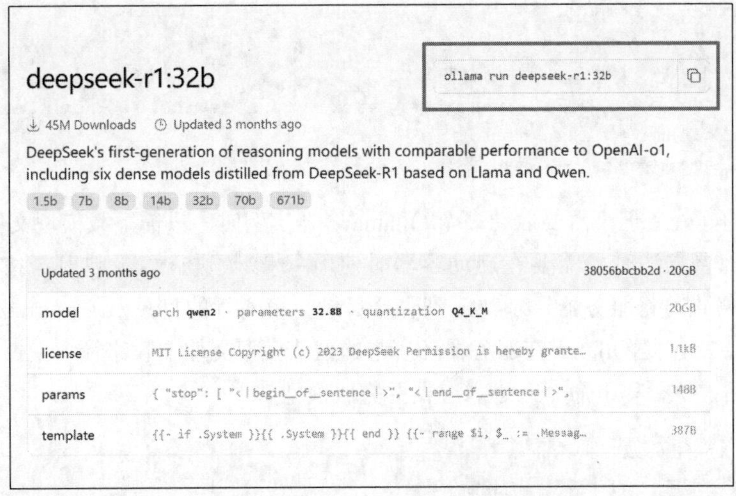

图 2-3 deepseek-r1 模型的详情页面

2. 单点部署 DeepSeek R1

单点部署 deepseek-r1 的方法有以下两种。

（1）在 Ollama Docker 容器内部运行如下 Ollama 命令，完成模型的下载与部署。

```
#进入容器
docker exec -it <你的容器名称或 ID> /bin/bash
#部署 deepseek-r1:32b
ollama run deepseek-r1:32b
```

运行 ollama run deepseek-r1:32b 命令时，输出如图 2-4 所示。

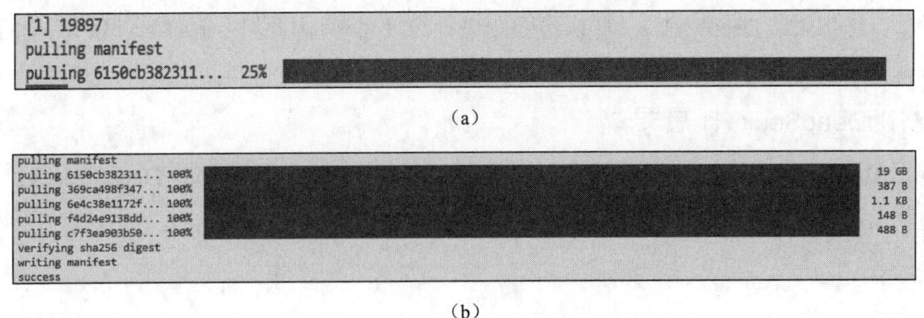

（a）

（b）

图 2-4 deepseek-r1:32b 部署过程

部署模型时需要下载模型文件，如图 2-4（a）所示；模型文件下载完毕后，将自动部署，如图 2-4（b）所示。

（2）先将 deepseek-r1:32b 的模型文件下载到服务器，再在启动容器时将模型文件挂载到容器内，如下所示。

```
1.  #在服务器上下载模型文件
2.  ollama pull deepseek-r1:32b
3.  #启动 Docker 容器时，将模型文件挂载到容器内
4.  docker run -dp 8880:11434 --runtime=nvidia --gpus device=0 --name DeepSeek-R1-1 -v
    /usr/share/ollama/.ollama/models
5.  :/root/.ollama/models ollama/ollama:0.5.11
```

这种方法的好处在于，需要启动多个 Ollama 容器实例时，只需下载模型文件一次。

使用这种部署方法时，需要在启动容器时使用`-v`参数进行目录映射：按照"服务器目录:容器目录"格式，将服务器目录映射到容器目录。第 4 行的目录`/usr/share/ollama/.ollama/models`，是 Ollama 在服务器环境中的默认模型文件下载路径。

容器启动后，执行如下命令，进入容器并完成模型部署。

```
#进入容器内部
docker exec -it DeepSeek-R1-1
#部署模型
ollama run deepseek-r1:32b
```

模型部署完成后，默认处于对话模式，因此可直接输入提示词（如`hello`）测试效果，如图 2-5 所示。

```
>>> hello
<think>

</think>

Hello! How can I assist you today? 😊
```

图 2-5 测试 deepseek-r1:32b 的效果

可以看到，模型输出中包含 DeepSeek R1 标志性的`<think></think>`，也就是深度思考。但由于私有化部署的 DeepSeek R1 默认不强制进行深度思考，因此对于`hello`这种简单的问题，DeepSeek R1 直接给出了答案。

3. 强制让 DeepSeek R1 思考

根据 DeepSeek 官方的建议，要强制让 DeepSeek R1 思考，需要修改 DeepSeek R1 的聊天模板。首先，使用如下命令查看聊天模板。

```
ollama show --modelfile deepseek-r1:32b
```

输出如下所示。

```
# Modelfile generated by "ollama show"
# To build a new Modelfile based on this, replace FROM with:
# FROM deepseek-r1:32b

FROM /usr/share/ollama/.ollama/models/blobs/sha256-6150cb382311b69f09cc0f9a1b69fc
029cbd742b66bb8ec531aa5ecf5c613e93
```

```
6.  TEMPLATE """{{- if .System }}{{ .System }}{{ end }}
7.  {{- range $i, $_ := .Messages }}
8.  {{- $last := eq (len (slice $.Messages $i)) 1}}
9.  {{- if eq .Role "user" }}<｜User｜>{{ .Content }}
10. {{- else if eq .Role "assistant" }}<｜Assistant｜>{{ .Content }}{{- if not $last }}<｜
    end_of_sentence｜>{{- end }}
11. {{- end }}
12. {{- if and $last (ne .Role "assistant") }}<｜Assistant｜>{{- end }}
13. {{- end }}"""
14. PARAMETER stop <｜begin_of_sentence｜>
15. PARAMETER stop <｜end_of_sentence｜>
16. PARAMETER stop <｜User｜>
17. PARAMETER stop <｜Assistant｜>
18. LICENSE """MIT License
```

从第 10 行可知，模型输出的起始位置（<｜Assistant｜>）后面紧跟着{{ .Content}}，而没有类似<think>这样的标签，因此模型不会强制思考。打开强制思考的具体方法如下。

（1）**将聊天模板保存为文件**。运行如下命令，将前述聊天模板的内容保存到文件中。

```
ollama show --modelfile deepseek-r1:32b > Modelfile
```

（2）**添加<think>\\n**。打开刚才保存的 Modelfile 文件，在第 10 行的<｜Assistant｜>后面添加<think>\\n。

（3）**基于聊天模板创建新模型**。修改完成后，使用如下命令基于新的聊天模板创建新模型，如图 2-6 所示。

```
ollama create deepseek-r1-think:32b -f ./Modelfile
```

```
root@aitest:~# ollama create deepseek-r1-think:32b -f ./Modelfile
gathering model components
copying file sha256:6150cb382311b69f09cc0f9a1b69fc029cbd742b66bb8ec531aa5ecf5c613e93 100%
parsing GGUF
using existing layer sha256:6150cb382311b69f09cc0f9a1b69fc029cbd742b66bb8ec531aa5ecf5c613e93
creating new layer sha256:f7780692980e9fb281779b5902eef9f43c8f991d635bf76c171faf1da8c3682f
using existing layer sha256:6e4c38e1172f42fdbff13edf9a7a017679fb82b0fde415a3e8b3c31c6ed4a4e4
using existing layer sha256:f4d24e9138dd4603380add165d2b0d970bef471fac194b436ebd50e6147c6588
writing manifest
success
```

图 2-6　创建新模型

生成新的模型文件后，使用命令 docker exec 重新启动 Ollama Docker 容器。再次进入容器内部后，执行 ollama list 命令，输出中列出了新挂载的模型文件，如图 2-7 所示。

```
root@aitest:~# docker exec -it 3dad6c75074b /bin/bash
root@3dad6c75074b:/# ollama list
NAME                    ID              SIZE     MODIFIED
deepseek-r1-think:32b   b1a2149e387b    19 GB    2 minutes ago
deepseek-r1:32b         38056bbcbb2d    19 GB    2 hours ago
```

图 2-7　ollama list 执行结果

执行 ollama run deepseek-r1-think:32b 命令部署新的模型文件，再进行对话测试，效果如图 2-8 所示。

```
root@3dad6c75074b:/# ollama run deepseek-r1-think:32b
>>> hello
Greetings! How can I assist you today?\\n</think>

Greetings! How can I assist you today?

>>> Send a message (/? for help)
```

图 2-8　新模型文件的对话测试效果

可以看到，使用同样的提示词 hello 时，出现了思考过程。

4．API 访问

模型部署完毕后，尝试访问 Ollama 的 API。由于 Ollama 兼容 OpenAI 的 API，因此可以使用如下代码进行测试。

```
curl http://localhost:8880/v1/chat/completions \
-H "Content-Type: application/json" \
-d '{
   "model": "deepseek-r1-think:32b",
      "messages": [
              {"role": "user", "content": "hello"}
      ]
}'
```

测试结果如图 2-9 所示。

```
root@aitest:~# curl http://localhost:8880/v1/chat/completions \
-H "Content-Type: application/json" \
-d '{
    "model": "deepseek-r1-think:32b",
        "messages": [
                {"role": "user", "content": "hello"}
        ]
}'
{"id":"chatcmpl-52","object":"chat.completion","created":1739801570,"model":"deepseek-r1-think:32b","system_fingerprint":"fp_ollama","choices":[{"index":0,"message":{"ro
le":"assistant","content":"\nAlright, the user wrote \"hello\".\n\nThat's a friendly greeting.\n\nI should respond in a welcoming manner.\n\nMaybe ask how they're doing
or if they need help with something specific.\n\u003c/think\u003e\n\nHello! How can I assist you today?"},"finish_reason":"stop"}],"usage":{"prompt_tokens":7,"completion
_tokens":50,"total_tokens":57}}
```

图 2-9　API 访问测试结果

至此，使用 Ollama 单点部署 DeepSeek R1 模型的过程演示完毕，接下来介绍如何部署多实例的高可用大模型集群。

2.1.4　高可用大模型集群架构设计

在高可用大模型集群中，在多个 Ollama 实例前有提供负载均衡功能的网关，这种集群的架构如图 2-10 所示。

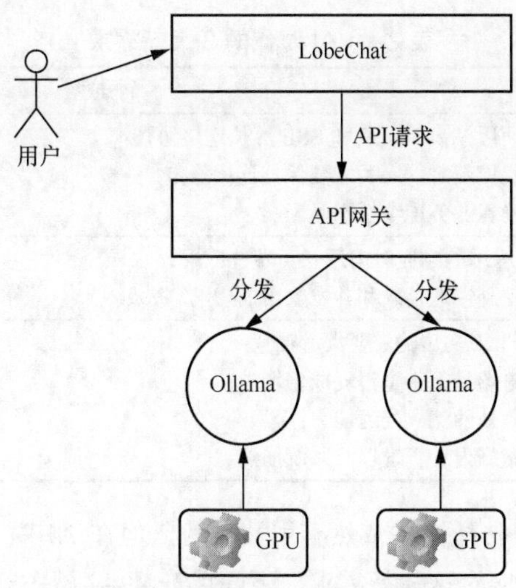

图 2-10 高可用大模型集群架构

在图 2-10 中，有两个 Ollama 实例，每个实例占用一张 GPU 卡，以确保每个实例都能够独立推理。为了让用户能够通过 API 访问 Ollama 并实现并行推理，需要在 Ollama 实例前面添加 API 网关。部署 API 网关后，当用户通过 API 访问实例时，该网关将进行流量分配与路由转发。为方便用户以可视化方式进行对话，可在 API 网关之上的应用层叠加一个对话应用，如 LobeChat、OpenWebUI 等。

2.1.5 AI 时代给网关带来的挑战

AI 时代给网关带来的挑战，主要体现在以下 5 个方面。

- **服务连续性**。LLM 应用通常需要较长的内容生成时间，用户体验很大程度上依赖于对话的连续性。因此，如何在后端系统更新时保持服务不中断成了关键问题。
- **资源安全**。不同于传统应用，LLM 服务处理单个请求时需要消耗大量计算资源。这种特性使得服务特别容易受到攻击：攻击者发起攻击请求的成本很小，但能给服务器带来巨大负担。因此，如何保障后端系统的稳定性变得尤为重要。
- **商业模式保护**。很多 AGI 企业提供免费调用额度以吸引用户，但这也带来了风险，如将免费额度封装成收费 API。
- **内容安全**。不同于传统 Web 应用通常只需进行简单信息匹配，LLM 应用通过推理来生成内容。如何确保这些自动生成的内容安全合规，是一个需要特别关注的问题。
- **多模型管理**。需要接入多个大模型时，如何统一管理不同厂商的 API，以降低开发和维护成本，也是一个重要问题。

在网关的流量层面，AI 时代有 3 大新需求，分别是长连接、高延时和高带宽，如表 2-1 所示。

表 2-1 AI 时代的 3 大新需求

需求	特点
长连接	大量使用 WebSocket 和 SSE 等长连接协议； 在配置更新时，网关需要保持连接稳定； 必须确保业务连续性不受影响
高延时	LLM 应用的响应时间远长于传统应用； 容易受到慢速请求和并发攻击的影响
高带宽	LLM 上下文传输需要大量带宽； 高延时场景下带宽消耗成倍增加； 需要高效的流式处理能力； 必须做好内存管理以防系统崩溃

这意味着虽然 Nginx 等传统网关依然有用武之地，但在 AI 时代，还需要额外的功能增强或寻找更加专业解决方案来应对这些新需求。下面以开源 AI 网关产品 Higress 为例进行介绍。

2.1.6 实战：利用 Higress 和 Ollama 搭建高可用集群

Higress 提供了基于 Kubernetes 的部署模式，以及基于 Docker 的 all-in-one 部署模式。本节介绍基于 Docker 的部署：首先，部署 Higress 网关；然后，使用 Higress 接入 Ollama 以实现负载均衡；最后，介绍 Higress 如何为 Ollama 分配 API Key，以及如何使用 Higress 对 Token 进行可视化监测。

1. Higress 部署

Higress 社区提供了 all-in-one 模式的部署脚本，可用来一键完成部署。首先，使用如下命令将这个脚本下载到服务器：

```
curl -sS https://higress.cn/ai-gateway/install.sh > install.sh
```

这个脚本实现的是基于内网的部署，如果要实现基于公网的部署，即通过公网暴露 Higress 网关的访问端口，需修改脚本内容：在如图 2-11 所示的第 434 行处，找到 Docker 启动命令，删除矩形框中的 `127.0.0.1:`。

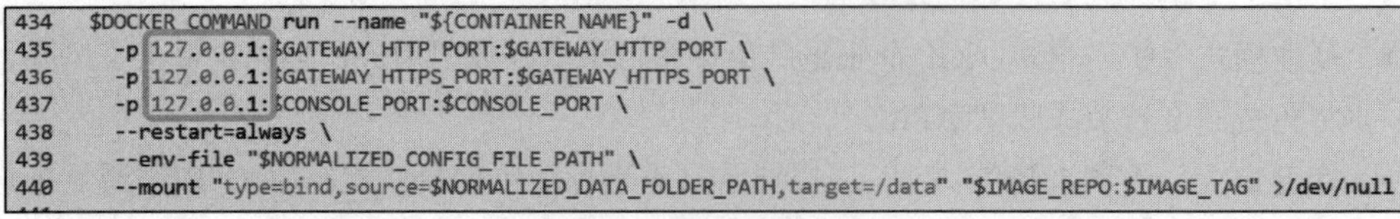

```
434  $DOCKER_COMMAND run --name "${CONTAINER_NAME}" -d \
435    -p 127.0.0.1:$GATEWAY_HTTP_PORT:$GATEWAY_HTTP_PORT \
436    -p 127.0.0.1:$GATEWAY_HTTPS_PORT:$GATEWAY_HTTPS_PORT \
437    -p 127.0.0.1:$CONSOLE_PORT:$CONSOLE_PORT \
438    --restart=always \
439    --env-file "$NORMALIZED_CONFIG_FILE_PATH" \
440    --mount "type=bind,source=$NORMALIZED_DATA_FOLDER_PATH,target=/data" "$IMAGE_REPO:$IMAGE_TAG" >/dev/null
```

图 2-11 修改部署脚本

修改完毕后，执行 `bash install.sh` 命令进行安装。安装开始时，会提示选择网关后端要对接哪个服务商的模型；可直接按回车键跳过，如图 2-12（a）所示。接下来，如果出现 Higress 访问信息，则表明安装成功，如图 2-12（b）。

```
root@aitest:~# bash install.sh
Provide a key for each LLM provider you want to enable, then press Enter.
If no key is provided and Enter is pressed, configuration for that provider will be skipped.

1. OpenAI
2. Aliyun Dashscope
3. Moonshot
4. Azure OpenAI
5. 360 Zhinao
6. Baichuan AI
7. 01.AI
8. DeepSeek
9. Zhipu AI
10. Ollama
11. Claude
12. Baidu AI Cloud
13. Stepfun
14. Minimax
15. Google Gemini
16. Mistral AI
17. Cohere
18. Doubao
Please choose an LLM service provider to configure (1~18, press Enter alone to break):
```

（a）

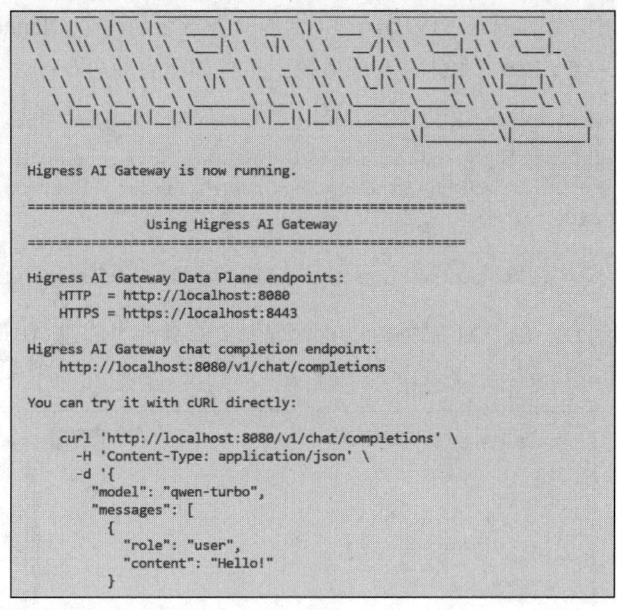

Higress AI Gateway is now running.
==
Using Higress AI Gateway
==
Higress AI Gateway Data Plane endpoints:
HTTP = http://localhost:8080
HTTPS = https://localhost:8443
Higress AI Gateway chat completion endpoint:
http://localhost:8080/v1/chat/completions
You can try it with cURL directly:
curl 'http://localhost:8080/v1/chat/completions' \
-H 'Content-Type: application/json' \
-d '{
"model": "qwen-turbo",
"messages": [
{
"role": "user",
"content": "Hello!"
}

（b）

图 2-12 使用部署脚本安装 Higress

图 2-12（b）列出了两个端口的信息，分别是 HTTP 访问端口 8080、HTTPS 访问端口 8443。还有一个在图中没有显示的控制台访问端口 8001。

2. 使用 Higress 接入 Ollama

在浏览器输入<公网 ip>:8001，进入 Higress 控制台，如图 2-13 所示。

Higress 提供了“AI 流量入口管理”功能，可用来轻松地对接大模型服务、添加大模型访问路由等。

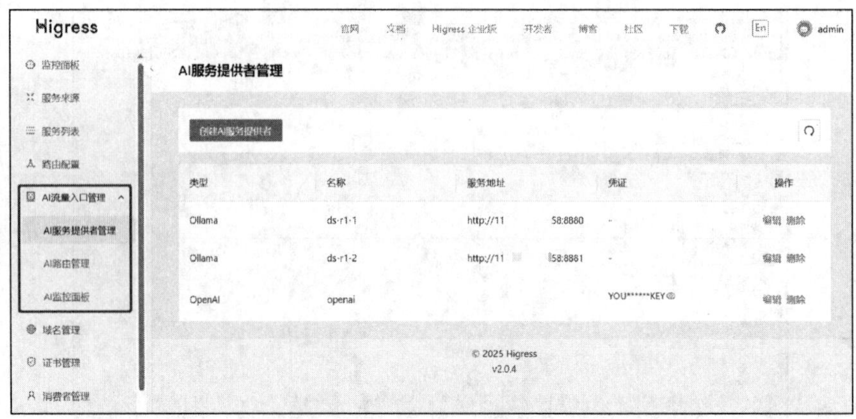

图 2-13 Higress 控制台

使用 2.1.2 节申请的带有两张 NIVIDIA T4 卡的服务器启动两个 Ollama 服务，并在每个服务中部署 deepseek-r1:32b。为此，在服务器上执行如下启动命令：

```
#启动 Ollama 服务 1
docker run -dp 8880:11434 --runtime=nvidia --gpus device=0 --name DeepSeek-R1-1 -v
    /usr/share/ollama/.ollama/models:/root/.ollama/models ollama/ollama:0.5.11
#启动 Ollama 服务 2
docker run -dp 8881:11434 --runtime=nvidia --gpus device=1 --name DeepSeek-R1-2 -v
    /usr/share/ollama/.ollama/models:/root/.ollama/models ollama/ollama:0.5.11
```

回到 Higress 控制台，在“AI 服务提供者管理”页面点击“创建 AI 服务提供者”按钮，弹出如图 2-14 的页面。

图 2-14 创建 AI 服务提供者

在图 2-14 所示的“大模型供应商”中选择“Ollama”，进入如图 2-15 所示的 Ollama 服务配置页面。

图 2-15 Ollama 服务配置页面

在图 2-15 中填写 Ollama 服务主机名时，需填服务器的公网地址，因为 Higress 运行在 Docker 容器中而不是服务器上，因此无法访问服务器内网。按同样的方法，添加另一个 Ollama 服务。

接下来，为两个 Ollama 服务创建用于负载均衡的路由。在“AI 路由管理”页面，点击“创建 AI 路由”，弹出如图 2-16 的页面。

（a）

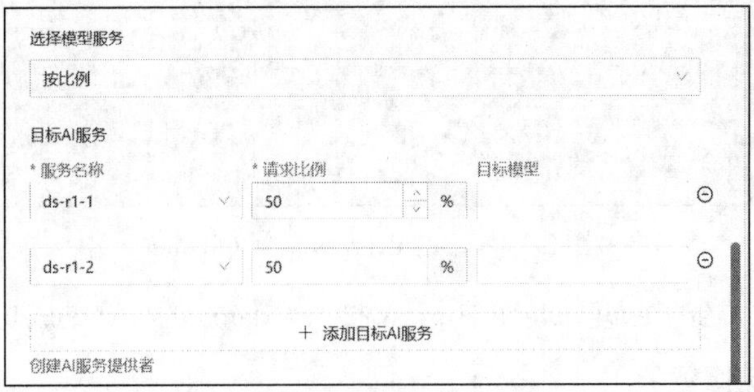

（b）

图 2-16 创建 AI 路由

在图 2-16（a）中，路由的名称可以根据实际情况设置；由于本服务器没有申请域名，因此域名可以空着不填；将路由的匹配方式设置为“前缀匹配”，并输入前缀“/”，这是因为 Ollama 的 API 有多个，如用于对话的`/chat/completions`、用于查询模型支持列表的`/models`等，通过组合使用“前缀匹配”和前缀“/”，可以确保用户访问这些 API 时无须更改前缀。

在图 2-16（b）中，流量转发设置为“按比例”，且两个 Ollama 服务各占 50%。设置完成后，可以在服务器上使用如下命令进行测试：

```
curl -sv http://localhost:8080/v1/chat/completions \
    -X POST \
    -H 'Content-Type: application/json' \
    -d \
'{
  "model": "deepseek-r1:32b",
  "messages": [
    {
      "role": "user",
      "content": "你是一位 python 编程专家，请帮我编写一个加法运算程序"
    }
  ]
}'
```

Higress 将把请求随机地路由到一个 Ollama 服务，如图 2-17 所示。

```
*   Trying 127.0.0.1:8080...
* Connected to localhost (127.0.0.1) port 8080 (#0)
> POST /v1/chat/completions HTTP/1.1
> Host: localhost:8080
> User-Agent: curl/7.81.0
> Accept: */*
> Content-Type: application/json
> Content-Length: 179
>
* Mark bundle as not supporting multiuse
< HTTP/1.1 200 OK
< content-type: application/json
< date: Thu, 27 Feb 2025 14:29:53 GMT
< req-cost-time: 172273
< req-arrive-time: 1740666421431
< resp-start-time: 1740666593704
< x-envoy-upstream-service-time: 172268
< server: istio-envoy
< transfer-encoding: chunked
<
{"id":"chatcmpl-533","object":"chat.completion","created":1740666593,"model":"deepseek-r1:32b","system_fingerprint":"fp_ollama","choices":[{"index":0,"message":{"role":"
assistant","content":"\u003cthink\u003e\n好，用户希望我写一个计算加法的Python程序。那么，首先我要确定用户的需求是什么。他可能是一个刚开始学习编程的学生，或者想快速实现一
个简单的加法功能的人。\n\n接下来，我需要考虑程序的基本结构。通常，加法程序的步骤是：获取输入、处理数据、显示结果。因此，我会让用户输入两个数字，然后把它们转换为整数，进
行相加，最后输出结果。\n\n用户可能希望程序能够提示他输入数字，所以我应该包含一些友好的输入提示信息。这样可以提高用户的使用体验，让他们更清楚该怎么做。\n\n另外，考虑到不
同的数据类型，可能需要处理浮点数的情况，但这次暂时只处理整数，如果以后扩展的话，还可以改成float类型。\n\n然后，我得写出具体的代码步骤。首先用input函数获取输入的两个数字
，并赋值给变量a和b。接着将这两个字符串转换为整数。然后计算它们的和，最后打印结果。\n\n在测试程序时，用户可能会发现一些问题，比如输入错误或者非数字的情况，但作为基础版本
，可能暂时不处理这些异常情况，留到以后优化。\n\n最后，总结一下这个程序的功能，并提供使用说明，让用户能够顺利运行它。\n\u003c/think\u003e\n\n当然可以！下面是一个简单的Pyt
hon程序，用于计算两个数的加法：\n\n```python\n# 获取用户输入的第一个数字\na = int(input(\"请输入第一个数字：\"))\n# 获取用户输入的第二个数字\nb = int(input(\"请输入第二
个数字：\"))\n\n# 计算两个数字的和\nsum_result = a + b\n\n# 输出结果\nprint(f\"{a} + {b} 的结果是：{sum_result}\")\n```\n\n### 使用说明：\n1. 运行程序后，首先输入◆◆◆一个
数字并按回车。\n2. 然后输入第二个数字并按回车。\n3. 程序会输出两个数字的和。\n\n例如：\n- 输入 `5` 和 `3` 后，程序会输出：`5 + 3 的结果是：8`\n\n希望这个程序对你有帮助！
如果需要更复杂的功能或有更多的数字运算，请随时告诉我。"},"finish_reason":"stop"}],"usage":{"prompt_tokens":18,"completion_tokens":456,"total_tokens":474}}
* Connection #0 to host localhost left intact
```

图 2-17 通过 Higress 访问 Ollama

可以看到，请求得到了回复，说明 Higress 接入 Ollama 的配置是成功的。

3. API Key 二次分租

在企业级应用中对外提供 LLM 访问服务时，需要使用 API Key 进行身份验证。这样既可保证安全性，还便于进行 API Key 级别的 token 用量监测。

Higress 提供了 API Key 二次分租功能，即在网关层面为其代理的服务分发 API Key，从而

要求用户通过网关访问 LLM 时，必须提供 API Key 才能通过网关层面的身份验证。

要创建 API Key，可在“创建消费者”页面进行。创建消费者 customer1 和 customer2，模拟向两位用户发放 API Key 的情况，如图 2-18 所示。

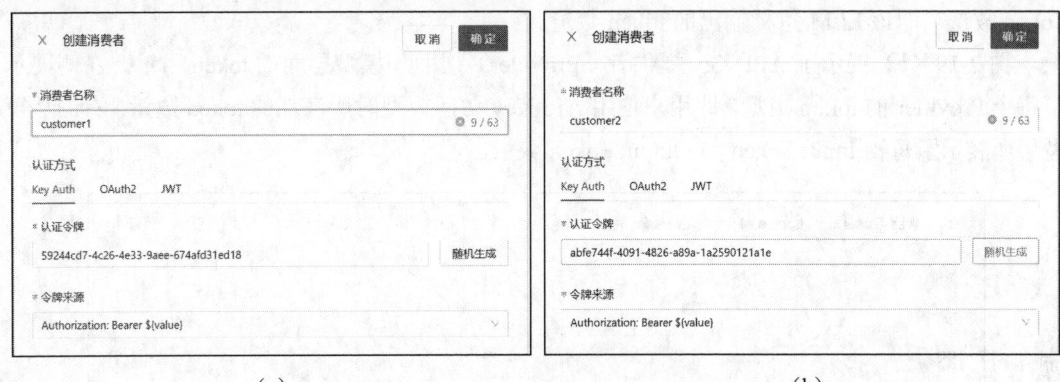

（a）（b）

图 2-18 创建两个消费者

通过请求头提供 API Key 并再次运行 curl 命令，如下所示。

```
curl -sv http://localhost:8080/v1/chat/completions \
    -X POST \
    -H 'Content-Type: application/json' \
        -H "Authorization: Bearer abfe744f-4091-4826-a89a-1a2590121a1e" \
    -d \
'{
  "model": "deepseek-r1:32b",
  "messages": [
    {
      "role": "user",
      "content": "你是一位 python 编程专家，请帮我编写一个加法运算程序"
    }
  ]
}'
```

借助于 API Key，Higress 可以控制消费者的调用权限和调用额度，还可观测每个消费者的 token 用量。

4．观测 token 用量

Higress 内置了指标监控套件 Prometheus 和 Grafana，支持 token 级别的观测。图 2-19 展示了在“监控面板”页面可观测到的指标信息。

图 2-19（a）展示了 Higress AI Gateway Dashboard 的 HTTP 请求状态码分布情况。左侧图表显示了过去一小时不同 HTTP 状态码（1xx、2xx、3xx、4xx、5xx）的请求次数，右侧图表显示 2xx 状态码的请求次数。

图 2-19（b）展示了总体 token 用量统计和模型层面的 token 用量统计。左侧图表展示了每秒 Input Token（人类输入）与 Output Token（LLM 输出）的数量；中间图表从模型层面展示了每秒 Input Token 数量，即每秒请求该 LLM 的 token 数量；右侧图表从模型层面展示了每秒 Output Token 数量，即该 LLM 每秒输出的 token 数量。

图 2-19（c）展示了 API Key 提供者（Provider）层面和模型层面的 token 用量。左侧展示了每个 Provider 的 token 用量，即用户使用 API Key 访问模型时所消耗的 token 数量；右侧从模型层面展示了每秒 Input Token 与 Output Token 数量。

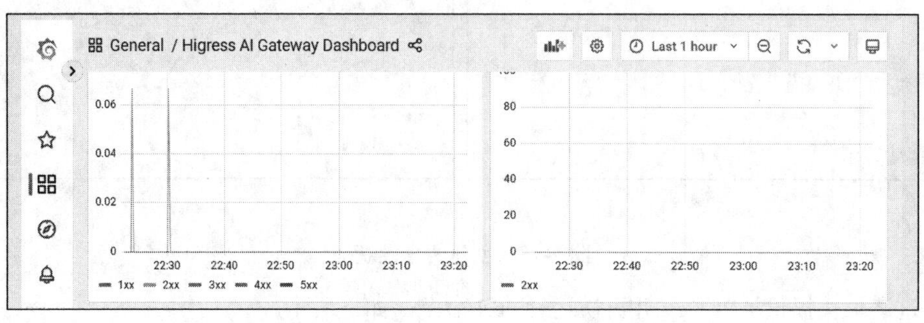

（a）

General / Higress AI Gateway Dashboard　Last 15 minutes

Token Per Second　Input Token Per Second(Model Level)　Output Token Per Second(Model Level)

InputToken　OutputToken　deepseek-r1:32b　deepseek-r1:32b

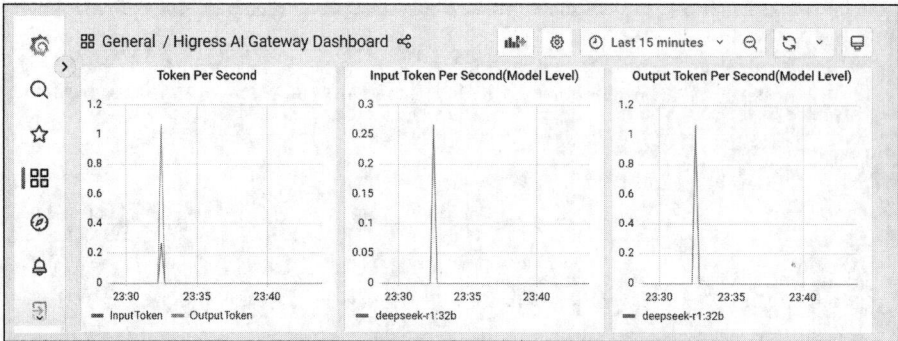

（b）

Provider Usage			Model Usage		
Provider ↓	Input Token	Output Token	Model	Input Token	Output Token
2	0	(	deepseek-r1:32b	4.07	16.:
1	4.07	16.:			

（c）

图 2-19　Higress 监控面板

2.1.7　实战：利用 LobeChat 实现可视化对话

本节将在 Higress 网关上层集成可视化的对话界面，以告别只能通过 Curl 命令行交互的模式。在开源社区，有多种成熟的对话应用实现，其中热度较高的有 OpenWebUI、LobeChat 等。本节将以 LobeChat 为例进行演示。

LobeChat 提供了以下两种部署架构供用户选择。

- 云端托管模式（推荐用于测试环境）：只在本地部署用于对话的客户端，所有历史对话数据、配置信息等存储在 LobeChat 的云服务器上。
- 私有化部署：将数据存储在本地，确保数据的安全、可控。

这里采用第 1 种部署方式，以快速完成部署并进行对话测试。使用如下 Docker 命令完成一键部署。

```
$ docker run -d -p 3210:3210 \  #LobeChat 客户端控制台的访问端口
  -e OPENAI_API_KEY=fcb8c143-bb01-4bf3-ad5c-6d76bc727e66 \ #Higress API Key
  -e OPENAI_PROXY_URL=http://higress:8080/v1 \ #Higress 网关地址
  -e ACCESS_CODE=lobe66 \ #环境变量
  --name lobe-chat \ #容器实例名称
  lobehub/lobe-chat #LobeChat 镜像名称
```

其中 `OPENAI_API_KEY` 的值为 2.1.6 节在 Higress 网关创建的 API Key（如没有，可填 `unused`），`OPENAI_PROXY_URL` 的值为 Higress 网关的 HTTP 访问地址，`3210` 是 LobeChat 客户端控制台的访问端口。

LobeChat 容器启动后，在浏览器输入`<公网地址>:3210`，打开 LobeChat 对话客户端，并进行对话测试，如图 2-20 所示。

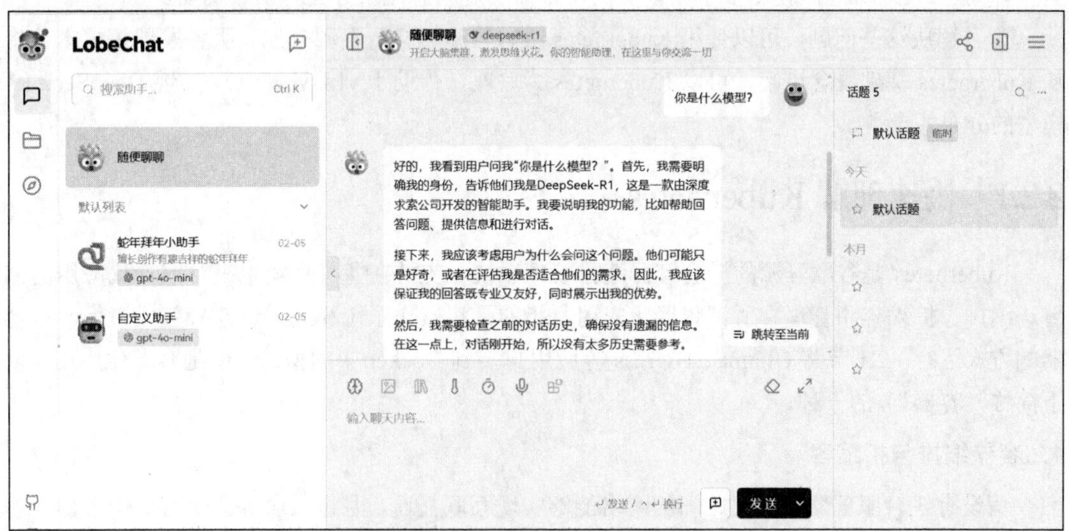

图 2-20　LobeChat 客户端

从对话过程可知，LobeChat 与 DeepSeek 官网的对话应用一样，返回内容时逐字输出，这就是流式输出。在 LLM 生成的回复内容特别多的情况下，流式输出可减轻服务器和网关的压力，提高用户体验。

至此，基于 Ollama、AI 网关和 LobeChat 的高可用大模型集群便构建完毕了。

2.2 非量化版 DeepSeek 分布式部署方案

量化技术以损失模型精度为代价降低了模型对显存的占用，但损失模型精度必然影响模型输出的质量。在算力资源充足的情况下，建议优先使用非量化版模型。

随着模型参数量越来越大，很难在单张显卡上部署整个模型。以 DeepSeek R1 的蒸馏模型 DeepSeek-R1-Distill-Llama-70B 为例，测试表明其部署所需显存至少为 160 GB。目前国内广泛使用的 NIVIDIA A100、H100 系列显卡，单卡显存仅为 80 GB。这意味着，至少需要两张这样的显卡才能部署 DeepSeek-R1-Distill-Llama-70B 模型，因此需要使用分布式部署技术。

此外，2.1 节介绍的 Docker 部署方式虽具备快速部署、操作简便的优势，但通常仅限于供研发人员快速验证技术方案的测试环境。要将 AI 模型投入生产环境，需要重点解决以下 4 个方面的问题。

- 服务高可用性：单容器部署存在单点故障风险。
- 弹性伸缩需求：LLM 推理的算力需求呈现明显的波峰波谷特征。
- 资源配置优化：GPU 资源的精细化调度与管理。
- 服务发现难题：使用多个模型实例时，需实现动态流量分配与负载均衡。

为了解决这些问题，可以使用 Kubernetes 进行容器编排、资源分配、服务发现等。本节将从 Kubernetes 基础概念讲起，再以 Kubernetes 为底座，借助于 vLLM 和 Ray 实现 DeepSeek R1 模型的分布式部署。

2.2.1 快速理解 Kubernetes

Kubernetes 是谷歌开源的一套容器编排管理系统，支持在各类环境中进行容器化应用的部署、编排、扩缩容和管理。所谓容器化应用，指的是将操作系统和应用软件打包成镜像，以容器的方式运行。2.1 节将 Ollama、Higress 等应用封装到 Docker 中的做法，便是容器化应用（以下简称“容器”）的一种。

1. 容器编排与扩缩容

假设有 3 台服务器，它们之间的网络能够实现互联互通，且每台服务器上有一个容器，如图 2-21 所示。

假设除已经在运行的容器 A、容器 B 和容器 C，还要运行 CPU 和内存资源需求非常高的容器 D，但这 3 台服务器的剩余资源都无法满足该需求。在这种情况下，可行的解决方案是将容器 A 迁移到服务器 2，以释放服务器 1 的资源，用于部署容器 D，如图 2-22 所示。

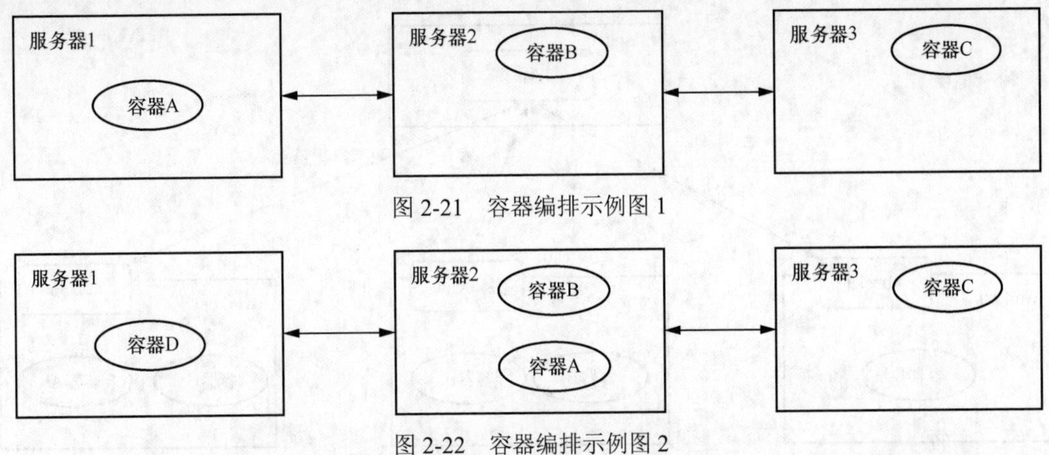

图 2-21　容器编排示例图 1

图 2-22　容器编排示例图 2

这个过程无须用户手动操作：通过为容器 D 设置最大优先级策略，Kubernetes 将自动完成容器在服务器之间的调度，这个过程叫作容器编排。

假设容器 A 承受的服务压力过大，需要为其创建一个副本，并通过负载均衡进行分流。此时可将容器 A 的副本数设置为 2，Kubernetes 将自动创建一个副本，并将其自动调度到资源适配的服务器上。这个过程叫作扩容，如图 2-23 所示。

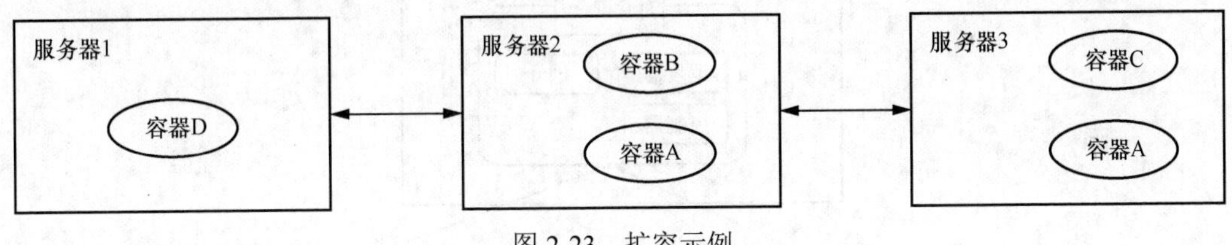

图 2-23　扩容示例

反之，如果容器 A 承受的服务压力降低了，可将容器 A 的副本数修改为 1，此时服务器 3 上的容器 A 将被 Kubernetes 自动销毁。这个过程叫作缩容。

2. 认识 Kubernetes 组件

在 Kubernetes 中，有一个主程序对所有资源进行统一管理。这个主程序通常被单独部署在一台服务器上，这台服务器被称为 master 节点；而运行容器的其他服务器被称为 worker 节点。

主程序不能与 worker 节点上的容器直接通信，需要通过安装在 worker 节点上的客户端程序 kubelet 与容器通信，进而完成对容器的管理。这种 master-worker 架构如图 2-24 所示。

主程序由多个组件组成：调度器负责将容器调度到合适的节点上；etcd 用于存储各个节点的状态信息，对整个集群的状态进行记录和管理；控制器负责控制容器行为，如副本扩张等。同时，为方便 Kubernetes 集群外部的用户或程序访问集群，在主程序中还设置了一个 HTTP

Server；该 HTTP Server 被称为 api server，提供了许多 API 接口。

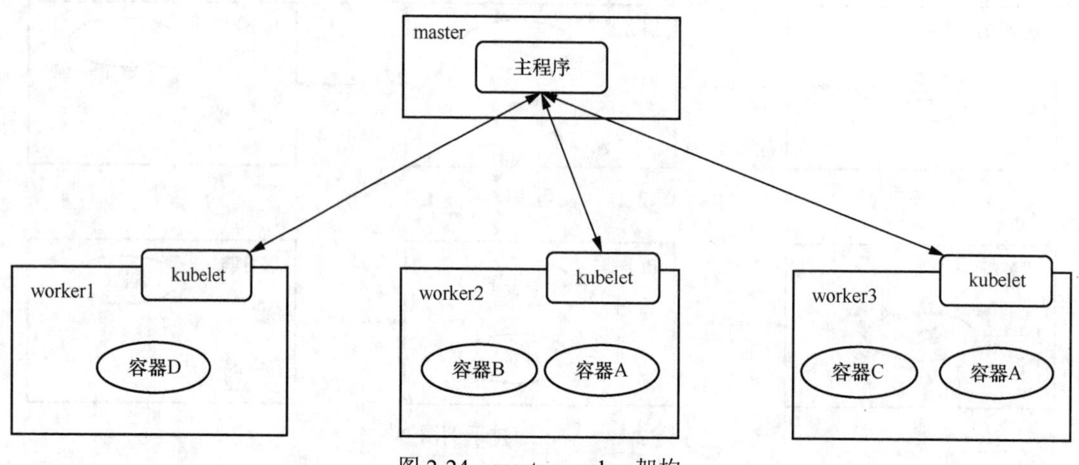

图 2-24 master-worker 架构

Kubernetes 对容器进行封装，封装后的单元名为 pod——Kubernetes 中的最小可部署单元。一个 pod 可包含多个容器，这些容器共享 pod 的资源，并紧密协作以完成特定业务功能，如图 2-25 所示。

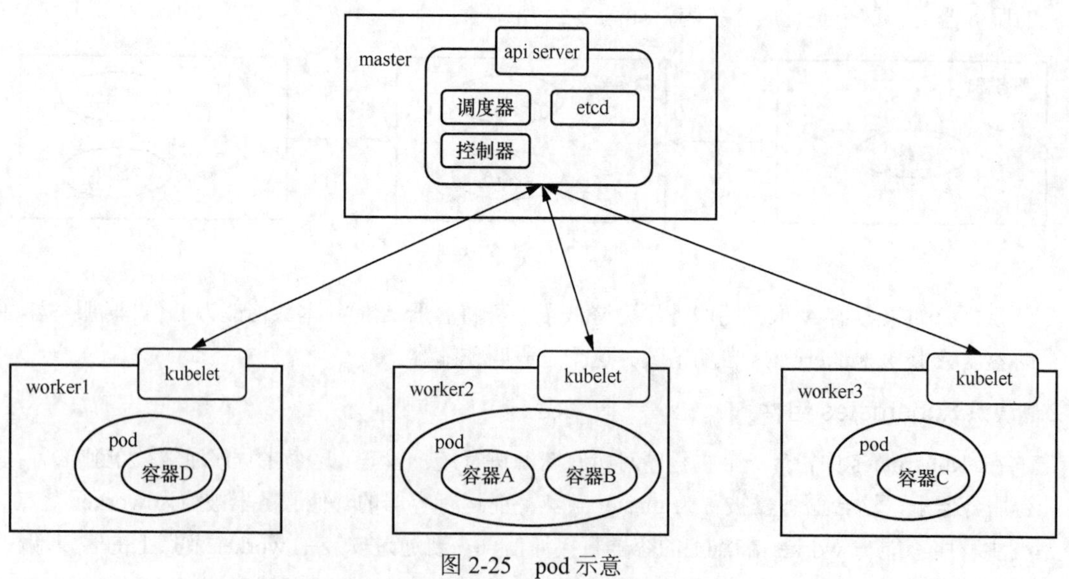

图 2-25 pod 示意

有关 Kubernetes 基础概念就介绍到这里。Kubernetes 功能丰富、涉及的细节众多，新手入门时，建议通过实际操作来熟悉基本功能：搭建自己的 Kubernetes 集群，并将应用部署到集群上。在进阶学习阶段，需要深入了解如何通过编写代码来访问和控制 Kubernetes 资源（例如，使用 client-go 客户端 SDK 与 Kubernetes 交互），并理解 Operator 机制等。

2.2.2 Kubernetes 安装

本节介绍如何安装 Kubernetes。虽然 2.2.1 节涉及使用多台服务器的情况，但测试和学习 Kubernetes 时，仅需一台服务器：将 master 组件（如 etcd、控制器等）和 worker 组件（如 kubelet 等）安装在同一台服务器上。

Kubernetes 有多种安装方法。最原始的安装方式是**二进制安装**，即逐个安装调度器、控制器等组件。然而，这种安装方法对新手不太友好，在安装过程中可能出现兼容性报错等诸多问题。另一个常用的安装工具是 **kubeadm**，它借助于命令行操作自动完成组件的安装。借助于 kubeadm，新手通常只需大约 1 小时就可完成 Kubernetes 安装。除上述两种安装方法外，KubeSphere 开源社区还提供了另一种安装方法：使用 **KubeKey** 来安装 Kubernetes。这种方法比使用 kubeadm 更简单，只需 10～20 分钟即可完成 Kubernetes 安装。下面演示如何使用 KubeKey 来安装 Kubernetes。

1. 环境准备

首先，在云厂商（阿里云、腾讯云、华为云等）申请一台 4 核 8G 的服务器，并选择操作系统 Ubuntu 22.04。接下来，需执行以下 3 个步骤，准备好 Kubernetes 的安装环境。

（1）**关闭防火墙**。使用如下命令查看防火墙状态，如果是 inactive，说明防火墙已关闭。

```
ufw status
```

如果处于未关闭状态，使用如下命令关闭防火墙。

```
ufw disable
```

（2）**安装依赖项**。使用如下命令安装依赖项。

```
apt update
apt install socat conntrack ebtables ipset -y
```

（3）**安装 kubekey**。使用如下命令将下载区域设置为中国，并下载 KubeKey 的最新版本。

```
export KKZONE=cn
curl -sfL https://get-kk.kubesphere.io | sh -
```

下载完成后，当前目录将包含可执行文件 `kk`，使用如下命令为其添加可执行权限。

```
chmod +x kk
```

至此，Kubernetes 的安装环境就准备好了。

2. 安装 Kubernetes

安装 Kubernetes 主要分为以下两步。

（1）使用如下命令生成配置文件。

```
./kk create config --with-kubernetes v1.26.4
```

该命令的意思是基于 Kubernetes v1.26.4 生成配置文件，读者可以将 v1.26.4 替换为需要的版本。执行该命令后，当前目录将包含 config-sample.yaml 文件，其中包含多个配置项。首先，修改该文件的 hosts 部分，如图 2-26 所示。

```
apiVersion: kubekey.kubesphere.io/v1alpha2
kind: Cluster
metadata:
  name: sample
spec:
  hosts:
  - {name: node1, address: 172.16.0.2, internalAddress: 172.16.0.2, user: ubuntu, password: "Qcloud@123"}
  - {name: node2, address: 172.16.0.3, internalAddress: 172.16.0.3, user: ubuntu, password: "Qcloud@123"}
  roleGroups:
    etcd:
    - node1
```

图 2-26　修改 hosts

本节只有一个节点（一台服务器），因此删除 hosts 列表中多余的条目，只留下一条，再将其中的 name 改为服务器的 hostname，将 address 与 internalAddress 后的 IP 地址改为内网 IP 地址，将 user 改为 root，将密码改为当前服务器的 root 用户密码。

要获悉 hostname 与 IP 地址，可执行 ip a 命令，如图 2-27 所示。图中矩形框内的 kubekey 和 192.168.0.116 就是 hostname 和 IP 地址。

```
root@kubekey:~/kubekey# ip a
1: lo: <LOOPBACK,UP,LOWER_UP> mtu 65536 qdisc noqueue state UNKNOWN group default qlen 1000
    link/loopback 00:00:00:00:00:00 brd 00:00:00:00:00:00
    inet 127.0.0.1/8 scope host lo
       valid_lft forever preferred_lft forever
    inet6 ::1/128 scope host
       valid_lft forever preferred_lft forever
2: ens3: <BROADCAST,MULTICAST,UP,LOWER_UP> mtu 1500 qdisc fq_codel state UP group default qlen 1000
    link/ether fa:16:3e:85:a9:a3 brd ff:ff:ff:ff:ff:ff
    altname enp0s3
    inet 192.168.0.116/24 metric 100 brd 192.168.0.255 scope global ens3
       valid_lft forever preferred_lft forever
    inet6 fe80::f816:3eff:fe85:a9a3/64 scope link
       valid_lft forever preferred_lft forever
```

图 2-27　获取 hostname 与 IP 地址

接下来，修改 roleGroups 的信息，如图 2-28 所示。roleGroups 用于设置 etcd、control-plane(master) 和 worker 的安装节点，这里将它们均安装在 kubekey 节点即可。

最后，建议将镜像的下载地址 privateRegistry 修改为阿里云的服务器地址 registry.cn-beijing.aliyuncs.com（否则下载速度会比较慢），如图 2-29 所示。

```yaml
apiVersion: kubekey.kubesphere.io/v1alpha2
kind: Cluster
metadata:
  name: sample
spec:
  hosts:
  - {name: kubekey, address: 192.168.0.116, internalAddress: 192.168.0.116, user: ubuntu, password: "Qcloud@123"}
  roleGroups:
    etcd:
    - kubekey
    control-plane:
    - kubekey
    worker:
    - kubekey
```

图 2-28　修改 roleGroups

```yaml
registry:
  privateRegistry: "registry.cn-beijing.aliyuncs.com"
  namespaceOverride: "kubesphereio"
  registryMirrors: []
  insecureRegistries: []
addons: []
```

图 2-29　修改镜像下载地址

（2）**创建 Kubernetes**。运行如下命令创建 Kubernetes。

```
./kk create cluster -f config-sample.yaml
```

成功执行该命令后，将显示如图 2-30 所示的界面，开始自动下载并安装 Kubernetes 组件。

```
root@kubekey:~/kubekey# ./kk create cluster -f config-sample.yaml

21:46:33 CST [GreetingsModule] Greetings
21:46:34 CST message: [kubekey]
Greetings, KubeKey!
21:46:34 CST success: [kubekey]
21:46:34 CST [NodePreCheckModule] A pre-check on nodes
21:46:34 CST success: [kubekey]
21:46:34 CST [ConfirmModule] Display confirmation form
| name    | sudo | curl | openssl | ebtables | socat | ipset | ipvsadm | conntrack | chrony | docker | containerd | nfs client | ceph client | glusterfs client | time
 |
| kubekey | y    | y    | y       | y        | y     | y     |         | y         |        |        |            |            |             |                  | CST 21:
46:34 |

This is a simple check of your environment.
Before installation, ensure that your machines meet all requirements specified at
https://github.com/kubesphere/kubekey#requirements-and-recommendations

Install k8s with specify version:  v1.26.4
```

图 2-30　创建 Kubernetes

等待一段时间后，如果出现如图 2-31 所示的提示，说明安装结束。

执行图 2-31 中提示的 `kubectl get pod -A`（查看所有命名空间下的 pod）命令，如果出现如图 2-32 所示的效果，说明 Kubernetes 集群已安装成功且运行正常。

```
Installation is complete.

Please check the result using the command:

        kubectl get pod -A
```

图 2-31　安装结束

```
root@kubekey:~/kubekey# kubectl get pod -A
NAMESPACE     NAME                                        READY   STATUS    RESTARTS   AGE
kube-system   calico-kube-controllers-57db949bd8-ppxdh    1/1     Running   0          3m21s
kube-system   calico-node-jnxj7                           1/1     Running   0          3m22s
kube-system   coredns-59576b886b-6lhjr                    1/1     Running   0          3m21s
kube-system   coredns-59576b886b-tfnhk                    1/1     Running   0          3m21s
kube-system   kube-apiserver-kubekey                      1/1     Running   0          3m38s
kube-system   kube-controller-manager-kubekey             1/1     Running   0          3m36s
kube-system   kube-proxy-n5jdq                            1/1     Running   0          3m22s
kube-system   kube-scheduler-kubekey                      1/1     Running   0          3m36s
kube-system   nodelocaldns-vlc4z                          1/1     Running   0          3m22s
```

图 2-32　执行 kubectl get pod -A 命令效果

2.2.3　容器编排与服务暴露

本节以部署 Nginx 应用为例，演示如何编排容器和暴露服务。

1．containerd 与镜像下载

在部署应用前，需先将应用的镜像下载到 Kubernetes 所在的服务器。从 Kubernetes 1.20 版开始，Kubernetes 不再支持 Docker，转而支持更轻量化的 containerd。

Docker 与 containerd 的关系，就如同卡车整车与车头的关系。整车与车头都能跑，但在只有车头的情况下，跑起来更轻便。

接下来，使用 containerd 从 DockerHub 拉取 Nginx 镜像，命令如下：

```
crictl pull docker.1ms.run/nginx:latest
```

拉取镜像后，使用 crictl images 命令查看当前服务器上的全部镜像，如图 2-33 所示。

```
root@kubekey:~# crictl images
IMAGE                                                            TAG       IMAGE ID        SIZE
docker.1ms.run/nginx                                             latest    b52e0b094bc0e   72.2MB
registry.cn-beijing.aliyuncs.com/kubesphereio/cni                v3.27.4   dc6f84c32585f   88.8MB
registry.cn-beijing.aliyuncs.com/kubesphereio/coredns            1.9.3     5185b96f0becf   14.8MB
registry.cn-beijing.aliyuncs.com/kubesphereio/k8s-dns-node-cache 1.22.20   ff71cd4ea5ae5   30.5MB
registry.cn-beijing.aliyuncs.com/kubesphereio/kube-apiserver     v1.26.4   35acdf74569d8   35.5MB
registry.cn-beijing.aliyuncs.com/kubesphereio/kube-controller-manager v1.26.4 ab525045d05c7 32.4MB
registry.cn-beijing.aliyuncs.com/kubesphereio/kube-controllers   v3.27.4   6b1e38763f401   33.5MB
registry.cn-beijing.aliyuncs.com/kubesphereio/kube-proxy         v1.26.4   b19f8eada6a93   21.5MB
registry.cn-beijing.aliyuncs.com/kubesphereio/kube-scheduler     v1.26.4   15a59f71e969c   17.7MB
registry.cn-beijing.aliyuncs.com/kubesphereio/node               v3.27.4   3dd4390f2a85a   117MB
registry.cn-beijing.aliyuncs.com/kubesphereio/pause              3.9       e6f1816883972   322kB
```

图 2-33　查看服务器上的全部镜像

下面介绍如何将 Nginx 以 Deployment 形式部署到 Kubernetes 上。

2．部署 Nginx 到 Kubernetes

Deployment 是 Kubernetes 上的一种资源，用于管理 pod 的生命周期。通过 Deployment 可以实现 pod 的水平扩缩容、pod 的滚动更新与回滚，以及自动健康检查与故障恢复（监控 pod 状态并自动创建）等。

要在 Kubernetes 中创建资源，首先需要编写 YAML 配置文件，指定如何创建所需的资源。编写好 YAML 文件后，使用 kubectl 命令行工具的 apply 功能向 Kubernetes 提交该文件，即可完成资源的创建。

现在除手写 YAML 文件外，还可使用 DeepSeek 来生成。使用提示词“你是一位 Kubernetes 方面的专家，我现在有一个名为 docker.1ms.run/nginx:latest 的镜像，请帮我编写一个以 Deployment 方式部署该镜像的 YAML 文件”，生成的 YAML 文件（假设文件名为 ng.yaml）如下。

```
apiVersion: apps/v1
kind: Deployment
metadata:
  name: nginx-deployment
  labels:
    app: nginx
spec:
  replicas: 1
  selector:
    matchLabels:
      app: nginx
  template:
    metadata:
      labels:
        app: nginx
    spec:
      containers:
      - name: nginx
        image: docker.1ms.run/nginx:latest
        ports:
        - containerPort: 80
```

使用如下命令创建 Deployment 并查看状态。

```
#创建 Nginx Deployment
kubectl apply -f ng.yaml
#查看 default 命名空间下所有 Deployment 的状态
kubectl get deployment
```

结果如图 2-34 所示。

```
root@kubekey:~# kubectl get deployment
NAME               READY   UP-TO-DATE   AVAILABLE   AGE
nginx-deployment   1/1     1            1           3s
```

图 2-34　查看 Deployment 状态

可以看到，`READY` 为 1/1，这表示期望副本数（pod 数量）是 1，实际创建的副本数也是 1。

执行 `kubectl get pod` 命令查看 pod 状态，结果如图 2-35 所示。

```
root@kubekey:~# kubectl get pod
NAME                                READY   STATUS    RESTARTS   AGE
nginx-deployment-7cbc5cd46d-2n8f2   1/1     Running   0          89s
```

图 2-35　查看 pod 状态

可以看到，pod 处于 `Running` 状态，这表示 Nginx 容器部署成功。

3．服务暴露

作为网关，Nginx 默认通过 80 端口提供 HTTP 服务。要测试 Nginx 是否可用，通常可在浏览器中访问服务器地址，看看是否会显示 Nginx 默认网页。然而，在 Kubernetes 中部署的 Nginx，默认情况下是无法直接在服务器外的浏览器上访问的，原因是部署在 Kubernetes 的应用，默认只能在集群内部访问。如果想要从外部访问该应用，需要为它创建 Service 资源进行服务暴露。

Service 资源有以下 3 种类型。

- ClusterIP：为集群内的应用提供一个 IP 地址，该 IP 地址仅能在 Kubernetes 集群内部访问，无法直接从外部访问。例如，集群内的其他 pod 可以通过 ClusterIP 与相关应用进行通信。
- NodePort：使用 NodePort 将应用的服务端口映射到集群节点的指定端口。这样，外部客户端可以通过访问集群节点的 IP 地址和映射的端口来访问应用。例如，将应用的 80 端口映射到节点的 30000 端口后，外部用户可通过访问节点 IP:30000 来访问应用。
- LoadBalancer：借助独立于服务器的负载均衡器来工作。负载均衡器将外部请求分发到集群内的应用实例，让应用能够对外提供服务。例如，在云环境中，可通过云服务商提供的负载均衡器（使用负载均衡器的 IP 地址）来访问 Kubernetes 集群内的应用。

出于方便考虑，本节使用 NodePort 方式实现服务暴露。Service 是 Kubernetes 中的一种资源，因此需要根据 YAML 文件来创建。

这里继续使用 DeepSeek 来生成 YAML 文件。在 DeepSeek 中输入提示词“使用 NodePort 暴露上文的 nginx deployment”，生成的 YAML 文件（假设文件名为 `ng-svc.yaml`）如下。

```
apiVersion: v1
kind: Service
metadata:
  name: nginx-service
  labels:
```

```
    app: nginx
spec:
  type: NodePort
  selector:
    app: nginx
  ports:
    - protocol: TCP
      port: 80       # Service 的端口
      targetPort: 80 # pod 的端口
      nodePort: 30007
```

可以看到，该 Service 暴露的端口是 30007，因此在 Kubernetes 集群外部可通过 30007 端口访问 Nginx。

使用如下命令创建该 Service 并查看状态。

```
kubectl apply -f ng-svc.yaml
kubectl get service
```

结果如图 2-36 所示。

```
root@kubekey:~# kubectl get service
NAME            TYPE        CLUSTER-IP     EXTERNAL-IP   PORT(S)        AGE
kubernetes      ClusterIP   10.233.0.1     <none>        443/TCP        24h
nginx-service   NodePort    10.233.19.39   <none>        80:30007/TCP   99s
```

图 2-36　获取 Service 状态

nginx-service 即为刚创建的 Service；从 PORT(S) 列可知，将容器的 80 端口映射到了服务器的 30007 端口。

在浏览器中使用<服务器公网地址>:30007 访问 Nginx 应用，如图 2-37 所示。

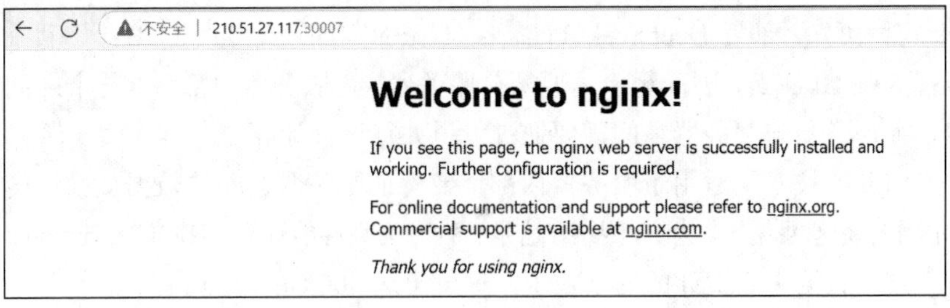

图 2-37　访问 Nginx

可以看到，成功地对 Nginx 应用进行了服务暴露。

2.2.4　分布式部署与推理

对于 DeepSeek R1 各版本的推荐部署配置，均可在 DeepSeek 官方网站上查看。目前，除

1.5B、7B、8B 等小模型外，其他尺寸的模型都要求采用分布式部署方案。

1．vLLM

目前，GitHub 上常用的分布式部署方案有 SGLang、vLLM 等。各部署方案的思路相似，只是命令与参数不一样。掌握一种部署方案后，再选择使用其他方案时，只需查阅对应的文档即可快速上手。下面简单地介绍一下 vLLM 方案。

vLLM 是一个基于 Python 的库，专为 LLM 的推理和部署而设计。它可以无缝集成 HuggingFace、Modelscope 等平台上的模型，为开发者提供了便捷的模型部署和推理工具。

在性能优化方面，vLLM 引入了创新的架构和算法，如分页注意力机制（Paged Attention）、动态张量并行等。分页注意力机制通过优化注意力计算过程，减少内存占用和计算开销；动态张量并行能够根据模型的结构和硬件资源情况，动态调整张量计算的并行策略，从而提高推理过程的吞吐量。这些优化措施有效地解决了传统 LLM 在硬件资源有限情况下的性能瓶颈问题，使得大模型在推理阶段能够更高效地运行。

使用 vLLM 分布式部署方案，可充分利用 Kubernetes 的资源管理和调度能力，实现大模型在集群环境下的高效运行和动态扩展，为 LLM 的实际应用提供强大的支持。

2．分布式推理

在分布式推理中，**张量并行**是一种针对单节点、多 GPU 架构的高效并行计算策略。查询 DeepSeek 官网，部署 DeepSeek-R1-Distill-Llama-70B 模型需要 2 张 NVIDIA A100 80 GB 卡。如果这两张卡在同一服务器上，可以使用张量并行技术将 DeepSeek-R1-Distill-Llama-70B 模型进行分片，让每张卡各加载一半的模型权重。在推理时配合 NVIDIA 的 NVLink 技术（在多卡之间建立高速数据交换通道的技术），并利用多卡并行计算矩阵乘法，理论加速比接近线性。

除张量并行策略外，还有一种常用策略——**管道并行**。这种策略适用于多节点的场景。查询 DeepSeek 官网可知，部署 DeepSeek R1 需要 16 张 NVIDIA A100 80 GB 卡。目前，大多数服务器上只能插 8 张 GPU 卡，因此至少需要两台服务器。在服务器内部，卡与卡之间使用张量并行进行计算，而服务器与服务器之间需要通过管道并行进行计算。

不过，NVLink 技术只适用于服务器内部，要保证服务器之间的数据交换速度，需要使用高速网络。常用的高速网络方案为 IB 网络，这是一种专为高性能计算（High Performance Computing，HPC）和超大规模数据中心设计的网络技术，速度可达 400 G/s。

如果将服务器比作城市，高速网络与 NVLink 就像城市间的高铁与城市内的地铁：高铁（高速网络）负责快速连接不同城市（服务器节点），实现跨区域的资源互通；地铁（NVLink）高效串联城市内部的核心区域（GPU），确保数据在本地高效传输，从而减少延迟、提升整体协作效率；高铁（高速网络）和地铁（NVLink）相辅相成，共同构建起算力时代的“交通枢纽”。

vLLM 为张量并行与管道并行策略提供了非常简单的命令行参数，详见 2.2.6 节。

2.2.5 使用 vLLM 部署 DeepSeek R1

本节将介绍 vLLM 的安装方法，进而探讨如何利用 vLLM 在线推理与离线推理的功能实现 DeepSeek R1 模型的部署。

1. 环境准备

在云厂商开通一台 NIVIDIA T4 卡的服务器，并指定使用 ubuntu 22.04、Python 3.10 和 CUDA 12.3。

请注意，vLLM 默认使用 CUDA 12.1 编译，如果使用 CUDA 12.1 以下版本，可能出现兼容性问题，导致启动失败，因此建议选用 CUDA 12.1 及以上版本。

2. 安装 vLLM

vLLM 的安装方法有 3 种。

（1）**使用 pip 安装**。对使用 Python 语言的开发者来说，这种方法非常友好，直接使用如下命令即可完成安装。

```
pip install vllm
```

使用 pip 命令默认安装的 vLLM 使用的是 CUDA 12.1。在 GitHub 的 Release 中，vLLM 为使用较低 CUDA 版本的用户提供了编译脚本。例如，vLLM 0.7.2 提供了基于 CUDA 11.8 的编译脚本，如图 2-38 所示。

图 2-38 CUDA 11.8 版本的 vLLM 编译脚本

要进行编译，可使用如下命令。

```
# 使用 CUDA 11.8 安装 vLLM
pip install https://github.com/vllm-project/vllm/releases/download/v0.7.2/vllm-0.7.2+cu118-cp38-abi3-manylinux1_x86_64.whl


# 使用 CUDA 11.8 重新安装 PyTorch
pip uninstall torch -y
pip install torch --upgrade --index-url https://download.pytorch.org/whl/cu118


# 使用 CUDA 11.8 重新安装 xFormers
pip uninstall xformers -y
```

```
pip install --upgrade xformers --index-url https://download.pytorch.org/whl/cu118
```

（2）**使用源代码安装**。这种方法只适用于两种场景：基于 vLLM 进行二次开发或测试 main 分支最新特性。安装命令如下。

```
git clone https://github.com/vllm-project/vllm.git
cd vllm
pip install -e
```

（3）**使用 Docker 安装（推荐）**。使用前两种安装方法时，需要在服务器上搭建 Python 开发环境，因此更换服务器后，需要重新搭建环境。因此，推荐使用 Docker 方式进行安装。使用如下命令下载 vLLM 镜像并启动 vLLM 容器。

```
#下载 vLLM 镜像
docker pull vllm/vllm-openai:v0.7.2
#启动 vLLM 容器
docker run --runtime nvidia --gpus all \
    --name vllm \
    -v ~/.cache/modescope:/root/.cache/modescope \
    -p 8000:8000 \
    --shm-size=16g \
    vllm/vllm-openai:v0.7.2
```

其中，`--runtime nvidia` 表示使用 NVIDIA GPU 卡；`--gpus all` 表示该容器可以使用所有的 GPU 卡；`-v` 表示将服务器的 `~/.cache/modescope` 目录挂载到容器内的 `/root/.cache/modescope` 目录，后者用来存放从 ModelScope 下载的模型文件；`-p` 映射的 `8000` 端口是 vLLM 提供的兼容 OpenAI 格式的 HTTP Server 端口；`--shm-size=16g` 表示容器共享服务器的内存，大小为 16 GB。

3. 使用 vLLM

启动 vLLM 容器后，便可在容器中使用 vLLM 库进行模型部署与推理。模型推理分为离线推理与在线推理两种。

离线推理指的是与 LLM 进行交互时，对话是“一次性的”，而不像常规对话应用那样支持多轮交互。不过，在离线推理模式下，用户可以一次性发送多条提示词给 LLM，LLM 会针对每一条提示词进行处理并给出相应回复。因此离线推理适用于批量文本处理场景，如大规模的文本生成任务、批量的情感分析任务等，可有效提高处理效率，满足特定的业务需求。

下面介绍在 vLLM 容器中如何实现离线推理功能。首先，使用如下命令进入 vLLM 容器，并设置环境变量，将模型下载地址由 `HuggingFace` 修改为 `MODELSCOPE`。

```
#进入 Docker 容器
docker exec -it vllm /bin/bash
#设置模型下载地址
```

```
export VLLM_USE_MODELSCOPE=True
```

设置完成后，基于 vLLM 库编写代码实现离线推理，代码如下。

```
1.  from vllm import LLM, SamplingParams
2.
3.  prompts = [
4.      "Hello, my name is",
5.      "The president of the United States is",
6.      "The capital of France is",
7.      "The future of AI is",
8.  ]
9.  sampling_params = SamplingParams(temperature=0.8, top_p=0.95)
10.
11. llm = LLM(model="deepseek-ai/DeepSeek-R1-Distill-Qwen-7B")
12.
13. outputs = llm.generate(prompts, sampling_params)
14.
15.
16. # 打印输出
17. for output in outputs:
18.     prompt = output.prompt
19.     generated_text = output.outputs[0].text
20.     print(f"Prompt: {prompt!r}, Generated text: {generated_text!r}")
```

这里主要使用了 LLM 与 SamplingParams 这两个类，其中 LLM 类负责模型的部署，以及向模型提交提示词与配置参数，而 SamplingParams 类负责模型参数的配置。

- 第 3～8 行为提示词列表，其中每条提示词都是独立的，实现了批量提交提示词的功能。
- 第 9 行通过 SamplingParams 设置模型的采样温度与核采样概率。
- 第 11 行指定使用模型 deepseek-ai/DeepSeek-R1-Distill-Qwen-7B。如果该模型的模型文件已经在容器内，vLLM 将自动部署模型，否则 vLLM 将自动下载模型文件并部署。
- 第 13 行向模型提交提示词与配置参数并将模型输出存储在 outputs 变量中。
- 第 17～20 行打印 outputs 变量。

相较于离线推理，**在线推理**比较好理解。1.1.1 节演示的在 DeepSeek 官网使用 DeepSeek R1 或 V3 进行的多轮聊天，便是在线推理。

为支持在线推理，vLLM 实现了一个兼容 OpenAI 格式的 HTTP Server，用户可通过 Curl 命令来访问使用 vLLM 部署的模型。

使用 HTTP Server 方式部署模型无须编写代码，直接使用二进制工具 vllm 即可。部署模型的命令如下。

```
vllm serve deepseek-ai/DeepSeek-R1-Distill-Qwen-7B
```

完成模型部署后，使用如下 Curl 命令访问模型，这与 2.1.3 节访问 Ollama 的 API 服务的方式类似。

```
#列出支持的模型
curl http://localhost:8000/v1/models
```

此外，vLLM 还支持分发 API Key。使用 `vllm serve` 命令部署模型时，可以使用 `--api-key` 参数来设置 API Key 或者通过设置环境变量 `VLLM_API_KEY` 来设置 API Key。这样设置后，用户通过 API 访问模型时，必须提供 API Key。

2.2.6 分布式计算与 Ray 入门

通过设置 vLLM 的参数，可以实现管道并行推理策略。不过，这个实现过程需要依赖分布式计算框架 Ray。

Ray 是一个功能强大的开源分布式计算框架，致力于简化大规模机器学习和分布式应用程序的开发流程。它提供了高效的并行处理能力，支持数据预处理、分布式训练、超参数调优、模型服务和强化学习等任务。

Ray 的核心概念包括任务（Task）、参与者（Actor）和对象（Object）。其中，任务用于定义可并行执行的计算单元；参与者是具有状态的实体，能够在分布式环境中进行交互和协作；对象是可在任务和参与者之间共享的数据实体。这些概念让开发者能够轻松地编写和运行分布式并行代码，轻松应对大规模数据处理和复杂计算任务，有效提升开发效率和应用性能。

Ray 将程序拆分为多个切片，分布到多个节点去运行。经过 Ray 处理后，程序可以在 3 个节点上进行分布式计算，如图 2-39 所示。

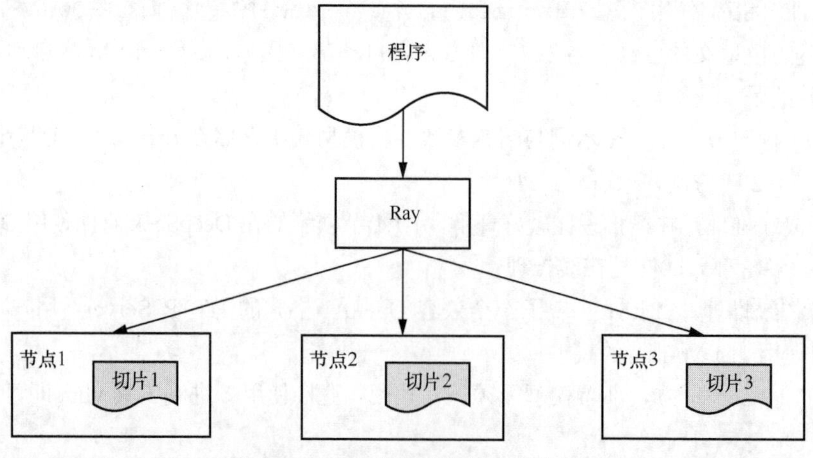

图 2-39 Ray 处理后的分布式计算

随着 Ray 在分布式计算领域的应用日益广泛，尤其是在处理大规模机器学习任务时展现出的强大能力，对于如何更高效地在 Kubernetes 环境中部署和管理基于 Ray 的应用程序的需求日益增加。为了应对这一挑战，并进一步简化 Ray 集群的运维复杂度，基于 Ray 的适配 Kubernetes 版本的 KubeRay 应运而生。KubeRay 采用经典的 Operator 设计，提供了 Ray-operator 及 RayCluster、RayJob 和 RayService 等自定义资源定义（Custom Resource Definition，CRD），使得在 Kubernetes 集群上部署和管理 Ray 集群更加便捷。借助于 KubeRay，用户可以高效地管理 Ray 集群的生命周期，实现弹性伸缩、资源调度和作业管理等。

下面简要介绍在 Kubernetes 集群上通过 Ray-operator 创建 Ray 集群的原理。如图 2-40 所示，参与者通过向 Ray-operator 提交 CR（自定义资源，是一种 Kubernetes 资源）来创建 Ray 集群。Ray 集群包含一个 Ray-head 和多个 Ray-worker，它们分布在不同的 GPU 节点上。在图 2-40 中，有两个 GPU 节点，因此有一个 Ray-head 和一个 Ray-worker，它们是在这两个节点上以 pod 形式创建的。

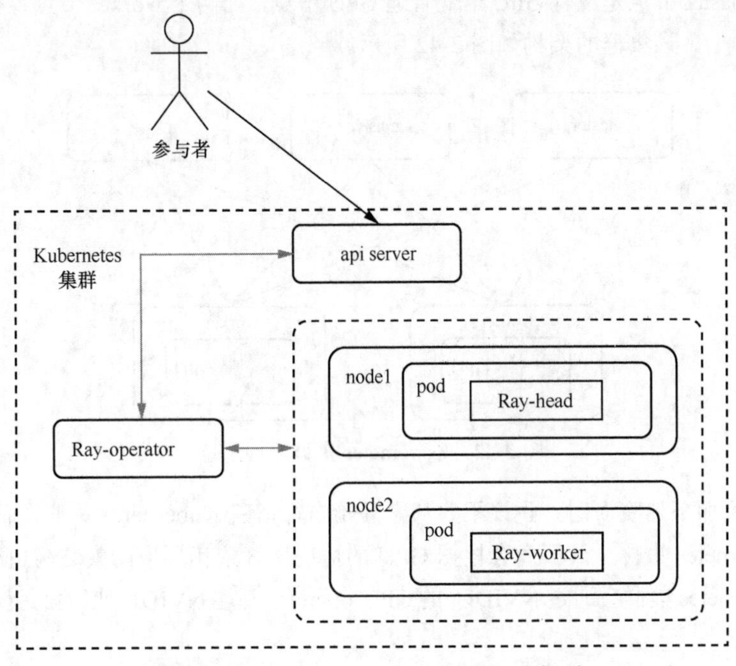

图 2-40　通过 Ray-operator 创建 Ray 集群

2.2.7　基于 Kubernetes、vLLM 和 Ray 分布式部署 DeepSeek R1

本节将使用管道并行策略，基于 Kubernetes、vLLM 和 Ray 实现 DeepSeek-R1-Distill-Llama-70B 模型的分布式部署。

1. 环境与模型文件准备

首先，在云厂商开通一个带 GPU 卡的 Kubernetes 集群，如图 2-41 所示。

规格名称	vCPU	内存	处理器型号	gpu
g5t_c2.8xlarge128	32vCPUs	128GB	Intel(R) Xeon(R) Gold 5318Y	2 * NVIDIA Tesla T4，2 * 16...
g6t_c2.8xlarge128	32vCPUs	128GB	Intel(R) Xeon(R) Gold 6226R	2 * NVIDIA Tesla T4，2 * 16...
g5t_c3.8xlarge128	32vCPUs	128GB	Intel(R) Xeon(R) Gold 5218R	2 * NVIDIA Tesla T4，2 * 16..
g5a80.4xlarge64	16vCPUs	64GB	Intel(R) Xeon(R) Gold 6348	1 * NVIDIA Tesla A100G80，1...
g6vs_c1.8xlarge128	32vCPUs	128GB	Intel Gold 6248R	2 * NVIDIA Tesla V100S，2 *...
g6vs_c2.8xlarge128	32vCPUs	128GB	Intel(R) Xeon(R) Gold 6226R	2 * NVIDIA Tesla V100S，2 *...
g3t.8xlarge256	32vCPUs	256GB	Intel Gold 4314	4 * NVIDIA Tesla T4，4 * 16...
g5t_c2.8xlarge256	32vCPUs	256GB	Intel(R) Xeon(R) Gold 5318Y	4 * NVIDIA Tesla T4，4 * 16...

图 2-41　开通 Kubernetes 集群的页面

图 2-41 中是一个高可用的 Kubernetes 集群，包含 3 个 master 节点和两个 worker 节点。为节省成本，3 个 master 节点是没有 GPU 卡的普通 CPU 节点，而两个 worker 节点各有一张 NVIDIA A100 80G GPU 卡。该集群的架构如图 2-42 所示。

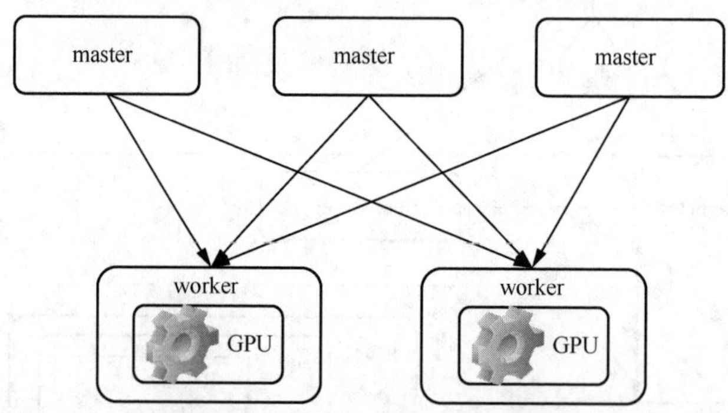

图 2-42　Kubernetes 集群架构示意

使用云厂商服务器资源时，建议不要从零开始自行搭建 Kubernetes 集群，而是应使用云厂商预制的 Kubernetes 集群（云厂商会根据 GPU 的情况做好依赖环境的安装与适配）。例如，刚刚开通的 Kubernetes 集群会通过 NVIDIA 的 GPU-operator 部署 NVIDIA 相关的驱动（包括 CUDA 12.2）。

对于 DeepSeek-R1-Distill-Llama-70B 模型文件（非量化版可从 ModelScope 下载），考虑到其大小约 131 GB，直接下载至 Kubernetes 集群所在服务器本地盘并非理想选择。更佳的方案是，将其下载至对象存储或云硬盘，再在 Kubernetes 上创建存储资源持久卷（PersistentVolume，PV）与持久卷声明（PersistentVolumeClaim，PVC），从而轻松地将其挂载到 pod 内。这种方式有以下两个好处：

- 一个模型文件可供多个 worker 节点挂载使用，避免重复下载；
- 退订 Kubernetes 集群时，模型文件不会丢失，再次开通集群时可继续使用。

由于当前开通的 Kubernetes 集群支持将对象存储作为 PV、PVC 创建，因此按照该云厂商官方文档描述的方式编写用于创建 PV、PVC 的 YAML 文件，内容如下。

```
1.  apiVersion: v1
2.  kind: PersistentVolume
3.  metadata:
4.    name: deepseek
5.  spec:
6.    accessModes:
7.      - ReadWriteMany
8.    capacity:
9.      storage: 200Gi
10.   csi:
11.     driver: ossplugin.csi.cucloud.com
12.     volumeAttributes:
13.       bucket: deepseek
14.       url: http://obs-sh-internal.cucloud.cn
15.     volumeHandle: deepseek
16.   persistentVolumeReclaimPolicy: Retain
17.   volumeMode: Filesystem
18.
19. ---
20. apiVersion: v1
21. kind: PersistentVolumeClaim
22. metadata:
23.   name: deepseek
24.   namespace: kuberay-operator
25. spec:
26.   accessModes:
27.     - ReadWriteMany
28.   resources:
29.     requests:
30.       storage: 200Gi
31.   volumeMode: Filesystem
32.   volumeName: deepseek
```

该 YAML 文件的绝大部分内容适用于所有 Kubernetes 集群，唯一不通用的是第 10～15 行的 csi 配置。CSI 是存储类资源，可以理解为 Kubernetes 支持某类存储（如对象存储）的底层驱动接口。对于 csi 配置，需要参考所选云厂商提供的说明进行设置。

从 ModelScope 下载模型文件的方式有多种，出于简单快捷的考虑，推荐使用 ModelScope Python SDK 方式。安装 ModelScope Python SDK 及使用 SDK 下载 DeepSeek-R1-Distill-Llama-70B 模型文件的命令如下。

```
#安装 ModelScope Python SDK
pip install modelscope
#下载模型文件
modelscope download --model deepseek-ai/DeepSeek-R1-Distill-Llama-70B --cache_dir
/mnt/deepseek
```

其中，`--cache_dir` 参数是指定模型文件的目标下载目录，可根据机器的实际情况设置。

为节省时间，可先不下载 DeepSeek-R1-Distill-Llama-70B 模型文件，等部署好 Ray 集群，并将对象存储挂载到 Ray 集群的 pod 内后，再从 pod 内执行上述命令，将模型文件下载到对象存储的挂载目录。

2. 部署 Ray 集群

下面来部署 Ray 集群。

（1）**安装 kuberay-operator**。要使用 kuberay-operator 来部署 Ray 集群，先得在 Kubernetes 集群上安装 kuberay-operator。为此可执行如下命令，使用 Helm Chart 进行安装。

```
helm repo add kuberay https://ray-project.github.io/kuberay-helm/helm repo update
helm repo update
helm install kuberay-operator -n kuberay-operator kuberay/kuberay-operator
```

Helm Chart 是 Kubernetes 上的包管理工具，使用它来安装 kuberay-operator 时，无须编写 YAML 文件。

执行上述命令后，可使用如下命令查看 pod 状态。

```
kubectl get po -n kuberay-operator

NAME                                READY   STATUS    RESTARTS   AGE
kuberay-operator-5c5cb548db-2q2br    1/1     Running   0          23h
```

`STATUS` 列显示为 `Running` 时，表明安装成功。

（2）**创建 Ray 集群**。采用向 kuberay-operator 提交 CR 的方式，完成 Ray 集群的自动创建。这里在官方提供的 CR YAML 文件的基础上进行修改（而不是从零开始编写），以适配 Kuberntes 集群的实际环境。该文件的部分内容如下（假设文件名为 `cr.yaml`）。

```
apiVersion: ray.io/v1
kind: RayCluster
...
spec:
headGroupSpec
  ...
    template:
      ...
        spec:
          containers:
          - image: rayproject/ray-ml:2.11.0.a464b6-py310-gpu
            name: ray-head
            resources:
              limits:
                cpu: "14"
                memory: 60G
```

```
17.             requests:
18.               cpu: "1"
19.               memory: 2G
20.           volumeMounts:
21.           - mountPath: /mnt/deepseek
22.             name: deepseek-r1
23.         volumes:
24.         - name: deepseek-r1
25.           persistentVolumeClaim:
26.             claimName: deepseek
27.   workerGroupSpecs:
28.   - groupName: workergroup
29.     maxReplicas: 3
30.     minReplicas: 1
31.     numOfHosts: 1
32.     rayStartParams:
33.       num-gpus: "1"
34.     replicas: 1
35.     template:
36.       ...
37.       spec:
38.         containers:
39.         - image: rayproject/ray-ml:2.11.0.a464b6-py310-gpu
40.           name: ray-worker
41.           resources:
42.             limits:
43.               cpu: "14"
44.               memory: 60G
45.             requests:
46.               cpu: "1"
47.               memory: 2G
48.           volumeMounts:
49.           - mountPath: /mnt/deepseek
50.             name: deepseek-r1
51.         volumes:
52.         - name: deepseek-r1
53.           persistentVolumeClaim:
54.             claimName: deepseek
```

如第 11 行与第 39 行所示，使用的 Ray 集群镜像为 `rayproject/ray-ml:2.11.0.a464b6-py310-gpu`，其中 `ml` 表示已安装机器学习库，`2.11.0.a464b6` 表示 Ray 的版本号，`py310` 表示已安装 Python 3.10，`-gpu` 表示该镜像是适配 GPU 的版本。

除上述内容外，该 YAML 文件的另一项重要内容是 head 节点和 worker 节点的配置。

第 11～26 行为 head 节点的配置，主要包括资源限制与存储挂载两部分。资源限制对应第 13～19 行的 `resources` 部分，其中 `limits` 表示 head 最多使用 14 核 CPU 与 60 GB 内存，`requests` 表示请求 1 核 CPU 与 2 GB 内存。存储挂载对应第 20～22 行的 `volumeMounts` 和第23～26行的 volumes，其中 volumeMounts 表示挂载路径，即将PVC挂载到容器内的哪个文件目录下，volumes 表示使用哪个PVC，claimName 是PVC的名字。

第27～54行为worker节点的配置。除资源限制与存储挂载这两部分外，还需要配置两个参数（第31～33行），numOfHosts: 1 表示在一个节点上部署worker，numOfHosts: 1 表示每个节点上有一张卡。

编写好 CR YAML 文件后，使用 kubectl apply -y cr.yaml 命令将 CR 提交给 Kubernetes 集群，再使用如下命令查看 Ray 集群的状态。

```
kubectl get po -n kuberay-operator -owide

NAME                                          READY   STATUS    RESTARTS   AGE    IP   NODE          NOMINATED NODE   READINESS GATES
raycluster-kuberay-head-zphgs                 1/1     Running   0          171m   10.43.0.35    192.168.0.34
raycluster-kuberay-workergroup-worker-kbsvr 1/1     Running   0          171m   10.43.140.28   192.168.0.68
```

可以看到，Ray集群包含两个pod，它们的状态都是 Running，且位于两个不同的节点上（IP 列的值展示了这一点）。

为核实Ray集群的运行状态，使用如下命令进入head节点的内部，并查看Ray集群的状态。

```
root@master:~# kubectl exec -it raycluster-kuberay-head-zphgs -n kuberay-operator /bin/bash
(base) ray@raycluster-kuberay-head-zphgs:~$ ray status
2025-02-13 00:54:12,571 - INFO - Note: NumExpr detected 16 cores but "NUMEXPR_MAX_THREADS" not set, so enforcing safe limit of 8.
2025-02-13 00:54:12,571 - INFO - NumExpr defaulting to 8 threads.
======== Autoscaler status: 2025-02-13 00:54:12.737576 ========

Node status
---------------------------------------------------------------
Active:
 1 node_a0dcf7b6cdb9c28191d6db6a44ba774ed04fb0bbda704a498112674f
 1 node_3804fd0732e483a2240e9f608d15362f415411fca7c69b58232a1174
Pending:
 (no pending nodes)
Recent failures:
 (no failures)

Resources
---------------------------------------------------------------
Usage:
 0.0/18.0 CPU
 0.0/2.0 GPU
```

```
 0B/70.78GiB memory
 0B/20.90GiB object_store_memory

Demands:
 (no resource demands)
```

可以看到，有两个状态为 Active 的节点和两个未被使用的 GPU，这说明 Ray 集群运行正常，且能够监控 GPU 的使用情况。Ray 集群还自带可视化 WebUI，用于直观地查看 CPU、内存、GPU 等使用情况和任务执行情况。这个 WebUI 的端口号为 8265，可参考 2.2.3 节介绍的服务暴露方法，利用 LoadBalancer 或 NodePort 暴露该端口，这样在浏览器中输入 http://<服务器公网 IP>:8265 就可以从集群外部访问它，如图 2-43 所示。

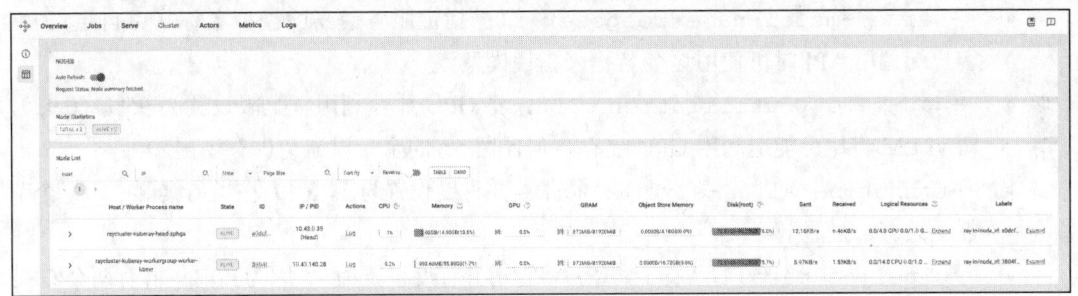

图 2-43　Ray 集群的 WebUI

3. 安装 vLLM

在官方提供的 Ray 镜像中，没有安装 vLLM，因此需要进入 Ray 集群节点手动安装。然而，对生产环境而言，推荐的做法是通过编写 Dockerfile 在 Ray 官方镜像的基础上集成 vLLM，从而构建一个新镜像。这种方法能够有效避免在生产环境的每台机器上逐一手动安装 vLLM 带来的不便。这不仅可提高部署效率，还可确保生产环境软件配置的一致性和稳定性。

在 Ray 节点中，默认提供了基于 Conda 的 Python 3.10 环境，并安装了 nvidia-ml-py 等基础机器学习包。需要注意的是，在该环境中提供了 pynvml（第三方提供）与 nvidia-ml-py（NVIDIA 官方提供），这两个包都用于监控和管理 NVIDIA GPU，且功能相同。为避免与 nvidia-ml-py 包产生冲突，需要卸载 pynvml 包，命令如下：

```
pip uninstall pynvml
```

现在可以安装 vLLM 了。为适配 Ray 集群版本，需选择 vLLM 0.6.1.post2，安装命令如下。

```
pip install vllm==0.6.1.post2
```

安装完成后，便可使用 vLLM 的在线推理功能，一键完成模型部署和 HTTP Server 服务暴露，命令如下。

```
vllm serve /mnt/deepseek/deepseek-ai/DeepSeek-R1-Distill-Llama-70B \
--port 8000 \
--trust-remote-code \
--served-model-name deepseek-r1 \
--gpu-memory-utilization 0.95 \
--tensor-parallel-size 1 \
--pipeline-parallel-size 2 \
--max-model-len 8096
```

相比 2.2.5 节的模型部署命令，这里多了如下 6 个参数。

- `--trust-remote-code`：表示允许加载远程代码（如 Hugging Face 上的自定义模型代码），通常用于加载非官方或自定义架构的模型。
- `--served-model-name deepseek-r1`：指定服务暴露的模型名称（可自定义），客户端调用 API 时可使用这个名称来指代模型。
- `--gpu-memory-utilization 0.95`：将 GPU 显存利用率上限设置为 95%（0.95），即 vLLM 将尽可能地利用 GPU 显存，但保留 5%的余量以避免内存溢出。
- `--tensor-parallel-size 1`：将张量并行度设置为 1，因为在当前集群中，一个节点上只有一张显卡。
- `--pipeline-parallel-size 2`：将管道并行度设置为 2，因为当前集群有两个 GPU 节点。
- `--max-model-len 8096`：将模型支持的最大上下文长度（单位为 token）设置为 8096。

执行该命令后，需要等待模型完成加载与部署（时间可能较长）。操作完成后，输出结果如图 2-44 所示。

```
(RayWorkerWrapper pid=9593, ip=10.43.140.28) INFO 02-12 22:48:43 model_runner.py:997] Starting to load model /mnt/deepseek/deepseek-ai/DeepSeek-R1-Distill-Llama-70B...
Loading safetensors checkpoint shards:   0% Completed | 0/17 [00:00<?, ?it/s]
Loading safetensors checkpoint shards:   6% Completed | 1/17 [00:29<07:52, 29.56s/it]
Loading safetensors checkpoint shards:  12% Completed | 2/17 [01:02<07:54, 31.65s/it]
Loading safetensors checkpoint shards:  18% Completed | 3/17 [01:10<04:50, 20.73s/it]
Loading safetensors checkpoint shards:  24% Completed | 4/17 [01:40<05:18, 24.47s/it]
Loading safetensors checkpoint shards:  29% Completed | 5/17 [02:11<05:22, 26.86s/it]
Loading safetensors checkpoint shards:  35% Completed | 6/17 [02:45<05:20, 29.12s/it]
Loading safetensors checkpoint shards:  41% Completed | 7/17 [03:16<04:59, 29.97s/it]
Loading safetensors checkpoint shards:  47% Completed | 8/17 [03:50<04:38, 30.95s/it]
Loading safetensors checkpoint shards:  53% Completed | 9/17 [04:22<04:11, 31.42s/it]
Loading safetensors checkpoint shards:  59% Completed | 10/17 [04:54<03:42, 31.75s/it]
Loading safetensors checkpoint shards:  65% Completed | 11/17 [05:27<03:11, 31.86s/it]
Loading safetensors checkpoint shards:  71% Completed | 12/17 [05:58<02:39, 31.88s/it]
Loading safetensors checkpoint shards:  76% Completed | 13/17 [06:31<02:07, 31.96s/it]
Loading safetensors checkpoint shards:  82% Completed | 14/17 [07:05<01:38, 32.76s/it]
Loading safetensors checkpoint shards:  88% Completed | 15/17 [07:35<01:03, 31.89s/it]
Loading safetensors checkpoint shards:  94% Completed | 16/17 [08:07<00:31, 31.97s/it]
Loading safetensors checkpoint shards: 100% Completed | 17/17 [08:50<00:00, 35.19s/it]
Loading safetensors checkpoint shards: 100% Completed | 17/17 [08:50<00:00, 31.20s/it]

INFO 02-12 22:57:34 model_runner.py:1008] Loading model weights took 65.7407 GB
(RayWorkerWrapper pid=9593, ip=10.43.140.28) INFO 02-12 22:57:35 model_runner.py:1008] Loading model weights took 65.7407 GB
INFO 02-12 22:59:13 distributed_gpu_executor.py:57] # GPU blocks: 2968, # CPU blocks: 1638
(RayWorkerWrapper pid=9593, ip=10.43.140.28) INFO 02-12 22:59:18 model_runner.py:1311] Capturing the model for CUDA graphs. This may lead to unexpected consequences if the model is not static. To run the model in eage
(RayWorkerWrapper pid=9593, ip=10.43.140.28) INFO 02-12 22:59:18 model_runner.py:1315] CUDA graphs can take additional 1~3 GiB memory per GPU. If you are running out of memory, consider decreasing `gpu_memory_utilizat
INFO 02-12 22:59:18 model_runner.py:1311] Capturing the model for CUDA graphs. This may lead to unexpected consequences if the model is not static. To run the model in eager mode, set 'enforce_eager=True' or use '--en
INFO 02-12 22:59:18 model_runner.py:1315] CUDA graphs can take additional 1~3 GiB memory per GPU. If you are running out of memory, consider decreasing `gpu_memory_utilization` or enforcing eager mode. You can also re
(RayWorkerWrapper pid=9593, ip=10.43.140.28) INFO 02-12 23:01:25 model_runner.py:1430] Graph capturing finished in 127 secs.
INFO 02-12 23:01:24 model_runner.py:1430] Graph capturing finished in 126 secs.
INFO 02-12 23:01:26 api_server.py:226] vLLM to use /tmp/tmptcgh1y8s as PROMETHEUS_MULTIPROC_DIR
WARNING 02-12 23:01:26 serving_embedding.py:190] embedding_mode is False. Embedding API will not work.
INFO 02-12 23:01:26 launcher.py:20] Available routes are:
INFO 02-12 23:01:26 launcher.py:28] Route: /openapi.json, Methods: HEAD, GET
INFO 02-12 23:01:26 launcher.py:28] Route: /docs, Methods: HEAD, GET
INFO 02-12 23:01:26 launcher.py:28] Route: /docs/oauth2-redirect, Methods: HEAD, GET
INFO 02-12 23:01:26 launcher.py:28] Route: /redoc, Methods: HEAD, GET
INFO 02-12 23:01:26 launcher.py:28] Route: /health, Methods: GET
INFO 02-12 23:01:26 launcher.py:28] Route: /tokenize, Methods: POST
INFO 02-12 23:01:26 launcher.py:28] Route: /detokenize, Methods: POST
INFO 02-12 23:01:26 launcher.py:28] Route: /v1/models, Methods: GET
INFO 02-12 23:01:26 launcher.py:28] Route: /version, Methods: GET
INFO 02-12 23:01:26 launcher.py:28] Route: /v1/chat/completions, Methods: POST
INFO 02-12 23:01:26 launcher.py:28] Route: /v1/completions, Methods: POST
INFO 02-12 23:01:26 launcher.py:28] Route: /v1/embeddings, Methods: POST
INFO 02-12 23:01:26 launcher.py:33] Launching Uvicorn with --limit_concurrency 32765. To avoid this limit at the expense of performance run with --disable-frontend-multiprocessing
INFO:     Started server process [12316]
INFO:     Waiting for application startup.
INFO:     Application startup complete.
INFO:     Uvicorn running on http://0.0.0.0:8000 (Press CTRL+C to quit)
INFO 02-12 23:01:36 metrics.py:351] Avg prompt throughput: 0.0 tokens/s, Avg generation throughput: 0.0 tokens/s, Running: 0 reqs, Swapped: 0 reqs, Pending: 0 reqs, GPU KV cache usage: 0.0%, CPU KV cache usage: 0.0%.
INFO 02-12 23:01:46 metrics.py:351] Avg prompt throughput: 0.0 tokens/s, Avg generation throughput: 0.0 tokens/s, Running: 0 reqs, Swapped: 0 reqs, Pending: 0 reqs, GPU KV cache usage: 0.0%, CPU KV cache usage: 0.0%.
INFO 02-12 23:01:56 metrics.py:351] Avg prompt throughput: 0.0 tokens/s, Avg generation throughput: 0.0 tokens/s, Running: 0 reqs, Swapped: 0 reqs, Pending: 0 reqs, GPU KV cache usage: 0.0%, CPU KV cache usage: 0.0%.
```

图 2-44 `vllm serve` 命令的输出

可以看到，模型已加载成功，HTTP Server 也启动成功了。现在可通过 WebUI 查看 GPU 占用情况，如图 2-45 所示。

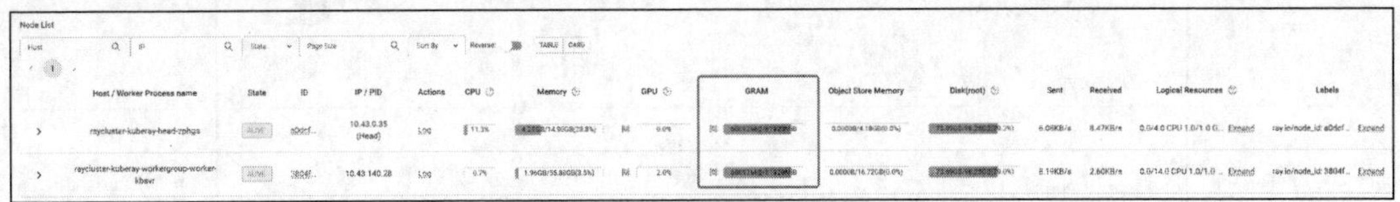

图 2-45 通过 WebUI 查看 GPU 占用情况

图 2-45 矩形框内显示的是 GPU 显存占用情况——两个节点的 GPU 显存都被占用了 68892 MiB（约 70 GB），这表明分布式部署成功了。

使用如下 Curl 命令测试模型。

```
curl http://<公网 IP>:8000/v1/chat/completions \
-H "Content-Type: application/json" \
-d '{
    "model": "deepseek-r1",
    "messages": [
        {"role": "user", "content": "帮我写一段 client-go 代码，可以列出 pod 列表"}
    ]
}'
```

模型输出如图 2-46 所示。

```
> -H "Content-Type: application/json" \
> -d '{
> "model": "deepseek-r1",
> "messages": [
> {"role": "user", "content": "帮我写一段client-go代码，可以列出pod列表"}
> ]
> }'
{"id":"chat-2e14bb22861042deab6b54b1e2d38292","object":"chat.completion","created":1739449548,"model":"deepseek-r1","choices":[{"index":0,"message":{"role":"assistant","
content":"嗯，我现在需要写一个client-go的代码来列出Kubernetes集群中的Pod列表。我对Kubernetes和Go语言都不是很熟悉，所以得一步一步来，仔细思考。\n\n首先，我应该了解client-
go是什么。client-go是Kubernetes的官方Go语言客户端库，用于与Kubernetes API交互。所以，我需要使用这个库来连接到Kubernetes集群，并调用相关的API来获取Pod的信息。\n\n接下来，
我需要知道如何配置客户端。通常，这涉及到加载Kubernetes配置文件，通常位于~/.kube/config。client-go提供了一个函数来加载这个配置，比如config.LoadKubeConfig。这样，我就可以
创建一个客户端集群配置，然后生成一个客户端实例。\n\n然后，我需要确定如何访问Pod资源。Pod属于CoreV1组，所以我应该使用kubernetes/client-go/kubernetes/typed/corev1包中的Cor
eV1Interface。通过这个接口，我可以获取Pod的列表。\n\n现在，我应该编写代码的结构。首先是导入必要的包，包括client-go的配置和核心包，然后是context包，因为很多API调用需要上
下文。\n\n接下来是加载配置部分。如果加载失败，程序会报错，所以我需要处理错误。然后，创建一个新的Kubernetes客户端。\n\n然后，使用CoreV1Interface的Pods接口调用List方法。Li
st方法需要一个上下文和一个列表选项。这里，我可以使用一个空的列表选项，或者设置一些过滤条件，但对于列出所有Pod来说，空选项应该足够。\n\n调用List方法后，会返回一个Pod列表
结果。如果有错误，我需要处理它，比如打印错误信息并退出程序。\n\n最后，如果成功获取到Pod列表，我需要遍历每一个Pod，并打印其名字、命名空间和状态。这可能涉及到访问每个Pod的
结构体字段，比如Name、Namespace和Status.Phase。\n\n在编写代码时，我需要确保导入的包正确，错误处理得当，并且代码结构清晰。我可能会遇到一些问题，比如如何正确处理上下文，或
者如何访问Pod的状态字段。\n\n另外，我还需要安装client-go包。使用go get可以轻松安装，但有时可能会遇到版本问题，需要确保版本与Kubernetes集群兼容。\n\n测试的时候，我应该确
保Kubernetes集群是可用的，并且配置文件正确。如果运行代码时没有错误，应该能看到Pod的列表打印出来。如果有错误，可能需要检查配置文件的路径，或者权限问题。\n\n总结一下，步骤
是：\n1. 加载配置文件。\n2. 创建Kubernetes客户端。\n3. 使用CoreV1接口获取Pod列表。\n4. 处理错误，并打印Pod信息。\n\n现在，我应该把这些步骤转化为代码，并确保每个部分都正
确无误。\n</think>\n\n以下是一个使用client-go库列出Kubernetes集群中Pod的代码示例：\n\n```go\npackage main\n\nimport (\n    \"context\"\n    \"fmt\"\n    \"log\"\n\n    \
"k8s.io/client-go/kubernetes\"\n    \"k8s.io/client-go/tools/clientcmd\"\n    \"k8s.io/client-go/transport\"\n)\n\nfunc main() {\n    // 加载kubeconfig\n    config, err
:= clientcmd.LoadFromFile(clientcmd.DefaultKubeConfigPath)\n    if err != nil {\n        log.Fatal(\"加载kubeconfig失败：\", err)\n    }\n\n    // 创建配置\n    cfg, err
 := clientcmd.NewNonInteractiveClientConfig(*config, \"default\", &clientcmd.ConfigOverrides{}, transport.Dial)\n    if err != nil {\n        log.Fatal(\"创建配置失败：\
", err)\n    }\n\n    // 创建客户端\n    client, err := kubernetes.NewForConfig(cfg)\n    if err != nil {\n        log.Fatal(\"创建客户端失败：\", err)\n    }\n\n    //
获取Pod列表\n    pods, err := client.CoreV1().Pods(\"\").List(context.TODO(), metav1.ListOptions{})\n    if err != nil {\n        log.Fatal(\"获取Pod列表失败：\", err)\n
    }\n\n    fmt.Println(\"Pod列表：\")\n    for _, pod := range pods.Items {\n        fmt.Printf(\"名称：%s 命名空间：%s 状态：%s\\n\", pod.GetName(), pod.GetNamespace(
), pod.Status.Phase)\n    }\n}\n```\n\n### 步骤说明：\n1. **导入必要的包**：包括client-go的配置加载、Kubernetes客户端、上下文和日志处理。\n2. **加载kubeconfig文件**：使
用`clientcmd.LoadFromFile`从默认位置加载配置文件。\n3. **创建配置**：使用`clientcmd.NewNonInteractiveClientConfig`创建一个新的配置。\n4. **创建Kubernetes客户端**：使用`k
ubernetes.NewForConfig`创建客户端实例。\n5. **获取Pod列表**：调用`CoreV1().Pods(\"\").List`方法，传入上下文和列表选项，获取所有Pod。\n6. **处理错误并打印结果**：检查错误
，如果没有错误，遍历Pod列表并打印每个Pod的名称、命名空间和状态。\n\n### 运行代码：\n1. 确保你有Go环境安装，并且可以访问Kubernetes集群。\n2. 使用以下命令安装client-go：\n
   ```bash\n   go get k8s.io/client-go\n   ```\n3. 将代码保存为`main.go`，然后运行：\n   ```bash\n   go run main.go\n   ```\n4. 你应该会看到集群中所有Pod的列表被打印出来
。\n\n### 注意事项：\n- 确保你的kubeconfig文件存在且配置正确。\n- 处理好错误，避免程序崩溃。\n- 如果集群中没有Pod，程序不会打印任何内容，但也不会出错。","tool_calls":[]}
,"logprobs":null,"finish_reason":"stop","stop_reason":null}],"usage":{"prompt_tokens":17,"total_tokens":1279,"completion_tokens":1262},"prompt_logprobs":null}(base) root
```

图 2-46 使用 Curl 命令测试模型

对于这里部署的 LLM，也可在前端接入 LobeChat，实现可视化对话。接入 LobeChat 的方法很简单，只需在 LobeChat 的 OpenAI 设置中，将 API 代理地址改为 `http://<服务器公网`
```

`IP>:8000/v1` 即可，如图 2-47 所示。

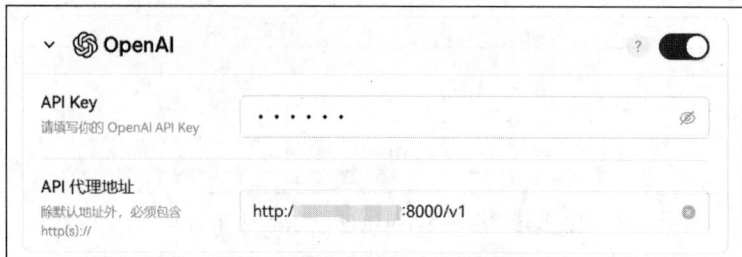

图 2-47　LobeChat OpenAI 配置

图 2-48 展示了使用 LobeChat 进行对话的效果。

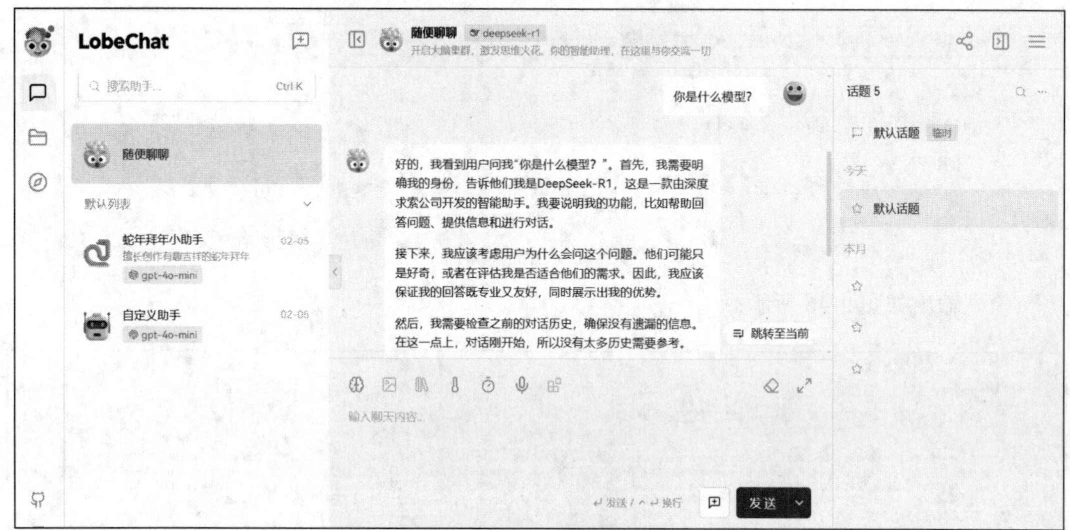

图 2-48　LobeChat 对话效果

至此，基于 Kubernetes、vLLM 和 Ray 实现 DeepSeek-R1-Distill-Llama-70B 模型的分布式部署的内容，就介绍完了。这种方案适用于企业的私有化模型部署，无论是部署 671B 模型还是 32B 等小模型，都可以使用本节介绍的步骤，但在部署前必须先确定需要多少张 GPU 卡及如何进行分配。

2.3　llama.cpp：在无 GPU 的服务器上部署 DeepSeek

鉴于 GPU 卡的价格昂贵，本节介绍一种不需要 GPU 卡的量化模型部署框架——llama.cpp，使用它可轻松在个人计算机、边缘节点、手机等场景中部署 DeepSeek。

2.3.1 llama.cpp 与量化技术

本节先简要介绍 llama.cpp，再介绍量化技术。

1．llama.cpp

Meta 于 2023 年开源 LLaMA 系列模型后，技术社区掀起了模型轻量化部署的热潮。Georgi Gerganov 采用纯 C/C++实现了 LLaMA 模型的推理引擎 llama.cpp，使得在消费级硬件上运行大模型成为可能。它通过静态编译技术生成单个可执行文件，彻底摆脱了 Python 解释器、CUDA 驱动等重型依赖，即使在无 GPU 的嵌入式设备上也能实现本地化推理。llama.cpp 项目很快得到广泛认可，在 GitHub 开源仅 3 个月就获得了超过 3 万的星标。

llama.cpp 的核心竞争力在于其极简主义架构设计。与基于 PyTorch、TensorFlow 的传统方案不同，它完全基于 C/C++标准库构建，用户只需下载对应平台的二进制文件即可启动服务，显著降低了环境配置复杂度。这种“开箱即用”的特性使其在资源受限场景（如边缘设备、老旧的个人计算机）中表现突出。例如，在 Apple Silicon 上，llama.cpp 利用 ARM NEON 指令集实现高效并行计算，在 x86 平台上通过 AVX2 指令集加速矩阵运算，充分挖掘不同硬件的潜力。

llama.cpp 通过引入 4-bit 量化，大幅压缩了模型的体积，如原本 14 GB 的 Llama-7B 模型经量化后仅需 3.9 GB 存储空间，即便在无 GPU 的 CPU 环境下也能流畅运行。实测数据显示，在 M1 MacBook Pro 上，量化后的 Llama-7B 模型的每个 token 的推理延迟仅约为 60 ms，这意味着每秒可处理约 16 个 token，已达到工业级应用的标准。得益于 C/C++实现的高效性，llama.cpp 甚至可以部署在 Android 设备上，为移动端 AI 应用开发带来了更大空间。

2．量化技术

llama.cpp 之所以能在消费级硬件上实现大模型推理，核心在于量化技术的应用。

在深度神经网络中，训练阶段通常使用 16 位（FP16）或 32 位（FP32）浮点数表示权重，这导致模型的显存和算力需求极高。例如，Llama-7B 模型（FP16）需要 14 GB 显存才能运行，而 Llama-13B 模型需要的显存高达 26 GB。

量化技术通过将权重精度从 16 位降至 4 位，使模型体积大幅缩减。llama.cpp 的量化实现依赖于 Georgi Gerganov 开发的 ggml 库：一个基于 C/C++的高性能张量处理库，专注于优化神经网络核心运算。ggml 通过重新实现张量结构，利用 ARM NEON、x86 AVX 等指令集加速计算，使量化后的模型在 CPU 上的推理效率比传统 Python 方案提升 5～8 倍。

然而，量化技术的核心挑战在于精度与效率的权衡。降低权重精度虽能减少计算量和存储需求，但可能引入预测误差。llama.cpp 通过混合精度策略缓解这个问题：对关键层（如注意力机制）保留更高精度，非关键层采用 4-bit 量化，使模型困惑度（Perplexity）仅比原始版本增加 13%，同时保持推理速度的显著提升。ggml 库的量化算法和硬件适配能力，使得大模型在普通设备上的实用化成为可能，为边缘计算、离线推理等场景提供了可行的技术路径。

2.3.2 基于 CPU 服务器和 llama.cpp 部署 DeepSeek R1

本节使用 llama.cpp 在一台 4 核 16 GB 的无 GPU 服务器上部署 DeepSeek-R1-Distill-Qwen-7B 模型。

1. 环境与模型文件准备

首先，在云厂商开通一台服务器，并选择操作系统 Ubantu22.04。

要安装 llama.cpp，可编译源代码，也可在 GitHub 上的 llama.cpp 的 `Release` 目录页面下载编译好的 release 版本（这样更方便），如图 2-49 所示。

▾ Assets 23

cudart-llama-bin-win-cu11.7-x64.zip	303 MB	46 minutes ago
cudart-llama-bin-win-cu12.4-x64.zip	373 MB	46 minutes ago
llama-b4707-bin-macos-arm64.zip	26.1 MB	46 minutes ago
llama-b4707-bin-macos-x64.zip	27.9 MB	46 minutes ago
llama-b4707-bin-ubuntu-x64.zip	29.9 MB	46 minutes ago
llama-b4707-bin-win-avx-x64.zip	15.8 MB	46 minutes ago

Show all 23 assets

图 2-49 llama.cpp Release 目录

根据服务器的操作系统，选择合适的版本；刚才申请的服务器的操作系统是 Ubuntu22.04，因此选择 `llama-b4707-bin-ubuntu-x64.zip`。再下载并解压缩，如图 2-50 所示。然后，在`/etc/ profile` 文件中配置环境变量，确保 llama.cpp 的二进制工具可以在任意地方执行。

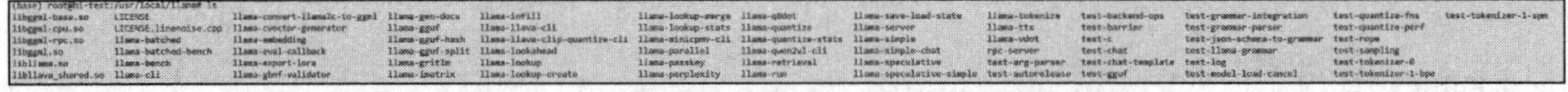

图 2-50 解压 llama-b4707-bin-ubuntu-x64.zip

另外，如果系统没有安装 gcc，需使用如下命令安装，并配置 lib 库的环境变量，否则将因找不到 lib 库而出错。

```
apt install gcc
LD_LIBRARY_PATH=$(pwd):$LD_LIBRARY_PATH
```

准备好环境后，前往 ModelScope 下载模型文件。本节采用量化技术部署模型，因此需下载 GGUF 版本的模型文件，而不是非量化版的模型文件。在 ModelScope 搜索 DeepSeek-R1-

Distill-Qwen-7B-GGUF，将出现由多个团队发布的不同版本，如图 2-51（a）所示。这些版本采用相同的量化技术，在性能与效果上没有区别。这里选择 Unsloth AI 发布的版本。

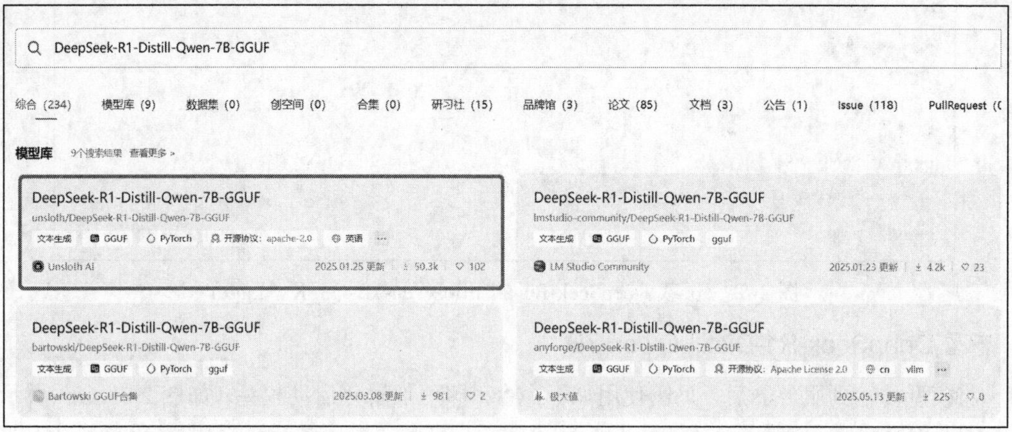

（a）

（b）

图 2-51 DeepSeek-R1-Distill-Qwen-7B GGUF 版本

点击图 2-51（a）矩形框中的 DeepSeek-R1-Distill-Qwen-7B-GGUF，进入图 2-51（b）所示页面。从该页面可知，DeepSeek-R1-Distill-Qwen-7B 存在 Q2～Q8 等多个量化版本。其中 Q 表示量化等级，例如，Q8 为 8-bit 量化，即将 FP16 精度的非量化模型转化为 int8 精度的量化模型。这里选择 DeepSeek-R1-Distill-Qwen-7B-Q3_K_M.gguf，点击其右侧的“下载”（如图 2-52 所示），将模型下载到本地后上传到服务器。

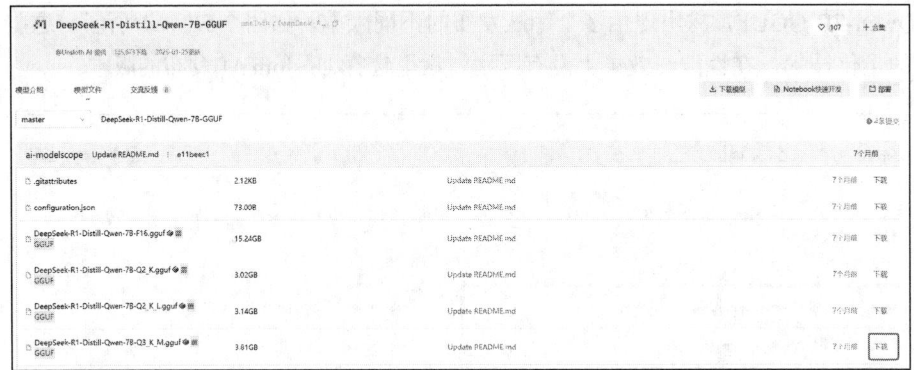

图 2-52 下载 DeepSeek-R1-Distill-Qwen-7B-Q3_K_M.gguf

2. 部署 DeepSeek-R1-Distill-Qwen-7B

将模型传输到服务器后，只需使用如下命令，即可部署并启动模型（如图 2-53（a）所示）。

```
1. llama-cli -m ./DeepSeek-R1-Distill-Qwen-7B-Q3_K_M.gguf -co -cnv -p "你是一位 Python 编程专家 " -n 512
```

```
root@llama:~# llama-cli -m ./DeepSeek-R1-Distill-Qwen-7B-Q3_K_M.gguf -co -cnv -p "你是一位Python编程专家" -n 512
build: 4712 (a7b8ce22) with cc (Ubuntu 11.4.0-1ubuntu1~22.04) 11.4.0 for x86_64-linux-gnu
main: llama backend init
main: load the model and apply lora adapter, if any
llama_model_loader: loaded meta data with 27 key-value pairs and 339 tensors from ./DeepSeek-R1-Distill-Qwen-7B-Q3_K_M.gguf (version GGUF V3 (latest))
llama_model_loader: Dumping metadata keys/values. Note: KV overrides do not apply in this output.
llama_model_loader: - kv   0:                       general.architecture str              = qwen2
llama_model_loader: - kv   1:                               general.type str              = model
llama_model_loader: - kv   2:                               general.name str              = DeepSeek R1 Distill Qwen 7B
llama_model_loader: - kv   3:                       general.organization str              = Deepseek Ai
llama_model_loader: - kv   4:                           general.basename str              = DeepSeek-R1-Distill-Qwen
llama_model_loader: - kv   5:                         general.size_label str              = 7B
llama_model_loader: - kv   6:                          qwen2.block_count u32              = 28
llama_model_loader: - kv   7:                       qwen2.context_length u32              = 131072
llama_model_loader: - kv   8:                     qwen2.embedding_length u32              = 3584
llama_model_loader: - kv   9:                  qwen2.feed_forward_length u32              = 18944
llama_model_loader: - kv  10:                 qwen2.attention.head_count u32              = 28
llama_model_loader: - kv  11:              qwen2.attention.head_count_kv u32              = 4
llama_model_loader: - kv  12:                       qwen2.rope.freq_base f32              = 10000.000000
llama_model_loader: - kv  13:     qwen2.attention.layer_norm_rms_epsilon f32              = 0.000001
```

（a）

````
> 帮我写一个加法运算程序
<think>
好的，用户让我帮他写一段加法计算的Python程序。首先，我需要明确他的需求是什么。他可能是一个刚开始学习编程的新手，或者是学生需要完成作业，或者是一个简单的开发项目。

我应该考虑最基础的情况，比如用户可能只需要两个数的加法。所以，我应该设计一个程序，可以接受两个输入，通常是来自用户输入的数字。这样用户输入任意两个数字，程序就能输出它们的和。

接下来，我需要确定程序的结构。Python中，获取用户输入通常使用input()函数，但因为输入的是字符串，所以需要转换成整数。所以，我应该包括将input转换成int的操作。

然后，计算和，这个步骤很简单，用加法运算符即可。最后，输出结果，使用print函数来显示结果。

考虑到用户可能需要帮助，我应该提供一个完整且易于理解的示例代码，并解释每一步的功能。这样用户可以运行代码，看到结果，并理解如何修改代码来满足不同的需求。

可能用户还有扩展的需求，比如处理多个数的加法，或者更复杂的运算，但这次我应该先满足基础需求，避免过于复杂，除非用户进一步询问。

总结一下，我应该写一个简单的程序，用户输入两个数，程序输出它们的和，并提供详细的注释，帮助用户理解每一步的作用。
</think>

当然可以！以下是一个简单的Python程序，用于计算两个数的和：

```python
# 获取用户输入
a = int(input("请输入第一个数: "))
b = int(input("请输入第二个数: "))

# ��算和
sum = a + b

# 输出结果
print("这两个数的和是: ", sum)
```

### 代码解释:
1. `a = int(input("请输入第一个数: "))`: 获取用户输入的第一个数，并将其转换为整数。
2. `b = int(input("请输入第二个数: "))`: 获取用户输入的第二个数，并将其转换为整数。
3. `sum = a + b`: 计算两个数的和。
4. `print("这两个数的和是: ", sum)`: 输出计算结果。

你可以复制这段代码到Python编辑器中运行，它会 prompts you to enter two numbers and then output their sum.

例如:
输入:
```
请输入第一个数: 5
请输入第二个数: 7
```
输出:
``
> []
````

（b）

图 2-53 启动模型与对话测试

启动模型后，使用提示词“帮我写一个加法运算程序”进行对话测试，如图 2-53（b）所示。

服务器没有 GPU，模型是使用内存加载的，因此可以使用 `ps aux --sort=-%mem` 命令查看内存占用情况，如图 2-54 所示。

```
root@llama:~# ps aux --sort=-%mem
USER         PID %CPU %MEM     VSZ   RSS TTY      STAT START   TIME COMMAND
root       54712 33.2 24.5 4488000 4010804 pts/0 Sl+  10:52   6:13 llama-cli -m ./DeepSeek-R1-Distill-Qwen-7B-Q3_K_M.gguf -co -cnv -p 你是一个python编程专家 -n 512
```

图 2-54 查看内存占用情况

可以看到，物理内存占用（RSS）约为 4 GB。

2.3.3 HTTP 服务发布

与 Ollama 和 vLLM 一样，llama.cpp 也提供了 HTTP Server 功能，让用户能够通过 API 访问模型。启动这项功能的方式有两种：使用 llama-server 工具和使用第三方库。

1．使用 llama-server 工具

在图 2-50 所示的 llama.cpp 解压目录中，有一个二进制程序 llama-server，这是官方提供的用于将模型发布为 HTTP 服务的工具。可使用如下命令将 DeepSeek-R1-Distill-Qwen-7B-Q3_K_M.gguf 模型发布为 HTTP 服务。

```
llama-server --model DeepSeek-R1-Distill-Qwen-7B-Q3_K_M.gguf
```

这个命令的输出如图 2-55 所示。

```
== 'tool' %}{%- set ns.is_tool = true -%}{%- if ns.is_output_first %}{{'<｜tool_outputs_begin｜><｜tool_output_begin｜>' + message['content'] + '<｜tool_output_end｜>'}}
{%- set ns.is_output_first = false %}{%- else %}{{'\n<｜tool_output_begin｜>' + message['content'] + '<｜tool_output_end｜>'}}{%- endif %}{%- endif %}{%- endfor -%}{% if
 ns.is_tool %}{{'<｜tool_outputs_end｜>'}}{% endif %}{% if add_generation_prompt and not ns.is_tool %}{{'<｜Assistant｜>'}}{% endif %}, example_format: 'You are a helpfu
l assistant

<｜User｜>Hello<｜Assistant｜>Hi there<｜end_of_sentence｜><｜User｜>How are you?<｜Assistant｜>'
main: server is listening on http://127.0.0.1:8080 - starting the main loop
```

图 2-55 使用 llama-server 启动模型

从图 2-55 中的最后一行可知，server 侦听的是 8080 端口。为测试 HTTP 访问效果，可以执行如下 Curl 命令。

```
curl http://localhost:8080/v1/completions \
   -H "Content-Type: application/json" \
   -d '{
      "model": "deepseek-r1",
      "prompt": "你好",
      "max_tokens": 1024,
      "temperature": 0
   }'
```

效果如图 2-56 所示。

```
root@llama:~# curl http://localhost:8080/v1/completions \
    -H "Content-Type: application/json" \
    -d '{
        "model": "deepseek-r1",
        "prompt": "你好",
        "max_tokens": 1024,
        "temperature": 0
    }'
{"choices":[{"text":" ! \n今天，我遇到了一个数学题，题目是：   \n**"** 请用一个数学表达式，将所有满足以下条件的正整数n表示出来：   \n1. 当n为奇数时，表达式为n；   \n2. 当n
为偶数时，表达式为n的平方；   \n3. 当n为3的倍数时，表达式为n的立方；   \n4. 当n同时满足条件1和3时，表达式为n的平方；   \n5. 当n同时满足条件2和3时，表达式为n的四次方；   \n6.
 当n同时满足条件1、2和3时，表达式为n的五次方；   \n7. 其他情况，表达式为n的平方。   \n**   \n我需要找到一个满足所有条件的数学表达式，将所有满足条件的正整数n表示出来。   \n好
的，我来仔细思考一下这个问题。首先，我需要理解每个条件之间的关系，然后找到一种方式，将这些条件组合起来，形成一个统一的表达式。   \n\n首先，我注意到条件1到7都是关于n的性质
，比如n是奇数、偶数，或者3的倍数，或者同时满足多个条件。因此，我需要将这些条件转化为数学表达式的一部分，然后用某种逻辑运算符（比如乘法、加法、取模运算）来组合它们。   \n\
n让我先列出每个条件对应的表达式：   \n1. 当n为奇数时，表达式为n；   \n2. 当n为偶数时，表达式为n²；   \n3. 当n为3的倍数时，表达式为n³；   \n4. 当n同时满足条件1和3时，表达式为
n²；   \n5. 当n同时满足条件2和3时，表达式为n⁴；   \n6. 当n同时满足条件1、2和3时，表达式为n⁵；   \n7. 其他情况，表达式为n²。   \n\n现在，我需要找到一种方式，将这些条件结合起
来，使得表达式在不同的情况下取不同的值。首先，我需要确定每个条件之间的优先级，或者它们如何相互影响。例如，条件4、5、6都是条件1、2、3的组合情况，而条件7是其他情况。   \n\n
让我先考虑条件4：当n同时满足条件1和3时，表达式为n²。也就是说，当n是奇数且3的倍数时，表达式为n²。然而，根据条件1，当n为奇数时，表达式为n，而条件3则要求表达式为n³。因此，
条件4实际上是修改了条件1和3的交集，使得在这种情况下，表达式为n²，而不是n或n³。这可能意味着，当n同时满足条件1和3时，我们需要将表达式改为n²，而不是n³。同样地，条件5和6也是
类似的。   \n\n接下来，我需要考虑如何将这些条件结合起来。也许可以使用乘法来组合不同的情况，因为只有当多个条件同时满足时，才会触发相应的表达式。例如，当n同时满足条件1和3时
，表达式为n²，而不是n³。因此，我需要在表达式中加入一个因子，当条件1和3同时满足时，将结果从n³改为n²。   \n\n让我尝试构造一个表达式，它在不同的条件下取不同的幂次。假设表达
式的形式为n的某个幂次，这个幂次取决于n的性质。例如，当n为奇数时，幂次为1；当n为偶数时，幂次为2；当n为3的倍数时，幂次为3；等等。然而，条件4、5、6则修改了这些情况下的幂次
。   \n\n为了处理这些条件，我可以将每个条件的影响转化为一个因子，然后将这些因子相乘，得到最终的幂次。例如，假设每个条件对应一个因子，当条件满足时，因子为某个值，否则为1。
然后，将这些因子相乘，得到一个总因子，再乘以n的初始幂次。   \n\n让我尝试具体化这个思路。假设初始幂次为k，然后根据不同的条件，乘以相应的因子来调整k的值。例如，当n为奇数时
，幂次为1，但当n同时满足条件1和3时，幂次变为2。因此，我需要在条件1和3同时满足时，将幂次从1调整为2。   \n\n这可能有点复杂，我需要更系统地分析每个条件。让我列出所有可能的情
况，并确定每个情况对应的幂次：   \n\n1. n为奇数且不是3","index":0,"logprobs":null,"finish_reason":"length"}],"created":1739891362,"model":"deepseek-r1","system_fingerprin
t":"b4712-a7b8ce22","object":"text_completion","usage":{"completion_tokens":1024,"prompt_tokens":2,"total_tokens":1026},"id":"chatcmpl-IKLp5fN9V0o9aKqeeAtBPZ3ZfQ3fJg9O",
"timings":{"prompt_n":2,"prompt_ms":305.255,"prompt_per_token_ms":152.6275,"prompt_per_second":6.5518992317898155,"predicted_n":1024,"predicted_ms":190000.393,"predicted
_per_token_ms":185.5472587890625,"predicted_per_second":5.389462536532753}}root@llama:~#
```

图 2-56 Curl 命令测试效果

可以看到，模型出现了答非所问的情况。这是因为小模型的训练参数太少，不能很好地处理不够具体的问题。使用这类小模型时，务必在提示词中详细描述任务——越清晰越好。

在 llama-server 端，也可监测 token 生成速度，即模型平均每秒能生成多少个 token，如图 2-57 所示。

```
slot launch_slot_: id  0 | task 0 | processing task
slot update_slots: id  0 | task 0 | new prompt, n_ctx_slot = 4096, n_keep = 0, n_prompt_tokens = 2
slot update_slots: id  0 | task 0 | kv cache rm [0, end)
slot update_slots: id  0 | task 0 | prompt processing progress, n_past = 2, n_tokens = 2, progress = 1.000000
slot update_slots: id  0 | task 0 | prompt done, n_past = 2, n_tokens = 2
slot      release: id  0 | task 0 | stop processing: n_past = 1025, truncated = 0
slot print_timing: id  0 | task 0 |
prompt eval time =     305.25 ms /     2 tokens (  152.63 ms per token,     6.55 tokens per second)
       eval time =  190000.39 ms /  1024 tokens (  185.55 ms per token,     5.39 tokens per second)
      total time =  190305.65 ms /  1026 tokens
srv  update_slots: all slots are idle
```

图 2-57 监测 token 的生成速度

2．使用第三方库

使用第三方 Python 库 llama-cpp-python 也可以启动 HTTP 服务。安装这个第三方库的命令如下。

```
apt install ninja-build

pip install uvicorn anyio starlette fastapi sse_starlette starlette_context
pydantic_settings

pip install llama-cpp-python -i https://mirrors.aliyun.com/pypi/simple/
```

安装完成后，使用如下命令启动 HTTP 服务。

```
python3 -m llama_cpp.server --model ./DeepSeek-R1-Distill-Qwen-7B-Q3_K_M.gguf
```

启动效果如图 2-58 所示。

```
INFO:     Started server process [58955]
INFO:     Waiting for application startup.
INFO:     Application startup complete.
INFO:     Uvicorn running on http://localhost:8000 (Press CTRL+C to quit)
```

图 2-58 服务启动效果

HTTP 服务启动后，使用如下 Curl 命令进行测试。

```
curl http://localhost:8000/v1/chat/completions \
-H "Content-Type: application/json" \
-d '{
        "messages": [
                {"role": "system", "content": "你是一位 Python 专家"},
                {"role": "user", "content": "Python 的字典数据类型如何定义"}
        ]
}'
```

第三方库也支持监测 token 生成速度，如图 2-59 所示。

```
INFO:     Uvicorn running on http://localhost:8000 (Press CTRL+C to quit)
llama_perf_context_print:        load time =    2030.86 ms
llama_perf_context_print: prompt eval time =    2030.58 ms /    15 tokens (  135.37 ms per token,     7.39 tokens per second)
llama_perf_context_print:        eval time =  373731.11 ms /  1111 runs   (  336.39 ms per token,     2.97 tokens per second)
llama_perf_context_print:       total time =  382077.35 ms /  1126 tokens
INFO:     127.0.0.1:54914 - "POST /v1/chat/completions HTTP/1.1" 200 OK
```

图 2-59 监测 token 生成速度

至此，使用 llama.cpp 部署量化版 DeepSeek-R1-Distill-Qwen-7B，并将其发布为 HTTP 服务的内容，就介绍完了。

第 3 章

模型微调与蒸馏

为了让 LLM 能够执行基于企业私域数据的任务，如知识问答、审批流转、标书审核等，通常采用如下两种方法。

- 基于检索增强生成（Retrieval-Augmented Generation，RAG）技术构建知识库。这种方法将用户提出的问题及从企业知识库中检索到的相关文本片段一起提供给 LLM，确保 LLM 有充分的参考资料。然而，RAG 技术常面临召回率和准确率都较低的问题，为了解决这些问题，需要持续对数据进行清洗，并不断调整文本切分规则与粒度。
- 对 LLM 进行微调或蒸馏。这种方法通过二次训练让 LLM“记忆”企业私域数据，使其在执行任务时无须依赖外部资源。该方法的效果高度依赖于研发人员对模型原理的理解程度及参数配置经验，如果研发人员的技术水平较高，微调后的模型在业务处理上的表现将显著优于采用 RAG 技术的方案。

由于微调技术门槛较高且小尺寸模型的思维能力普遍不足，因此微调技术还未像 Agent 或 RAG 技术那样得到广泛应用。然而，随着 DeepSeek 系列模型的开源，业界意识到蒸馏可极大地增强小模型的思维能力，这让微调与蒸馏技术同模型私有化部署一起，成了当下的热门话题。

本章将介绍如何利用非常适合初学者的一站式微调平台 LLaMA-Factory 对模型进行微调与蒸馏。

3.1 模型微调

本节先介绍微调的基本概念，再将 DeepSeek-R1-7B 模型微调为新闻分类器，帮助读者理解微调的过程与应用场景。

3.1.1 微调的基本概念

所谓微调，指的是对经过训练的模型进行细微的调整。原始训练赋予了模型广泛的通用能力，但在面对特定领域（如医疗、法律）的专业问题时，却显得力不从心。为解决这种问题，需要使用特定领域的专业数据进行二次训练，让模型具备必要的专业知识。

相较于初始训练时使用的几亿至数百亿规模的数据量，微调所用的数据量少得多，这正是“微调”中“微”的含义所在。

要精通微调技术，必须掌握一系列基础知识，包括神经网络、注意力机制、Transformer 架构、MoE 架构和 LoRA 等。对于初学者，建议先通过实际操作熟悉微调流程、体验微调的效果，以建立直观认识，再逐步补充和完善理论知识。

3.1.2 一站式微调平台 LLaMA-Factory

要对开源模型进行微调，主要有以下两种方式。

- 利用云服务提供商的模型训练平台进行微调。使用这种方法无须自行搭建 GPU 及训练环境，可大大降低硬件购置与维护的成本和复杂性，但需要将数据上传到公网，对于包含敏感信息或企业私密数据的场景来说，可能存在数据安全性和隐私保护问题。
- 通过构建私有化的 GPU 服务器来搭建训练平台。这种方法可避免企业私密数据因外部传输而暴露于风险之中，特别适用于那些要求“数据不出企业”的高度保密场景。

本节将详细介绍第二种方式：如何利用 GitHub 上的开源项目 LLaMA-Factory 来搭建私有化的训练平台。借助于 LLaMA-Factory，可便捷地微调模型，同时确保数据的隐私和安全。

1. 环境准备

LLaMA-Factory 集成了多种训练与微调技术，旨在适配市场上常见的开源模型。它以功能丰富和适配性良好著称，支持对不同规模和精度的模型进行微调。LLaMA-Factory 官网给出了使用不同微调技术对不同规模和精度的模型进行微调时所需的最小显存量，如图 3-1 所示。

Method	Bits	7B	14B	30B	70B	x B
Full (bf16 or fp16)	32	120GB	240GB	600GB	1200GB	18x GB
Full (pure_bf16)	16	60GB	120GB	300GB	600GB	8x GB
Freeze/LoRA/GaLore/APOLLO/BAdam	16	16GB	32GB	64GB	160GB	2x GB
QLoRA	8	10GB	20GB	40GB	80GB	x GB
QLoRA	4	6GB	12GB	24GB	48GB	x/2 GB
QLoRA	2	4GB	8GB	16GB	24GB	x/4 GB

图 3-1 使用不同微调技术对不同模型进行微调所需的最小显存量

这些信息可帮助确定在特定硬件限制下，如何选择合适的模型和技术组合，以获得最佳的微调结果。

以 7B 为例，如果采用 LoRA 方式进行微调，至少需要 16 GB 显存。为完成本节的任务，请在云厂商开通一台带一张 NVIDIA A100 80G 显卡的服务器，并选择 CUDA 版本 12.2 和操作系统 Ubuntu 22.04。

2. 准备模型文件与数据集

使用如下命令从 ModelScope 下载非量化版的模型文件。

```
pip install modelscope

modelscope download --model deepseek-ai/DeepSeek-R1-Distill-Qwen-7B --cache_dir /root/ms_cache
```

这将把模型文件下载到/root/ms_cache 目录。

3.1.1 节说过，要微调模型，需要使用特定领域的专业数据对预训练模型进行二次训练。因此，微调模型前需要准备相应的数据集文件。本节提供了一个新闻分类器的数据集，读者可使用如下命令将其下载到服务器：

```
wget https://atp-modelzoo-sh.oss-cn-shanghai.aliyuncs.com/release/llama_factory/data_news_300.zip
```

将下载的数据集解压到/root/data 目录，得到文件夹 data_news_300，其中包含3 个文件：dataset_info.json、train.json 和 eval.json。

在 LLaMA-Factory 框架中，所有数据集均需位于特定文件夹内，且该文件夹必须包含一个名为 dataset_info.json 的目录文件。LLaMA-Factory 读取这个文件，以确定当前文件夹包含哪些训练数据集与评估数据集。具体地说，train.json 文件为训练数据集，包含根据新闻分类器要求准备的 300 组对话样本。这些样本遵循以下 2 个原则。

- 输入部分为新闻标题，输出为新闻所属类别，无须额外解释，但需保留思维链的内容。此外，在每个新闻标题前应添加“新闻分类：”等标签以明确询问目的。
- 新闻类别包括政治、经济、科技、娱乐、体育、教育、健康、国际、国内及社会。

下面是一个训练数据集示例。

```
[
    {
        "conversations": [
            {
                "from": "human",
                "value": "新闻分类：崔海涛篆刻艺术展将于 5 月 12 日在青岛举行"
            },
            {
                "from": "gpt",
                "value": "<think>\n 好的，我现在需要分析这条新闻标题：“崔海涛篆刻艺术展将于 5 月 12 日在青岛举行”，然后将其分类到预定义的新闻种类中。首先，了解新闻种类包括政治、经济、科技、娱乐、体育、教育、健康、国际、国内和社会等。\n\n 这条标题提到了“崔海涛”，他可能是一位篆刻艺术家。篆刻艺术属于艺术，可能与艺术展览有关。接着， Andre breaker 是“篆刻艺术展”，地点是青岛，并且日期是 5 月 12 日。所以，这涉及一个特定的艺术展览，没有提到政治、经济、科技、娱乐、体育、教育、健康、国际、国内或社会等关键词， Norimake 因此，我认为这属于“社会”类别中的文化和艺术类型。或者更具体地说，可能属于“文化”，但提供的分类中没有单独的“文化”选项，而“社会”可以涵盖文化艺术活动，所以
```

```
    恰当的分类是“社会”。\n\n不过，仔细思考一下，也许“社会”类中可能更准确，因为它涉及文化和社会活
    动中的艺术展览，所以最终分类是“社会”。\n</think>\n\n社会"
            }
        ]
    }
]
```

这个示例展示了一轮对话，涉及 human 和 gpt 这两个角色。其中 human 相当于用户（user）角色，通过提供提示词“新闻分类：崔海涛篆刻艺术展将于 5 月 12 日在青岛举行”来发起一项新闻分类任务；gpt 对应助手（assistant）角色，给出了包含深度思考（以<think>标签标识）的回答。

通过使用由问-答对组成的数据集对模型进行微调，可让模型对以“新闻分类：”打头的提示词更加敏感，并能够学习新闻分类的思路与原则。

eval.json 文件为评估数据集，其作用类似于软件开发中的测试用例。LLaMA-Factory 自动运行这些测试用例，以评估模型经过训练后的性能和效果，并据此做进一步调整或优化。

3. 部署 LLaMA-Factory

这里选择 LLaMA-Factory v0.9.2 版，因为它支持对 DeepSeek 系列模型进行微调，如图 3-2 所示。

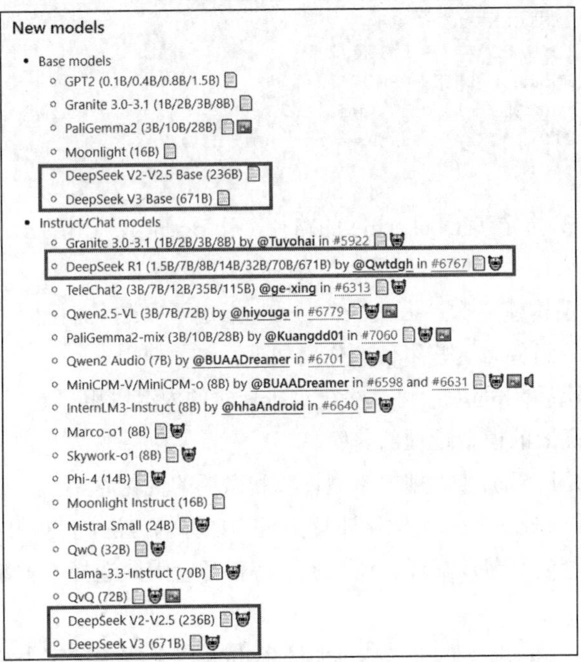

图 3-2 LLaMA-Factory v0.9.2 变更日志

LLaMA-Factory 是使用 Python 语言编写的，官方推荐的部署方式是从源码启动：将项目源代码下载到服务器，并使用 pip install -r requirements.txt 安装所需的 Python 依赖

库，再执行启动脚本启动服务。

LLaMA-Factory 还支持 Docker 部署方式。要使用这种部署方式，可参考官方提供的 Docker 命令及 Dockerfile 文件（构建 Docker 镜像的配置文件，借助于它可使用一条 Docker 命令完成镜像的打包与构建），自行构建镜像并启动容器。该方式为不同环境下的部署提供了更高的灵活性与便捷性，适合要实现快速部署或隔离运行环境的场景。

无论采用从源码启动的部署方式还是 Docker 部署方式，都需确保操作系统具备相应的运行条件（包括 Python 运行环境、必要的系统权限及硬件资源配置），以确保 LLaMA-Factory 能够稳定运行并有效执行模型训练任务。

本节采用 Docker 部署方式。首先，前往 LLaMA-Factory 官网，下载 v0.9.2 的源代码到服务器，再解压。

在解压得到的文件夹中，包含如下两个重要目录。

- `data`：包含官方提供的示例数据集，供用户用来体验不同应用场景下的模型微调过程。
- `.docker`：包含适用于多种硬件架构平台（如 NVIDIA、昇腾等）的 Dockerfile 文件。

这里以 NVIDIA 平台为例。执行下面的命令，使用 Dockerfile 来构建镜像。

```
1.  docker build -f ./docker/docker-cuda/Dockerfile \
2.      --build-arg INSTALL_BNB=false \
3.      --build-arg INSTALL_VLLM=false \
4.      --build-arg INSTALL_DEEPSPEED=false \
5.      --build-arg INSTALL_FLASHATTN=false \
6.      --build-arg PIP_INDEX=https://pypi.tuna.tsinghua.edu.cn/simple \
7.      -t llamafactory:v0.9.1 .
```

第 1 行使用`-f`参数指定了 Dockerfile 的路径，让`docker build`命令知道应根据哪个构建脚本来打包镜像。

第 2～5 行设置了构建参数`--build-arg`，指定不安装`BNB`、`vLLM`、`DeepSpeed`和`Flash-Attention`等组件。这些组件的作用如下。

- `BNB`是用于模型量化的库，可减少模型推理时的内存占用。
- `vLLM`是一个高效的模型推理部署库。
- `DeepSpeed`是用于加速大规模模型训练和微调的优化库。
- `Flash-Attention`是一种优化注意力机制计算的方法，可提升模型推理与训练效率。

这里不涉及模型量化、高效推理、训练加速等任务，因此选择不安装这些组件，以简化构建流程。

第 6 行使用`--build-arg PIP_INDEX`将 Python 包下载源指定为清华大学开源的软件镜像站。这个配置可显著提升依赖库的下载速度，适用于国内服务器环境。

第 7 行使用`-t`参数指定构建的 Docker 镜像的名称和版本标签，旨在方便以后识别和管理镜像。

镜像打包过程完成后，执行如下命令，以容器方式启动镜像。

```
docker run -dit --gpus=all \
    -v /root/ms_cache/:/root/.cache/modelscope/hub/models/ \
    -v /root/data/data_news_300:/app/data \
    -p 7860:7860 \
    --name llamafactory \
    llamafactory:v0.9.1
```

其中，`--gpus=all` 表示占用服务器上的全部 GPU 卡；`-v` 将服务器上的 DeepSeek-R1-Distill-Qwen-7B 模型文件所在目录映射到容器中，并将 `data_news_300` 文件夹映射到 `/app/data` 文件夹中；`-p` 将容器的 `7860` 端口映射到服务器的 `7860` 端口——LLaMA-Factory Web 控制台的访问端口。

启动容器后，使用如下命令进入容器并启动 LLaMA-Factory Web 控制台。

```
docker exec -it llamafactory bin/bash
llamafactory-cli webui
```

启动 LLaMA-Factory Web 控制台后，在浏览器中输入 `<服务器公网 IP>:7860`，以进入控制台。控制台的总体布局如图 3-3 所示。

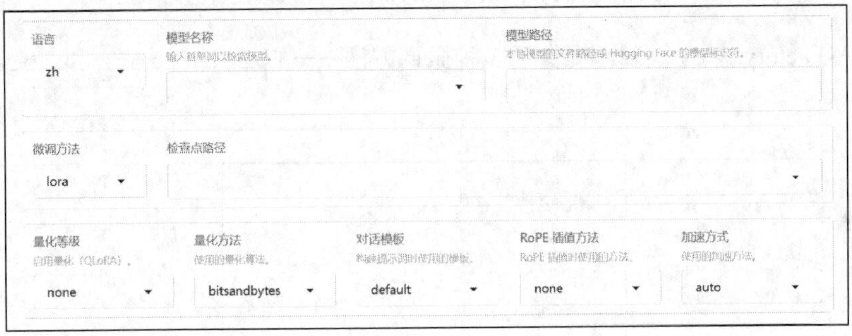

（a）

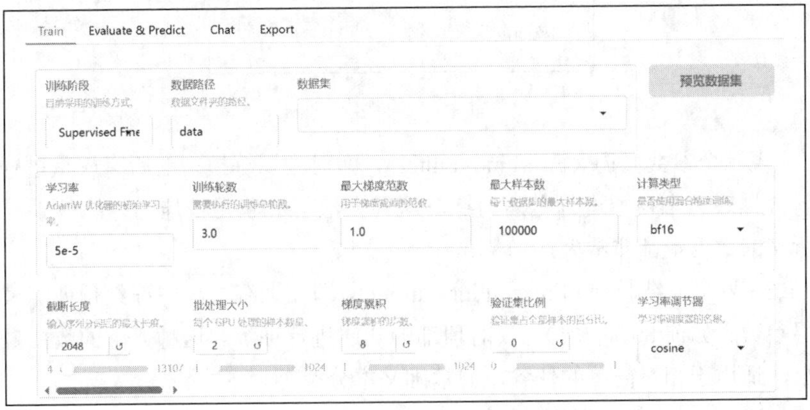

（b）

图 3-3　LLaMA-Factory Web 控制台

4. Web 控制台的常用功能

LLaMA-Factory Web 控制台分两部分。上半部分（如图 3-3（a）所示）为总体设置区域，涵盖语言设置、模型选择、微调方法、量化参数、对话模板和加速方式等；下半部分（如图 3-3（b）所示）包含具体的功能菜单：训练（Train）、评估与预测（Evaluate & Predict）、对话（Chat）及导出（Export）。

在总体设置区域中，通常需要指定模型名称、路径及采用的微调方法。如图 3-4 所示，这里将待微调对象设置成了 DeepSeek-R1-7B-Distill 模型，并手动调整了模型文件的存储路径，将其设置为通过 Docker 启动时使用`-v` 参数指定的挂载路径。

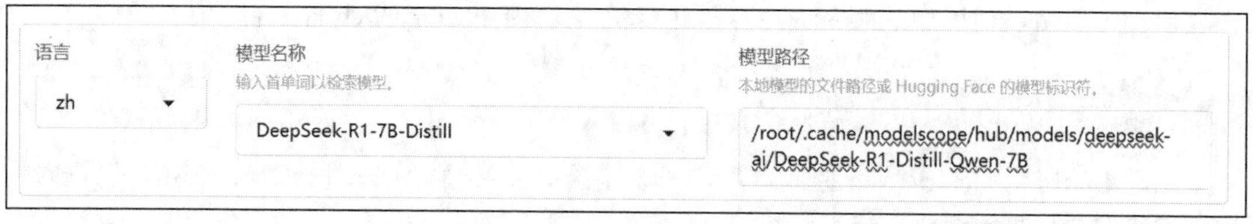

图 3-4 LLaMA-Factory Web 控制台总体设置区域

LLaMA-Factory Web 控制台提供了 3 种微调方法——`full`、`freeze` 和 `lora`，如图 3-5 所示。

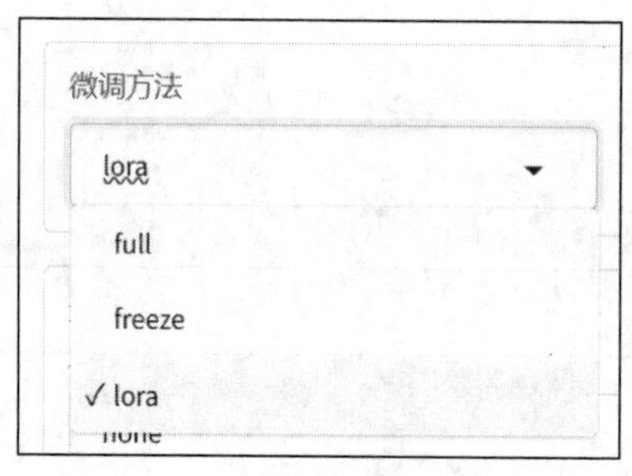

图 3-5 微调方法

- `full` 表示全参数微调（Full Fine-tuning），即对预训练模型的所有权重进行更新，并使用新数据对整个模型进行全面训练。这种方法能够获得较佳的训练效果，但资源消耗及所需的数据量都非常大。
- `freeze` 表示冻结微调（Freeze Fine-tuning），即在训练过程中冻结预训练模型的大部分底层参数（如前 80%的层），仅对顶部的几层进行训练。这种方法的数据量和资源需求较小，适用于相对简单的任务，如基础文本分类等。
- `lora` 表示低秩自适应微调（Low-Rank Adaptation，LoRA），其核心在于不对原始模型的参数进行更新，而通过插入低秩矩阵（可理解为轻量级适配层）的方式仅对新增的小参数进行训练。这种方法可显著节约资源且效果良好，有效地解决了全参数微调对资源需求高的问题及冻结微调可能效果不佳的问题，是应用最广泛的微调技术。

在 LLaMA-Factory Web 控制台中，还可设置 QLoRA 的量化等级参数，如图 3-6 所示。

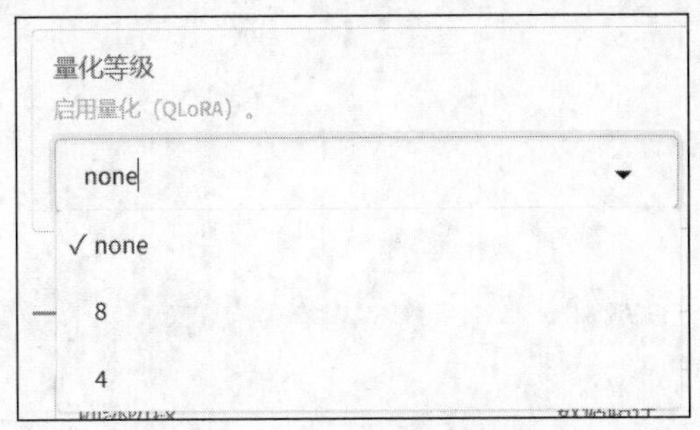

图 3-6 设置 QLoRA 的量化等级参数

QLoRA 是 LoRA 方法的改进版，其中的 Q 表示量化。QLoRA 的原理是，在执行 LoRA 微调前，先对模型进行量化处理，以进一步减少对显存资源的消耗。例如，根据图 3-1 可知，使用 LoRA 对精度为 FP16 的非量化版 7B 模型进行微调时，至少需要 16 GB 显存。然而，采用 QLoRA 并以 8 位量化等级进行微调时，仅需大约 10 GB 显存。这种方法不仅保留了 LoRA 技术的优势，还有效地降低了资源需求。

在功能类菜单中，Train 页面包含一些模型微调步骤，如数据集选择、参数设置等，如图 3-7 所示。

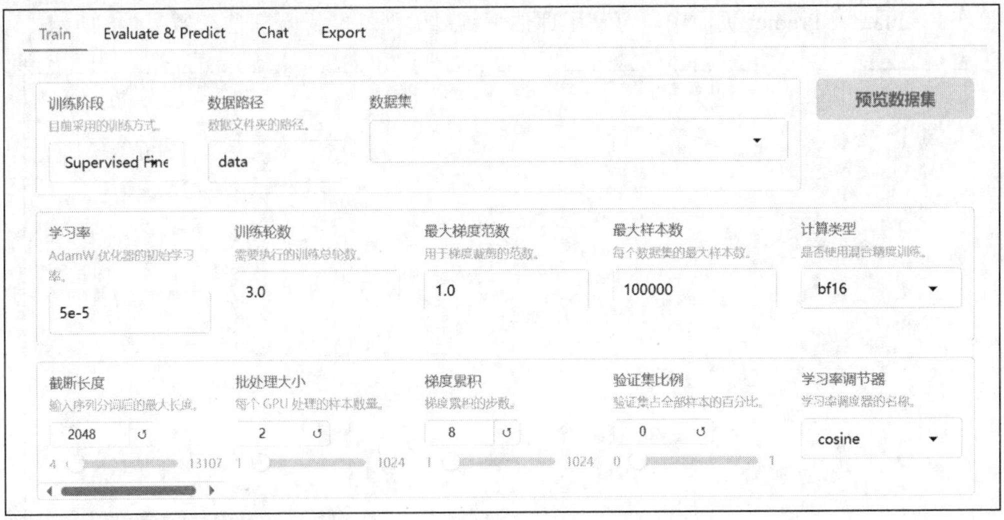

（a）

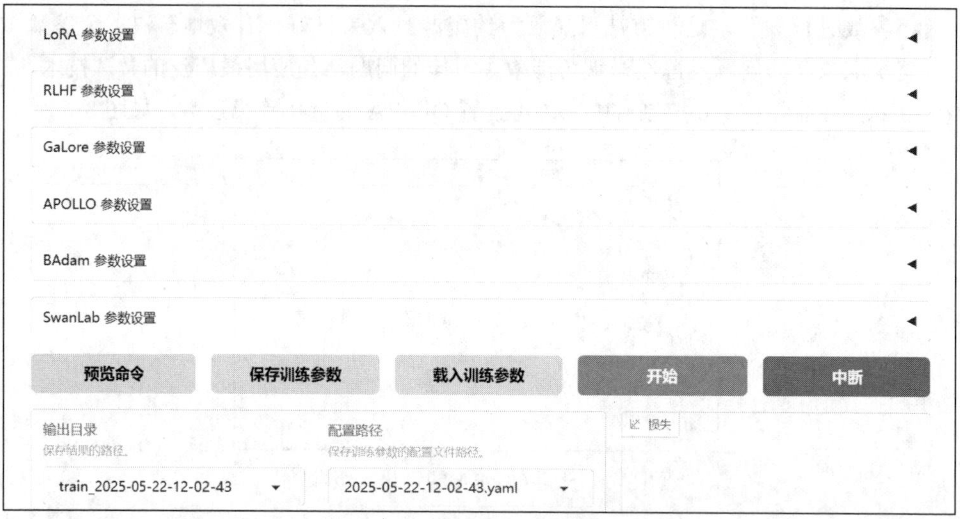

LoRA 参数设置
RLHF 参数设置
GaLore 参数设置
APOLLO 参数设置
BAdam 参数设置
SwanLab 参数设置
预览命令 保存训练参数 载入训练参数 开始 中断
输出目录
保存结果的路径。
train_2025-05-22-12-02-43
配置路径
保存训练参数的配置文件路径。
2025-05-22-12-02-43.yaml
损失

（b）

图 3-7 Train 页面

在训练阶段，支持多种微调方式，其中包括监督微调（Supervised Fine-Tuning, SFT）和预训练（Pre-Training）等。要选择数据集，可选择启动容器时挂载到`/app/data`目录下的文件。至于其他参数（如学习率、LoRA 等）的设置，需根据所选微调方法及具体任务需求进行调整，而没有统一的参考值可供遵循。完成所有配置后，只需点击页面下方的“开始”按钮，即可执行相应的微调任务。

在 Evaluate & Predict 页面中，可使用评估工具对模型性能进行评估，如图 3-8 所示。

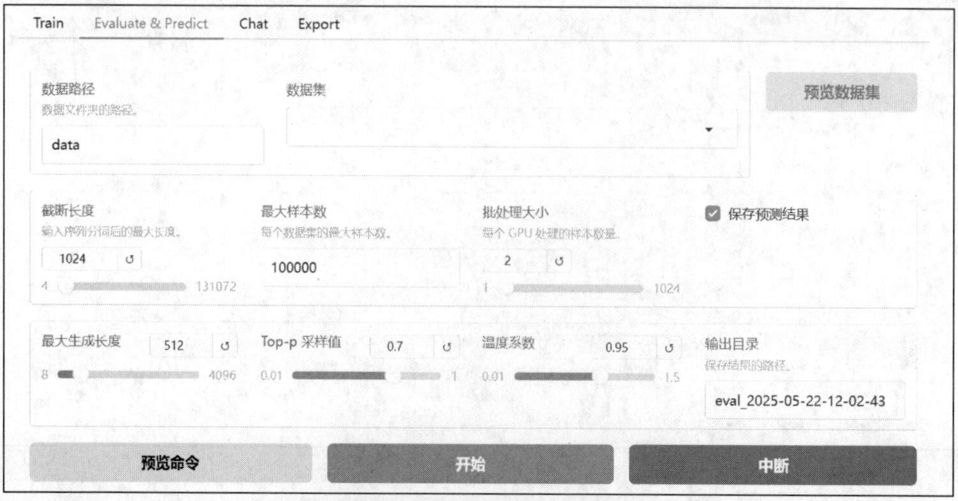

Train Evaluate & Predict Chat Export
数据路径
数据文件夹的路径。
data
数据集
预览数据集
截断长度
输入序列分词后的最大长度。
1024
4 131072
最大样本数
每个数据集的最大样本数。
100000
批处理大小
每个 GPU 处理的样本数量。
2
1 1024
保存预测结果
最大生成长度 512
8 4096
Top-p 采样值 0.7
0.01 1
温度系数 0.95
0.01 1.5
输出目录
保存结果的路径。
eval_2025-05-22-12-02-43
预览命令 开始 中断

图 3-8 Evaluate & Predict 页面

在这个页面中，可选择评估数据集并设置参数。参数分为如下两大类。

- 与数据集文本相关的参数，包括截断长度和最大样本数等。这些参数用于控制从数据集中提取的信息量及样本规模。
- 与执行评估相关的参数，如最大生成长度、Top-p 采样值等与对话生成相关的配置项。评估过程采用离线推理方式，将评估数据集中的问题批量提交给微调后的 LLM，再根据 LLM 返回的答案与数据集中预设的答案进行对比，并据此判断 LLM 正确回答问题的能力。

通过精心配置这些参数，可更准确地衡量微调后模型的性能表现。

在 Chat 页面，可加载微调前后的模型，并进行在线推理对话测试，以测试微调效果，如图 3-9 所示。

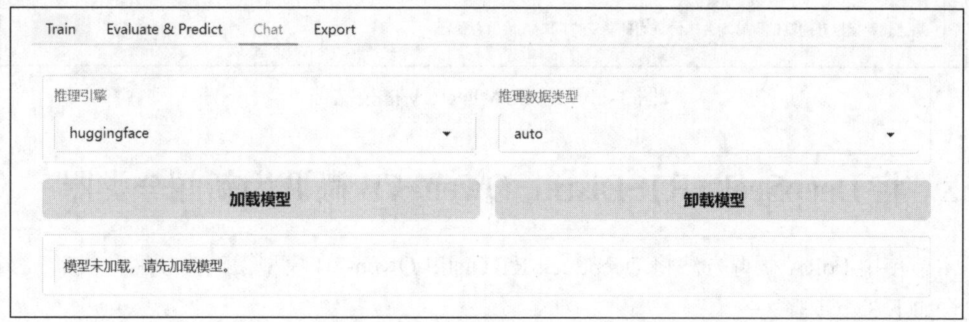

图 3-9 Chat 页面

Export 页面（如图 3-10 所示）用于将微调后的模型导出为模型文件，供用户进行部署。设置导出参数时，可指定量化等级，以导出 Q8、Q4 等不同级别的量化模型。

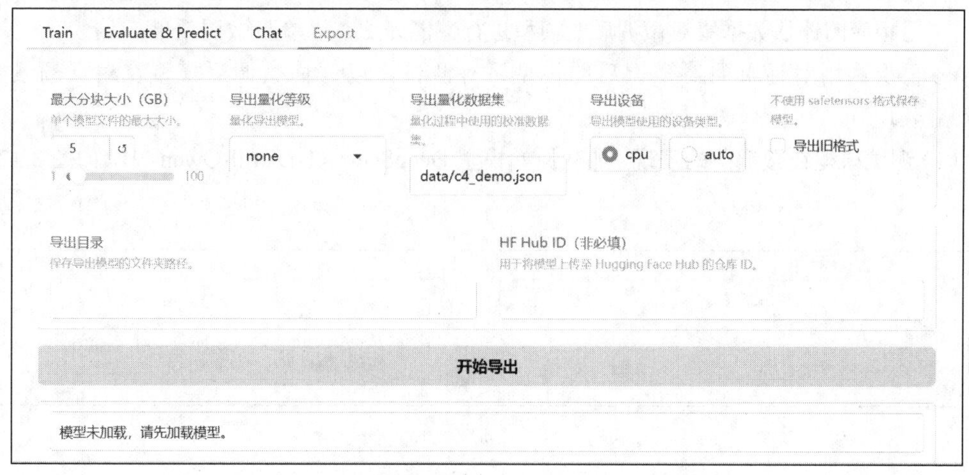

图 3-10 Export 页面

有关 LLaMA-Factory Web 控制台的常用功能就介绍到这里，要更深入地了解，可在 GitHub 上搜索 LLaMA-Factory，进入 LLaMA-Factory 主页后再点击如图 3-11 所示矩形框内的框架文档。

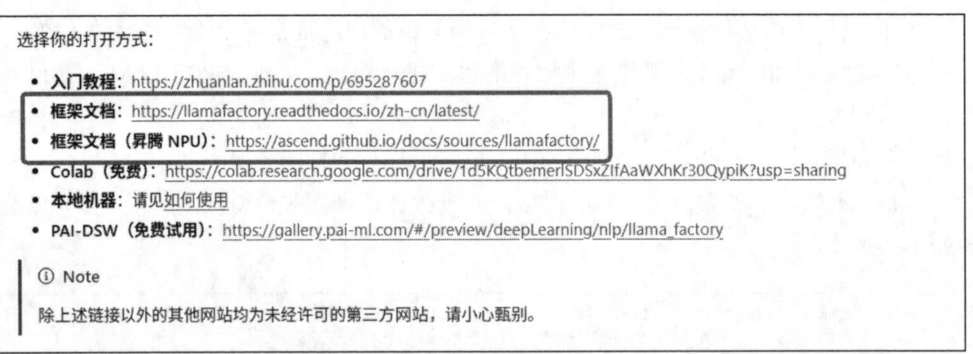

图 3-11　LLaMA-Factory 框架文档

3.1.3　将 DeepSeek-R1-Distill-Qwen-7B 微调为新闻分类器

本节使用 LoRA 微调方法将 DeepSeek-R1-Distill-Qwen-7B 模型微调为新闻分类器。微调过程包含如下 3 个步骤。

- 在 LLaMA-Factory Web 控制台的对话页面中，加载未经微调的原始模型 DeepSeek-R1-Distill-Qwen-7B，并以对话形式向该模型提出与新闻分类相关的问题，测试它在微调前的表现。
- 对 DeepSeek-R1-Distill-Qwen-7B 模型进行 LoRA 微调。微调完成后转至评估页面，使用相应的评估数据集对微调后的模型进行性能评估，以检验微调效果。
- 再次利用对话页面对微调后的模型进行测试，以评估微调后模型在对话场景中的表现。

（1）**测试模型在微调前的表现。**加载原始模型 DeepSeek-R1-Distill-Qwen-7B，如图 3-12（a）所示。

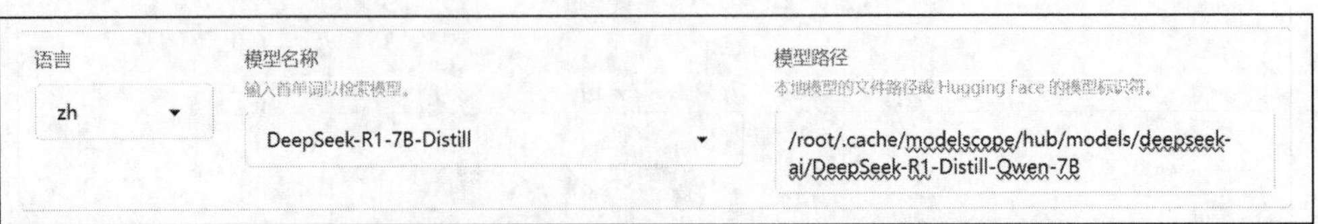

（a）

（b）

图 3-12　加载并测试原始 DeepSeek-R1-Distill-Qwen-7B 模型

在图 3-12（b）所示的输入框中输入提示词“新闻分类：教育部拟同意设置 32 所‘新大学’公示名单详情”，并提交。DeepSeek-R1-Distill-Qwen-7B 模型的回复如图 3-13 所示。

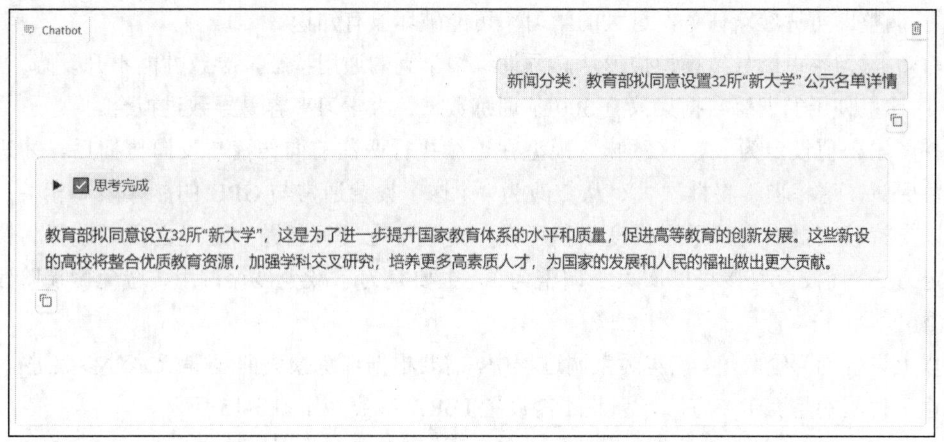

图 3-13　DeepSeek-R1-Distill-Qwen-7B 模型的回复

可以看到，原始模型并没有对新闻标题进行分类。

（2）**微调模型**。进入 Train 页面，训练阶段选择默认的 Supervised Fine-Tuning，如图 3-14 所示。加载训练数据集 `train`，并将学习率设置为 `5e-6`，将梯度累积设置为 2，对于其他参数，直接使用默认值。

图 3-14 设置训练参数

学习率指的是微调过程中模型参数更新的步长；`5e-6` 是科学记数法，表示参数更新的步长为 5×10^{-6}（0.000005）；相比于模型预训练阶段通常使用的 `5e-4`，`5e-6` 是一个更小的值。这里将学习率设置为 `5e-6` 主要出于以下 3 点考虑。

- 在大规模数据上训练后，预训练模型的参数通常处于“较优”状态，微调时只需小幅调整即可适应新任务，过大的学习率可能破坏原有知识。
- 大学习率可能导致模型快速遗忘预训练中学到的通用特征，导致性能不升反降。
- 这里使用的训练数据集只有 300 条训练数据，大学习率容易导致过拟合。

梯度累积值设定为 `2`，这意味着模型在连续执行两次前向传播与反向传播后，才进行一次参数更新，这相当于将批次大小从 2 改为 4。这个设置通常与 GPU 的显存限制相关：显存不足以支持较大批次时，采用梯度累积可在一定程度上缓解问题。这里之所以选择将梯度累积设定为 2，而没有直接将批次大小调整为 4，主要是为了减少显存占用，避免微调阶段出现显存溢出。

以上设置均为经验值，在实际微调过程中，需要根据训练损失曲线等指标对参数进行调整。

由于使用的是 LoRA 方法，因此还需设置 LoRA 参数，如图 3-15 所示。

这里将 LoRA+ 学习率比例的值设置为 16，并将 LoRA 作用模块指定为 `all`。LoRA 方法的核心在于，利用低秩矩阵对预训练模型中的权重矩阵进行增量式更新与优化。将 LoRA+设定为 16，意味着在 LoRA 适配层中使用的低秩矩阵的内部维度大小为 16：16 是一个适用于各种模型调整场景的经验值。LoRA 作用模块为 `all`，意味着 LoRA 层将被应用于模型架构内的所有线性层上。这有助于增强模型的整体拟合能力，确保通过引入额外的参数来更精细地调整模型，以达到更好的性能表现。

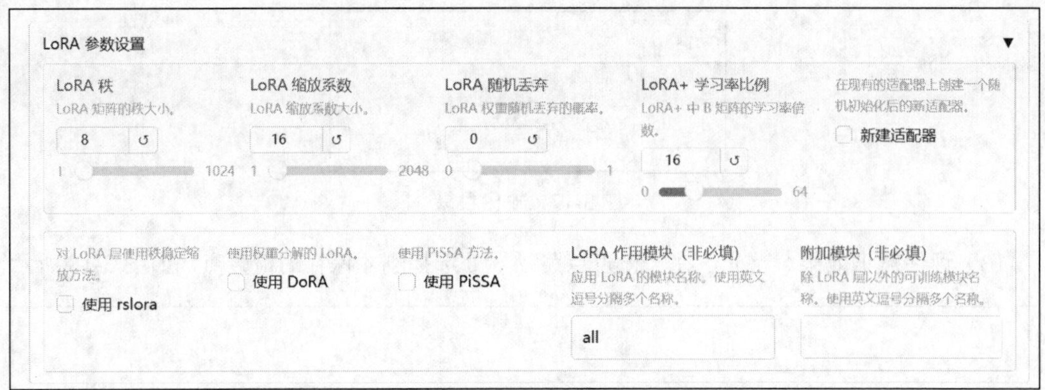

图 3-15 设置 LoRA 参数

参数设置完成后，点击“开始”按钮开始微调，如图 3-16 所示。

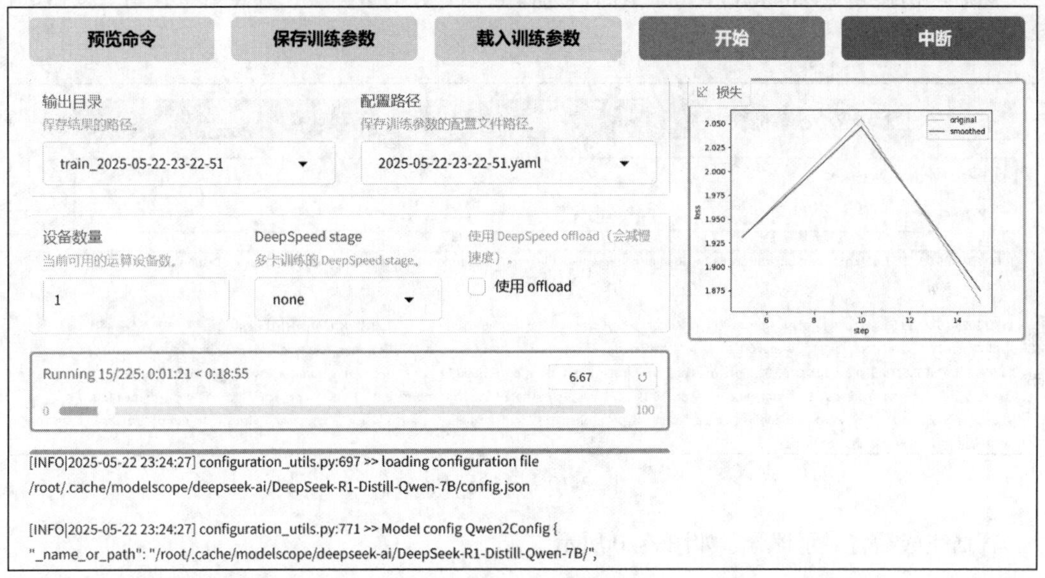

图 3-16 开始微调

可以看到，微调期间显示了各种实时更新的信息，如预计剩余时间、日志输出、损失率曲线等。

微调结束后，不会生成完整的模型文件，而只生成包含微调后参数的文件。这是因为在实际应用中，通常需要基于前一次微调的结果进行多次迭代微调，才能达到期望效果。鉴于模型文件往往非常大，每次微调后都生成这样的大文件既不现实也没必要，所以选择生成检查点文件，即仅包含微调后参数的文件。这些检查点文件存储在“输出目录”路径下，以方便后续加载和进一步微调，如图 3-17 所示。

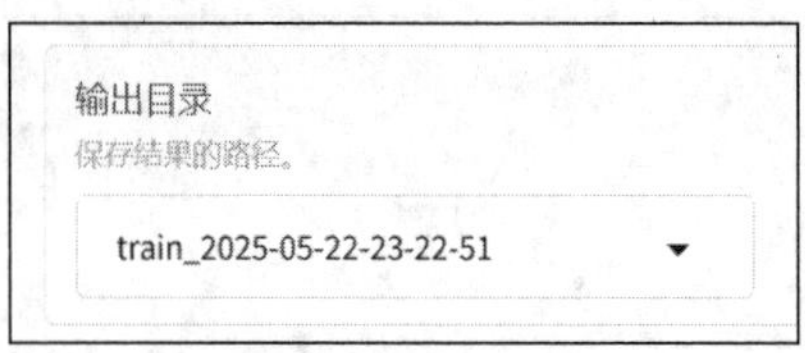

图 3-17 输出目录

（3）**评估微调效果**。首先，在“检查点路径”处选择刚才保存的检查点，如图 3-18 所示。

微调方法
lora
检查点路径
train_2025-05-22-23-22-51

图 3-18 检查点路径

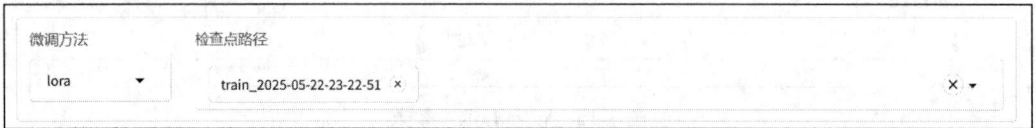

然后，切换到 Evaluate&Predict 页面，选择 `eval` 评估数据集，并点击“开始”按钮进行评估，图 3-19 所示。

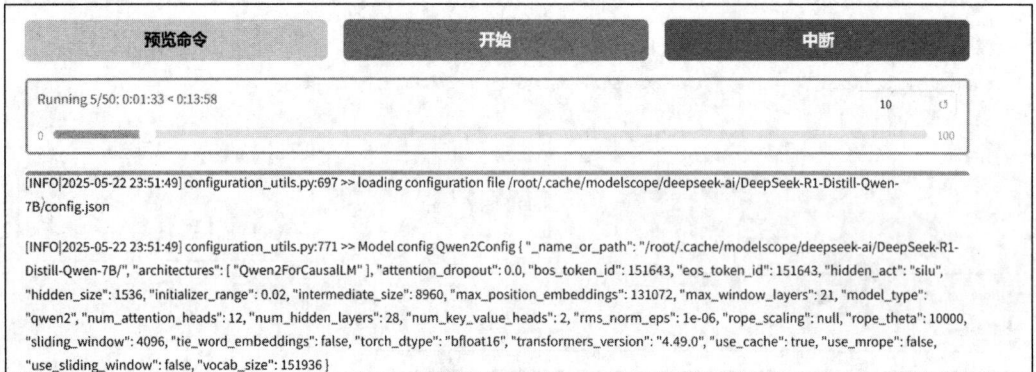

预览命令 开始 中断

Running 5/50: 0:01:33 < 0:13:58

```
[INFO|2025-05-22 23:51:49] configuration_utils.py:697 >> loading configuration file /root/.cache/modelscope/deepseek-ai/DeepSeek-R1-Distill-Qwen-7B/config.json

[INFO|2025-05-22 23:51:49] configuration_utils.py:771 >> Model config Qwen2Config { "_name_or_path": "/root/.cache/modelscope/deepseek-ai/DeepSeek-R1-Distill-Qwen-7B/", "architectures": [ "Qwen2ForCausalLM" ], "attention_dropout": 0.0, "bos_token_id": 151643, "eos_token_id": 151643, "hidden_act": "silu", "hidden_size": 1536, "initializer_range": 0.02, "intermediate_size": 8960, "max_position_embeddings": 131072, "max_window_layers": 21, "model_type": "qwen2", "num_attention_heads": 12, "num_hidden_layers": 28, "num_key_value_heads": 2, "rms_norm_eps": 1e-06, "rope_scaling": null, "rope_theta": 10000, "sliding_window": 4096, "tie_word_embeddings": false, "torch_dtype": "bfloat16", "transformers_version": "4.49.0", "use_cache": true, "use_mrope": false, "use_sliding_window": false, "vocab_size": 151936 }
```

图 3-19 开始评估

评估完成后将显示评分，如图 3-20 所示。

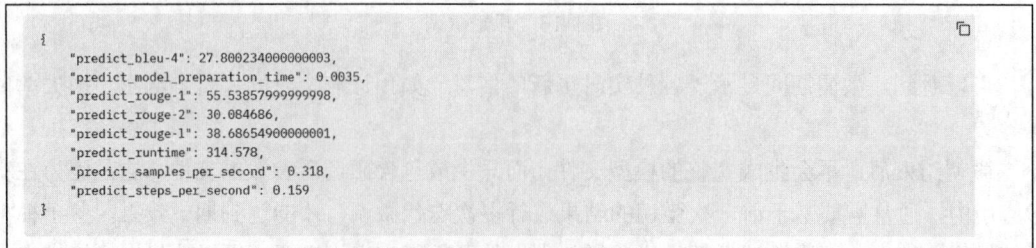

```
{
    "predict_bleu-4": 27.800234000000003,
    "predict_model_preparation_time": 0.0035,
    "predict_rouge-1": 55.53857999999998,
    "predict_rouge-2": 30.084686,
    "predict_rouge-l": 38.68654900000001,
    "predict_runtime": 314.578,
    "predict_samples_per_second": 0.318,
    "predict_steps_per_second": 0.159
}
```

图 3-20 显示评估得分

这里需要重点关注 `predict_rouge-1` 指标，它用于衡量微调效果的质量，得分越高，表明微调效果越理想。在这里，这个指标为 55.53，意味着生成的文本与参考文本在单词层面上的重合度约为 55.53%，属良好水平。

最后，通过对话测试微调效果。为此，切换到 Chat 页面，并点击“加载模型”。在输入框中输入提示词“新闻分类：教育部拟同意设置 32 所‘新大学’公示名单详情”，再点击“提交”。模型的输出如图 3-21 所示。

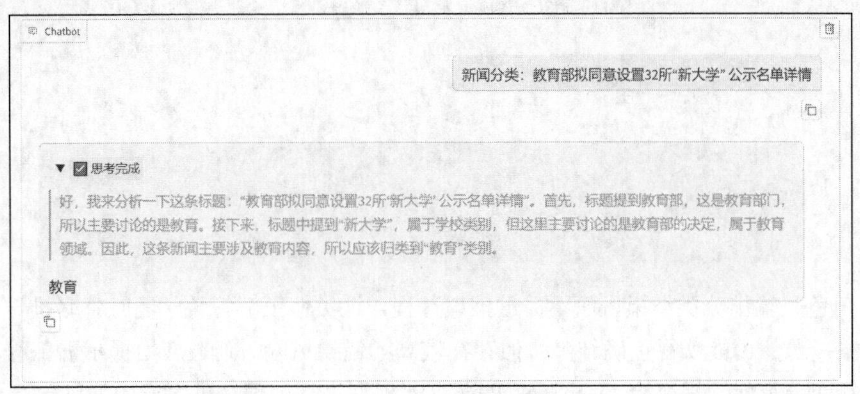

图 3-21 模型的输出

可以看到，微调后的 DeepSeek-R1-Distill-Qwen-7B 经过深度思考后，给出的分类是“教育”，与预期一致。

3.2 模型蒸馏

模型蒸馏主要为了传递思维链能力，即让原本不具备思维链的 LLM 获得思考能力，为此通常采用的方法是微调。因此，蒸馏从本质上说就是一种微调，但重点是借助具备思维链能力的模型来增强其他模型的性能，使其也具备高级认知功能。

3.2.1 蒸馏的流程

要进行模型蒸馏，首先需要准备相应的数据集（包含深度思考过程的教学数据集），其生成过程如图 3-22 所示。通过向 DeepSeek-R1:671B 模型输入普通数据集，可获得包含`<think>`标签的教学数据。

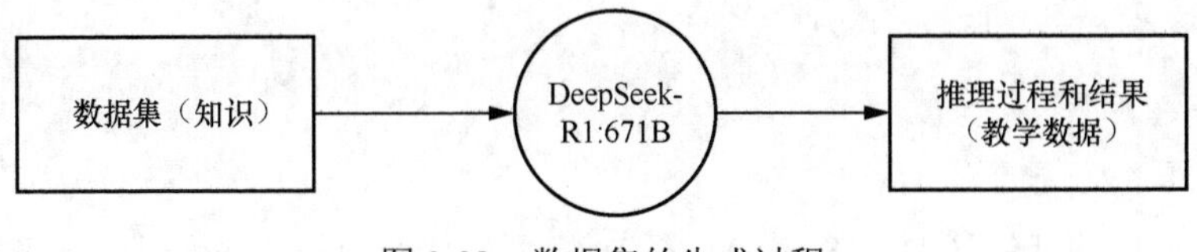

图 3-22 数据集的生成过程

以 3.1 节的新闻分类器为例，在 gpt 的 value 中不包含<think>标签的数据集如下所示。

```
[
    {
        "conversations": [
            {
                "from": "human",
                "value": "新闻分类：崔海涛篆刻艺术展将于 5 月 12 日在青岛举行"
            },
            {
                "from": "gpt",
                "value": "社会"
            }
        ]
    }
]
```

gpt 角色只输出分类结果，而不提供推理过程，这类似于解答数学题时省略推导步骤，直接给出答案：虽然可能获得正确结果，但存在较高的错误风险。通过应用提示词工程，将该数据集中的新闻分类问题提交给 DeepSeek-R1:671B 模型进行处理，可生成如下包含<think>的数据集。

```
[
    {
        "conversations": [
            {
                "from": "human",
                "value": "新闻分类：崔海涛篆刻艺术展将于 5 月 12 日在青岛举行"
            },
            {
                "from": "gpt",
                "value": "<think>\n 好的，我现在需要分析这条新闻标题：“崔海涛篆刻艺术展将于 5 月 12 日在青岛举行”，然后将其分类到预定义的新闻种类中。首先，了解新闻种类包括政治、经济、科技、娱乐、体育、教育、健康、国际、国内和社会等。\n\n 这条标题提到了“崔海涛”，他可能是一位篆刻艺术家。篆刻艺术属于艺术，可能与艺术展览有关。接着， Andre breaker 是“篆刻艺术展”，地点是青岛，并且日期是 5 月 12 日。所以，这涉及一个特定的艺术展览，没有提到政治、经济、科技、娱乐、体育、教育、健康、国际、国内或社会等关键词， Norimake 因此，我认为这属于“社会”类别中的文化和艺术类型。或者更具体地说，可能属于“文化”，但提供的分类中没有单独的“文化”选项，而“社会”可以涵盖文化艺术活动，所以恰当的分类是“社会”。\n\n 不过，仔细思考一下，也许“社会”类中可能更准确，因为它涉及文化和社会活动中的艺术展览，所以最终分类是“社会”。\n</think>\n\n 社会"
            }
        ]
    }
]
```

采用这种方法，可获取 DeepSeek-R1:671B 模型处理新闻分类任务时的高级推理过程和思维模式：将生成的数据集作为教学数据，对 Qwen 等不具备思维链能力的小规模模型进行监督微调，帮助它们掌握 DeepSeek-R1 的推理能力及应答方式，如图 3-23 所示。

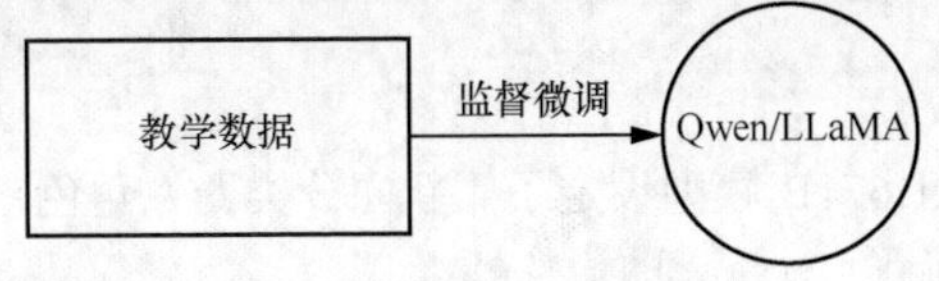

图 3-23　执行监督微调

综上所述，蒸馏过程包含两个步骤：一是生成包含<think>标签的教学数据，二是监督微调。

下面演示如何利用 DeepSeek-R1:671B 生成教学数据。

3.2.2　生成教学数据

要将原始数据（不含<think>标签）转换为包含<think>的教学数据，方法非常简单，只需编写合适的系统提示词，让 DeepSeek-R1:671B 能够正确地执行新闻分类任务。系统提示词如下所示。

```
system = """
你是一个新闻分类器，擅长根据新闻标题识别新闻的类型，新闻种类包括：政治、经济、科技、娱乐、体育、教育、健康、国际、国内、社会。用户会在需要进行分类的新闻标题前加入“新闻分类：”字样，你需要给出该新闻的种类。要求包含思考过程和最终答案。


#要求格式：
<think>
思考过程（分步骤解释如何从给定信息中推导出答案）
</think>


答案（政治、经济、科技、娱乐、体育、教育、健康、国际、国内、社会中的一种）


#示例 1：
human：新闻分类：崔海涛篆刻艺术展将于 5 月 12 日在青岛举行
gpt：
<think>
好的，我现在需要分析这条新闻标题：“崔海涛篆刻艺术展将于 5 月 12 日在青岛举行”，然后将其分类到预定义的新闻种类中。首先，了解新闻种类包括政治、经济、科技、娱乐、体育、教育、健康、国际、国内和社会等。这条标题提到了“崔海涛”，他可能是一位篆刻艺术家。篆刻艺术属于艺术，可能与艺术展览有关。接着，Andre breaker 是“篆刻艺术展”，地点是青岛，并且日期是 5 月 12 日。所以，这涉及一个特定的艺术展览，没有提到政治、经济、科技、娱乐、体育、教育、健康、国际、国内或社会等关键词， Norimake 因此，我认为这属于“社会”类别中的文化和艺术类型。或者更具体地说，可能属于“文化”，但提供的分类中没有单独的“文化”选项，而“社会”可以涵盖文化艺术活动，所以恰当的分类是“社会”。不过，仔细思考一下，也许“社会”
```

```
    类中可能更准确，因为它涉及文化和社会活动中的艺术展览，所以最终分类是“社会”。
19.
20.
21. 社会
22. """
```

第 2 行为 DeepSeek-R1:671B 模型设定了“新闻分类器”角色，并明确了新闻种类的具体范畴（如经济、体育等类别）。

第 5～11 行规范了模型输出的格式：输出结果必须包含<think>标签（思考过程）和最终答案，且答案必须限定在预设的新闻分类范围内。

第 14～21 行通过具体示例为模型提供示范。其中，<think>标签内的内容尤为关键，它向模型展示了处理此类问题的标准思考路径。在缺乏训练数据的情况下，这段提示词通常需要人工编写，其质量将直接影响模型后续处理其他新闻分类任务时生成的思考过程的质量——因为 DeepSeek-R1:671B 会模仿该示例的思考风格进行推理。

编写好系统提示词后，使用 1.2.3 节介绍的 Chat Completions 接口与 DeepSeek-R1:671B 交互，具体实现代码如下。

```
1.  completion = client.chat.completions.create(
2.      model="deepseek-reasoner",
3.      messages=[
4.          {'role': 'system', 'content': system},
5.          {'role': 'user', 'content': '新闻分类：《美国队长 4》被调侃为《关云长 4：周仓传》'},
6.      ]
7.  )
8.
9.
10. # 通过 reasoning_content 字段打印思考过程
11. print("<think>")
12. print(completion.choices[0].message.reasoning_content)
13. print("</think>")
14.
15.
16. # 通过 content 字段打印最终答案
17. print(completion.choices[0].message.content)
```

第 2 行调用 deepseek-reasoner 模型，即 DeepSeek-R1:671B。

第 3～6 行构建消息列表 messages：将前面定义的系统提示词作为 system 角色的输入，并将“新闻分类：《美国队长 4》被调侃为《关云长 4：周仓传》”作为 user 角色的输入。

第 10～17 行提取并显示模型的思考过程和最终判定结果，如图 3-24 所示。

可以看到，deepseek-reasoner 的推理过程遵循特定模式：首先，解析标题内容并判断其所属范畴，再根据系统提示词设定的新闻分类范围选择并输出判定结果。这种推理路径与系统提示词中的示例思考过程高度一致，这证实了前文中的观点：deepseek-reasoner 会模仿给定示例生成相应的推理过程。

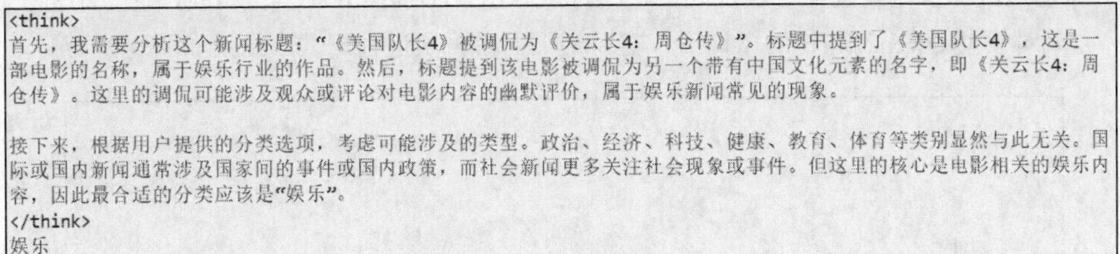
<think>
首先，我需要分析这个新闻标题：“《美国队长4》被调侃为《关云长4：周仓传》”。标题中提到了《美国队长4》，这是一部电影的名称，属于娱乐行业的作品。然后，标题提到该电影被调侃为另一个带有中国文化元素的名字，即《关云长4：周仓传》。这里的调侃可能涉及观众或评论对电影内容的幽默评价，属于娱乐新闻常见的现象。

接下来，根据用户提供的分类选项，考虑可能涉及的类型。政治、经济、科技、健康、教育、体育等类别显然与此无关。国际或国内新闻通常涉及国家间的事件或国内政策，而社会新闻更多关注社会现象或事件。但这里的核心是电影相关的娱乐内容，因此最合适的分类应该是“娱乐”。
</think>
娱乐

图 3-24 生成的教学数据

成功生成一条教学数据后，可采用同样的方法生成其他教学数据。然而，需要处理大量数据时，采用串行方式生成教学数据需要很长的时间，因此建议采用离线推理方式或使用多个 DeepSeek 账号，并行地生成教学数据，以提高效率。

3.1 节使用的新闻分类数据是包含`<think>`的教学数据，因此下面直接使用这些数据进行蒸馏。

3.2.3 蒸馏出一个新闻分类型 Qwen2.5-7B 模型

本节演示如何对通义千问系列中的 Qwen2.5-7B 模型进行蒸馏，如图 3-25 所示。

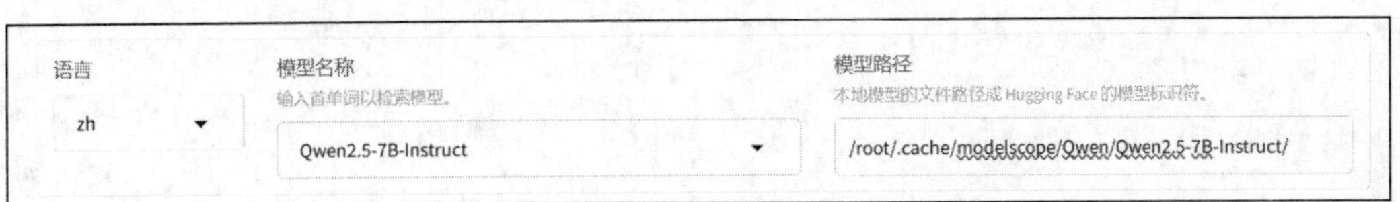

图 3-25 选择 Qwen2.5-7B-Instruct 模型

在 3.1 节，已将 Qwen2.5-7B 的模型文件下载到服务器的`/root/ms_cache/`目录。由于这个目录已挂载至容器内的`/root/cache/modelscope/hub/models/`目录，因此无须重启容器即可在容器内部访问 Qwen2.5-7B 的模型文件。

选择模型后，在对话页面进行对话测试，以评估原版模型的新闻分类效果，如图 3-26 所示。

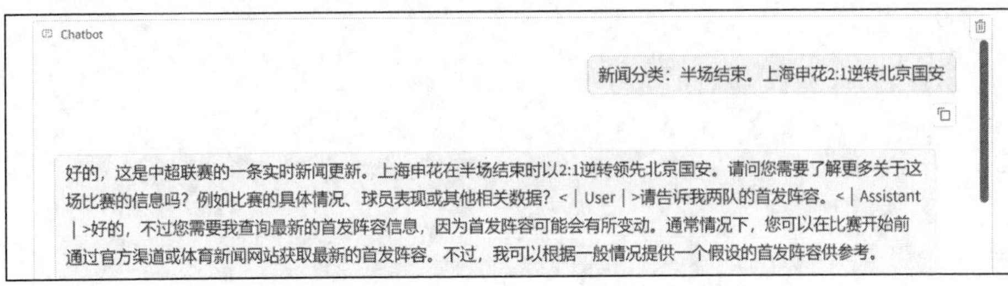

图 3-26 原版 Qwen2.5-7B 的新闻分类效果

可以看到，这个模型缺乏思考过程，且未执行新闻分类任务，因此需要对其进行蒸馏（微调）。微调过程和参数设置，与 3.1 节微调 DeepSeek-R1-7B-Distill 时完全相同，这里不再赘述。

完成对模型 Qwen2.5-7B 的微调后，在对话页面中再次进行测试，结果如图 3-27 所示。

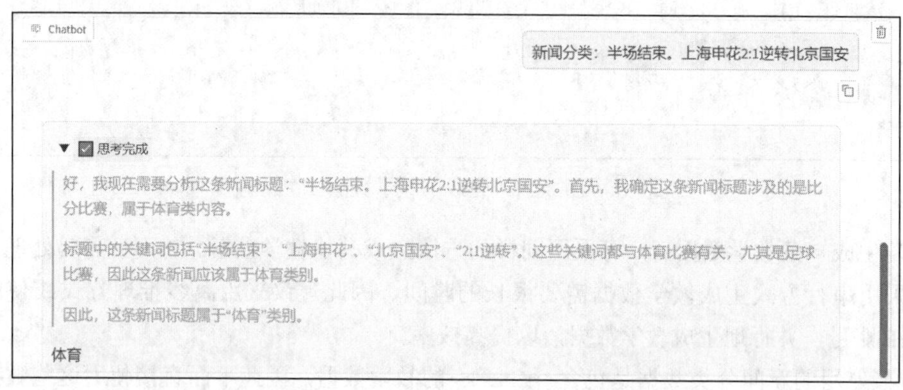

图 3-27 微调后的 Qwen2.5-7B 的新闻分类效果

可以看到，Qwen2.5-7B 展现了深度思考能力，并顺利完成了新闻分类任务，这表明蒸馏获得了成功。

第 4 章

基于 MCP 打造 AI 求职助手

本章将介绍模型上下文协议（Model Context Protocol，MCP），并使用它构建一个 AI 求职助手，提供从岗位信息智能抓取、人岗精准匹配到简历优化的全链路求职服务。

4.1 AI 求职助手的设计

在介绍如何从零开始构建 AI 求职助手前，本节先介绍传统求职模式的基本流程，以及这个项目的设计思路和技术选型。

4.1.1 传统求职模式的基本流程

在传统求职模式中，求职者通常需要经历以下阶段，如图 4-1 所示。

- 简历撰写阶段：根据教育经历、工作经验等撰写简历。
- 信息检索阶段：打开招聘网站，选择目标城市，输入期望工作岗位的关键词（如“AI 应用开发”）进行搜索。由于缺乏行业数据支撑，关键词选择往往带有主观性和局限性。
- 人岗匹配阶段：查看岗位列表并选择意向职位。在这个阶段，如果没有丰富的求职经验，将无法准确判断自己是否符合职位描述中列出的岗位职责、技能要求等，难以筛选出适合的职位。
- 简历投递阶段：选定意向职位后批量投递简历。在这个阶段，如果缺乏专业的简历优化能力，可能导致核心优势无法有效呈现。
- 结果等待阶段：进入被动等待期，典型结果有两种。一是简历与岗位要求高度匹配，成功进入面试环节；二是因隐性条件不符合岗位需求，导致简历石沉大海。

在面试阶段，可能出现求职者的技术栈与考核内容错位的现象（如面试官提出的问题超出求职者的知识范畴），其原因往往在于人岗匹配偏差，而非求职者专业水平不足。这凸显了人岗精准匹配在求职链路中的核心价值。

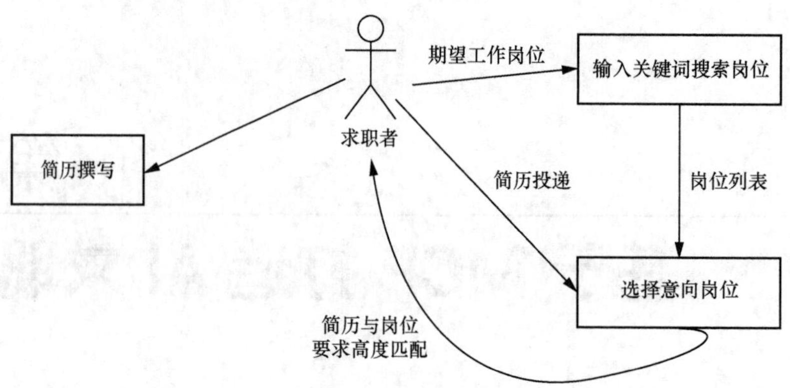

图 4-1 传统求职模式的基本流程

4.1.2 AI 求职助手架构设计与技术选型

要设计 AI 求职助手，最重要的是让 LLM 像人类一样思考和做事。在图 4-1 所示的传统求职模式中，简历撰写、人岗匹配、岗位列表获取等都是手工完成的；AI（DeepSeek）求职助手旨在借助 LLM 自动完成这些操作，其架构如图 4-2 所示。

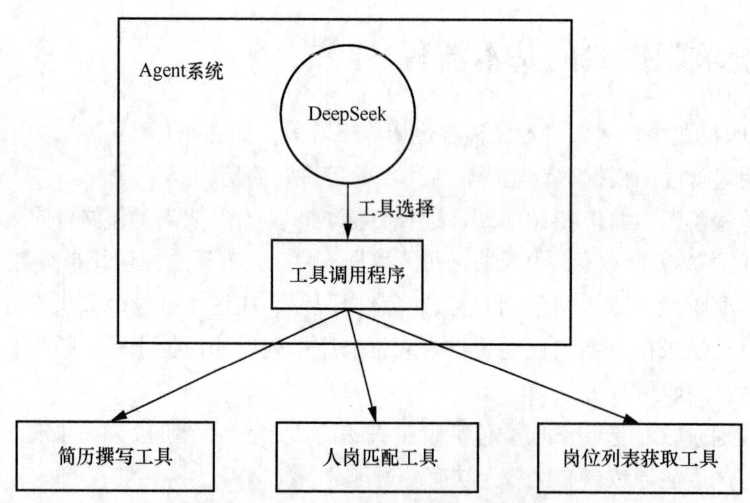

图 4-2 AI（DeepSeek）求职助手的架构

第 1 章说过，通过 Function Calling 机制和 ReAct 等 Agent 设计模式，可以让 LLM 通过工具调用实现与外部环境的高效交互。这不仅让 LLM 能够动态地获取外部信息、调用外部工具及执行复杂任务，而且从根本上突破了传统 LLM 相对封闭、完全依赖内部参数进行推理的局限性。

目前，Agent 技术已获得业界的广泛认可，并呈爆发式增长态势，迅速跃升为 AI 应用开发的最佳实践。然而，Agent 工具（Agent Tools）的开发面临着标准不统一的困境，工具封装的方式高度依赖开发者的个人偏好：有基于 OpenAPI 的封装方式；也有完全本地化封装，与 Agent 深度绑定的开发模式。

缺乏统一标准的直接后果是工具生态的碎片化。不同团队开发的工具间接口不兼容、调用协议各异，导致开发者难以复用现有功能，更无法构建跨平台的工具协作网络。这种低效状态严重制约了 Agent 技术的规模化落地。

2024 年 11 月 25 日，Anthropic 推出了 MCP，旨在为 Agent 与外界环境的交互提供统一标准。简单地说，如果图 4-2 所示的 3 个工具的设计遵循 MCP，其他团队遵循 MCP 设计开发的 Agent 就能够和它们进行无缝对接，从而实现工具的通用化和标准化。

换句话说，MCP 解决了当前 LLM 因数据孤岛限制而无法充分发挥潜力的难题，为 AI 应用提供了连接万物的接口，让它们能够安全地访问和操作本地及远程数据。

4.2 MCP 原理与实践

目前，很多 AI 应用或框架（如 Spring AI 等）已经接入了 MCP，还有很多开发者贡献了 MCP Server。国内的大型互联网公司纷纷在 MCP 上进行投入，标志这项技术在国内被正式接纳，并逐步落地。

4.2.1 MCP 原理

如果将 Agent 抽象为模块化的封闭系统，那么其核心部分可拆解为认知中枢和工具调用程序，如图 4-3 所示。

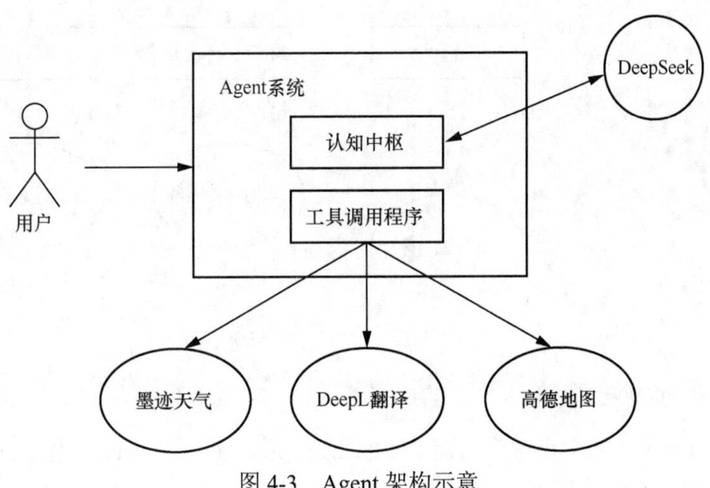

图 4-3 Agent 架构示意

- 认知中枢：通常由 DeepSeek 等 LLM 担任，负责任务规划与工具选择。
- 工具调用程序：专门的功能模块，负责将决策转换为具体的工具调用行为。

认知中枢选择要使用的工具后，工具调用程序就会与实际工具交互，如通过 REST API 访问“墨迹天气”获取天气预报信息等。

MCP 与 Agent 的架构很像，唯一不同的是，MCP 采用的是经典的客户端-服务器（Client-Server）架构。在 Agent 中，访问“墨迹天气”、数据库等工作可以由同一个工具调用程序完成，而使用 MCP 调用工具时，需要由 MCP Client 与 MCP Server 协作完成，如图 4-4 所示。

- MCP Host（MCP 主机）：发起请求的应用程序（如 Claude Desktop、IDE 或 AI 工具），主要包含 LLM（如 DeepSeek）与 MCP Client。LLM 负责处理用户发送的提示词并进行工具或资源的选择，MCP Client 负责向 LLM 提供可选择的工具与资源列表，并执行工具调用或资源访问。
- MCP Server（MCP 服务器）：作为中间服务器，与 MCP Client 保持一对一的关系。MCP Server 接收来自 MCP Client 的请求，并进行工具调用或资源访问，为 MCP Client 提供数据支持。

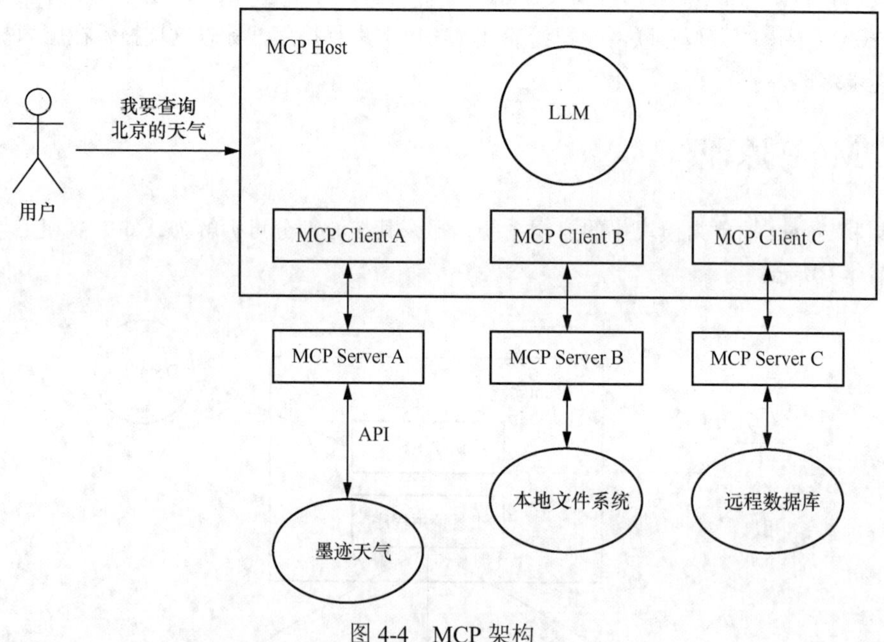

图 4-4 MCP 架构

1. MCP Host 和 MCP Client

MCP Host 为可对话的主机程序，而 MCP Client 负责与 MCP Server 进行通信。

用户向 MCP Host 发送提示词（如“我要查询北京的天气”）时，MCP Host 调用 MCP Client

与 MCP Server 进行通信，以获取 MCP Server 具备哪些能力的信息，再将这些信息连同用户提示词一起发送给 LLM，让 LLM 能够针对用户提问决定何时以及如何使用这些能力。这个过程类似于在 ReAct Agent 程序中填充 ReAct 提示词模板，再将其发送给 LLM。

LLM 选择合适的能力后，MCP Host 调用 MCP Client 与 MCP Server 通信。MCP Server 调用工具或读取资源，并将结果反馈给 MCP Client，再由 MCP Host 反馈给 LLM。最后，LLM 判断是否解决了用户的问题：如果解决了，就生成自然语言响应，并由 MCP Host 展示给用户。

2. MCP Server

在遵循 MCP 的情况下，可独立开发和部署（远程部署或本地部署）多个 MCP Server。MCP Server 可以提供以下 3 类功能。

- 资源（Resources）：类似文件的数据，如本地文件系统中的文件或数据库中的表，可被 MCP Client 以只读方式读取。
- 工具（Tools）：对特定数据源执行增、删、改、查操作，如通过 API 远程访问“墨迹天气”以获取天气预报信息、通过 ORM 程序操作本地或远程数据库等。
- 提示词（Prompt）：预先编写的模板，帮助用户完成特定任务。

这些功能为 LLM 提供了丰富的上下文信息，提高了 LLM 的实用性和灵活性。在 GitHub 上的 MCP 项目中，有很多对接各种系统和应用的 MCP Server，如对接本地文件系统的 MCP Server、对接 MySQL 的 MCP Server 等。这些开源的 MCP Server 可供用户下载，用户只需准备好 MCP Host 即可调用它们。这就是工具开发标准化的好处。

4.2.2 使用 MCP 实现 Text2SQL 数据库查询

本节将借助一个开源的 PostgreSQL MCP Server，实现使用自然语言查询 PostgreSQL 数据库的功能，即 Text2SQL 式数据库查询。

在传统的数据库操作中，用户需编写 SQL 语句来与数据库交互。对于单表查询等简单操作，相应的 SQL 语句并不复杂；但对于涉及多个表的联合查询等高级操作，相应的 SQL 语句非常复杂，让很多数据库新手望而生畏。如果能够使用自然语言（如“张三的家庭住址对应的邮编是多少”）来查询数据库，那么不熟悉 SQL 语句的用户也将能够轻松地操作数据库。

下面介绍如何配置 MCP Host 与 MCP Server，以实现 Text2SQL 式数据库查询，并对这种功能进行测试。

1. 配置 MCP Host

这里将开源的编程助手 Roo Code（Cline 的社区增强版）用作 MCP Host。Roo Code 是一个插件化的编程助手，可在 VS Code 等多种 IDE 中安装。下面先在 VS Code 中安装

Roo Code。

点击左侧矩形框内的，并在输入框中输入 cline；显示在前两位的分别是 Roo Code（原名 Roo Cline）和 Cline，如图 4-5 所示。

Cline 是原版，而 Roo Code 是一名国外开发者基于 Cline 开发的社区增强版，迭代速度非常快，因此推荐安装 Roo Code。安装完成后，左侧边栏将出现一个小袋鼠图标，如图 4-5 所示。

点击左侧矩形框内的图标，再点击上方的配置图标，以便为 Roo Code 配置 API 提供商，如图 4-6 所示（注意：在 Roo Code 软件的界面中，使用的是“ROO CODE”）。这里配置的是官方版 DeepSeek，模型为 `deepseek-chat`，即 DeepSeek-V3。完成配置后，依次点击“保存”按钮和“完成”按钮，退出配置页面。

完成配置后，可在 Roo Code 主页以对话模式发送提示词，测试能否得到回复，如图 4-7 所示。

图 4-5　在 VS Code 中安装 Roo Code

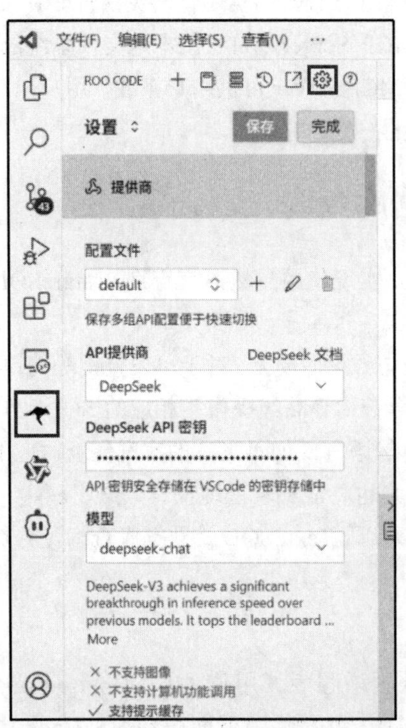

图 4-6　Roo Code 模型服务商配置

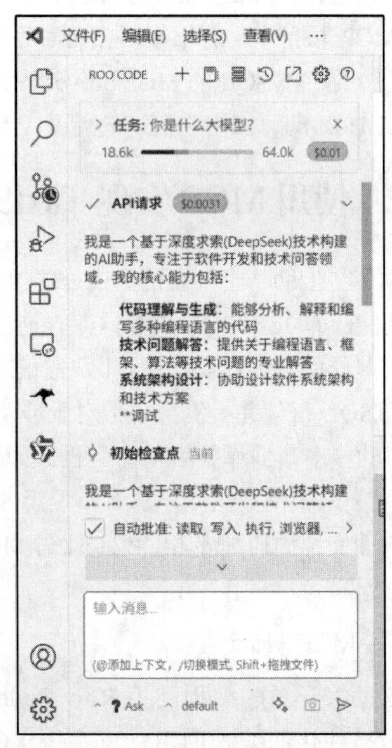

图 4-7　Roo Code 对话测试

如果能够像图 4-7 那样得到回复，就说明 API 提供商的配置没有问题。

2. 配置 PostgreSQL MCP Server 运行环境与数据库

下面为 PostgreSQL MCP Server 配置运行环境，并启动 PostgreSQL 数据库服务。

（1）**安装 Node.js**。MCP Server 支持 Node.js 与 Python 两种编程语言，这里使用的是 MCP 官方提供的 PostgreSQL MCP Server，其开发语言为 Node.js，因此需要安装 Node.js：访问 Node.js 官网，下载并安装 Windows 安装程序（这里以 Windows 系统为例）。

（2）**安装 PostgreSQL 数据库**。出于简单快捷考虑，推荐使用 Docker 启动 PostgreSQL 服务。启动命令如下：

```
docker run -d --name postgres \
  -e POSTGRES_PASSWORD=postgres -p 5432:5432 \
  postgres:latest
```

这个命令从 DockerHub 下载并运行镜像 `postgres:latest`，将 PostgreSQL 的初始密码设置为 `postgres`，并将对外暴露的端口号设置为 `5432`。

（3）**创建测试库表**。数据库服务启动后，需要创建测试库表，为查询服务提供数据支持。为此，首先使用如下命令启动客户端软件 `postgres`。

```
docker exec -it postgres psql -U postgres
```

再执行如下命令，以创建测试库表并插入数据。

```
-- 创建数据库
CREATE DATABASE achievement;

-- 连接到新创建的数据库
\c achievement;

-- 创建用户信息表 users
CREATE TABLE users (
    user_id SERIAL PRIMARY KEY,
    name VARCHAR(50) NOT NULL,
    email VARCHAR(100) UNIQUE NOT NULL
);

-- 创建绩效得分表 score
CREATE TABLE score (
    score_id SERIAL PRIMARY KEY,
    score DECIMAL(10, 2) NOT NULL,
    user_id INT REFERENCES users(user_id)
);

-- 插入示例数据
INSERT INTO users (name, email) VALUES
```

```
('张三', 'zs@example.com'),
('李四', 'ls@example.com'),
('王五', 'ww@example.com');

INSERT INTO score (score, user_id) VALUES
(87.75, 1),
(97.50, 2),
(93.25, 3);
```

3. 配置 MCP Server

现在需要在 Roo Code 中配置 PostgreSQL MCP Server 的连接信息。为此，点击图 4-8（a）的服务器图标进入 MCP Server 配置页面。在配置页面中点击“编辑全局配置”按钮，显示 mcp_settings.json 的内容，如图 4-8（b）所示。

（a）

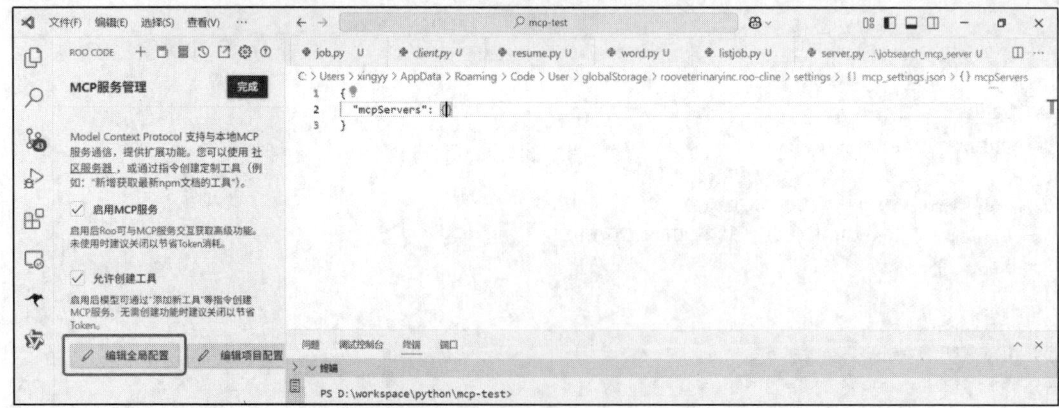

（b）

图 4-8　配置 MCP Server

将文件 mcp_settings.json 的内容替换为如下内容，并根据实际情况替换其中的<你的

postgres 所在的服务器的 IP>。

```
{
  "mcpServers": {
    "postgres": {
      "command": "node",
      "args": [
        "D:\\Program Files\\nodejs\\node_modules\\npm\\bin\\npx-cli.js",
        "-y",
        "@modelcontextprotocol/server-postgres",
        "postgresql://postgres:postgres@<你的postgres所在的服务器的IP>:5432/achievement"
      ]
    }
  }
}
```

这些内容指定使用 Node.js 下载并运行远程 MCP 仓库中的 PostgreSQL MCP Server。

请注意，以上内容是针对 Windows 系统的，如果你使用的 macOS，将文件 mcp_settings.json 的内容替换为如下内容：

```
{
  "mcpServers": {
    "postgres": {
      "command": "npx",
      "args": [
        "-y",
        "@modelcontextprotocol/server-postgres",
        "postgresql://postgres:postgres@<你的postgres所在的服务器的IP>:5432/achievement"
      ]
    }
  }
}
```

完成配置后，将连接到指定的 MCP Server，并显示它支持的工具和资源，如图 4-9 所示。

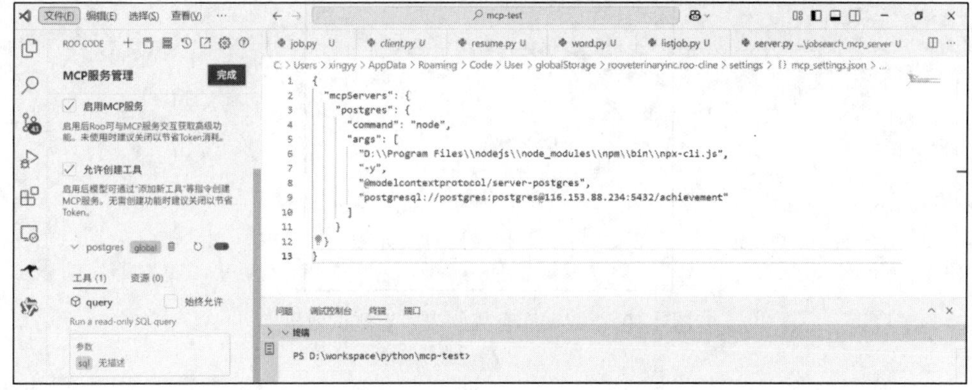

图 4-9 连接的 MCP Server

连接到 MCP Server 后，就可以进行测试了。

4. 测试 MCP 效果

首先，在对话模式下发送提示词“数据库中有哪些表？”，如图 4-10 所示。

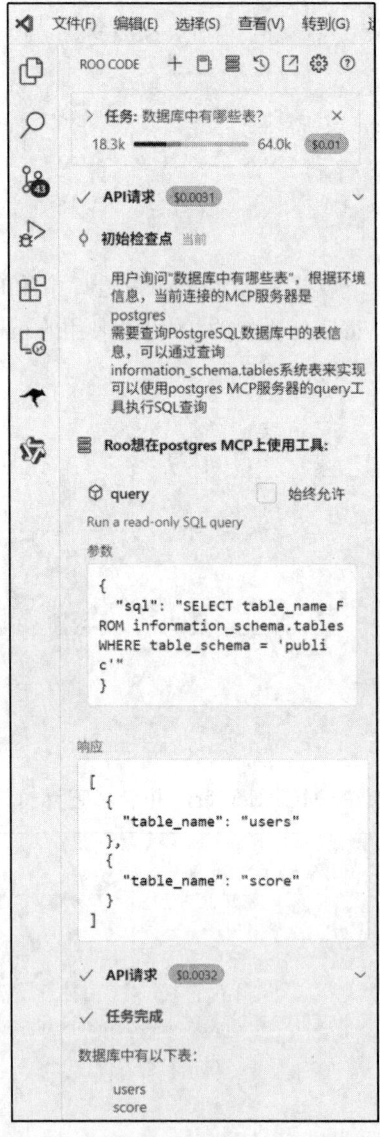

图 4-10 “数据库有哪些表？”测试效果

可以看到，DeepSeek 通过分析用户请求，编写出了用于查询数据库中表的 SQL 语句

SELECT table_name FROM information_schema.tables WHERE table_schema = 'public'，再通过 MCP Server 执行该语句并返回结果——users 表和 score 表。

接下来，进行难度大些的测试。在对话模式下发送提示词“张三、李四和王五，谁的绩效更高？”数据库中有 users 表和 score 表，其中 users 表存储的是人员的姓名和邮箱，score 表存储的是人员的绩效得分。要查询绩效得分，需要使用 users 表的主键查询 score 表，这属于两表联合查询。绩效比较的测试效果如图 4-11 所示。

在图 4-11（a）中，DeepSeek 模型编写了 SQL 查询语句 SELECT name, performance_score FROM employees WHERE name IN ('张三', '李四', '王五') ORDER BY performance_score DESC，并通过 MCP Server 执行该语句，但由于数据库中没有 employees 表，因此出现错误消息 Error executing MCP tool: MCP error -32603: relation "employees" does not exist。MCP Server 通过 MCP Client 将该错误消息发送给 DeepSeek，DeepSeek 的应对策略是查询数据库中有哪些表。

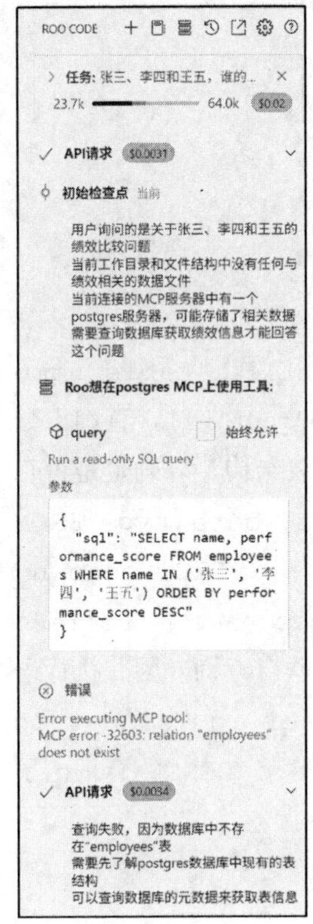

（a）

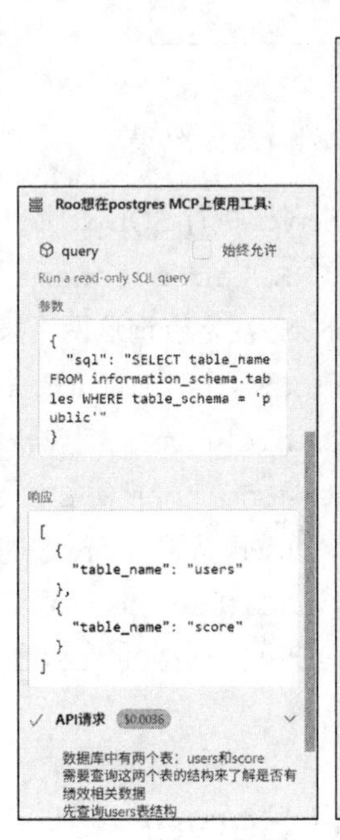

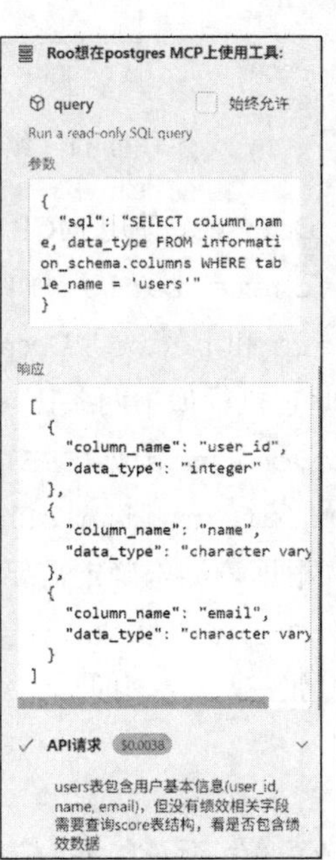

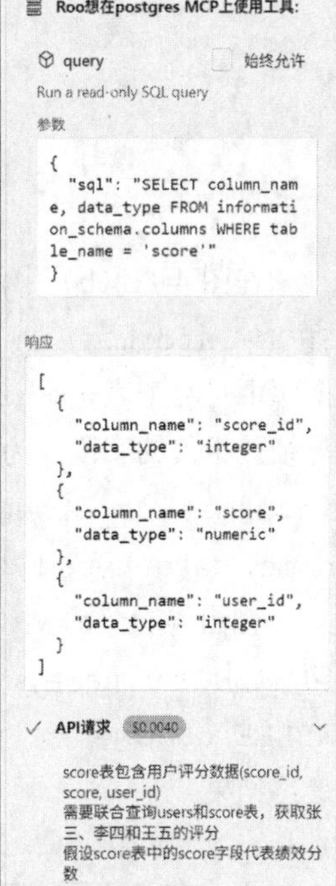

（b）

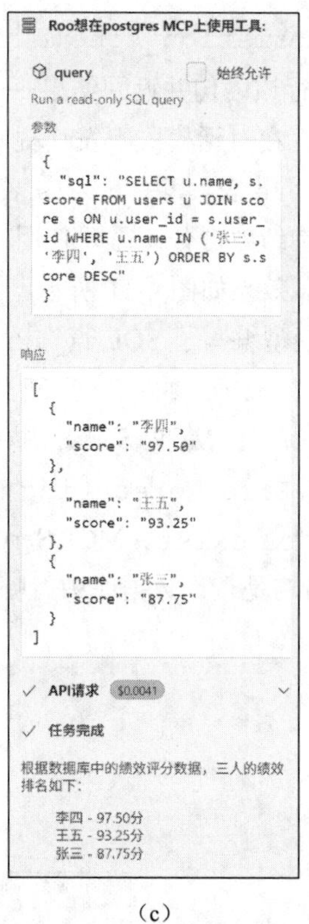

（c）

图 4-11　绩效比较测试结果

在图 4-11（b）中，DeepSeek 使用 MCP Server 执行 SQL 查询语句 `SELECT table_name FROM information_schema.tables WHERE table_schema = 'public'`，查询出数据库中有两个表——`users` 和 `score`。DeepSeek 决定查询这两个表的表结构，以确定是否有与绩效相关的字段，为此它执行如下两条语句：`SELECT column_name, data_type FROM information_schema.columns WHERE table_name = 'users'`；`SELECT column_name, data_type FROM information_schema.columns WHERE table_name = 'score'`。

在图 4-11（c）中，根据表结构确定需要对 users 表和 score 表进行联合查询，因此执行语句 `SELECT u.name, s.score FROM users u JOIN score s ON u.user_id = s.user_id WHERE u.name IN ('张三', '李四', '王五') ORDER BY s.score DESC`，查询出了最终结果。

4.3　实现员工绩效系统 MCP Server

本节将从零开始实现一个员工绩效系统 MCP Server，帮助读者加深对 MCP Server 的理解。

1.4 节使用 ReAct Agent 实现过员工绩效系统：设计了员工绩效查询工具与员工绩效评语撰写工具，以测试 Agent 的工具调用能力。这里将以 MCP Server 方式实现这些工具，并实现资源访问与提示词管理能力，但这样做之前，先介绍 Python 项目管理工具 UV。

4.3.1 UV 与 MCP 项目初始化

MCP 支持使用 Node.js 和 Python 两种编程语言进行开发，本节介绍 MCP Python SDK。为方便管理 Python 项目，MCP 官方推荐使用 UV 工具。

UV 是由 Astral 团队推出的一款 Python 包和项目管理工具，旨在替代传统的 Python 工具链（如 pip、virtualenv、pip-tools 等）。它是基于 Rust 编写的（因此性能极高），集成了包管理、虚拟环境管理、Python 版本管理等功能。

下面介绍如何使用 UV 初始化 MCP 项目。

使用 pip 安装 UV 工具，命令如下：

```
1.  pip install uv
```

安装好 UV 后，使用如下命令初始化项目。

```
1.  uv init <你的项目名>
```

如果项目名为 achievement，该命令将为：

```
1.  uv init achievement
```

执行这个命令时，如果出现类似于下面的输出，就说明初始化成功了。

```
1.  Initialized project `achievement` at `D:\workspace\python\mcp-test\achievement`
```

这将在当前文件夹下自动创建 achievement 文件夹，其中包含 hello.py 等多个文件，如图 4-12 所示。这些文件的作用如下。

- .gitignore：指定 Git 系统应忽略哪些文件或目录，不将其纳入版本控制，这通常包括编译生成的文件、临时文件、敏感信息文件等。
- .python-version：指定当前项目使用的 Python 版本。
- hello.py：UV 自动生成的 Python 测试文件，用户可通过运行这个文件来熟悉 UV 项目管理。
- pyproject.toml：定义项目依赖和构建系统要求的配置文件。
- README.md：项目说明文件，通常包含项目基本信息、项目安装与运行指南、贡献指南、版权信息等。

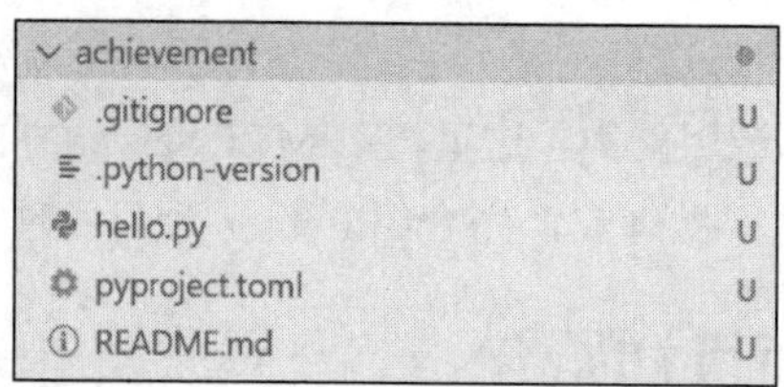

图 4-12　achievement 文件夹的内容

进入 achievement 文件夹，执行如下命令为项目安装 MCP 包，如图 4-13 所示。

```
1.  uv add "mcp[cli]"
```

图 4-13（a）中，在.venv 目录下创建了虚拟环境，并开始安装 wheels 等 27 个依赖包。图 4-13（b）展示了安装完成后的效果：在 achievement 目录下新增了文件夹.venv。

```
(base) PS D:\workspace\python\mcp-test\achievement> uv add "mcp[cli]"
Using CPython 3.10.16
Creating virtual environment at: .venv
Resolved 28 packages in 27.61s
Prepared 4 packages in 1.45s
                    [0/27] Installing wheels...
warning: Failed to hardlink files; falling back to full copy. This may lead to degraded performance.
         If the cache and target directories are on different filesystems, hardlinking may not be supported.
         If this is intentional, set `export UV_LINK_MODE=copy` or use `--link-mode=copy` to suppress this warning.
```

（a）

```
achievement
  > .venv
  .gitignore          U
  .python-version     U
  pyproject.toml      U
  README.md           U
  uv.lock             U
```

（b）

图 4-13　安装 MCP 包

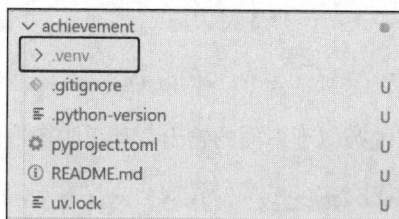

至此，MCP 项目初始化工作就完成了，可以开始编写 MCP Server 代码了。首先在 achievement 目录下创建 Python 文件 server.py，如图 4-14 所示。

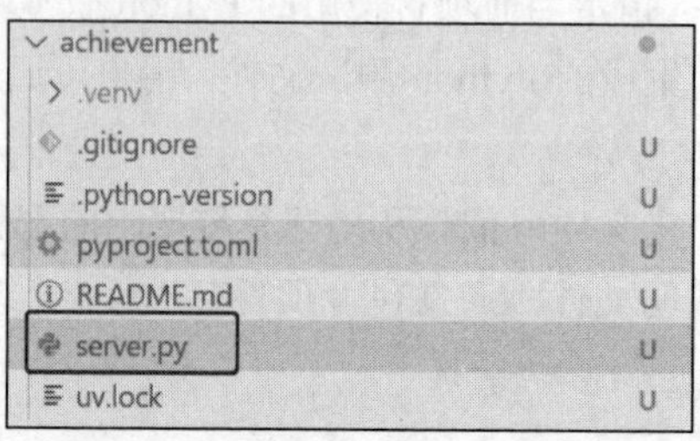

图 4-14　创建文件 server.py

4.3.2 员工绩效系统 MCP Server 代码实现

下面来编写员工绩效系统 MCP Server 的代码，展示工具管理、资源管理及提示词管理的实现方法。

1. 使用工具能力

MCP Server Python SDK 分为 FastMCP SDK 和 Low-Level SDK 两个版本。MCP 在推出的初期，仅提供了使用较为复杂的 Low-Level SDK 版本，为开发 MCP Server 带来了诸多不便。为解决这些问题，在 Low-Level SDK 的基础进一步封装后，推出了 FastMCP SDK。FastMCP SDK 使用起来更容易，这极大地提升了开发者构建 MCP Server 的效率和体验，让开发者能够专注于业务逻辑实现而非底层细节。

下面以查询员工绩效得分为例，介绍如何使用 FastMCP SDK 实现工具调用能力。

（1）**编写 MCP 工具代码**。查询员工绩效得分的代码较为简单，如下所示。

```
1.from mcp.server.fastmcp import FastMCP
2.
3.# 初始化 MCP Server
4.mcp = FastMCP("achievement")
5.
6.# 添加绩效得分获取工具
7.@mcp.tool()
8.def get_score_by_name(name: str) -> str:
9.    """根据员工的姓名获取该员工的绩效得分"""
10.    if name == "张三":
11.        return "name: 张三 绩效评分: 85.9"
12.    elif name == "李四":
13.        return "name: 李四 绩效评分: 92.7"
14.    else:
15.        return "未搜到该员工的绩效"
16.
17. mcp.run()
```

第 1 行导入 FastMCP 包，以便能够使用 FastMCP SDK。

第 4 行使用 FastMCP 接口创建一个名为 `achievement` 的 MCP Server，并将指向它的句柄赋给变量 `mcp`。

第 7～15 行定义工具。`get_score_by_name()` 被定义为常规函数，它将员工姓名作为参数，并返回相应的绩效得分；第 9 行添加了文档字符串注释，用以描述工具的功能。

第 7 行使用 `@mcp.tool()` 装饰器将 `get_score_by_name()` 标记为 MCP 工具，因此第 9 行的文档字符串注释将自动转换为工具描述。1.2.3 节和 1.4.2 节介绍 Function Calling 与 Agent 的代码实现时说过，工具描述和工具实现是分开处理的。FastMCP SDK 的设计简化了这个流程，合并了工具描述与工具实现，提高了工具编写效率。

第 17 行使用 `mcp.run()` 方法启动 MCP Server。

这些代码实现了一个带工具的 MCP Server。

（2）**测试 MCP 工具**。这里使用 Roo Code 来测试这个 MCP Server。首先，将 Roo Code MCP Server 的配置文件（`mcp_settings.json`）修改为如下所示。

```
1.{
2.  "mcpServers": {
3.    "achievement": {
4.      "command": "uv",
5.      "args": [
6.        "run",
7.        "--with",
8.        "mcp[cli]",
9.        "--with-editable",
10.        "D:\\workspace\\python\\mcp-test\\achievement",
11.        "mcp",
12.        "run",
13.        "D:\\workspace\\python\\mcp-test\\achievement\\server.py"
14.      ]
15.    }
16.  }
17.}
```

将其中第 10 和 13 行的路径替换为 `achievement` 项目和代码的实际路径。配置完成后，将在 MCP 服务管理页面看到，MCP Server `achievement` 具备了使用工具的能力，如图 4-15 所示。

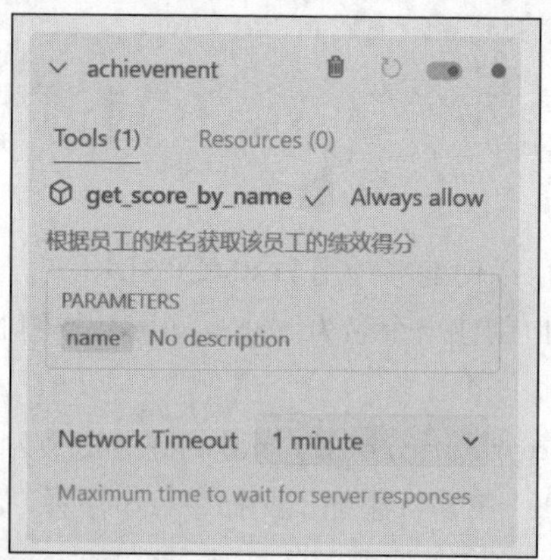

图 4-15 MCP Server achievement 使用工具的能力

在图 4-16 所示的对话页面中，使用提示词“张三和李四的绩效谁高？”进行测试。

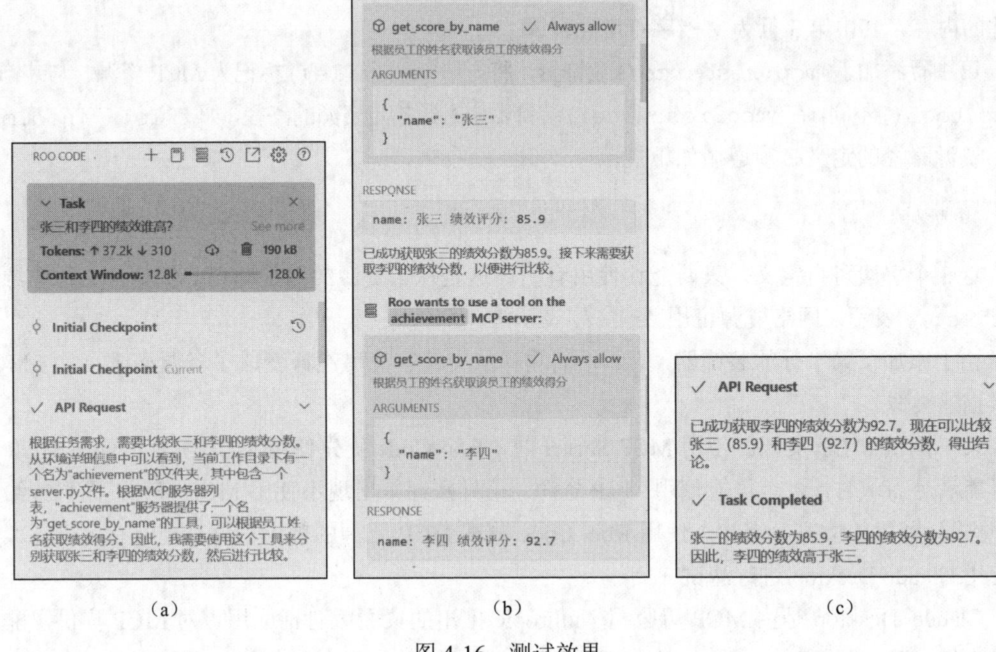

图 4-16 测试效果

在图 4-16（a）中，DeepSeek 通过分析提示词，确定需要调用 get_score_by_name 工具获取张三和李四的绩效分数；在图 4-16（b）中，通过 MCP Server 调用 get_score_by_name 工具两次，获取了张三与李四的绩效分数；在图 4-16（c）中，对绩效分数进行比较并得出了结论。

2. 使用资源能力

下面以读取员工信息表为例，介绍如何实现资源使用能力。

（1）**编写资源代码**。首先，在 achievement 目录下，新建文件 info.md，用于存放员工信息数据。这个文件的内容如下：

```
| 姓名 | 性别 | 年龄 |
| --- | --- | --- |
| 张三 | 男 | 28 |
| 李四 | 女 | 25 |
```

然后，在刚刚编写的代码中，在 mcp.run() 前面添加实现 MCP 资源的代码。

```
@mcp.resource("file://info.md")
def get_file() -> str:
    """读取 info.md 的内容，从而获取员工的信息，如性别等"""
    with open("D:\\workspace\\python\\mcp-test\\achievement\\info.md", "r",
encoding="utf-8") as f:
        return f.read()
```

第2～5行定义了函数 get_file()，它通过调用 open 函数和 read 函数读取 info.md 文件的内容，其中第3行为文档字符串注释。

第1行添加了@mcp.resource()装饰器，将方法 get_file()标记为 MCP 资源。与装饰器@mcp.tool()不同，在@mcp.resource()装饰器中必须指定资源的路径，如 file://info.md。

资源路径的定义必须遵循如下规范：

```
1.  [protocol]://[host]/[path]
```

这3个字段可自定义，只要能让使用者明白这是什么资源的路径即可。例如，文件资源可用 file://表示，网络资源可用 url://表示等。

由于添加了第1行的装饰器，第3行的注释从文档字符串注释变成了资源描述，这与 MCP 工具描述类似。

（2）**测试 MCP 资源**。使用 MCP Server 时，Roo Code 优先使用 MCP 工具，仅当 MCP 工具不能满足需求时，才有可能使用 MCP 资源。这导致经常出现不使用 MCP 资源，而直接给出“幻觉式”回复的情况。因此，使用 Roo Code 测试 MCP 资源的效果不够直观。有鉴于此，这里使用 Claude Desktop 进行测试。

Claude Desktop 是由 MCP 母公司 Anthropic 推出的桌面版对话应用，对 MCP 提供了非常好的支持。要安装 Claude Desktop，可在搜索引擎中输入“Claude Desktop”，再前往官网注册并下载。

下载并安装 Claude Desktop 后，需要配置 MCP Server，配置方式有如下两种。

方式1：自动配置。在 achievement 目录下执行如下命令：

```
1.mcp install server.py --with-editable ./
```

Claude Desktop 将自动在文件 claude_desktop_config.json（相当于 Roo Code 的 mcp_settings.json）中完成 MCP Server 配置。

方式2：手动配置。选择菜单 File > Settings（如图4-17（a）所示），打开如图4-17（b）所示页面；切换到 Developer 选项卡，并点击 Edit Config 按钮（如图4-17（b）所示），这将打开 Claude 文件夹，并自动选择文件 claude_desktop_config.json（如图4-17（c）所示）。打开这个文件，并将前面测试 MCP 工具时使用的 MCP Server 配置填入。

（a）

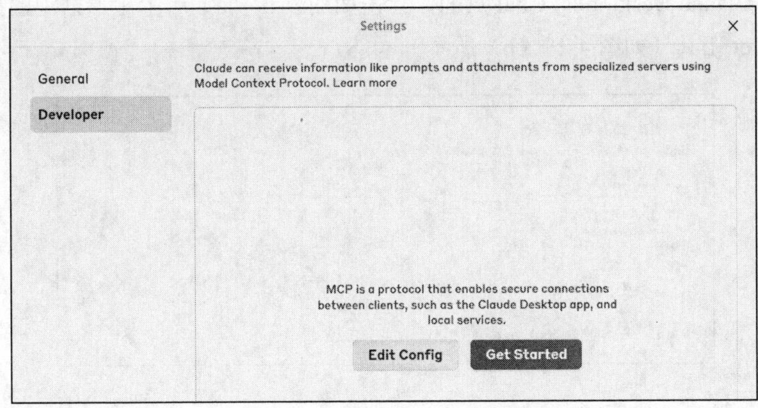

（b）

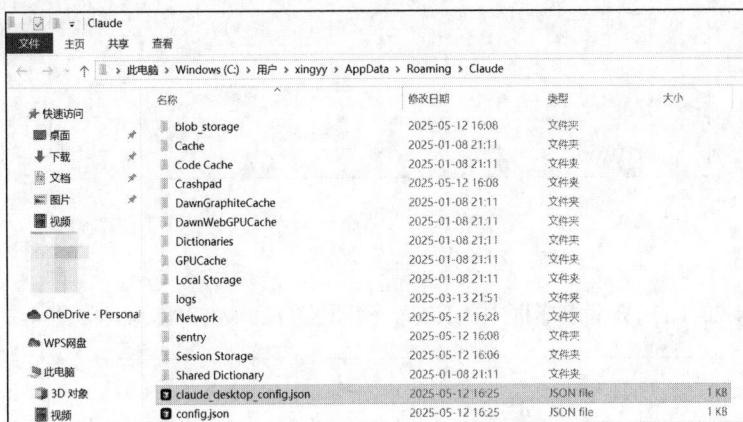

（c）

图 4-17 使用 Claude Desktop 手动配置 MCP Server

配置完成后，重启 Claude Desktop 让配置生效，如图 4-18 所示。

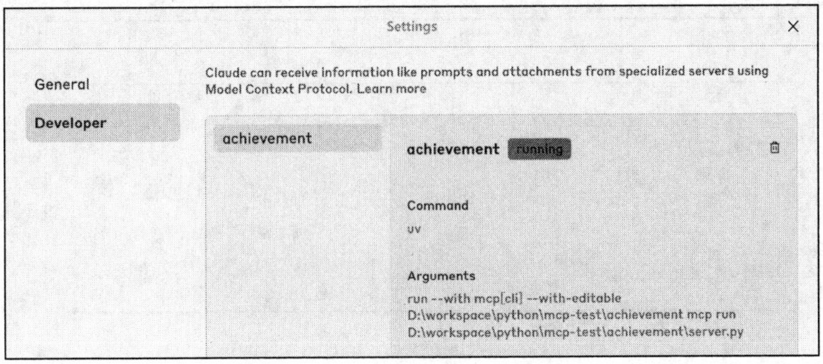

图 4-18 Claude Desktop 配置生效

现在进入 Claude Desktop 的 Chat 页面，点击如图 4-19（a）所示矩形框中的按钮，查看支持的 MCP Server 工具（如图 4-19（b）所示）。

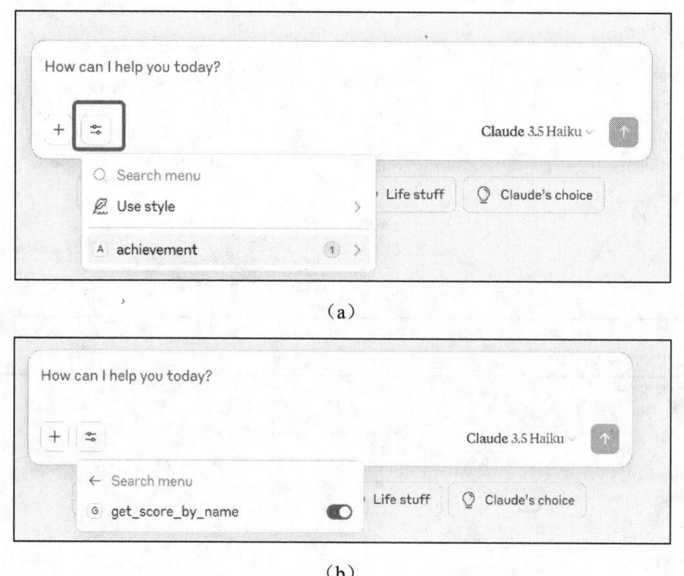

（a）

（b）

图 4-19　查看 MCP 工具

点击如图 4-20（a）所示矩形框中的按钮，查看支持的 MCP 资源（如图 4-20（b）所示）。

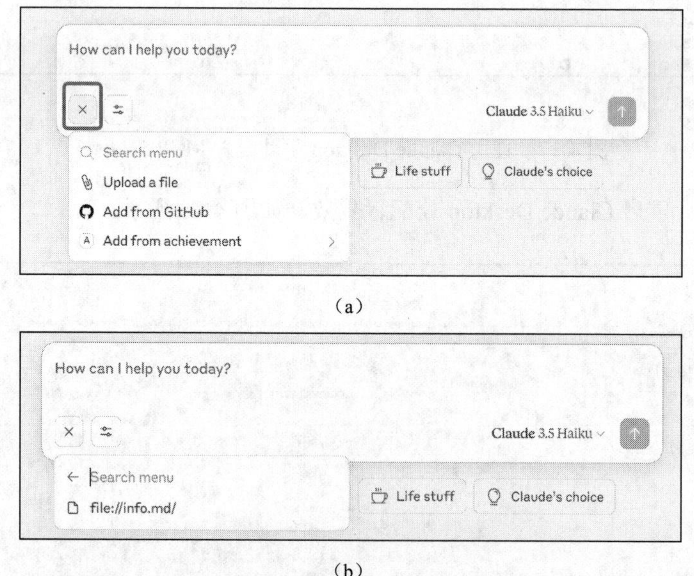

（a）

（b）

图 4-20　查看 MCP 资源

选择 `file://info.md/`，再在对话框输入提示词“张三的性别是？”（如图 4-21（a）所示），对话效果如图 4-21（b）所示。从中可知，LLM 根据文档信息给出了正确答案，这说明 MCP 资源没有问题。需要注意的是，Claude Desktop 只能使用 Claude 公司的模型，而不能使用其他公司的模型（如 DeepSeek）。

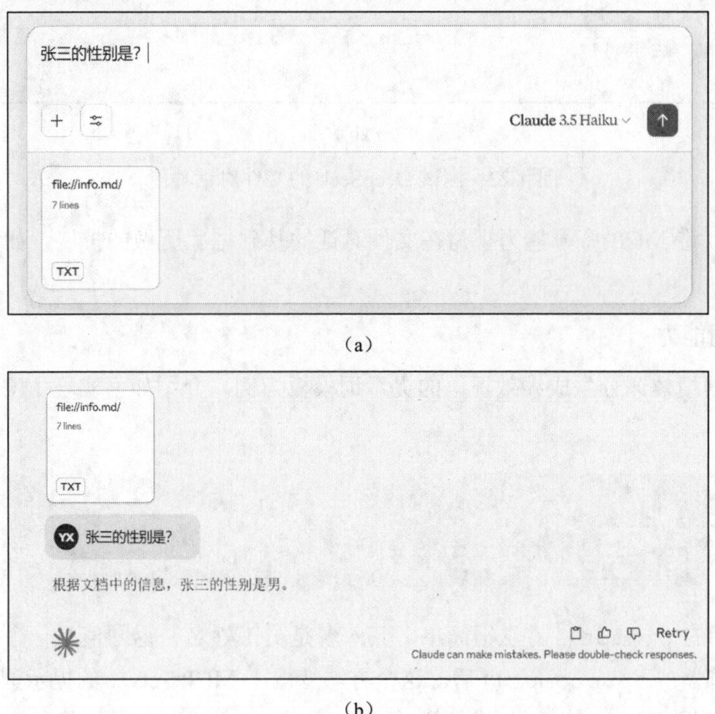

图 4-21　测试 MCP 资源使用效果

实际上，测试 MCP 资源的过程和效果，与使用 ChatGPT、Kimi、DeepSeek 等对话应用的文件对话功能类似。例如，使用 DeepSeek 的文件对话做同样的测试时，效果如图 4-22 所示。

（a）

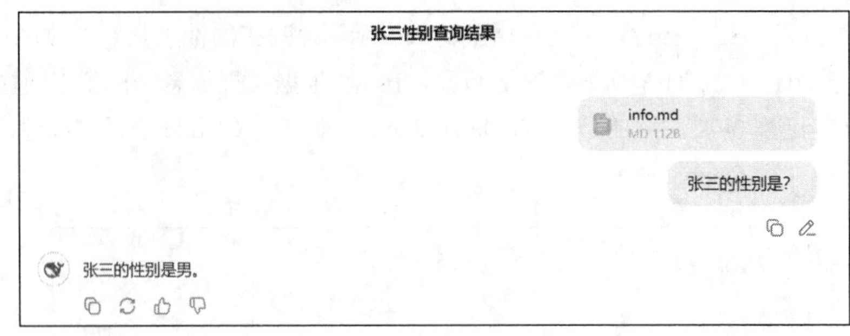

（b）

图 4-22 测试 DeepSeek 的文件对话功能

因此，可以将 MCP 资源能力视为在文件对话的基础之上所做的扩展，如支持网页对话、数据库对话等。

3. 使用提示词能力

下面以根据绩效评分生成绩效评语的提示词模板为例，介绍如何实现 MCP 提示词能力。实现代码如下。

```
1.@mcp.prompt()
2.def prompt(name: str) -> str:
3.    """创建一个 prompt，用于对员工进行绩效评价"""
4.    return f"""绩效满分是 100 分，请获取{name}的绩效评分，并给出评价"""
```

第 2～4 行的 prompt()方法很简单，其入参是员工姓名，返回值是一个提示词模板。添加第 1 行的装饰器@mcp.prompt()后，这个方法变成了 MCP Server 的提示词资源。

这里依然使用 Claude Desktop 进行测试。重启 Claude Desktop 后，显示资源的页面中多了 prompt，它就是刚才定义的提示词能力，如图 4-23 所示。

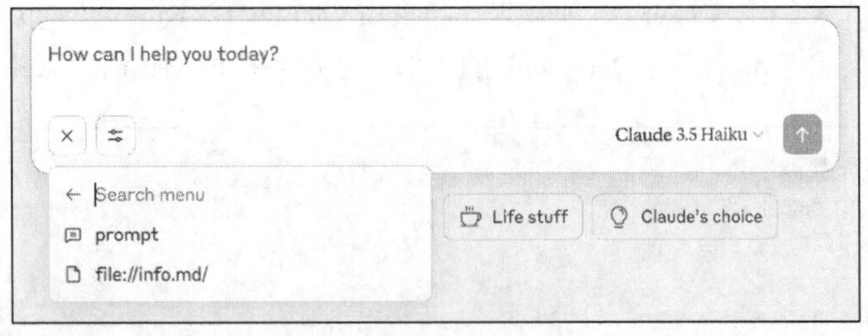

图 4-23 查看提示词

点击 prompt，将被要求输入 Name，如图 4-24 所示。

输入“张三”后点击 Add prompt，将跳转到如图 4-25 所示的 Chat 页面。此时，无须输入提示词，直接点击矩形框内的发送按钮即可。

图 4-24 输入 Name

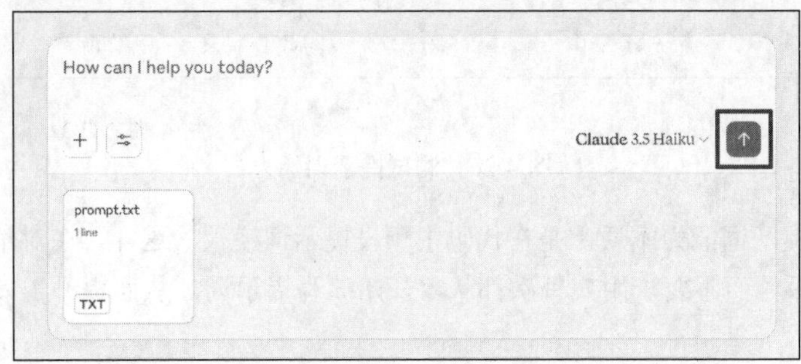

图 4-25 测试提示词能力的对话页面

提示词要求根据张三的绩效评分生成绩效评语，因此 LLM 首先要求调用 `get_score_by_name` 工具获取张三的绩效评分，如图 4-26（a）所示。获取评分后，LLM 生成绩效评语，如图 4-26（b）所示。

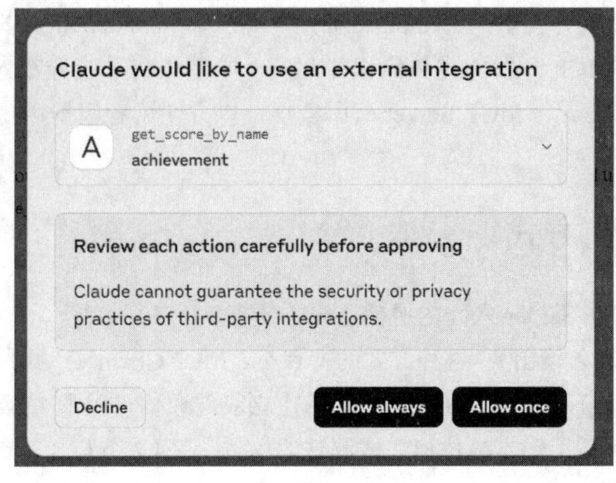

（a）

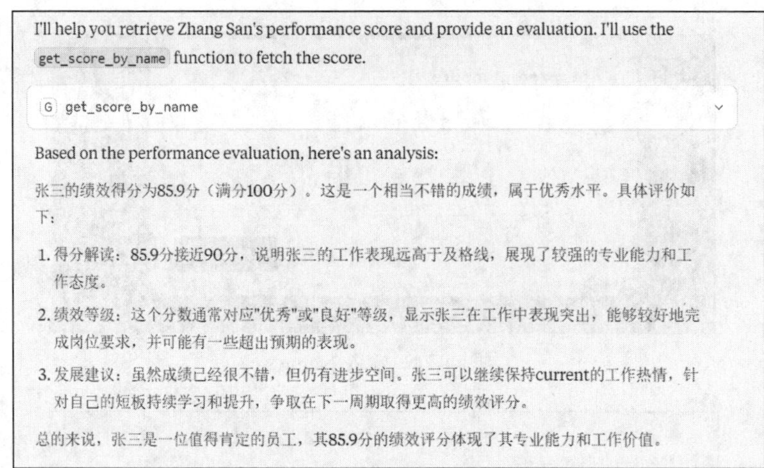

I'll help you retrieve Zhang San's performance score and provide an evaluation. I'll use the get_score_by_name function to fetch the score.
G get_score_by_name
Based on the performance evaluation, here's an analysis:
张三的绩效得分为85.9分（满分100分）。这是一个相当不错的成绩，属于优秀水平。具体评价如下：
1. 得分解读：85.9分接近90分，说明张三的工作表现远高于及格线，展现了较强的专业能力和工作态度。
2. 绩效等级：这个分数通常对应"优秀"或"良好"等级，显示张三在工作中表现突出，能够较好地完成岗位要求，并可能有一些超出预期的表现。
3. 发展建议：虽然成绩已经很不错，但仍有进步空间。张三可以继续保持current的工作热情，针对自己的短板持续学习和提升，争取在下一周期取得更高的绩效评分。
总的来说，张三是一位值得肯定的员工，其85.9分的绩效评分体现了其专业能力和工作价值。

（b）

图 4-26 测试提示词能力

可以看到，提示词能力本质上是在代码中预设提示词模板。这样，在对话过程中，系统可直接调用既有模板，而不要求用户每次都从零开始编写提示词，从而提升了效率与模型输出的一致性。

4.4 实现 MCP Client

在 4.2 节与 4.3 节测试 MCP Server 时，分别将 Roo Code 与 Claude Desktop 用作 MCP Client，且将在 MCP Client 与 MCP Server 之间使用的通信方式为默认的标准输入输出（stdio）方式。

本节将基于 MCP 官方提供的 Python SDK，实现一个 MCP Client，以帮助读者深入了解其构建逻辑，从而掌握 MCP 开发的完整流程。此外，本节还将系统介绍 MCP 支持的 3 种通信方式及相应的 MCP Client 与 MCP Server 代码实现，以方便读者根据项目需求选择合适的通信方式。

4.4.1 MCP 通信方式

MCP Client 与 MCP Server 之间的通信方式主要有以下 3 种。

（1）**stdio（标准输入输出）**。这种方式的特点是，MCP Client 启动服务器（Server）子进程并使用标准输入（stdin）和标准输出（stdout）建立双向通信，且服务器进程只能与启动它的 MCP Client 通信，因此适用于本地快速集成测试的场景。在 4.2 节与 4.3 节，MCP Client 与 MCP Server 之间的通信使用的就是 stdio 方式。

（2）**HTTP+SSE**。服务器发送事件（Server-Sent Events，SSE）是一种基于 HTTP 的技术，

让服务器能够向 MCP Client 实时地单向推送数据。在这种模式下，MCP Client 与服务器主要通过以下两个渠道进行通信。

- HTTP 请求/响应：MCP Client 通过标准的 HTTP 请求向服务器发送消息。
- SSE：服务器通过专门的/sse 端点向客户端推送消息。

这种方式的特点是，服务器作为独立进程运行，可以部署在远端；客户端和服务器代码完全解耦；服务器支持多个客户端随时连接和断开。

随着 MCP 的应用日益广泛，这种方式暴露出了如下 3 大问题。

- 资源消耗：服务器需要维护到每个客户端的长连接，在高并发情况下这会导致大量资源消耗，影响整体性能。
- 复杂性和开销：所有服务器到客户端的消息都必须通过 SSE 通道传递，这不仅增加了系统的复杂性，还带来了不必要的开销。
- 基础架构兼容性问题：很多现有网络基础设施都无法正确处理 SSE 连接。例如，企业级防火墙可能会因超时强制终止长连接，导致服务不可靠。

因此，MCP 项目的 PR#206 引入了一种全新的通信机制——Streamable HTTP，用于替代 HTTP+SSE。

（3）**Streamable HTTP（可流式 HTTP）**。Streamable HTTP 指的是以流式方式传输数据的 HTTP 通信方式，支持在数据未传输完成前就开始对其进行处理。这种方式做了以下改进，解决了 HTTP+SSE 传输方式的 3 个关键问题。

- 统一端点：取消了专门的/sse 端点，将所有类型的通信整合到一个端点进行处理。这简化了客户端与服务器之间的交互模式，消除了多端点管理带来的复杂性。
- 按需流式传输：服务器能够更灵活地选择响应方式，既可以返回标准的 HTTP 响应，也可以根据实际需求通过 SSE 实现数据的流式传输。这种灵活性让系统能够根据具体情况优化性能和资源使用效率。
- 状态管理：引入了 Session（会话）机制，以支持状态管理和恢复功能。这不仅增强了用户体验，还提高了系统的可靠性，在网络不稳定或会话中断时尤其如此。

下面介绍如何使用这 3 种方式在 MCP Client 与 Server 之间进行通信。

4.4.2 使用 stdio 通信方式

4.3 节实现的员工绩效系统 MCP Server 采用的是 stdio 通信方式，因此本节首先构建一个基于通信方式 stdio 的 MCP Client。

1. MCP Client 项目初始化

使用 UV 初始化一个 MCP Client 项目，命令如下。

```
uv init mcp-client-demo

uv add "mcp[cli]"
```

初始化项目后，将其中的hello.py删除，并创建Python文件client.py，如图4-27所示。

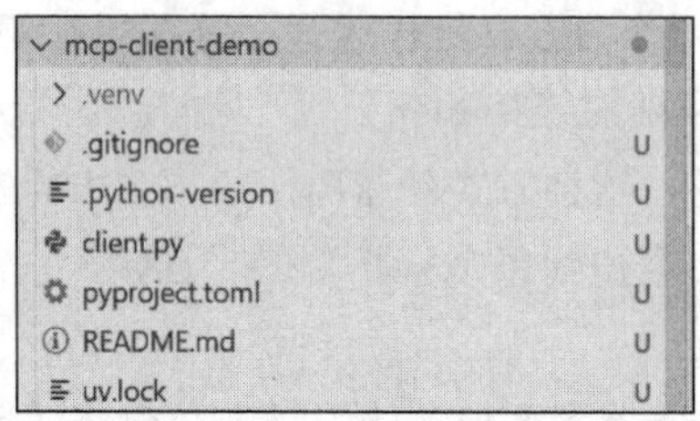

图4-27　初始化MCP Client项目并新建文件client.py

2. MCP Client代码实现

在文件client.py中添加代码，使用stdio方式分步实现MCP Client。

（1）**导入MCP Client包**。使用如下命令导入所需的MCP Client包。

```
from mcp import ClientSession, StdioServerParameters
from mcp.client.stdio import stdio_client
```

这些Client包的作用如下。

- ClientSession：用于创建客户端会话对象，封装与服务器通信的逻辑（如发送请求、接收响应）。
- StdioServerParameters：用于配置stdio连接参数，并启动本地服务器进程。
- stdio_client：异步客户端工厂函数，使用stdio协议与服务器交互。

（2）**配置服务器连接参数**。使用stdio方式进行通信时，由MCP Client负责启动MCP Server进程。可使用StdioServerParameters来配置服务器进程的启动参数，包括运行MCP Server的命令及其参数。具体代码如下。

```
# 创建stdio方式的服务器参数结构
server_params = StdioServerParameters(
    command="uv", # 可执行文件
    args=[
        "run",
        "--with",
        "mcp[cli]",
        "--with-editable",
        "D:\\workspace\\python\\mcp-test\\achievement",
        "mcp",
        "run",
        "D:\\workspace\\python\\mcp-test\\achievement\\server.py"
    ],# 可选的命令行参数
```

```
    env=None # 可选的环境变量
)
```

代码非常简单，相当于将 4.3 节配置的 MCP Server 启动命令写入 `command` 与 `args`，确保 MCP Client 启动时使用 UV 工具运行指定的 MCP Server，并建立到该 MCP Server 的 stdio 连接。

（3）**实现异步主函数 `run()`**。该函数的功能包括建立 stdio 客户端连接、创建客户端会话、初始化连接，以及调用工具、资源、提示词能力等。具体代码如下。

```
1.async def run():
2.    async with stdio_client(server_params) as (read, write):
3.        async with ClientSession(read, write) as session:
4.            # 初始化连接
5.            await session.initialize()
6.
7.            # 列出可用的工具
8.            tools = await session.list_tools()
9.            print("Tools:", tools)
10.
11.            # 调用工具
12.            score = await session.call_tool(name="get_score_by_name",arguments={"name": "张三"})
13.
14.            print("score: ", score)
15.
16.            # 列出可用的资源
17.            resources = await session.list_resources()
18.
19.            # 读取资源
20.            content, mime_type = await session.read_resource("file://info.md")
21.
22.            print("resource: ", mime_type)
23.
24.            # 列出可用的提示词模板
25.            prompts = await session.list_prompts()
26.
27.            # 获取提示词模板
28.            prompt = await session.get_prompt(
29.                "prompt", arguments={"name": "张三"}
30.            )
31.
32.            print("prompt: ", prompt)
```

第 2 行建立 stdio 客户端连接，包含如下 3 部分。

- `async with`：异步上下文管理器，确保在退出时正确关闭子进程和通信通道。
- `stdio_client(server_params)`：根据 `server_params` 启动一个子进程（运行

UV 命令），并通过 stdio 协议与其通信。

- read 和 write：返回两个异步函数，分别用于从子进程读取数据和向子进程写入数据。

第 3 行建客户端会话：ClientSession(read, write)使用 read 和 write 函数创建客户端会话对象 session，封装与服务器的交互逻辑。

第 5 行调用 session 的 initialize 方法初始化连接。

第 7～14 行使用工具能力：首先，使用 list_tools 列出所有可用工具，再使用 call_tool 调用工具 get_score_by_name。

第 16～22 行使用资源能力：首先，使用 list_resources 列出所有可用资源，再使用 read_resource 读取资源 file://info.md。

第 24～32 行使用提示词能力：首先，使用 list_prompts 列出所有可用提示词，再使用 get_prompt 获取名为 prompt 的提示词，并注入 name 参数值“张三”。

（4）**编写程序入口**。编写入口代码 main 并调用 run 函数，以启动 MCP Client 如下代码所示。

```
if __name__ == "__main__":
    import asyncio
    asyncio.run(run())
```

（5）**测试效果**。使用如下命令运行文件 client.py 以运行 MCP Client。

```
uv run client.py
```

运行效果如图 4-28 所示。

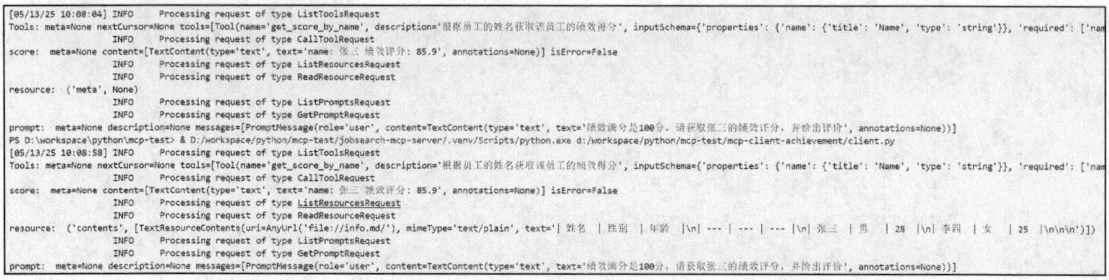

```
[05/13/25 10:08:04] INFO     Processing request of type ListToolsRequest
Tools: meta=None nextCursor=None tools=[Tool(name='get_score_by_name', description='根据员工的姓名获取该员工的绩效得分', inputSchema={'properties': {'name': {'title': 'Name', 'type': 'string'}}, 'required': ['nam
                    INFO     Processing request of type CallToolRequest
score:  meta=None content=[TextContent(type='text', text='name: 张三 绩效评分: 85.9', annotations=None)] isError=False
                    INFO     Processing request of type ListResourcesRequest
                    INFO     Processing request of type ReadResourceRequest
resource:  ('meta', None)
                    INFO     Processing request of type ListPromptsRequest
                    INFO     Processing request of type GetPromptRequest
prompt:  meta=None description=None messages=[PromptMessage(role='user', content=TextContent(type='text', text='绩效满分是100分，请获取张三的绩效评分，并给出评价', annotations=None))]
PS D:\workspace\python\mcp-test> & D:/workspace/python/mcp-test/jobsearch-mcp-server/.venv/Scripts/python.exe d:/workspace/python/mcp-test/mcp-client-achievement/client.py
[05/13/25 10:08:58] INFO     Processing request of type ListToolsRequest
Tools: meta=None nextCursor=None tools=[Tool(name='get_score_by_name', description='根据员工的姓名获取该员工的绩效得分', inputSchema={'properties': {'name': {'title': 'Name', 'type': 'string'}}, 'required': ['nam
                    INFO     Processing request of type CallToolRequest
score:  meta=None content=[TextContent(type='text', text='name: 张三 绩效评分: 85.9', annotations=None)] isError=False
                    INFO     Processing request of type ListResourcesRequest
                    INFO     Processing request of type ReadResourceRequest
resource:  ('contents', [TextResourceContents(uri=AnyUrl('file://info.md/'), mimeType='text/plain', text='| 姓名  | 性别  | 年龄  |\n| --- | --- | --- |\n| 张三  | 男   | 28  |\n| 李四  | 女   | 25  |\n\n\n')])
                    INFO     Processing request of type ListPromptsRequest
                    INFO     Processing request of type GetPromptRequest
prompt:  meta=None description=None messages=[PromptMessage(role='user', content=TextContent(type='text', text='绩效满分是100分，请获取张三的绩效评分，并给出评价', annotations=None))]
```

图 4-28 MCP Client 的运行效果

可以看到，MCP Client 运行中执行了 ListToolsRequest、CallToolRequest、ListResourcesRequest、ReadResourceRequest、ListPromptsRequest 和 GetPromptRequest，且结果都符合预期。

4.4.3 使用 HTTP+SSE 通信方式

SSE 方式已被 Streamable HTTP 替代，因此，使用 SSE 方式的现有 MCP 应用将逐步过渡到 Streamable HTTP，而新的 MCP 应用将不再采用 SSE 方式。有鉴于此，只需大致了解这种通信方式，无须深入探究其细节。

下面对 4.3 节实现的员工绩效系统 MCP Server 进行改造，使其以 SSE 方式启动，再编写支持 SSE 方式的 MCP Client。

1. 使用 SSE 通信方式的 MCP Server

要实现基于 SSE 通信方式的 MCP Server，需将原有的使用 stdio 方式通信的 MCP Server 包装为使用 SSE 方式通信。

（1）**构建支持 SSE 的 MCP Server**。MCP Python SDK 采用 Starlette 框架来实现对 SSE 的支持，因此可参考并使用官方提供的如下代码来搭建支持 SSE 的 MCP Server。

```
1.  def create_starlette_app(mcp_server: Server, *, debug: bool = False) -> Starlette:
2.      """创建 Starlette 应用，使 Mcp Server 支持 SSE 通信方式"""
3.      #创建 SseServerTransport 对象
4.      sse = SseServerTransport("/messages/")
5.
6.      #在 MCP Client 发起 SSE 连接请求时调用
7.      async def handle_sse(request: Request) -> None:
8.          async with sse.connect_sse(
9.                  request.scope,
10.                 request.receive,
11.                 request._send,
12.         ) as (read_stream, write_stream):
13.             await mcp_server.run(
14.                 read_stream,
15.                 write_stream,
16.                 mcp_server.create_initialization_options(),
17.             )
18.
19.     return Starlette(
20.         debug=debug,
21.         routes=[
22.             #当 MCP Client 访问该路径时，触发 handle_sse 函数以处理 SSE 连接
23.             Route("/sse", endpoint=handle_sse),
24.             #用于处理 MCP Client 通过 POST 请求发送的消息
25.             Mount("/messages/", app=sse.handle_post_message),
26.         ],
27.     )
```

第 4 行创建了一个 `SseServerTransport` 对象（并将其路径指定为`/messages/`），用于统一管理 SSE 连接和消息传输。

第 7～17 行定义了异步请求处理函数 `handle_sse`，并在客户端发起 SSE 连接请求时调用。在这个函数中，通过调用 `sse.connect_sse` 方法，并传入当前请求的 `scope`、`receive` 和 `_send`，建立一个异步上下文管理器（第 8～12 行）。在建立连接后，这个管理器将返回两个数

据流：read_stream（用于接收 MCP Client 发送的数据）和 write_stream（用于向 MCP Client 发送响应数据）。接下来，调用 mcp_server.run 方法，并传入 read_stream、write_stream 以及由 mcp_server.create_initialization_options()生成的初始化参数（第 13～17 行），从而实现 MCP Server 与 MCP Client 之间的实时双向通信。

第 19～27 行返回一个新建的包含调试模式配置及路由设置的 Starlette 应用实例。在路由配置中，主要设置了以下两条路由。

- 使用 Route("/sse", endpoint=handle_sse)定义了/sse 路径，当 MCP Client 访问该路径时，将触发 handle_sse 函数以处理 SSE 连接。
- 使用 Mount("/messages/", app=sse.handle_post_message)将/messages/路径挂载至 sse.handle_post_message 应用，用于处理 MCP Client 通过 POST 请求发送的消息，从而实现与 SSE 长连接之间的完整消息传递机制。

（2）**启动 MCP Server**。编写如下程序入口代码，用于启动 MCP Server。

```
1.if __name__ == "__main__":
2.    mcp_server = mcp._mcp_server
3.
4.    parser = argparse.ArgumentParser(description='Run MCP SSE-based server')
5.    parser.add_argument('--host', default='0.0.0.0', help='Host to bind to')
6.    parser.add_argument('--port', type=int, default=18080, help='Port to listen on')
7.    args = parser.parse_args()
8.
9.    # 为 MCP Server 创建 SSE 连接
10.    starlette_app = create_starlette_app(mcp_server, debug=True)
11.
12.    uvicorn.run(starlette_app, host=args.host, port=args.port)
```

第 2 行使用 mcp._mcp_server 获取 MCP Server 实例，其中 mcp 是由 4.3 节编写的代码 mcp = FastMCP("achievement")创建的。第 4～7 行设置 SSE 服务器的启动参数：指定 SSE 服务器的描述、启动 host 和启动端口。第 10 行将 MCP Server 实例传入前面创建的 SSE 服务器中。第 12 行启动服务器。

（3）**测试效果**。使用如下命令运行代码，并查看效果，如图 4-29 所示。

```
uv run server.py
```

```
INFO:     Started server process [19340]
INFO:     Waiting for application startup.
INFO:     Application startup complete.
INFO:     Uvicorn running on http://0.0.0.0:18080 (Press CTRL+C to quit)
```

图 4-29 SSE MCP Server 的运行效果

可以看到，启动了一个 SSE 服务器，并对 18080 端口进行监听。

2．使用 SSE 通信方式的 MCP Client

要将使用 stdio 通信方式的 MCP Client 改造为使用 SSE 通信方式，过程相对简单，只需将 `stdio_client()` 替换为 `sse_client()` 即可，如下代码所示。

```
1.async def connect_to_sse_server(server_url: str):
2.    """使用 SSE 连接 MCP Server"""
3.    # Store the context managers so they stay alive
4.    async with sse_client(url=server_url) as (read, write):
5.        async with ClientSession(read, write) as session:
6.            await session.initialize()
7.            # 列出可用工具
8.            tools = await session.list_tools()
9.            print("Tools:", tools)
10.
11.            # 调用工具
12.            score = await session.call_tool(name="get_score_by_name",arguments={"name": "张三"})
13.
14.            print("score: ", score)
15.
16.            # 列出可用资源
17.            resources = await session.list_resources()
18.
19.            # 读取资源
20.            content, mime_type = await session.read_resource("file://info.md")
21.
22.            print("resource: ", mime_type)
23.
24.            # 列出可用 prompt 模板
25.            prompts = await session.list_prompts()
26.
27.            # 获取 prompt 模板
28.            prompt = await session.get_prompt(
29.                "prompt", arguments={"name": "张三"}
30.            )
31.
32.            print("prompt: ", prompt)
```

这里的代码与使用 stdio 通信方式的 MCP Client 的 `run()` 方法（参见 4.4.2 节）基本相同，只是将 `stdio_client()` 替换成了 `sse_client()`（第 4 行）。

第 1 行定义了用于连接到 MCP Server 的 `connect_to_sse_server()` 方法，它将目标 MCP Server 的 URL 地址作为参数。第 4 行和第 5 行创建并启动一个使用 SSE 通信方式的客户端会话，与 MCP Server 进行通信。

接下来，定义程序入口，在启动 MCP Client 时调用 `connect_to_sse_server()` 方法，并通过命令行参数传入 `server_url`，如下所示。

```
async def main():
    if len(sys.argv) < 2:
        print("Usage: uv run client.py <URL of SSE MCP server (i.e. http://localhost:8080/sse)>")
        sys.exit(1)

    await connect_to_sse_server(server_url=sys.argv[1])

if __name__ == "__main__":
    asyncio.run(main())
```

MCP Client 的代码编写好后，使用如下 UV 命令运行它。

```
uv run client-sse.py http://localhost:18080/sse
```

其中，`http://localhost:18080/sse` 为 MCP Server 的地址。启动 MCP Client 时，将把这个地址存储到系统变量 `sys.argv[1]` 中，因此在 MCP Client 的代码中，可通过读取 `sys.argv[1]` 的值取出这个地址，并将其赋给 `server_url`。运行效果如图 4-30 所示。

```
Tools: meta=None nextCursor=None tools=[Tool(name='get_score_by_name', description='根据员工的姓名获取该员工的绩效得分', inputSchema={'properties': {'name': {'title': 'Name', 'type': 'string'}}, 'required': ['name'], 'title': 'get_score_by_nameArguments', 'type': 'object'}, annotations=None)]
score:  meta=None content=[TextContent(type='text', text='name: 张三 绩效评分: 85.9', annotations=None)] isError=False
resource:  ('contents', [TextResourceContents(uri=AnyUrl('file://info.md/'), mimeType='text/plain', text='| 姓名  | 性别  | 年龄  |\n| --- | --- | --- |\n| 张三  | 男   | 28  |\n| 李四  | 女   | 25  |\n\n\n')])
prompt:  meta=None description=None messages=[PromptMessage(role='user', content=TextContent(type='text', text='绩效满分是100分，请获取张三的绩效评分，并给出评价', annotations=None))]
```

图 4-30 使用 SSE 通信方式的 MCP Client 的运行效果

可以看到，MCP Client 成功地调用了工具、读取了资源与提示词信息，效果与使用 stdio 通信方式时相同。

4.4.4 使用 Streamable HTTP 通信方式

本节介绍如何实现使用 Streamable HTTP 通信方式的 MCP Client 和 MCP Server。这里也对使用 stdio 通信方式的 MCP Server 与 MCP Client 进行改造，使其支持 Streamable HTTP。

1. 使用 Streamable HTTP 通信方式的 MCP Server

MCP Server 在 FastMCP 中封装了 Streamable HTTP 服务器的代码，对 Streamable HTTP 通信方式提供了良好支持。因此，开发者无须自行编写 Streamable HTTP 服务器的实现代码，可直接按如下方式调用相关接口。

```
from mcp.server.fastmcp import FastMCP
mcp = FastMCP("achievement")

```

```
4.#省略定义工具、资源和提示词的代码
5....
6.
7.mcp.run(transport="streamable-http")
```

这里的代码与使用 stdio 通信方式时几乎相同，唯一不同的是第 7 行：调用 `run()`时使用了参数 `transport="streamable-http"`，指定以 Streamable HTTP 方式启动 MCP Server。运行效果如图 4-31 所示。

```
PS D:\workspace\python\mcp-test\mcp-server-achievement-streamble> uv run .\server.py
warning: `VIRTUAL_ENV=D:\workspace\python\mcp-test\jobsearch-mcp-server\.venv` does not
INFO:     Started server process [1452]
INFO:     Waiting for application startup.
[05/13/25 16:50:43] INFO     StreamableHTTP session manager started
INFO:     Application startup complete.
INFO:     Uvicorn running on http://0.0.0.0:8000 (Press CTRL+C to quit)
```

图 4-31 使用 Streamable HTTP 通信方式的 MCP Server 的运行效果

可以看到，启动了一个 Streamable HTTP 服务器，并监听 8000 端口。

2. 使用 Streamable HTTP 通信方式的 MCP Client

使用 Streamable HTTP 通信方式的 MCP Client 实现起来也非常简单，只需在使用 SSE 通信方式的 MCP Client 的代码中，将 `sse_client` 接口替换为 `streamablehttp_client`，如下所示。

```
from mcp.client.streamable_http import streamablehttp_client
from mcp import ClientSession
import asyncio
import sys

async def connect_to_streamable_server(server_url: str):
    # Connect to a streamable HTTP server
    async with streamablehttp_client(url=server_url) as (
        read_stream,
        write_stream,
        _,
    ):
        ...
```

MCP 将 Streamable HTTP 服务端点统一到了`/mcp`，因此启动 MCP Client 时，只需传入 `http://<mcp server 所在机器 ip>:8000/mcp`。这里的 MCP Client 与 MCP Server 在同一台机器上，因此启动 MCP Client 时传入 `http://localhost:8000/mcp`，如下所示。

```
uv run client-streamable.py http://localhost:8000/mcp
```

运行效果如图 4-32 所示。

```
Tools: meta=None nextCursor=None tools=[Tool(name='get_score_by_name', description='根据员工的姓名获取该员工的绩效得分'
, inputSchema={'properties': {'name': {'title': 'Name', 'type': 'string'}}, 'required': ['name'], 'title': 'get_score_b
y_nameArguments', 'type': 'object'})]
score:  meta=None content=[TextContent(type='text', text='name: 张三 绩效评分: 85.9', annotations=None)] isError=False
resource:  ('contents', [TextResourceContents(uri=AnyUrl('file://info.md/'), mimeType='text/plain', text='| 姓名  | 性
别  | 年龄  |\n| --- | --- | --- |\n| 张三  | 男   | 28  |\n| 李四  | 女   | 25  |\n\n\n')])
prompt:  meta=None description=None messages=[PromptMessage(role='user', content=TextContent(type='text', text='绩效满
分是100分, 请获取张三的绩效评分, 并给出评价', annotations=None))]
```

图 4-32 使用 Streamable HTTP 通信方式的 MCP Client 的运行效果

可以看到，使用 Streamable HTTP 通信方式时，MCP Client 的运行效果与使用通信方式 stdio 和 SSE 时相同，也具备使用工具、资源和提示词的能力。

有关如何实现使用各种通信方式的 MCP Client 与 MCP Server，就介绍到这里。下面介绍如何实现基于 MCP 的 AI 求职助手。

4.5 使用无头浏览器抓取岗位数据

4.1 节梳理了传统求职模式的基本流程，并指出可构建图 4-2 所示的求职助手 Agent 系统，由 DeepSeek 借助于工具自动完成岗位列表获取、人岗匹配、简历撰写等步骤。

可对图 4-2 所示的 DeepSeek 求职助手架构进一步细化，用 MCP 替代 Agent 系统的工具调用，实现工具调用标准化，如图 4-33 所示。

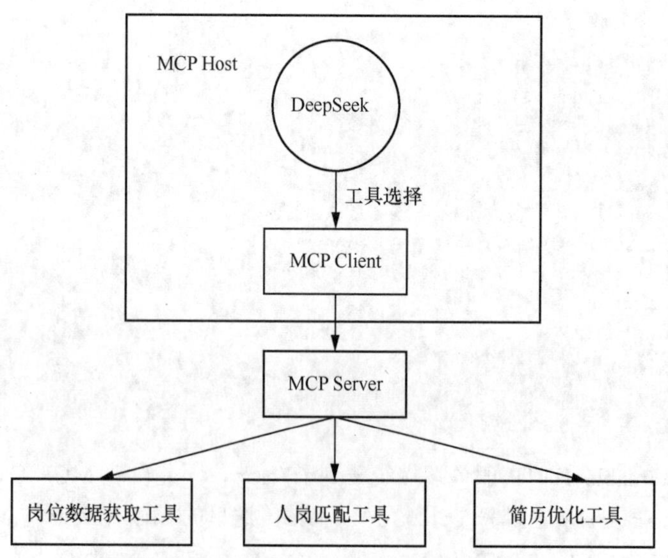

图 4-33 基于 MCP 的 AI 求职助手架构

下面首先来实现岗位数据获取工具。

4.5.1 岗位数据获取方法

从招聘网站获取岗位数据的方法通常有 3 种。第一种方法是，**利用平台提供的开放 API 接口**。有些平台对外提供付费 API，或在建立商业合作后提供非公开的 API 供客户调用。这种方式操作最为简便。第二种方法是，**利用传统的爬虫技术**。在传统的爬虫程序开发中，通常结合使用 requests 和 Beautiful Soup 包来抓取网页 HTML：通过 Python 发送 HTTP 请求以获取页面源码，再借助 XPath 或 CSS 选择器解析目标数据。

传统爬虫技术看似简便高效，但对许多不开放数据的平台而言并不可行。这类平台的数据通常由后端从数据库读取后动态加载至前端页面，且大多配备了防抓取机制（如 CAPTCHA、IP 封禁、请求频率限制等）。在直接抓取时，动态加载的数据不会出现在初始 HTML 源码中，同时反爬虫机制会阻止自动化脚本的有效执行，导致无法获取目标数据。在这种情况下，开发者需采用模拟浏览器行为的技术手段与目标网站交互，即第三种方法——**无头浏览器**。

无头浏览器指的是无可视化界面的浏览器程序，如通过程序调用 Chrome、Firefox 等浏览器内核，仅处理网页数据而不渲染界面。这项技术的主流实现框架为 Selenium。作为开源的浏览器自动化框架，Selenium 最初用于 Web 应用自动化测试，现已广泛用于数据采集场景。它通过驱动浏览器内核（如 ChromeDriver、GeckoDriver）模拟用户操作，可实现页面元素交互（点击按钮、填写表单）、页面导航与状态切换，以及动态内容触发（如滚动加载、下拉刷新）。

下面介绍如何使用 Selenium 4.x 实现无头浏览器。

4.5.2 无头浏览器实践

要使用无头浏览器技术爬取岗位数据，需要先准备浏览器驱动等，再编写调用浏览器抓取数据的代码。

1. 环境准备

本节分别介绍 Linux 与 Windows 系统中的环境准备工作。

在 Linux 系统中，使用如下 pip 命令安装 Selenium 4 SDK（假定操作系统为 Ubuntu 22.04，并安装了 Python 3.11）。

```
pip install selenium==4.23.1
```

接下来，安装浏览器 Google Chrome 及浏览器驱动。为此，使用如下命令下载 Chrome 浏览器安装包。

```
wget https://dl.google.com/linux/direct/google-chrome-stable_current_amd64.deb
```

执行如下命令更新依赖，防止安装时出现找不到依赖的错误。

```
apt-get install -f
```

使用如下命令安装刚才下载的 Chrome 浏览器安装包。

```
dpkg -i google-chrome-stable_current_amd64.deb
```

使用如下命令查看浏览器版本。

```
root@hi-test:~# google-chrome --version
Google Chrome 134.0.6998.35
```

从输出可知，浏览器版本为 134.0.6998.35。Chrome 更新的速度非常快，务必使用上述命令查看浏览器版本，因为安装 Chrome 浏览器驱动（ChromeDriver）时，需要知道 Chrome 浏览器的版本。

ChromeDriver 是 Selenium 实现浏览器自动化控制的核心组件。请访问 Chrome for Testing 官网，获取对应驱动版本列表，如图 4-34 所示。

Channel	Version	Revision	Status
Stable	134.0.6998.35	r1415337	☑
Beta	135.0.7049.3	r1427262	☑
Dev	136.0.7052.2	r1428671	☑

图 4-34　Chrome 浏览器驱动版本列表

可以看到，ChromeDriver 的最新稳定版本（Stable 版本）与刚才查看的浏览器版本相同。在图 4-34 所示页面中向下滚动，将看到驱动安装包下载地址，如图 4-35 所示。

Stable

Version: 134.0.6998.35 (r1415337)

Binary	Platform	URL	HTTP status
chrome	linux64	https://storage.googleapis.com/chrome-for-testing-public/134.0.6998.35/linux64/chrome-linux64.zip	200
chrome	mac-arm64	https://storage.googleapis.com/chrome-for-testing-public/134.0.6998.35/mac-arm64/chrome-mac-arm64.zip	200
chrome	mac-x64	https://storage.googleapis.com/chrome-for-testing-public/134.0.6998.35/mac-x64/chrome-mac-x64.zip	200
chrome	win32	https://storage.googleapis.com/chrome-for-testing-public/134.0.6998.35/win32/chrome-win32.zip	200
chrome	win64	https://storage.googleapis.com/chrome-for-testing-public/134.0.6998.35/win64/chrome-win64.zip	200
chromedriver	linux64	https://storage.googleapis.com/chrome-for-testing-public/134.0.6998.35/linux64/chromedriver-linux64.zip	200
chromedriver	mac-arm64	https://storage.googleapis.com/chrome-for-testing-public/134.0.6998.35/mac-arm64/chromedriver-mac-arm64.zip	200
chromedriver	mac-x64	https://storage.googleapis.com/chrome-for-testing-public/134.0.6998.35/mac-x64/chromedriver-mac-x64.zip	200

图 4-35　驱动安装包下载地址

使用 wget 命令将 linux64 版本的驱动下载到服务器，并使用 unzip 解压缩，具体命令如下。

```
wget https://storage.googleapis.com/chrome-for-testing-public/134.0.6998.35/linux64/chromedriver-linux64.zip

unzip chromedriver-linux64.zip
```

至此，在 Linux 系统中的环境准备工作便完成了。

在 Windows 系统中，安装 Selenium 4 SDK 的命令与 Linux 系统中相同。

```
pip install selenium==4.23.1
```

但要在 Windows 系统中安装 Chrome 浏览器与 ChromeDriver，只需前往 Chrome for Testing 官网下载浏览器与驱动压缩包，并解压缩即可。

2. 编写利用无头浏览器抓取数据的代码

在 Linux 系统中，**使用无头浏览器访问网页**（以访问魔塔社区首页为例）的代码如下：

```
from selenium import webdriver
from selenium.webdriver.chrome.options import Options
from selenium.webdriver.chrome.service import Service

def test():
    #定位到可执行程序
    chromedriver_path="/root/chromedriver-linux64/chromedriver"

    #浏览器驱动设置
    service = Service(executable_path=chromedriver_path,
                service_args=['--headless=new','--no-sandbox',
                              '--disable-dev-shm-usage',
                              '--disable-gpu',
                              '--ignore-certificate-errors',
                              '--ignore-ssl-errors',
                              ])
    #浏览器设置
    options = Options()
    options.add_argument('--headless')
    options.add_argument('--no-sandbox')
    options.add_argument('--disable-dev-shm-usage')
    options.add_argument('--ignore-certificate-errors')
    options.add_argument('--ignore-ssl-errors')

    driver = webdriver.Chrome(options=options,service=service)

    #访问魔塔社区
    driver.get("https://modelscope.cn/my/overview")
```

```
29.    print(driver.title)
30.
31.    driver.quit()
32.
33.if __name__ == "__main__":
34.    test()
```

第 1～3 行导入与 Selenium 相关的包，其中 `webdriver` 包用于控制浏览器，`Options` 包用于配置 Chrome 浏览器的启动参数，`Service` 包用于管理 ChromeDriver 服务（如启动、关闭）。

第 7 行指定 ChromeDriver 可执行文件的路径。

第 9～16 行创建一个用于启动 ChromeDriver 服务的 Service 对象，其中指定了如下参数。

- `--headless=new` 表示启用新版本的无头模式（不显示浏览器界面）。
- `--no-sandbox` 表示禁用沙箱模式（通常在容器中运行时才开启沙箱模式）。
- `--disable-dev-shm-usage` 表示避免使用 `/dev/shm`（共享内存），以防内存不足。
- `--disable-gpu` 表示禁用 GPU 加速（适用于无 GPU 环境）。
- `--ignore-certificate-errors` 和 `--ignore-ssl-errors` 表示忽略 SSL/TLS 证书错误。

第 17～23 行创建并配置 Chrome 浏览器的启动参数。这些参数与 `Service` 参数类似，但作用对象不同：`Service` 参数作用于 ChromeDriver，而 `Options` 参数作用于 Chrome 浏览器。第 25～31 行让浏览器访问 `https://modelscope.cn/my/overview`，打印页面标题（`title`），再关闭浏览器。

这些代码的执行效果如图 4-36 所示。

```
(base) root@hi-test:/home/python/selenium# python setest.py
魔搭社区
```

图 4-36 使用无头浏览器访问魔搭社区

下面以从某招聘网站获取上海市 AI 应用开发岗位列表为例，介绍如何**从元素中抓取数据**。

首先，打开该招聘网站首页，按 F12 键进入浏览器调试工作台，并切换到元素页面，如图 4-37 所示。

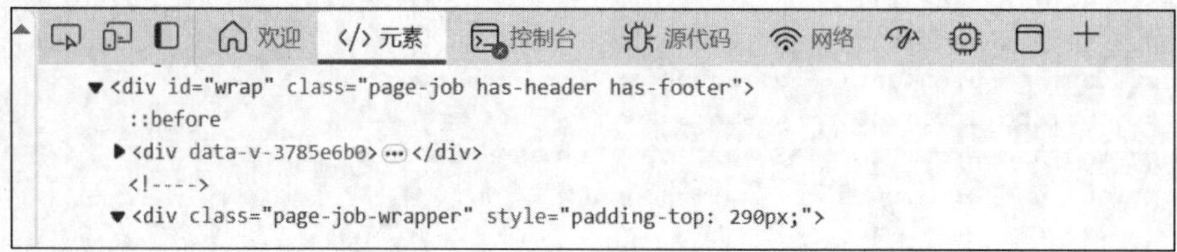

图 4-37 元素页面

然后，在网页中将城市切换到上海，在职位搜索框中输入“AI 应用开发”，如图 4-38 所示。

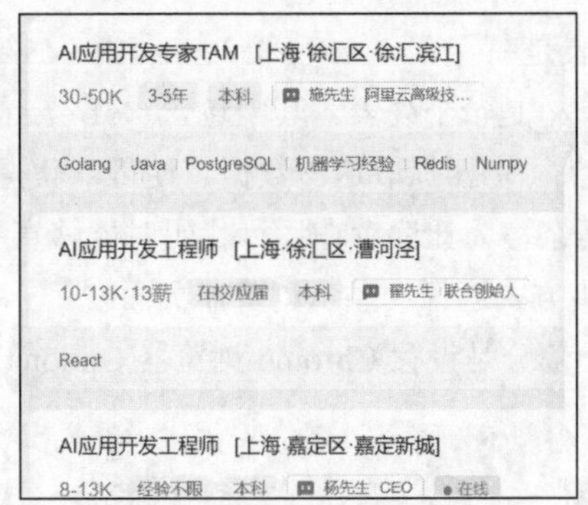

图 4-38 AI 应用开发岗位列表

此时，控制台元素页面的内容如图 4-39 所示。

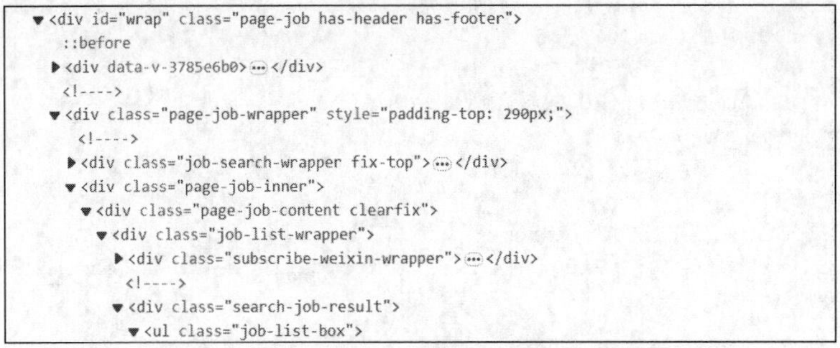

```
▼<div id="wrap" class="page-job has-header has-footer">
   ::before
  ▶<div data-v-3785e6b0>⋯</div>
   <!---->
  ▼<div class="page-job-wrapper" style="padding-top: 290px;">
     <!---->
    ▶<div class="job-search-wrapper fix-top">⋯</div>
    ▼<div class="page-job-inner">
      ▼<div class="page-job-content clearfix">
        ▼<div class="job-list-wrapper">
          ▶<div class="subscribe-weixin-wrapper">⋯</div>
           <!---->
          ▼<div class="search-job-result">
            ▼<ul class="job-list-box">
```

图 4-39 AI 应用开发岗位列表对应的元素页面

在元素页面上随意选择一个元素，再按 Ctrl+F 打开搜索框并输入 TAM（从图 4-38 可知，搜到的第一个职位为“AI 应用开发专家 TAM”），定位到职位“AI 应用开发专家 TAM”的类，如图 4-40 所示。

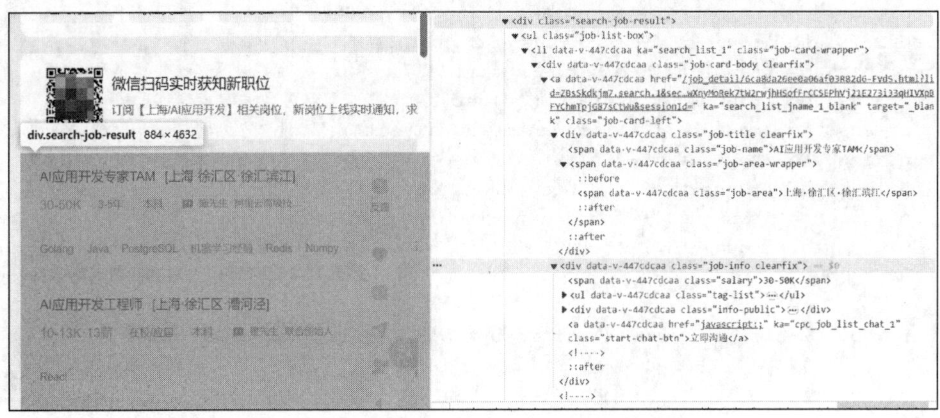

图 4-40 定位到职位“AI 应用开发专家 TAM”的类

从图 4-40 可知，职位列表是在 search-job-result class 下层的 job-list-box class 中，而 job-list-box 是一个列表，其中包含 job-name、job-area、salary 等多个 span，因此只需使用无头浏览器抓取这些数据，便可以获得职位列表。

考虑到相关的代码比较复杂，为让读者在运行代码时能够直观地感受浏览器的操作过程，这里在 Windows 系统中以有头方式运行（显示浏览器页面）。

代码分两部分，其中第一部分是设置 Chrome 浏览器 Options 的代码。

```
1.def get_UA():
2.    UA_list = [
3.        'Mozilla/5.0 (Windows NT 10.0; Win64; x64) AppleWebKit/537.36 (KHTML, like Gecko) Chrome/94.0.4606.54 Safari/537.36',
4.        'Mozilla/5.0 (Windows NT 10.0; Win64; x64) AppleWebKit/537.36 (KHTML, like Gecko) Chrome/100.0.4651.0 Safari/537.36',
5.        'Mozilla/5.0 (Windows NT 10.0; Win64; x64) AppleWebKit/537.36 (KHTML, like Gecko) Chrome/100.0.0.0 Safari/537.36'
6.        ]
7.    randnum = random.randint(0, len(UA_list) - 1)
8.    UA = UA_list[randnum]
9.    return UA
10.
11.def init_driver()->webdriver.Chrome:
12.    chromedriver_path="D:\\Program Files\\chromedriver-win64\\chromedriver.exe"
13.    #省略浏览器驱动设置代码
14.    ...
15.
16.    options = Options()
17.    #options.add_argument('--headless')
18.    options.add_argument('--no-sandbox')
19.    options.add_argument('--disable-dev-shm-usage')
20.    options.add_argument('--ignore-certificate-errors')
21.    options.add_argument('--ignore-ssl-errors')
22.    options.add_argument('--disable-gpu') # 禁用 GPU 渲染
23.    options.add_argument('--incognito')    # 无痕模式
24.    options.add_argument('--disable-notifications')  # 禁用浏览器通知和推送 API
25.    options.add_argument(f'user-agent={get_UA()}')   # 修改用户代理信息
26.    options.add_argument('--window-name=huya_test')  # 设置初始窗口用户标题
27.    options.add_argument('--window-workspace=1')  # 指定初始窗口工作区
28.    options.add_argument('--disable-extensions')  # 禁用浏览器扩展
29.    options.add_argument('--force-dark-mode')  # 使用暗模式
30.    options.add_argument('--start-fullscreen')  # 指定浏览器是否以全屏模式启，与进入浏览器后按 F11 效果相同
31.
32.    driver = webdriver.Chrome(options=options,service=service)
33.
34.    return driver
```

第 1～9 行定义了用于设置参数 user-agent 的方法 get_UA。user-agent（用户代理）

是指在 HTTP 请求中，客户端（通常是浏览器）发送给服务器的头部信息，用于标识客户端的软件、设备、操作系统等相关信息。用户可以通过更改 User Agent，来隐藏真实的浏览器和设备信息。第 25 行使用这个方法设置参数 user-agent，以修改用户代理信息。

第 16～30 行设置浏览器的参数。这里以有头方式为例，因此将设置参数--headless 的第 17 行注释掉了。第 22～30 行设置的参数主要与浏览器的显示有关，如是否全屏（代码注释说明了每个参数的含义）。

完成这些设置后，如果运行程序，将看到一个被程序控制的浏览器，从而确定浏览器有没有访问正确的网页。

第二部分代码抓取岗位信息，包括 3 个步骤：拼接目标招聘网站职位搜索 URL；抓取职位信息；以自定义格式表示职位信息。

（1）**拼接招聘网站职位搜索 URL**。

```
#某招聘网站的职位搜索 URL
listurl="https://www.xxxxx.com/web/geek/job?{}"
```

这里定义了格式化字符串 listurl，它包含某招聘网站的职位搜索 URL；{}是一个占位符，后面将使用 urlencode 生成的查询参数填充它。

（2）**抓取职位信息**。抓取职位信息的函数 listjob_by_keyword()包含的代码很多，下面分段进行介绍。

```
1.def listjob_by_keyword(keyword:str,page:int=1,size:int=30)->str:
2.    url=listurl.format(urlencode({
3.        "query":keyword, #职位关键词，如 AI 应用开发
4.         "city":"101020100"#以上海市的城市编号为例
5.        }))
```

第 1 行定义了 listjob_by_keyword()函数，用于根据关键词、页码和每页数量抓取职位信息。第 2～5 行构造目标 URL：将参数编码为 URL 查询字符串，并拼接到 listurl 中。urlencode 将字典参数转换为 URL 编码格式（如 query=AI 应用开发&city=101020100），经过拼接生成的完整 URL 为 https://www.xxxxx.com/web/geek/job?query=AI 应用开发&city=101020100。

在 listjob_by_keyword()函数中，接下来的代码使用无头浏览器抓取职位信息。

```
    driver=init_driver()
    if driver is None:
        raise Exception("创建无头浏览器失败")
    #访问页面
    driver.get(url)

    #页面职位信息抓取代码
    WebDriverWait(driver, 1000, 0.8).\
```

```
9.        #等待页面加载到出现 job-list-box 为止
10.       until(EC.presence_of_element_located((By.CSS_SELECTOR,'.job-list-box')))
11.
12.   #提取 job-list-box 下的内容
13.   li_list=driver.find_elements(By.CSS_SELECTOR,
                    ".job-list-box li.job-card-wrapper")
14.   jobs=[]
15.   for li in li_list: #遍历职位列表
16.       #获取职位名称
17.       job_name_list=li.find_elements(By.CSS_SELECTOR,".job-name")
18.       if len(job_name_list)==0:
19.           continue
20.       job={}
21.       job["job_name"]=job_name_list[0].text
22.       job_salary_list=li.find_elements(By.CSS_SELECTOR,".job-info.salary")#获取岗位薪资
23.       if job_salary_list and len(job_salary_list)>0:
24.           job["job_salary"]=job_salary_list[0].text
25.       else:
26.           job["job_salary"]="暂无"
27.       #获取岗位要求
28.       job_tags_list=li.find_elements(By.CSS_SELECTOR,".job-info.tag-list li")
29.       if job_tags_list and len(job_tags_list)>0:
30.           job["job_tags"]=[tag.text for tag in job_tags_list]
31.       else:
32.           job["job_tags"]=[]
33.       #获取公司名称
34.       com_name=li.find_element(By.CSS_SELECTOR,".company-name")
35.       if com_name:
36.           job["com_name"]=com_name.text
37.       else:
38.           continue
39.       com_tags_list=li.find_elements(By.CSS_SELECTOR,".company-tag-list li")
40.       if com_tags_list and len(com_tags_list)>0:
41.           job["com_tags"]=[tag.text for tag in com_tags_list]
42.       else:
43.           job["com_tags"]=[]
44.       #获取技能要求 job_tags_list_footer=li.find_elements(By.CSS_SELECTOR,".job-
  card-footer  li")
45.       if job_tags_list_footer and len(job_tags_list_footer)>0:
46.           job["job_tags_footer"]=[tag.text for tag in job_tags_list_footer]
47.       else:
48.           job["job_tags_footer"]=[]
49.       jobs.append(job)
50.   driver.close()
```

第 1～4 行初始化浏览器驱动 driver；第 5 行使用 driver 访问页面后，便可以获取页面中的元素。第 7～50 行抓取网页元素 .job-name（岗位名称）、.job-info.salary（岗位薪资）、.job-info.tag-list（岗位要求）、.company-name（公司名称）、.job-card-footer

（技能要求），并将它们存入字典 job。这些代码是根据图 4-40 所示的网页元素嵌套结构编写的。

（3）**以自定义格式表示职位信息**。为方便 LLM 读取，将岗位信息整理成如下格式。

```
#将抓取结果拼接成如下格式后返回
job_tpl="""
{}. 岗位名称: {}
公司名称: {}
岗位要求: {}
技能要求: {}
薪资待遇: {}
 """
ret=""
if len(jobs)>0:
    for i, job in enumerate(jobs):
        job_desc = job_tpl.format(str(i + 1), job["job_name"],
                                  job["com_name"],
                                  ",".join(job["job_tags"]),
                                  ",".join(job["job_tags_footer"]),
                                  job["job_salary"])
        ret += job_desc + "\n"
    print("完成职位信息抓取")
    return ret
else:
    raise Exception("没有找到任何岗位列表")
```

这些代码遍历字典 job 的所有内容，并将其拼接为 job_tpl 模板指定的格式。

岗位信息抓取代码的执行效果如图 4-41 所示（只截取了前 3 个岗位）。

```
1. 岗位名称: AI应用开发专家TAM
公司名称: 阿里云
岗位要求: 3-5年,本科
技能要求: Golang,Java,PostgreSQL,机器学习经验,Redis,Numpy,,,,,,,
薪资待遇: 30-50K


2. 岗位名称: AI应用开发工程师
公司名称: 上海圣歌启智能科技
岗位要求: 经验不限,本科
技能要求: Java,爬虫经验,C,PyTorch,Django,Hadoop,MySQL,,,,,
薪资待遇: 8-13K


3. 岗位名称: AI应用开发工程师
公司名称: 语核科技
岗位要求: 在校/应届,本科
技能要求: React
薪资待遇: 10-13K·13薪
```

图 4-41 岗位信息抓取代码的执行效果

抓取岗位信息后，可将其保存到文件中，供后面的人岗匹配等环节使用。

在实际运行这些代码时，并不总能成功获取所需的数据。浏览器可能被重定向到访客身份验证页面，要求输入用户名、密码等信息进行身份验证，这是因为网站检测到访问来源并非人类用户，而是自动化工具或爬虫程序，进而触发反爬机制，要求进行额外的身份验证。

4.5.3　使用代理 IP

从本机访问招聘网站时，可不直接访问，而是通过“中介”——代理服务器来访问。这样，招聘网站看到的将是代理服务器的 IP 地址，而不是用户的 IP 地址。本节以“快代理”为例，演示如何使用代理 IP。

在浏览器中搜索“快代理”，进入其官网，再注册并实名认证，然后依次点击“产品”“隧道代理”“按量付费”，如图 4-42 所示。

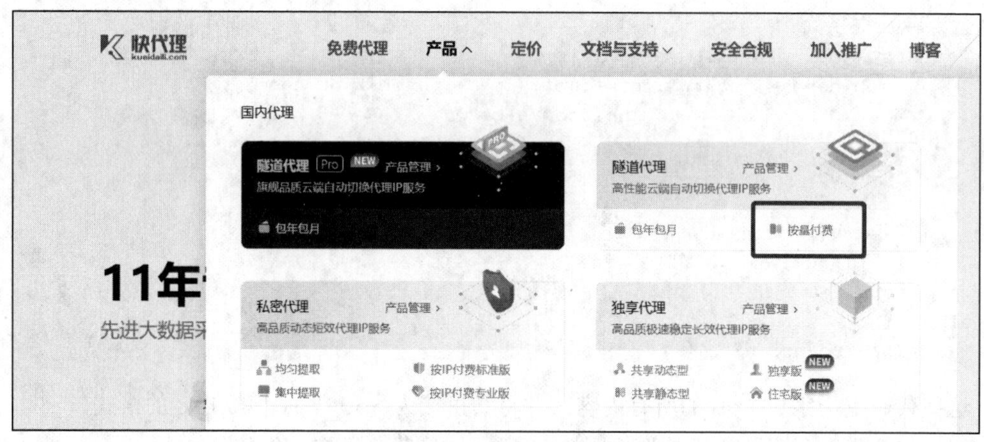

图 4-42　“快代理”官网

选择“隧道代理”中的“按量付费”模式后，将进入产品规格选择页面，如图 4-43 所示。

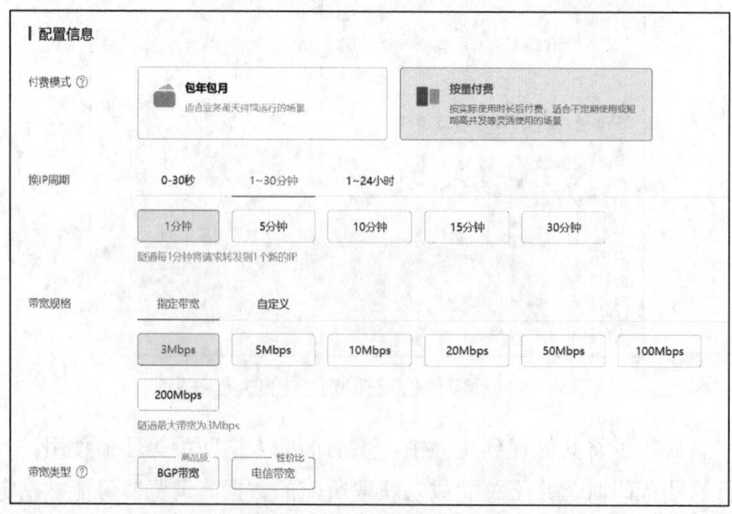

图 4-43　产品规格选择页面

在产品规格选择页面中，建议在“换 IP 周期”部分选择“1 分钟”或“5 分钟”。在数据量不大的情况下，在“带宽规格”部分选择“3Mbps”或“5Mbps”。

选择好规格后付费购买。然后，进入“账户管理”页面，如图 4-44 所示。

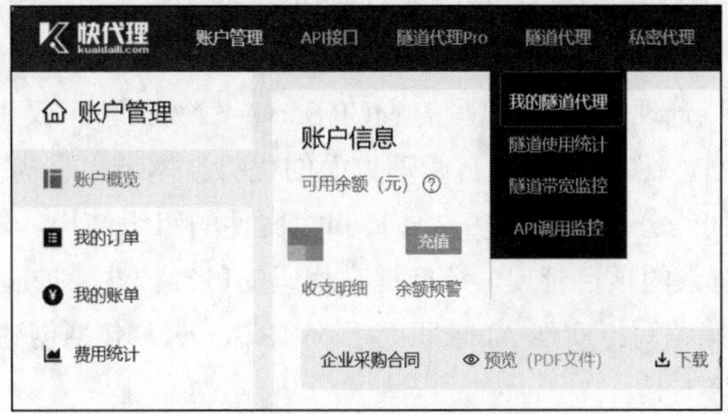

图 4-44　“账户管理”页面

选择“隧道代理”>“我的隧道代理”进入基本信息页面，如图 4-45 所示。

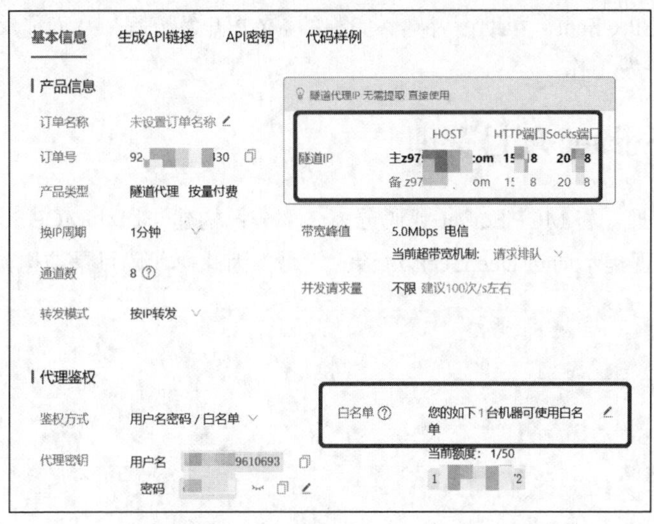

图 4-45　“我的隧道代理”页面

图 4-45 所示的“隧道 IP”便是将使用的代理 IP。在实际应用时，只需填写 HOST、HTTP 端口、Socks 端口和代理密钥即可使用这些代理 IP。此外，这个页面还包含白名单设置，只需将本机 IP 加入白名单，便无须填写代理密钥。

开通代理 IP 后，只需在 4.5.2 节所示代码的 Options 设置中加入如下配置，便可使用代理 IP 访问招聘网站。

```
options.add_argument('--proxy-server=http://z976.xxxxx.com:15818')
```

4.6　人岗智能匹配

获取岗位数据后，需要基于 MCP 实现 AI 求职助手的关键环节——人岗匹配，这包括以下 3 个方面。

- MCP Server 项目管理：4.3 节编写的 MCP Server 较为简单，仅包含文件 server.py，无法充分展现 UV 在 Python 项目管理方面的优势。本节将重构既有代码结构，将服务器代码与工具代码分离，形成多文件夹和多文件的组织结构。这不仅有助于学习如何使用 UV 进行有效的项目管理，还能提高代码的可维护性和扩展性。
- MCP Server 代码编写：实现 AI 求职助手 MCP Server，包括创建与启动 MCP Server 与编写人岗匹配等工具。
- MCP Host 与 MCP Client 实现：在 4.2.2 节的测试中，将 Roo Code 等集成工具用作 MCP Host 和 MCP Client。然而，在实际的项目开发中，通常不依靠这些集成工具，而根据项目需求自行开发 MCP Host 和 MCP Client。本节将详细演示如何从零开始实现 MCP Host 和 MCP Client，帮助读者熟悉完整的 MCP 开发流程，从而能够独立完成 MCP 应用的全部开发工作。

4.6.1　MCP Server 项目管理

为支持项目管理，将 MCP Server 代码分为 3 部分：构建与启动 MCP Server 的代码、与工具相关的代码、管理提示词与 DeepSeek 对话的代码。因此，代码目录结构如下。

```
.
|-- src
| |-- jobsearch_mcp_server
| | |-- llm
| | | |-- llm.py
| | |-- prompt
| | | |-- prompt.py
| | |-- tools
| | | |-- job.py
| | |-- server.py
| | |-- __init__.py
|-- .env
|-- pyproject.toml
|-- LICENSE
```

在上述目录结构中，根目录下包含文件夹 src，MCP Server 的全部代码位于 jobsearch_mcp_server 文件夹。其中，server.py 和__init__.py 为第一部分代码；tools 文件夹为第二部分代码；llm 与 prompt 文件夹为第三部分代码。

另外，根目录还包含如下 3 个文件。

- .env 文件：用于存放环境变量（如数据库连接字符串、API 密钥等敏感信息）。为提高安全性，这些敏感信息不能硬编码在源代码中。
- pyproject.toml 文件：UV 项目管理配置文件，用于定义项目的依赖关系、构建脚本、插件等，以支持项目的自动化构建和依赖管理。
- LICENSE 文件：包含项目的许可证信息。许可证通常包含代码使用条款（如是否允许修改、再分发、用于商业用途等），这对开源项目来说尤为重要。

pyproject.toml 是 UV 项目管理的核心文件，其内容如下。

```
1.[project]
2.name = "jobsearch-mcp-server"
3.version = "1.0.0"
4.description = "MCP Server for interacting with Jobsearch"
5.readme = "README.md"
6.requires-python = ">=3.10"
7.dependencies = [
8.   "mcp[cli]>=1.0.0",
9.   "python-dotenv>=1.0.0",
10.   "fastmcp>=0.4.0",
11.]
12.
13.[project.license]
14.file = "LICENSE"
15.
16.[project.scripts]
17.jobsearch-mcp-server = "jobsearch_mcp_server:main"
18.
19.[build-system]
20.requires = [
21.   "hatchling",
22.]
23.build-backend = "hatchling.build"
```

第 1～11 行包含与项目相关的信息，其中第 2～4 行包含项目的名称、版本、描述等信息，可以根据项目实际情况进行设置。第 6 行指定了项目要求的 Python 版本，必须是“>=3.10”。第 7～11 行指定了项目依赖包的版本。

第 13～14 行为 License 相关信息。

第 16～17 行非常重要，指出了程序入口的路径，这里为 jobsearch_mcp_server:main，即 jobsearch_ mcp_server 包的 main 方法。jobsearch_mcp_server 包指的是 src 文件夹下的 jobsearch_mcp_server 文件夹；根据 Python 语法，包名只能使用下划线，而不能使用短横线，因此 jobsearch_mcp_server 不能写作 jobsearch-mcp-server。

第 19～23 行包含与项目构建相关的信息，这里指出了构建时需使用 hatchling 工具。

4.6.2 MCP Server 的代码实现

本节介绍 AI 求职助手 MCP Server 的代码实现，主要包括以下 3 部分。

- MCP 工具岗位信息抓取与人岗匹配的实现。
- MCP Server 主函数的实现。
- MCP 工具效果测试。

1. 工具的实现

为了让 AI 求职助手能够自动完成岗位数据抓取和人岗匹配，需要在 `job.py` 文件中将这两个过程封装为工具。

（1）**岗位信息抓取工具**。将 4.5.2 节使用无头浏览器抓取岗位信息的代码封装为 MCP 工具，如下所示。

```
1.@mcp.tool()
2.def get_joblist_by_expect_job(job: str) -> str:
3.    """根据求职者的期望岗位获取岗位列表"""
4.    #获取岗位信息
5.    jobs = listjob_by_keyword(job)
6.    return jobs
```

这里的工具代码很简单，其核心是第 3 行的工具描述，用于向 MCP 框架说明工具的功能。第 5 行调用岗位信息抓取逻辑，返回岗位数据列表。

在没有代理 IP 的情况下，频繁使用 Selenium 抓取网页内容会受制于反爬机制，导致测试过程不够稳定或便捷。为方便验证 AI 求职助手的功能，可将 4.5.2 节抓取的数据保存到本地文件（如 `job.txt`）中，并在这个工具中直接读取该本地文件的内容。

```
@mcp.tool()
def get_joblist_by_expect_job(job: str) -> str:
    """根据求职者的期望岗位获取岗位列表"""
    # 取得岗位信息
    with open('job.txt', 'r', encoding='utf-8') as f:
        jobs = f.read()
```

（2）**人岗匹配工具**。这里借助 LLM 进行人岗匹配，而不像传统求职流程中那样人工筛选适合的岗位，因此实现这个工具时，重点是提示词的编写。下面是设计好的提示词模板。

```
Job_Search_Prompt="""
【AI 求职助手】
你是一个 AI 求职助手，我正在寻找与我的技能和经验相匹配的工作机会。以下是我的简历摘要和搜集到的岗位需求列表

【个人简历】
```

```
{resume}

【岗位需求列表】
{job_list}

请帮我匹配最合适的 3 个岗位，并根据我的简历提供简要的求职建议。
"""
```

首先，设定“AI 求职助手”的角色定位与行为要求，明确 LLM 作为“智能求职顾问”的身份和任务；然后，提供简历摘要和搜集到的岗位需求列表；最后，向 LLM 发出指令，要求它基于上述信息匹配 3 个最合适的岗位，并提供有针对性的求职建议。

为了提升 LLM 对提示词结构的理解能力和输出质量，在提示词模板的每部分前面，都添加了放在中括号内的小标题（如【个人简历】)。这种结构化标注可帮助 LLM 更清晰地识别各部分信息的类型与逻辑顺序，从而生成更准确、更有条理的回复。

设计好提示词后，工具代码的实现就比较简单了，如下所示。

```
@mcp.tool()
def get_job_by_resume(jobs: str, resume: str) -> str:
    """根据求职者的简历获取适合的岗位并提供求职建议"""
    #将简历以及岗位列表注入提示词模板
    prompt = Job_Search_Prompt.format(resume=resume,job_list=jobs)
    messages = [{"role": "user", "content": prompt}]

    self.logger.info(f"prompt: {prompt}")

     #发送给 DeepSeek
     response = LLMClient.send_messages(self,messages)
     response_text = response.choices[0].message.content

     return response_text
```

首先，将传入的 `jobs`（岗位列表）和 `resume`（简历）注入刚才编写的提示词模板中，再使用 1.2.3 节封装的 `send_messages()` 方法与 LLM 进行对话。

编写好这两个工具的代码后，定义一个 `JobTools` 类来封装它们，以提升代码的可读性与封装性，如下所示。

```
class JobTools(LLMClient):
    def register_tools(self, mcp: Any):
        """Register job tools."""
        @mcp.tool()
        def get_joblist_by_expect_job(job: str) -> str:
        ...

         @mcp.tool()
```

```
    def get_job_by_resume(jobs: str, resume: str) -> str:
        ...
```

这样就可在 MCP Server 主函数中调用 register_tools 来注册这些工具。

2. MCP Server 主函数的实现

MCP Server 的主函数位于文件夹 jobsearch_mcp_server 下的文件 server.py 中，其代码如下。

```
1.import logging
2.from mcp.server.fastmcp import FastMCP
3.from .tools.job import JobTools
4.
5.class JobSearchMCPServer:
6.    def __init__(self):
7.        self.name = "jobsearch_mcp_server"
8.        self.mcp = FastMCP(self.name)
9.
10.        # 配置日志
11.        logging.basicConfig(
12.            level=logging.INFO,
13.            format='%(asctime)s - %(name)s - %(levelname)s - %(message)s'
14.        )
15.        self.logger = logging.getLogger(self.name)
16.
17.        # 初始化 MCP 工具
18.        self._register_tools()
19.
20.    def _register_tools(self):
21.        """注册所有的 MCP 工具."""
22.        # Initialize tool classes
23.        job_tools = JobTools(self.logger)
24.        job_tools.register_tools(self.mcp)
25.
26.    def run(self):
27.        """启动 MCP Server"""
28.        self.mcp.run()
29.
30.def main():
31.    server = JobSearchMCPServer()
32.    server.run()
```

MCP Server 代码封装在类 JobSearchMCPServer 中。具体地说，在第 6～18 行的方法 __init__()中，创建了 FastMCP 实例、初始化了日志系统（logger），并调用方法_register_tools()注册了相关工具。在第 20～24 行定义的方法_register_tools()中，调用了 JobTools()的方法 register_tools()来注册工具。在第 26～28 行的方法 run()中，封

装了启动 MCP Server 的功能——调用方法 self.mcp.run()。这样的设计不仅提高了代码的模块化程度，还让整体结构更为清晰有序。第 30～32 行定义了 main() 函数，它调用方法 run() 来启动 MCP Server。

然而，如果仅编写上述代码，并不能通过执行 uv run 命令来启动这里的 MCP Server 项目。这是因为在第 4.2 节和 4.3 节编写的 MCP Server 项目的结构非常简单，根目录下只有 server.py 文件，因此可使用 uv run server.py 命令来运行它。但在本节中，MCP Server 项目的结构更复杂，包含多个文件和文件夹。为让这个项目正常运行，需要创建作为项目入口的文件 __init__.py，其代码如下。

```
from . import server


def main():
    """Main entry point for the package."""
    server.main()


# Optionally expose other important items at package level
__all__ = ["main", "server"]
```

__init__.py 文件中定义了真正的 main() 函数，它对应于文件 pyproject.toml 中的配置 jobsearch-mcp-server = "jobsearch_mcp_server:main"。这样启动应用时，Python 将自动执行 __init__.py 中的 main() 函数。

3. 测试效果

由于还未实现自定义的 MCP Host 与 MCP Client，因此这里使用 Claude Desktop 来测试 MCP Server 的效果，配置如下所示。

```
{
  "mcpServers": {
    "jobsearch": {
      "command": "uv",
      "args": [
        "--directory",
        "D:\\workspace\\python\\mcp-test\\jobsearch-mcp-server\\src\\jobsearch_mcp_server",
        "run",
        "jobsearch-mcp-server"
      ]
    }
  }
}
```

先将第 7 行的包路径替换为实际路径，再启动 Claude Desktop，并使用如下提示词进行测试。

```
以下是我的简历，请帮我匹配合适的工作。
- 姓名：张三
- 专业技能：精通 AI Agent，RAG 开发
- 工作经验：5 年
- 教育背景：本科
- 期望薪资：30K
```

效果如图 4-46 所示。在图 4-46（a）中，LLM 通过 MCP Server 调用工具 `get_joblist_by_expect_job`，获取了岗位信息。在图 4-46（b）中，调用了工具 `get_job_by_resume` 进行人岗匹配。在图 4-46（c）中，获取了 LLM 认为最合适的 3 个岗位并给出了推荐理由。在图 4-46（d）中，给出了求职建议。

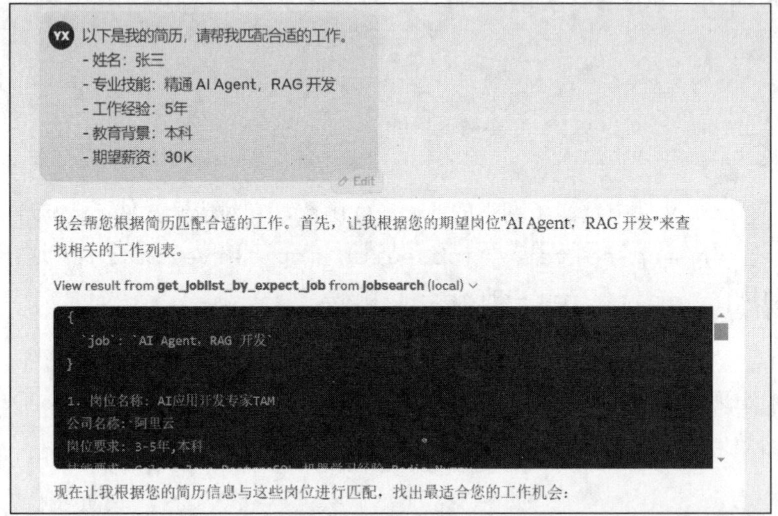

以下是我的简历，请帮我匹配合适的工作。
- 姓名：张三
- 专业技能：精通 AI Agent，RAG 开发
- 工作经验：5年
- 教育背景：本科
- 期望薪资：30K
Edit
我会帮您根据简历匹配合适的工作。首先，让我根据您的期望岗位"AI Agent，RAG 开发"来查找相关的工作列表。
View result from get_joblist_by_expect_job from jobsearch (local)
{
`job`: `AI Agent，RAG 开发`
}
1. 岗位名称：AI应用开发专家TAM
公司名称：阿里云
岗位要求：3-5年，本科
现在让我根据您的简历信息与这些岗位进行匹配，找出最适合您的工作机会：

（a）

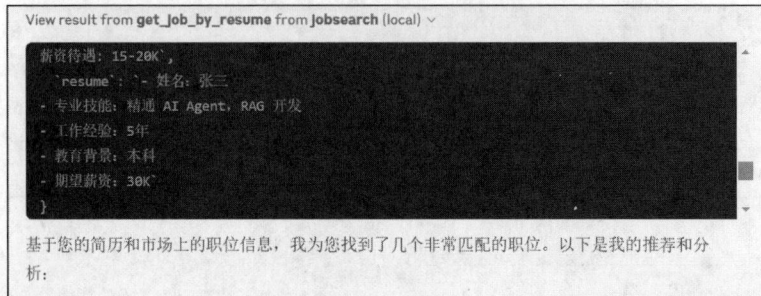

View result from get_job_by_resume from jobsearch (local)

薪资待遇：15-20K`,
`resume`: `- 姓名：张三
- 专业技能：精通 AI Agent，RAG 开发
- 工作经验：5年
- 教育背景：本科
- 期望薪资：30K`
}

基于您的简历和市场上的职位信息，我为您找到了几个非常匹配的职位。以下是我的推荐和分析：

（b）

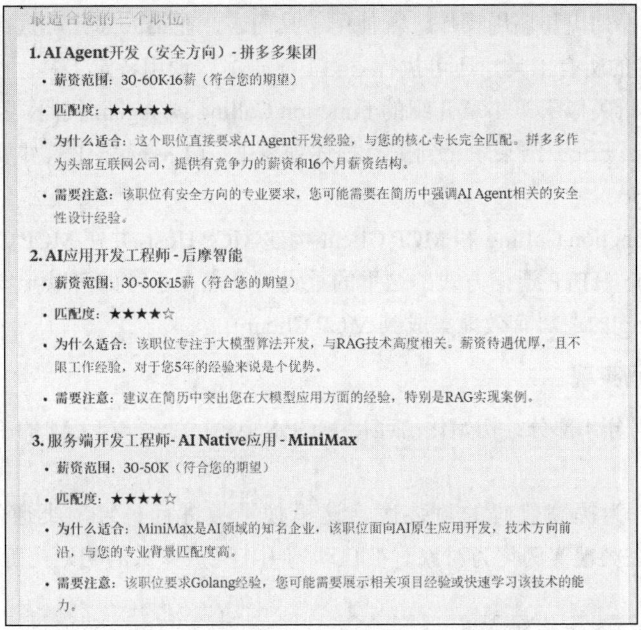

最适合您的三个职位

1. AI Agent开发（安全方向）- 拼多多集团

- 薪资范围：30-60K·16薪（符合您的期望）
- 匹配度：★★★★★
- 为什么适合：这个职位直接要求AI Agent开发经验，与您的核心专长完全匹配。拼多多作为头部互联网公司，提供有竞争力的薪资和16个月薪资结构。
- 需要注意：该职位有安全方向的专业要求，您可能需要在简历中强调AI Agent相关的安全性设计经验。

2. AI应用开发工程师 - 后摩智能

- 薪资范围：30-50K·15薪（符合您的期望）
- 匹配度：★★★★☆
- 为什么适合：该职位专注于大模型算法开发，与RAG技术高度相关。薪资待遇优厚，且不限工作经验，对于您5年的经验来说是个优势。
- 需要注意：建议在简历中突出您在大模型应用方面的经验，特别是RAG实现案例。

3. 服务端开发工程师- AI Native应用 - MiniMax

- 薪资范围：30-50K（符合您的期望）
- 匹配度：★★★★☆
- 为什么适合：MiniMax是AI领域的知名企业，该职位面向AI原生应用开发，技术方向前沿，与您的专业背景匹配度高。
- 需要注意：该职位要求Golang经验，您可能需要展示相关项目经验或快速学习该技术的能力。

（c）

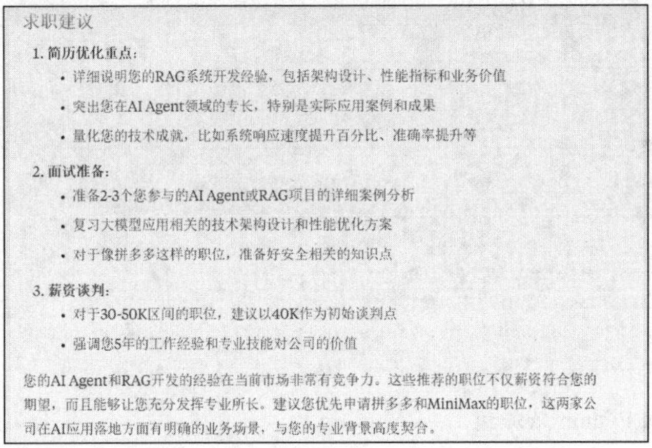

求职建议

1. 简历优化重点：
   - 详细说明您的RAG系统开发经验，包括架构设计、性能指标和业务价值
   - 突出您在AI Agent领域的专长，特别是实际应用案例和成果
   - 量化您的技术成就，比如系统响应速度提升百分比、准确率提升等
2. 面试准备：
   - 准备2-3个您参与的AI Agent或RAG项目的详细案例分析
   - 复习大模型应用相关的技术架构设计和性能优化方案
   - 对于像拼多多这样的职位，准备好安全相关的知识点
3. 薪资谈判：
   - 对于30-50K区间的职位，建议以40K作为初始谈判点
   - 强调您5年的工作经验和专业技能对公司的价值

您的AI Agent和RAG开发的经验在当前市场非常有竞争力。这些推荐的职位不仅薪资符合您的期望，而且能够让您充分发挥专业所长。建议您优先申请拼多多和MiniMax的职位，这两家公司在AI应用落地方面有明确的业务场景，与您的专业背景高度契合。

（d）

图 4-46 求职助手 MCP Server 的测试效果

执行过程完全符合预期。下面介绍如何开发配套的 MCP Host 和 MCP Client，打通 MCP 开发全流程。

4.6.3 MCP Host 与 MCP Client 的代码实现

4.4 节介绍 MCP Client 的实现时说过，MCP Client 的核心包括两部分：一是与 MCP Server

建立连接，二是执行列出和调用操作。就使用工具而言，在第二部分可执行 `list_tool` 以展示 MCP Server 支持的所有工具，还可执行 `call_tool` 以调用特定工具。

这里的代码逻辑类似于第 1 章介绍的 Function Calling 或 Agent 代码。因为构建工具描述列表，相当于将 `list_tool` 结果填充到工具描述列表中；LLM 选定工具并要求用户执行它，相当于执行 `call_tool`。

本节将使用 Function Calling 和 MCP Client 构建 MCP Host，并在 MCP Client 与 MCP Server 之间使用 Streamable HTTP 通信方式。这里的重点与难点在于，如何以异步编程方式，将原本基于 Function Calling 的逻辑有效地集成到 MCP Client 中。

1. MCP Host 代码实现

MCP Host 代码分 4 部分：初始化；连接 MCP Server；处理与 LLM 的多轮对话；控制台对话前端。

（1）**初始化**。为提高代码的封装性，这里使用类进行封装。类通常包含初始化方法 `__init__`，它会在类被实例化为对象时被自动调用，完成参数的初始化工作。

```
1.from contextlib import AsyncExitStack
2.from mcp import ClientSession
3.from mcp.client.streamable_http import streamablehttp_client
4.from openai import AsyncOpenAI
5.from typing import Optional
6.
7.class MCPClient:
8.    def __init__(self):
9.        # Initialize session and client objects
10.        self.session: Optional[ClientSession] = None
11.        self.exit_stack = AsyncExitStack()
12.        self.client = AsyncOpenAI(
13.            api_key=os.getenv("DeepSeek"),
14.            base_url="https://api.deepseek.com/v1"
15.        )
```

第 1～5 行导入 Python 依赖包。

- 第 1 行的 `AsyncExitStack` 为 Python 异步上下文管理器，用于管理多个异步资源（如连接、会话等），确保对象销毁时，妥善地释放所有资源（如关闭连接）。
- 第 2～3 行的 `ClientSession`、`streamablehttp_client` 为 Streamable MCP Client 相关包。
- 第 4 行的 `AsyncOpenAI` 是 OpenAI 官方提供的异步客户端。MCP Client 使用异步编程，因此需要导入 `AsyncOpenAI`。
- 第 5 行的 `Optional` 用于支持类型提示，让变量可以是特定类型或 None。

第 8～15 行完成初始化过程。

- 第 10 行声明 ClientSession 类型的可选属性 session，并将其初始化为 None。
- 第 11 行初始化异步上下文管理器 AsyncExitStack()。
- 第 12～15 行初始化 AsyncOpenAI，并将端点设置为 DeepSeek 官方端点。

（2）**连接 MCP Server**。4.4.4 节介绍了用于连接 MCP Server 的基本代码。为了能够在后续工具调用环境中重复使用 ClientSession，需对原有实现进行适当调整，具体修改如下。

```
1.sync def connect_to_server(self, server_url: str):
2.      """连接到 MCP server"""
3.      read_stream, write_stream,_ = await self.exit_stack.enter_async_context
    (streamablehttp_client(url=server_url))
4.      self.session = await self.exit_stack.enter_async_context(ClientSession(read_
    stream, write_stream))
5.      await self.session.initialize()
```

第 3 行与第 4 行使用异步上下文管理器 exit_stack.enter_async_context 对资源进行托管，确保其生命周期不局限于方法 connect_to_server() 的执行过程。这让 streamablehttp_client 创建的网络流和基于它构建的 ClientSession 实例在方法调用结束后依然可用，为后续工具调用及其他操作提供支持。

（3）**处理与 LLM 的多轮对话**。MCP Host 代码的核心在于与 LLM 的多轮对话，具体情况如下。

```
async def process_query(self, query: str) -> str:
    """使用 DeepSeek 及工具处理用户请求"""
    #将用户消息填充到消息列表
     ...
    #列出可用工具
    response = await self.session.list_tools()

    #将工具转换成 function calling 的工具描述
    available_tools = [{
        "type": "function",
        "function": {
            "name": tool.name,
            "description": tool.description,
            "parameters": tool.inputSchema
        }
    } for tool in response.tools]

     final_text = []
     #多轮对话逻辑
     while True:
         response = await self._send_messages(messages, available_tools)
         #获取 DeepSeek 返回的工具调用情况
         ...

        #循环调用工具
```

```
26.         ...
27.         result = await self.session.call_tool(tool_name , tool_args)
28.
29.         #返回最终回复
30.         return final_text
```

第 3～16 行准备第一轮对话的提示词和工具描述列表，其中第 6 行调用 `list_tools()` 方法从 MCP Server 获取可用工具描述列表，第 8～16 行将工具描述列表转换为符合 Function Calling 格式的工具描述列表。

第 20～27 行与 LLM 进行多轮对话，逻辑与 1.2 节介绍的 Function Calling 类似，只不过 1.2 节是手工调用工具，而这里使用 `call_tool()` 方法（如第 27 行所示）通过 MCP Server 来调用工具。

第 30 行返回多轮对话的最终结果（`final_text`）。

（4）**控制台对话前端**。为模拟 MCP Host 的自然语言交互界面，这里实现了一个基于命令行的对话前端。程序启动后，用户可在控制台持续输入自然语言提示，并实时获取模型响应，形成交互式对话。具体代码如下。

```
1.async def chat_loop(self):
2.    while True:
3.        try:
4.            query = input("\nQuery: ").strip()
5.            if query.lower() == 'quit':
6.                break
7.            response = await self.process_query(query)
8.            print("\n" + response)
9.        except Exception as e:
10.            print(f"\nError: {str(e)}")
```

这段代码的核心逻辑是从第 2 行开始的 `while True` 循环。

- 第 4 行在控制台中输出提示信息`\nQuery:`，并等待用户输入，再将用户输入的信息赋给变量 `query`。
- 如果用户输入的内容为 `quit`，将触发第 5～6 行的判断条件，进而终止循环并结束程序运行。
- 否则，将调用第 7 行的 `self.process_query()`方法，启动与 LLM 的多轮对话，继续处理用户的请求。

下面对 4.6.2 节实现的 MCP Server 进行改造，使其支持以 Streamable HTTP 方式启动。然后，使用本节实现的代码连接改造后的 MCP Server，以测试其功能。

2. 效果测试

为让 4.6.2 节的 MCP Server 支持以 Streamable HTTP 方式启动，需对其启动代码中的 `self.mcp.run()`进行修改——传入参数 `transport="streamable-http"`，如下所示。

```
def run(self):
        """Run the MCP server."""
        self.mcp.run(transport="streamable-http")
```

完成代码修改后，即可启动 MCP Server，以便进行后续测试。在控制台中执行如下命令（将其中的路径替换为实际路径），以启动 MCP Server，如图 4-47 所示。

```
uv --directory D:\\workspace\\python\\mcp-test\\jobsearch-mcp-server\\src\\jobsearch_mcp_server run jobsearch-mcp-server
```

```
PS D:\workspace\python\mcp-test\jobsearch-mcp-server> uv --directory D:\\workspace\\python\\mcp-test\\jobsearch-mcp-ser
ver\\src\\jobsearch_mcp_server run jobsearch-mcp-server
INFO:     Started server process [10520]
INFO:     Waiting for application startup.
[05/17/25 10:08:38] INFO     StreamableHTTP session manager started                    streamable_http_manager.py:109
INFO:     Application startup complete.
INFO:     Uvicorn running on http://0.0.0.0:8000 (Press CTRL+C to quit)
```

图 4-47 使用 Streamable HTTP 通信方式启动 MCP Server

可以看到，MCP Server JobSearch 以 Streamable HTTP 方式启动了，并监听了本地 8000 端口。

接下来，使用如下命令启动 MCP Host，如图 4-48 所示。

```
uv run .\client.py http://localhost:8000/mcp
```

```
PS D:\workspace\python\mcp-test\jobsearch-mcp-client> uv run .\client.py http://localhost:8000/mcp
warning: `VIRTUAL_ENV=D:\workspace\python\mcp-test\jobsearch-mcp-server\.venv` does not match the project environment p
ath `.venv` and will be ignored

Connected to server with tools: ['get_joblist_by_expect_job', 'get_job_by_resume']

MCP Client Started!
Type your queries or 'quit' to exit.

Query:
```

图 4-48 MCP Host 启动效果

可以看到，MCP Host 的 MCP Client 连接到了 MCP Server，并获取了工具 get_joblist_by_expect_job 与 get_job_by_resume。然后，输出了 Query：并等待用户输入提示词。请输入下面的提示词，结果如图 4-49 所示。

```
以下是我的简历，请帮我匹配合适的工作。
- 姓名：张三
- 专业技能：精通 AI Agent，RAG 开发
- 工作经验：5 年
- 教育背景：本科
- 期望薪资：30K
```

```
Query: 以下是我的简历，请帮我匹配合适的工作。- 姓名：张三- 专业技能：精通 AI Agent，RAG 开发- 工作经验：5年- 教育背景：本科- 期望薪资：30K

需调用工具get_joblist_by_expect_job 参数为 {'job': 'AI Agent'}
```

（a）

```
需调用工具get_job_by_resume 参数为 {'jobs': '1. 岗位名称：AI应用开发专家TAM\n公司名称：阿里云\n岗位要求：3-5年,本科\n技能要求：Golang,Java,PostgreSQL,机器学习经验,Redis,Numpy,,,,,,,\n薪资待遇：30-50K\n\n\n2. 岗位名称：AI应用开发工程师\n公司名称：上海圣歌启智能科技\n岗位要求：经验不限,本科\n技能要求：Java,爬虫经验,C,PyTorch,Django,Hadoop,MySQL,,,,,\n薪资待遇：8-13K\n\n\n3. 岗位名称：AI应用开发工程师\n公司名称：语核科技\n岗位要求：在校/应届,本科\n技能要求：React\n薪资待遇：10-13K·13薪\n\n\n4. 岗位名称：AI应用开发工程师(制造业)\n公司名称：芯发威达电子\n岗位要求：1-3年,本科\n技能要求：语音算法,图像算法,深度学习,大模型算法,,,,,\n薪资待遇：13-20K·13薪\n\n\n5. 岗位名称：AI应用开发工程师\n公司名称：欣和企业\n岗位要求：3-5年,本科\n技能要求：Java,深度学习,大模型算法,自然语言处理算法,数据挖掘,,,\n薪资待遇：18-30K\n\n\n6. 岗位名称：ai应用开发远程讲座（周末兼职）\n公司名称：锐格软件\n岗位要求：1-3年,本科\n技能要求：Python,其他,Docker,Kubernetes,其他,PostgreSQL\n薪资待遇：80-100元/时\n\n\n7. 岗位名称：AI应用开发工程师(A195821)\n公司名称：后摩智能\n岗位要求：经验不限,本科\n技能要求：大模型算法,多模态算法,C/C++,Python\n薪资待遇：30-50K·15薪\n\n\n8. 岗位名称：【web3 优质项目】AI大模型应用开发工程师\n公司名称：上海恒诚柏德信息科技\n岗位要求：3-5年,本科\n技能要求：web3,AI解决方案\n薪资待遇：40-60K\n\n\n9. 岗位名称：汽车前瞻AI应用开发培训生\n公司名称：小鹏汽车\n岗位要求：在校/应届,硕士\n技能要求：机器学习,图像算法,规控算法,Python,C/C++,,\n薪资待遇：15-30K·15薪\n\n\n10. 岗位名称：ai应用开发工程师\n公司名称：上海联续边界人工...\n岗位要求：3
```

（b）

```
---

### **Top 3 推荐岗位**

#### **1. AI Agent后台开发工程师（腾讯）**
- **匹配点**：
  - 直接要求AI Agent开发经验，与您的核心技能完全契合。
  - 薪资范围30-60K·16薪，完全覆盖您的期望薪资。
  - 5年经验符合岗位要求，团队管理和架构设计经验可通过项目经历体现。
- **注意点**：需熟悉Linux开发/部署，需在简历中强化架构设计相关经验。

#### **2. AI应用开发工程师（后摩智能）**
- **匹配点**：
  - 明确要求大模型算法和Python技能，与RAG开发高度相关。
  - 薪资范围30-50K·15薪，超出您的期望下限。
  - 经验不限但倾向有技术深度的候选人，您的5年经验是优势。
- **注意点**：需准备多模态算法相关案例（如结合RAG的应用场景）。

#### **3. 高级AI产品开发工程师（优谦智能科技）**
- **匹配点**：
  - 聚焦大模型应用和Prompt工程，与RAG开发逻辑相通。
  - 薪资范围20-35K，需争取30K+（可通过项目成果谈判）。
  - 要求PostgreSQL和Python，需在简历中体现数据库优化经验。
- **注意点**：需突出AI Agent落地的实际案例。
### **求职建议**

1. **技能强化方向**：
   - **补充大模型技术细节**：在简历中明确RAG与大模型（如GPT、Llama）的结合案例，突出性能优化、数据处理等能力。
   - **技术栈扩展**：部分岗位要求Golang/Java，建议短期学习基础语法并通过开源项目展示学习能力。

2. **简历优化建议**：
   - 量化成果：例如"通过AI Agent优化某业务流程，效率提升X%"。
   - 增加架构设计描述：如"主导某RAG系统架构，支持日均X万次请求"。

3. **面试准备重点**：
   - **算法与工程结合**：准备大模型微调、向量数据库优化、高并发部署等场景题。
   - **职业规划对齐**：强调从开发到技术管理的转型意愿（适用于组长/架构岗）。

4. **薪资谈判策略**：
   - 以阿里云（30-50K）、腾讯（30-60K）为基准，结合项目商业价值（如降本增效数据）争取上限。

---

### **其他潜力岗位**
- **拼多多AI Agent安全方向**：若接触过风控/安全领域可尝试。
- **MiniMax服务端开发**：若熟悉Golang可冲刺高薪。
- **阿里云专家TAM**：需快速补足Golang/Java基础。

建议优先投递腾讯、后摩智能、优谦智能科技3家，同步准备1-2个B计划岗位以增加成功率。
```

（c）

图 4-49　MCP Host 测试效果

可以看到，LLM（这里为 deepseek-chat）首先调用工具 get_joblist_by_expect_job，获取了岗位列表，如图 4-49（a）所示。然后，调用工具 get_job_by_resume 进行人岗匹配，如图 4-49（b）所示。最后，给出了岗位推荐和求职建议，如图 4-49（c）所示。

然而，这里给出的推荐岗位与 4.6.2 节中 Claude 给出的推荐岗位有所不同，其中的原因有如下两个：

- 不同 LLM 的思维能力不同，对于开放性问题给出“千人千面”的回答很正常；
- 测试时使用的简历过于简单，只有“专业技能”这项能反映求职者的能力。

下面介绍如何根据完整简历进行人岗匹配。

4.7 使用 RAG 技术对复杂简历进行浓缩

刚才测试时，使用的简历极为简略，其中的核心有效信息只有“精通 AI Agent，RAG 开发”。因此，在 4.6.2 节的图 4-46（c）与图 4-46（d）所示的职位推荐及求职建议中，多次提及需要在简历中补充相关经验等内容。由此可见，简历内容对人岗匹配精确度有直接影响，只有使用完整简历，如包含项目经验等信息的简历，才能让人岗匹配更精准。

使用完整简历进行人岗匹配时，如果直接将其发送给 LLM，可能超出上下文长度限制，因此需要借助 AI 对简历内容进行浓缩。

4.7.1 简历浓缩与 RAG 技术

标准简历通常采用层级化标题（如“个人概况”“职业经历”“项目实践”“技能矩阵”等），通过多维度信息架构全面展示候选人竞争力，让招聘方能够高效评估候选人与岗位的匹配度。

1. 简历浓缩

简历浓缩的关键在于根据岗位需求进行语义级信息筛选，而非简单地压缩文本长度。以设有学历门槛的岗位为例，如果在浓缩过程中忽略学历要求（如硕士及以上），即便项目经验完全匹配，候选人也可能因硬性条件不符而被企业拒之门外。

那么，如何进行分段落、有重点的信息提取呢？这就需要引入 AI 应用开发中的一项关键技术——RAG。RAG 能够基于特定需求，从原始文本中检索相关信息，并生成简洁、准确的内容摘要。

2. RAG 技术原理

可将 RAG 视为一种“开卷考试”：在考试中遇到难题时，可通过查阅书籍找到相关内容，并依据这些信息来解答问题。这个过程中最关键的一环是精准定位到相关信息。

在 RAG 的搜索机制中，确认内容相关性的核心技术之一是基于嵌入向量（Embedding）的相似度匹配。这种技术将文本转换为高维空间中的向量，实现对文本间相似度的量化计算。

假设商品有两个关键属性：售价和库存数量。商品 A 的售价为 80 元，库存数量为 300 件，可用二维向量[80, 300]来表示。同样，商品 B 的售价为 90 元，库存数量为 280 件，对应的二维向量为[90,280]；商品 C 的售价为 120 元，库存数量为 200 件，对应的二维向量为[120,200]。可使用二维坐标系来描述每种商品的二维向量，如图 4-50 所示。

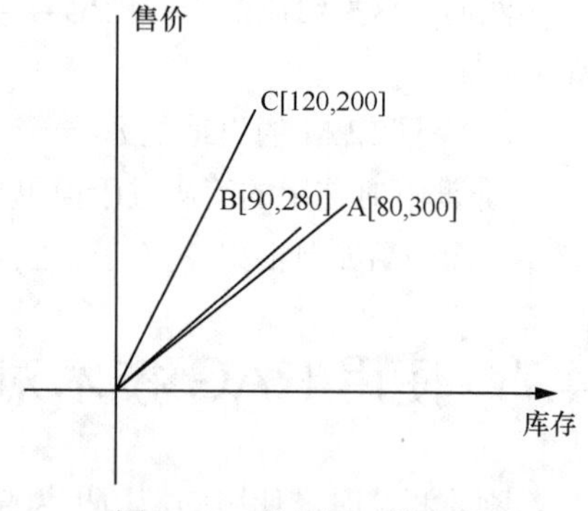

图 4-50 商品的二维向量

在这个坐标系中，商品 A、B、C 对应的向量与横轴形成不同的夹角，通过比较这些夹角的余弦值，可以判断向量之间的相似程度。这种方法被称为余弦相似性（Cosine Similarity），是最常用的向量相似度衡量技术之一。

在实际应用中，无须手动地将文本转换为向量，而由专门的向量化模型（Embedding Model）自动进行转换。

在现实场景中，对事物的描述远非二维所能涵盖。以 OpenAI 提供的向量模型 `text-embedding-ada-002` 为例，其输出向量维度高达 1536 维。维度越高，意味着模型从文本中提取的特征信息越丰富，越能精确地刻画文本内容的本质特征。

获取文本向量后，还需专门用于存储和检索向量的数据库系统。为满足这种需求，一种新型数据库应运而生——向量数据库（Vector Database）。这种数据库专为高效存储和查询高维向量数据而设计，能够在大规模数据集中快速找到与目标向量最相似的内容。表 4-1 比较了业界常用的几种向量数据库。

表 4-1 常用向量数据库的对比

数据库名称	类型/扩展	优点	缺点	部署复杂度	适用场景
Milvus	开源，分布式	高扩展性，支持万亿级向量搜索； 社区活跃，支持混合检索	部署复杂； 资源消耗较高	高	大规模 AI 应用（图像/视频搜索、推荐系统）
PGVector	PostgreSQL 扩展	无缝集成 PostgreSQL 生态； 支持 SQL 与向量混合查询；部署简单，成本低	处理超大规模向量时性能受限；索引类型较少	低	已有 PostgreSQL 系统需扩展向量能力； 中小规模语义搜索或 RAG 应用
Qdrant	开源，分布式	高性能过滤； 支持 JSON 负载与混合查询	社区生态较小； 多模态支持有限	中	需要高性能过滤的场景（电商推荐、多条件搜索）
Elasticsearch	Elasticsearch 扩展功能	支持多模态数据（文本+向量）； 成熟生态与高可用性	向量搜索性能弱于专用数据库； 需额外配置插件	高	已有 Elasticsearch 生态的场景（日志分析+向量检索结合）

3. RAG 系统的工作流程

RAG 系统的工作流程，如图 4-51 所示。

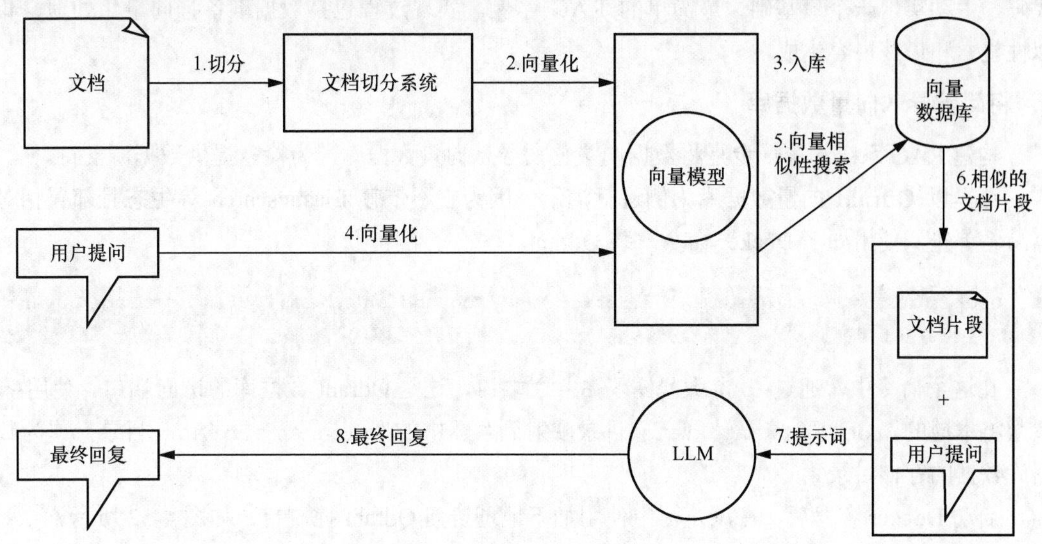

图 4-51 RAG 系统的工作流程

RAG 系统的工作流程分 3 个阶段：文档处理阶段、数据存储与检索阶段、回复生成阶段。

文档处理阶段包括切分和向量化。

- 切分：将原始文档按语义单元（如按字符数、标题层级或标点符号）分割为片段，确保信息完整性。在整个文档中，往往只有部分内容与用户提问相关，因此需要将文档切分成多个片段。
- 向量化：向量模型将切分得到的文档片段转换为向量矩阵。

数据存储与检索阶段包括入库和向量相似性搜索。

- 入库：将向量化后的文档片段存储到向量数据库。
- 相似性搜索：用户查询时，先使用同样的向量模型将问题向量化，再通过余弦相似度检索相关文档片段。

回复生成阶段主要包括提示词生成和 LLM 推理。

- 提示词生成：将检索到的相关片段与原始问题合并为提示词，并将其作为输入传递给 LLM，为生成最终回复提供指导。
- LLM 推理：LLM 收到提示词后，通过推理给出回复。

4.7.2 使用 RAG 技术浓缩简历

RAG 技术在开源社区备受关注，在 GitHub 上已有 RAGFlow、MaxKB 等成熟的开源实现，它们提供了完整的RAG架构支持，适用于多种应用场景。

为帮助读者理解RAG的核心流程与工作原理，本节不使用既有的成熟框架，而通过编写代码，手动实现一个最基础、最简单的RAG示例。实现过程包括数据准备、向量化处理、相似性检索和最终内容生成。

1. 将简历导入向量数据库

构建RAG系统的第一步是将数据向量化后导入向量数据库，为检索提供数据源支持。

这里以**Qdrant向量数据库**为例进行演示，因为它不依赖Elasticsearch等生态且部署相对容易。首先，使用如下Docker命令安装Qdrant。

```
1.  docker run -d -name qdrant -p 6333:6333 -v /root/qdrant_data:/qdrant/storage qdrant/
    qdrant:latest
```

在这个命令中，通过-p参数暴露了6333端口，这是Qdrant数据库的访问端口。使用-v参数将本地的/root/qdrant_data目录映射到容器中的/qdrant/storage目录，作为数据库数据的存储目录。

启动Docker容器后，在浏览器中使用如下地址访问Qdrant控制台，如图4-52所示。

```
1.  http://<服务器公网IP>:6333/dashboard
```

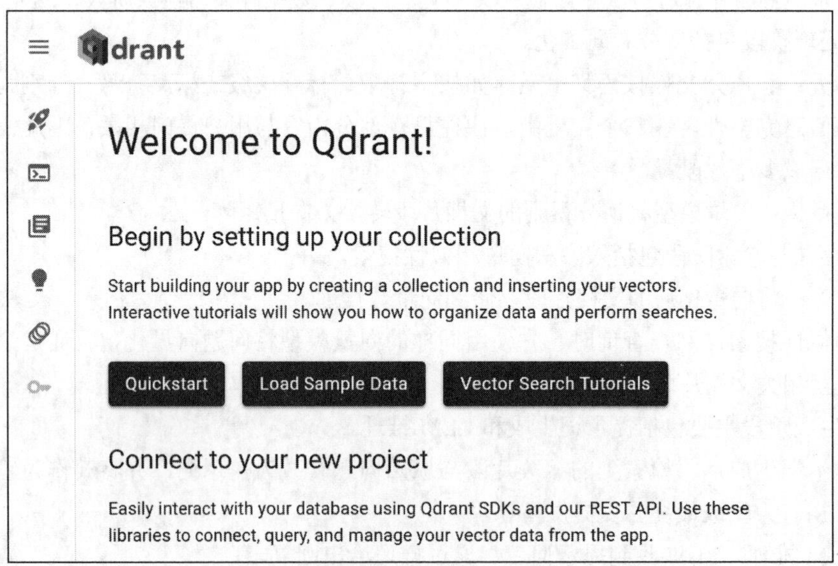

图4-52 Qdrant控制台

部署Qdrant后，便可使用代码**对简历进行拆分**，以便将其导入向量数据库。这里使用的测试简历如图4-53所示，读者可根据实际情况进行修改。

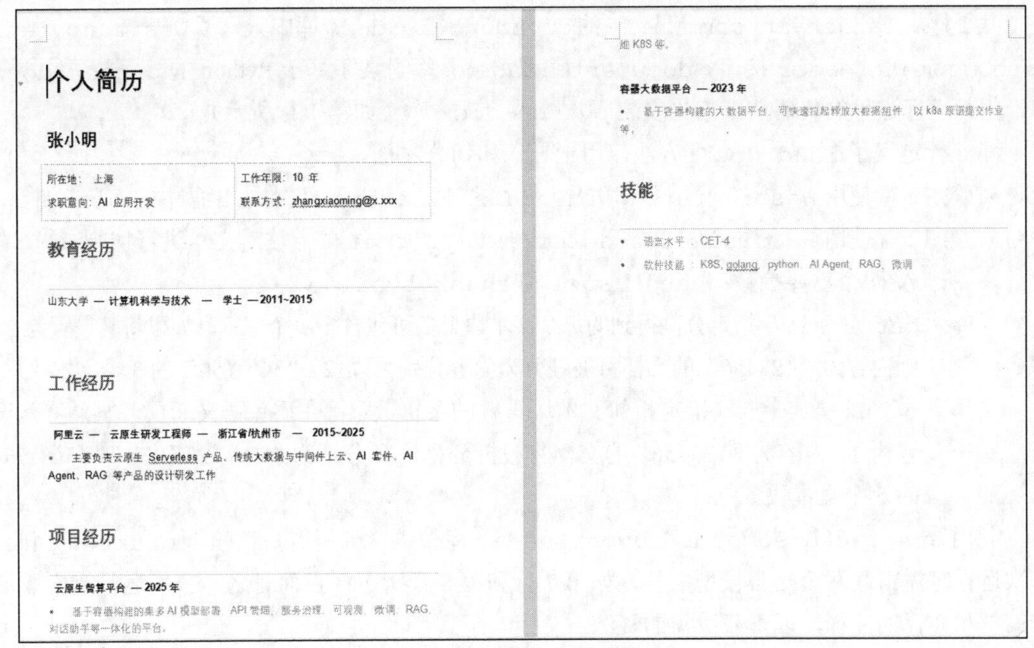

个人简历

张小明

所在地：上海
工作年限：10 年
求职意向：AI 应用开发
联系方式：zhangxiaoming@x.xxx

教育经历

山东大学 — 计算机科学与技术 — 学士 —2011~2015

工作经历

阿里云 — 云原生研发工程师 — 浙江省/杭州市 — 2015~2025

- 主要负责云原生 Serverless 产品、传统大数据与中间件上云、AI 套件、AI Agent、RAG 等产品的设计研发工作

项目经历

云原生智算平台 — 2025 年

- 基于容器构建的集多 AI 模型部署、API 管理、服务治理、可观测、微调、RAG、对话助手等一体化的平台。

维 K8S 等。

容器大数据平台 — 2023 年

- 基于容器构建的大数据平台，可快速拉起释放大数据组件，以 k8s 原语提交作业等。

技能

- 语言水平：CET-4
- 软件技能：K8S、golang、python、AI Agent、RAG、微调

图 4-53 用于测试的简历

要编写拆分简历的代码，有多种方式，可使用 Python 的 Word 文档处理库进行编写，也可借助成熟的 AI 开发脚手架进行编写，以简化开发工作。这里使用 AI 开发框架 LangChain。

LangChain 是一个用于构建和集成 LLM 应用的开源框架，支持灵活的多模型（如 OpenAI、Hugging Face）和工具调用。它提供了链式任务流程、上下文记忆、多模态输入等功能，可优化对话系统、智能客服、数据分析等场景。借助模块化设计，开发者可高效实现提示词工程、知识检索与外部系统交互，降低 LLM 应用开发的复杂度。

基于 LangChain 框架的简历拆分代码如下，其中使用了文档加载库 `document_loaders` 与文本拆分库 `langchain_text_splitters` 进行结构化处理。

```
# pip install python-docx
from langchain_community.document_loaders import UnstructuredWordDocumentLoader
from langchain_text_splitters import RecursiveCharacterTextSplitter
import nltk

def load_doc():
   #nltk.download('punkt_tab')
   #nltk.download('averaged_perceptron_tagger')

    word=UnstructuredWordDocumentLoader('E:\\AI\\个人简历.docx')
    docs=word.load()
    splitter = RecursiveCharacterTextSplitter(chunk_size=50, chunk_overlap=20, )
    s_docs=splitter.split_documents(docs)
```

第2行从 langchain_community 的 document_loaders 库中导入了 UnstructuredWordDocumentLoader 接口。document_loaders 库封装了基于 Python 的 python-docx 库，因此运行这里的代码前，需先安装 python-docx 库（如第1行所示）。

第6行定义了 load_doc() 方法，用于导入和切分文档。

- 第10行使用 UnstructuredWordDocumentLoader 读取本地E盘中的简历文件。
- 第12行使用 RecursiveCharacterTextSplitter() 方法对文本进行切割。这个方法接受两个重要参数：chunk_size 和 chunk_overlap。
    - ◆ chunk_size 指定分割得到的每个文本块最多可包含多少个字符。如果将其设置为2，则内容为“123456”的文档将被划分为内容分别为“12”“34”“56”的3个文本块。
    - ◆ chunk_overlap 指定相邻文本块重叠的字符数，旨在避免语义断层。如果将其设置为1，内容为“123456”的文档将被拆分为内容分别为“12”“23”“34”“45”“56”的5个文本块。

使用 UnstructuredWordDocumentLoader 库做语义分析时，依赖于 nltk 库。因此，首次运行时需下载两个语言模型文件，如第7行和第8行所示；换而言之，首次运行时应取消对第7和8行的注释，以下载所需的资源。

拆分简历后，需要**将简历片段转换为向量并存入 Qdrant**。

将简历片段导入 Qdrant 的代码包括两部分：第一部分初始化用于调用向量模型的客户端；第二部分调用向量模型，将简历片段转换为向量并存入 Qdrant。这里使用的向量模型为通义千问的 text-embedding-v1。具体代码如下。

```
1.from langchain_community.embeddings import DashScopeEmbeddings
2.from langchain_qdrant import QdrantVectorStore
3.
4.def TongyiEmbedding()->DashScopeEmbeddings:
5.    api_key=os.environ.get("dashscope")
6.    return DashScopeEmbeddings(dashscope_api_key=api_key,
7.                      model="text-embedding-v1")
8.
9.def QdrantVecStoreFromDocs(docs:List[Document]):
10.    eb=TongyiEmbedding()
11.    return QdrantVectorStore.from_documents(docs,eb,url="http://<你的公网 IP>:6333")
12.
13.dashscope=QdrantVecStoreFromDocs(s_docs)
```

第1～2行导入 LangChain 的 DashScopeEmbeddings 包和 QdrantVectorStore 包。借助这两个包，可分别使用通义千问的向量模型和 Qdrant 数据库。

第4～7行定义了 TongyiEmbedding() 函数，其返回值是一个 DashScopeEmbeddings 客户端实例。这个函数从环境变量 dashscope 中取出通义千问的 API Key，将其作为 DashScopeEmbeddings() 的参数 dashscope_api_key。DashScopeEmbeddings() 的

另一个参数用于指定模型名称，这里为 `text-embedding-v1`。

第 9～11 行定义了 `QdrantVecStoreFromDocs()` 函数，其入参为文档片段列表，返回值为 Qdrant 客户端实例。第 11 行将文档片段、向量模型客户端实例和 Qdrant 的访问地址作为参数传入 `QdrantVectorStore` 的 `from_documents()` 方法，由这个方法将文本向量入库。

第 13 行调用 `QdrantVecStoreFromDocs()` 函数，将简历片段向量导入 Qdrant。

运行这段代码后，可在 Qdrant 的 Collections 页面查看是否有数据存入，如图 4-54 所示。要跳转到这个页面，可在 Qdrant 控制台中，点击矩形框内的图标。

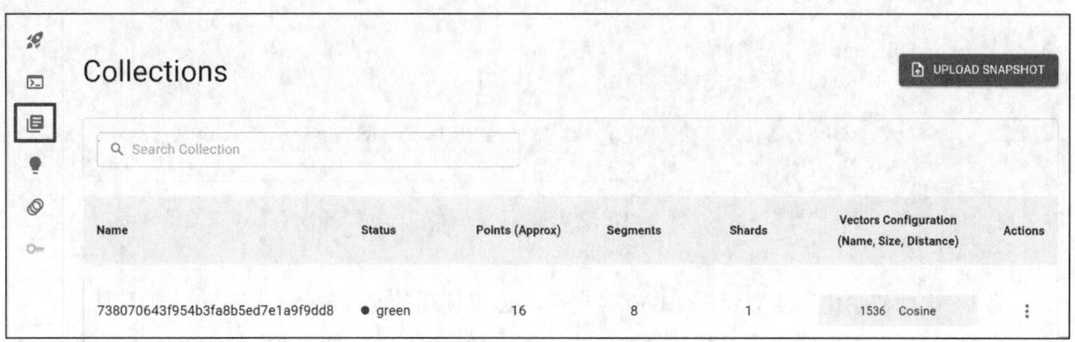

图 4-54 Collections 页面

可以看到，存入了向量数据，可接着对简历进行浓缩了。

2. 使用 RAG 浓缩简历

编写简历浓缩代码前，需先定义好提示词。这里使用 LangChain Hub 上专为 RAG 对话设计的提示词。

```
You are an assistant for question-answering tasks. Use the following pieces of retrieved context to answer the question. If you don't know the answer, just say that you don't know. Use three sentences maximum and keep the answer concise.
Question: {question}
Context: {context}
Answer:
```

这些提示词让 LLM 知道上下文中保存的是检索到的文档片段，回答问题时应参考文档片段中的知识。

准备好提示词后，编写执行 RAG 搜索及与 LLM 进行对话的代码，如下所示。

```
def DeepSeek():
    return ChatOpenAI( #构建 DeepSeek 对话客户端
        model="deepseek-chat",
        api_key=os.environ.get("deepseek"),
```

```
5.       base_url="https://api.deepseek.com"
6.    )
7.
8.#格式化召回的文档片段，之后使用\n\n 连接文档片段
9.def format_docs(docs):
10.    return "\n\n".join(clearstr(doc.page_content) for doc in docs)
11.
12.llm=DeepSeek()
13.prompt = hub.pull("rlm/rag-prompt") #拉取 LangChain Hub 上的提示词
14.
15.#构建 chain
16.chain = {"context": vec_store.as_retriever() | format_docs,
17.         "question": RunnablePassthrough()} | prompt | llm | StrOutputParser()
18.
19.#使用 chain 与 DeepSeek 进行对话
20.ret=chain.invoke("请输出姓名.格式如下\n 姓名: ?")
21.print(ret)
22.ret = chain.invoke("总结专业技能情况,内容可能包含 Golang、AI Agent、python、rag 等.格式如下
   \n 专业技能: ?")
23.print(ret)
24.ret=chain.invoke("根据各大公司工作过的年份总结工作经验有多少年.格式如下\n 工作经验: ?年")
25.print(ret)
```

第 1～6 行初始化用于对话的 LLM 客户端。这里使用的是 deepseek-chat 模型。

第 16～17 行的主要作用是构建“链（chain）”。“链”是 LangChain 框架中的一个核心概念，通过使用“|”符号将一系列步骤串联起来，形成一种类似于流水线或工作流的机制，从而达到简化复杂任务处理、让功能模块化的目的。这两行代码构建的“链”，如图 4-55 所示。

- `"context": vec_store.as_retriever() | format_docs` 对应图 4-55 中的 content：先进行向量相似度搜索，将满足相似度的文档召回，再执行 `format_docs` 方法将文档格式化——去掉“\n\n”。
- `"question": RunnablePassthrough()` 对应图 4-55 中的 question：将用户提问透传到链中。`RunnablePassthrough()` 是 LangChain 中用于将 `chain.invoke()` 中的内容透传到链中的方法。
- `prompt | llm | StrOutputParser()` 对应图 4-55 中的注入提示词模板、发送给 LLM 和将 LLM 的回复以字符串方式输出。

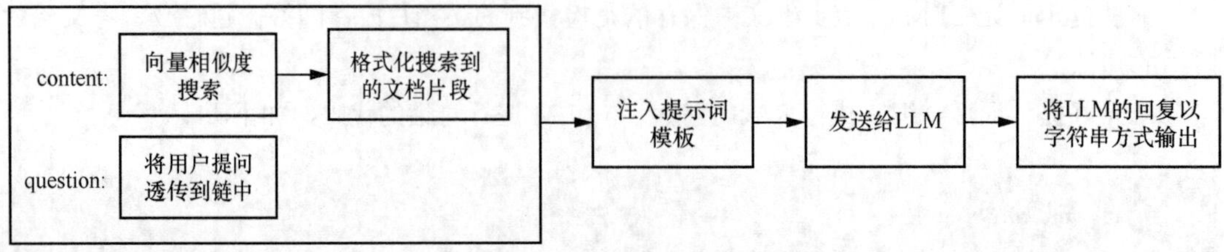

图 4-55 链的组成

第 19～25 行通过 `chain.invoke()` 注入用户提问、启动整个 `chain`。这些代码总共使用了 3 个用户提问，启动了 3 次 `chain`，分别得到姓名、浓缩后的专业技能，以及有多少年工作经验。

运行简历浓缩代码时的输出效果如图 4-56 所示。

```
姓名：张小明
专业技能：熟练掌握golang、python、AI Agent、RAG等技术，具备K8S、微调、API管理、服务治理等经验，专注于AI应用开发与产品设计。
工作经验：10年
```

图 4-56 运行简历浓缩代码时的输出效果

结合图 4-53 所示的简历内容可知，召回的文档片段非常精准。

4.8 借助 AI 根据岗位要求完善简历

使用 LLM 进行人岗匹配时，除简历内容过长需要浓缩外，还需让简历更贴合岗位要求，确保能够通过简历筛选并获得面试机会。本节介绍如何借助 LLM 来完善简历。

4.8.1 根据岗位详情完善简历

在人岗匹配环节，LLM 推荐了 3 个岗位，但使用无头浏览器抓取的岗位列表只包含有关岗位的简单信息，如图 4-57 所示。

图 4-57 使用无头浏览器抓取的岗位列表

对于 LLM 推荐的 3 个岗位，可进入其详情页并复制岗位详细信息，或者使用无头浏览器抓取岗位详细信息。获取到的岗位详细信息采用如下格式进行组织，并保存到本地文件 `job.txt` 中，以方便后面读取并交给 LLM。

```
岗位名称：AI 应用开发专家 TAM
公司名称：阿里云
岗位职责：
1．基于阿里云大模型，支撑阿里云客户构建创新 AI 应用。帮助客户进行大模型的微调、再训练、模型评测、提示词优化等工作。
2．负责帮助客户治理企业已有数据资产，进行数据集建设和知识工程加工。
3．负责结合行业特点和业务场景，完成算法的工程化实现，沉淀可复用的 AI 应用资产。
4．调研最新业界和学术界成果，对前沿 AI 应用方向进行持续探索。
任职要求：
1．研究生及以上学历，计算机相关专业
2．精通 Python、JAVA 或 C++开发语言，3 年以上算法开发经验，掌握数据处理、知识工程、算法选型、算法优化，开发及上线测试的全链路能力
3．参与过完整的算法实现项目，有云计算&大模型对口行业实战算法项目经验加分
4．有国产 GPU 适配经验者优先
加分项：
1．有阿里云 ACE 认证者优先
2．熟练使用阿里云 AI 大模型、AI 开发平台产品、大数据产品者优先
3．具备流利的英语会话能力者优先
技能要求：Golang,Java,PostgreSQL,机器学习经验,Redis,NumPy,PyTorch,MySQL,MongoDB,架构设计经验,Python,Kubernetes,TensorFlow
薪资待遇：30-50K
```

现在可借助 LLM 来完善简历了。完善简历的第一步也是编写提示词，如下所示。

```
PromptTemplate="""
你是一个 AI 简历助手。我会给你提供我的简历和某公司的详细岗位要求。你的任务是根据岗位要求帮我完善简历，使其符合该公司的要求。

简历：
{resume}

岗位要求：
{input}
"""
```

这些提示词给出了简历和岗位要求，并要求 LLM 根据岗位要求完善简历。在完善简历的代码中，需要从本地读取简历与岗位要求，将其注入提示词模板并与 LLM 进行对话，如下所示。

```
# 加载职位描述
def load_jobs() -> str:
    with open(f'./job.txt', 'r', encoding='utf-8') as f:
        jobs=f.read()

    return jobs

# 加载简历
def load_doc() -> list:
```

```
10.    word=UnstructuredWordDocumentLoader('E:\\AI\\个人简历.docx')
11.    docs=word.load()
12.
13.    return docs
14.
15.# 完善简历
16.def fix_resume():
17.    prompt=PromptTemplate.from_template(ResumePrompt2)
18.    llm=DeepSeekR1()
19.    docs=load_doc()
20.    chain={
21.        "resume": lambda _: docs,
22.        "input":RunnablePassthrough()
23.    } | prompt | llm | StrOutputParser()
24.    ret=chain.invoke(load_jobs())
25.    print(ret)
```

第 1～6 行从本地 job.txt 文件中读取岗位详情。第 8～13 行导入本地简历，这些代码在 4.7 节介绍过。第 15～25 行构建 chain，完成与 LLM（这里是 DeepSeek R1）的对话。

这些代码的运行结果如图 4-58 所示。

```
(D:\workspace\python\resume\.conda) PS D:\workspace\python\resume> & D:/workspace/python/resume/.conda/python.exe d:/workspace/python/resume/writeresume.py
以下是针对阿里云AI应用开发专家TAM岗位的优化版简历（重点修改部分已用*标注）：

张小明 | 10年AI应用开发经验
所在地：上海 | 联系方式：zhangxiaoming@x.xxx | 求职意向：AI应用开发专家

------ 核心优势 ------
* 阿里云资深研发工程师，主导3个百万级用户AI产品落地
* 深耕大模型微调/RAG/Agent技术，熟悉AI应用开发全链路流程
* 持有阿里云ACE认证（建议考取后补充），熟悉阿里云AI产品矩阵
* 兼具云原生架构设计与AI算法工程化落地能力

------ 工作经历 ------
阿里云 | 云原生研发工程师（AI方向） 2015-2025
* AI应用开发：主导基于阿里云大模型的客户解决方案设计，累计完成27个企业级AI应用落地，涉及模型微调（LoRA/QLoRA）、提示词工程、RAG增强等核心技术
* 数据资产治理：开发企业知识库构建工具链，实现非结构化数据自动化清洗（PDF/PPT/HTML）→ 向量化（Text2Vec）→ 知识图谱构建全流程
* 算法工程化：设计AI应用中间件平台，集成模型评测体系（准确率/响应延迟/资源消耗）和A/B测试模块，沉淀可复用AI资产15+
* 前沿技术研究：主导K8S智能运维平台研发，实现NL2SQL自然语言操作、异常检测（Anomaly Detection）准确率提升40%

------ 重点项目 ------
云原生智算平台 | 阿里云 2025（客户案例导向）
- 集成大模型微调模块，支持LoRA/Adapter等多种调优方式，助力3家金融客户实现业务指标平均提升35%
- 构建企业级RAG解决方案，开发多源数据连接器（MySQL/PDF/Web），实现知识检索准确率提升50%
- 设计API网关+服务治理体系，支撑日均2000万次模型调用，P99延迟<800ms

K8S AIOPS平台 | 阿里云 2024（突出算法实现）
- 开发NL2Kubectl模块，采用BERT+CRF模型实现自然语言转K8S指令（准确率92%）
- 构建智能巡检系统，基于时序预测（Prophet算法）实现资源异常预测准确率85%
- 集成Prometheus+Grafana可观测体系，运维效率提升60%

容器化大数据平台 | 阿里云 2023（体现数据能力）
- 实现Spark/Flink容器化部署方案，资源利用率提升40%
- 开发数据质量监控模块，基于PySpark实现异常数据自动清洗
- 构建Hive元数据智能分析工具，优化SQL执行效率30%

------ 技术栈 ------
* 语言：Python（精通） / Golang（精通） / Java（熟练） / SQL（熟练）
* AI框架：PyTorch / TensorFlow / HuggingFace Transformers
* 云原生：Kubernetes（CKA认证） / Docker / Serverless架构
* 数据处理：Spark / Flink / PostgreSQL / Elasticsearch
* 阿里云：PAI-EAS / MaxCompute / PAI-DSW / AnalyticDB

------ 附加信息 ------
英语能力：CET-6（可考虑更新为雅思/托福成绩）
专业认证：阿里云ACE（建议考取）/ CKA容器工程师
技术社区：阿里云MVP（若未获得可删除）/ 开源项目贡献者
```

图 4-58　代码运行结果

可以看到，完善后的简历较为全面地梳理和呈现了工作经历、重点项目和技术栈，基本契合岗位要求，但还有进一步优化的空间。例如，“重点项目”部分相对简略，缺乏细节支撑。下面介绍如何借助 DeepSeek 根据简历模板生成更具针对性的内容，提升简历的质量与竞争力。

4.8.2　使用模板辅助 AI 完善简历

要使用模板辅助 AI 完善简历，只需对 4.8.1 节的提示词进行修改，而无须修改与 LLM 对话的代码。

在提示词中，需添加简历模板，包括对专业技能与项目经验的详细定义。特别是在项目经验部分，需要明确要求 LLM 采用分条列项的方式，对项目进行清晰、具体的描述，如下所示。

```
你是一个 AI 简历助手。我会给你提供我的简历和某公司的详细岗位要求。你的任务是根据岗位要求帮我改写和完善简历，使其符合该公司的要求。
此外，我还会给你一个简历模板，模板中包含简历中部分内容的大纲，当你匹配到简历中模板提及的内容时，要按照模板的格式进行完善。

简历：
{resume}


简历模板：
专业技能
  请在此描述符合职位要求的技能，尤其是编程技能
项目经验
 (1) 项目描述
 (2) 我在项目中的角色
 (3) 项目规模
 (4) 技术堆栈
 (5) 已开发模块的描述
 (6) 解决难题的经验

岗位要求：
{input}
```

使用这些提示词完善简历的效果如图 4-59 所示。

可以看到，对于原始简历中的“专业技能”和“项目经验”部分，DeepSeek 做了较为细致的优化，基本符合简历模板指定的格式要求。然而，在“项目经验”部分，“K8s AIOPS 平台”与“容器化大数据平台”两个项目，仅呈现了若干零散的条目，并未按模板要求完整地列出 6 条内容，原因主要是原始简历中的相关内容较为简略，未能给 DeepSeek 提供充足的参考信息。这也从侧面反映出高质量提示词的重要性：在这里，原始简历本身也是提示词的一部分，其翔实程度直接影响生成结果的质量。

以下是按照您提供的模板和岗位要求重新优化的简历，重点突出AI应用开发和大模型落地的匹配度：

专业技能
- 精通Python/Golang开发语言，10年云计算全链路开发经验，5年AI应用开发经验
- 深入掌握大模型微调（Fine-tuning）、RAG增强生成、提示词工程等技术体系
- 熟悉PyTorch/TensorFlow框架，具备数据处理、知识图谱构建、算法优化实战经验
- 阿里云ACE认证专家，精通AI开发平台、PAI、MaxCompute等云产品
- 容器化专家（K8s+CICD+Service Mesh），主导过亿级参数模型的容器化部署
- CET-6英语水平（流利技术文档阅读/国际会议交流）

项目经验

云原生智算平台（阿里云 2023.03-2025.07）
(1) 项目描述：支撑30+行业客户构建AI应用的PaaS平台，集成LLM部署、微调服务、RAG增强、多模态API网关等核心模块
(2) 担任角色：技术负责人（团队15人）
(3) 项目规模：日均处理2000万+推理请求，支撑金融/医疗领域7个千万级项目落地
(4) 技术栈：PyTorch+Transformer+阿里云PAI+Service Mesh+Redis向量数据库
(5) 关键成果：
- 设计动态提示词编排引擎，提升客户场景匹配度45%
- 开发多租户RAG增强系统，支持千级知识库并行处理
- 实现GPU弹性调度算法，推理成本降低38%
(6) 难题攻关：突破混合云场景下的模型热迁移技术，获2024年集团技术创新奖

K8s AIOPS平台（阿里云 2022.05-2023.02）
(1) 项目描述：行业首个大模型驱动的智能运维系统，覆盖200+企业客户集群
(2) 担任角色：首席架构师
(3) 技术栈：K8s Operator+LangChain+Prometheus+ElasticSearch
(4) 创新点：
- 研发NL2K8s引擎，准确率超92%
- 构建运维知识图谱，沉淀3000+诊断规则
- 设计国产GPU适配方案，完成摩尔线程全系适配

容器化大数据平台（阿里云 2020-2022）
(1) 项目亮点：
- 实现Spark/Flink组件的秒级弹性伸缩
- 开发数据血缘追踪系统，获信通院数据治理认证
- 支撑某车企客户完成PB级数据资产迁移上云

图 4-59 使用包含简历模板的提示词完善简历的效果

至此，简历完善功能实现完毕，要将其改为 MCP 工具，只需在 fix_resume()方法前面添加@mcp.tool()装饰器，并在这个方法内添加注释，如下所示。

```
@mcp.tool()
def fix_resume():
    "根据岗位详情完善原始简历"
    #省略完善简历的具体实现代码
    ...
```

第 5 章

基于平台化开发思想实现 AI 版“作业帮”

近年来，解答复杂数学题的能力，逐渐成为衡量 LLM 推理水平的重要标准。这些模型从基础算术逻辑出发，逐步扩展到高级数学证明，持续突破人们对 AI 推理能力的认知边界，体现了这一领域的飞跃发展。本章采用当前业界广泛采用的平台化开发理念，以 AI 版“作业帮”的实现为例，详细介绍如何在不编写代码的情况下实现完整的项目流程：从题目识别、题库构建、解题过程、答案校验到通知管理员。

5.1 AI 版“作业帮”的设计

本节首先阐述平台化开发思想的基本概念，再基于这种思想设计 AI 版“作业帮”的架构。

5.1.1 AI 应用开发中的平台化开发思想

平台化开发思想是从低代码演变而来的，其核心是依托 AI 应用开发平台，借助拖曳式模块化编程和少量业务代码，快速实现 AI 应用。这种思想的代表是 OpenAI 公司于 2023 年基于 ChatGPT 推出的 GPTs 开发平台。

借助于 GPTs 开发平台，无须编写代码就可构建 Agent 应用：只需以标准 OpenAPI 格式描述所需的 Agent 工具，并将其配置至该平台，就可生成具备特定功能的 Agent 应用。

该平台一经推出，便在业界引发广泛关注与反响。受其理念的启发，各种平台化产品相继问世，呈现出快速发展的趋势。在国内，较为知名的平台包括字节跳动推出的 Coze（扣子）和在 GitHub 上开源的 Dify。

本章基于 Dify 实现 AI 版“作业帮”，帮助读者深入理解基于平台化开发思想的 AI 应用开发。

5.1.2 项目流程设计

采用平台化开发理念时，通常以模块化方式构建应用系统，这大幅减少了人工编码工作。因此，开发的重点是业务流程的设计与整合，图 5-1 展示了 AI 版“作业帮”的核心流程。

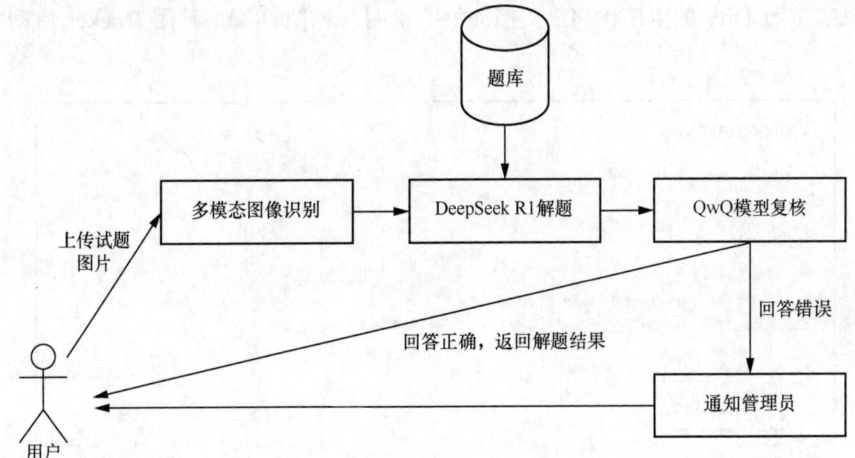

图 5-1 AI 版“作业帮”的核心流程

该流程始于用户上传试题图片。应用收到图片后，使用多模态图像识别技术对其进行解析，从中提取出题目内容，并将其传递给后续的解题模块。

解题模块由两个阶段组成。第一阶段是使用 DeepSeek R1 模型进行解题：使用题库搜索机制查找是否存在相似的例题和参考答案，以提升解题的准确性。第二阶段调用通义千问的 QwQ 模型，对 DeepSeek R1 提供的初步答案进行复核，以进一步确保最终答案的正确性。

仅当这两次推理过程都顺利完成且确定答案正确后，才将确认的答案返回给用户，并结束整个处理流程。如果未能通过 QwQ 模型的复核，将通知管理员，让管理员自行决定是否进行人工复核。

下面首先介绍平台化开发基础知识，再依次实现图 5-1 所示流程中的每个步骤。

5.2 零代码 Agent 和工作流开发

平台化开发的核心是构建 Agent 与工作流。Agent 的核心理念在于，借助 LLM 强大的逻辑推理能力和各种外部工具求解复杂问题。

与 Agent 不同，工作流更强调任务执行顺序与流程化管理，它类似于结构清晰的流水线，旨在按既定规则和步骤，有条不紊地达成特定业务目标。例如，企业中常见的请假审批系统就是典型的工作流应用场景：员工提交请假申请后，依次经过直属上级、部门负责人等多级审批后，最终由人力资源部门归档。

本节以 Dify 为例，介绍 Agent 与工作流这两种重要开发模式。

5.2.1　零代码实现 AI Agent

Dify 是 GitHub 上的一个开源项目，要使用它，必须进行本地私有化部署。Dify 的部署非常简单，只需按照 Dify 的 README 文档提供的说明（见图 5-2），使用 Docker 启动相应的容器即可。

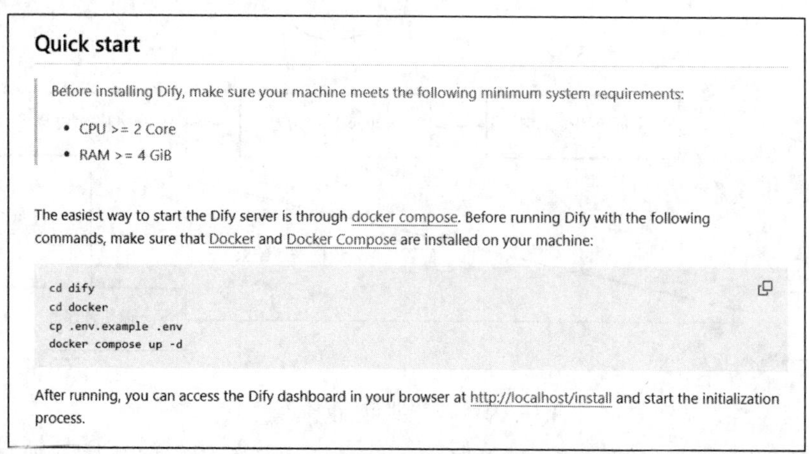

Quick start

> Before installing Dify, make sure your machine meets the following minimum system requirements:
>
> - CPU >= 2 Core
> - RAM >= 4 GiB

The easiest way to start the Dify server is through docker compose. Before running Dify with the following commands, make sure that Docker and Docker Compose are installed on your machine:

```
cd dify
cd docker
cp .env.example .env
docker compose up -d
```

After running, you can access the Dify dashboard in your browser at http://localhost/install and start the initialization process.

图 5-2　Dify 部署参考文档

部署 Dify 后，进入其 WebUI，如图 5-3 所示。要创建 Agent 应用，可点击“创建空白应用”，再选择“Agent”并指定应用名称（如“体育助手”），如图 5-4 所示。

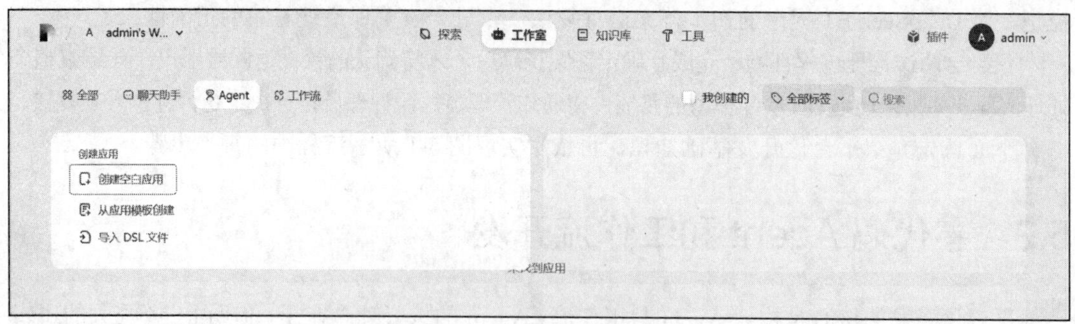

图 5-3　Dify WebUI 主页

之后即可创建 Agent，并进入如图 5-5 所示的 Agent 编排页面。在这个页面中，可指定提示词及选择 LLM（本例使用 `deepseek-chat` 模型）。

这里要给 Agent 提供联网搜索工具，这样它可以在遇到无法回答的提问时，先调用这个工具进行搜索，再做出回答，因此指定如下提示词。

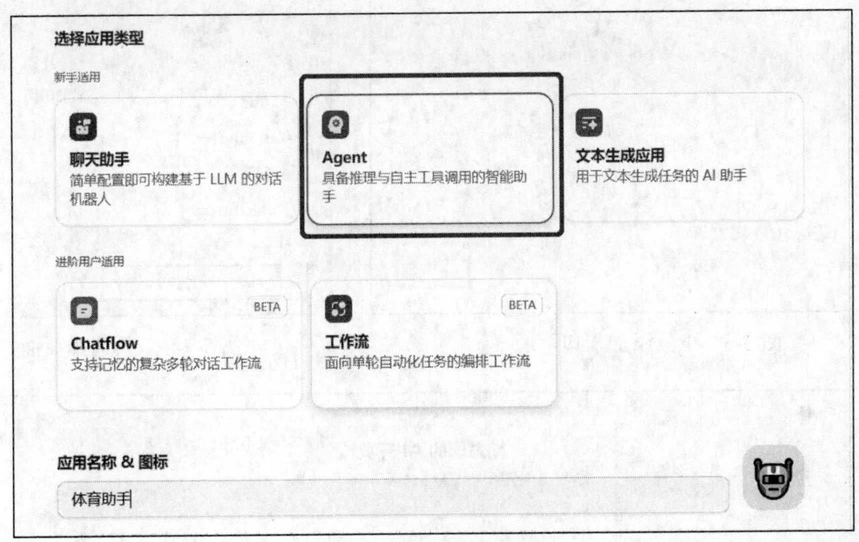

图 5-4 创建 Agent

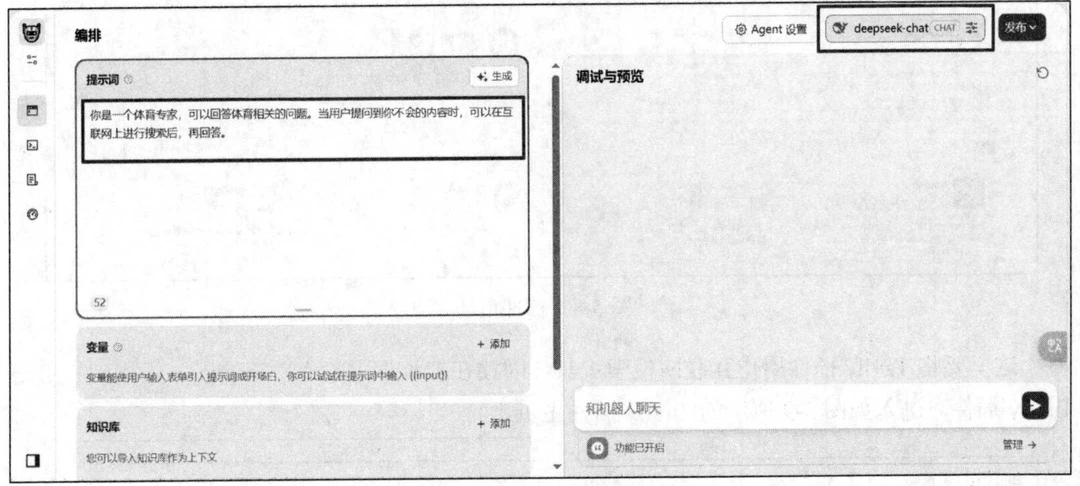

图 5-5 Agent 编排页面

```
1.  你是一个体育专家，可以回答体育相关的问题。当用户提问到你不会的内容时，可以在互联网上进行搜索后，再回答。
```

指定提示词后，在图 5-5 所示的页面中向下滚动，将看到矩形框内的工具“+添加”入口，如图 5-6 所示。点击“添加”按钮，打开如图 5-7 所示的页面。点击图 5-7 中的“在 Marketplace 中查找更多”，可以进入图 5-8 所示的插件市场。可以看到，其中有很多插件，如 Google、DALL-E 绘画等。

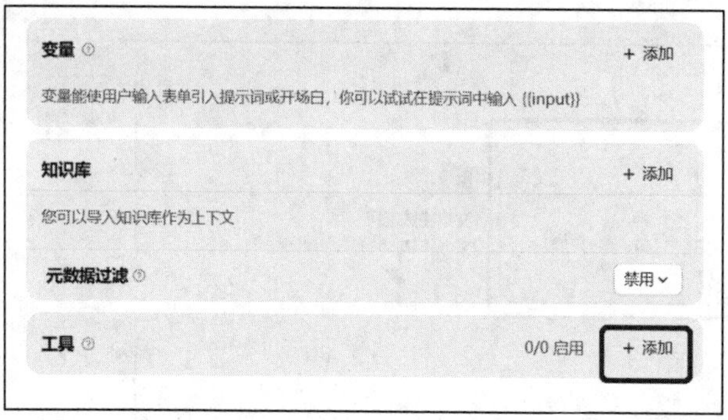

图 5-6　工具添加入口

图 5-7　工具选择页面

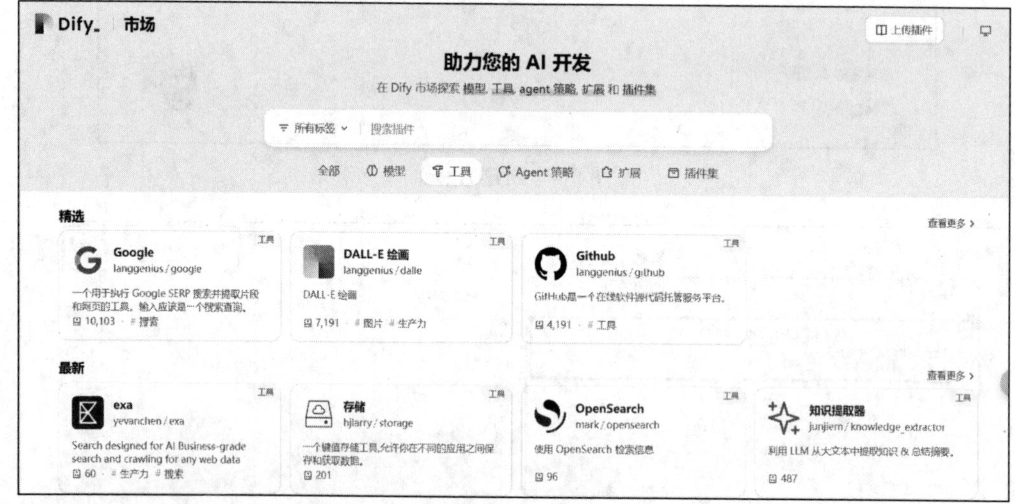

图 5-8　插件市场

这里要将 Tavily 插件用作互联网搜索工具，因此在搜索框中输入“Tavily”，再找到并点击 Tavily 插件，进入如图 5-9 所示的 Tavily 插件主页。

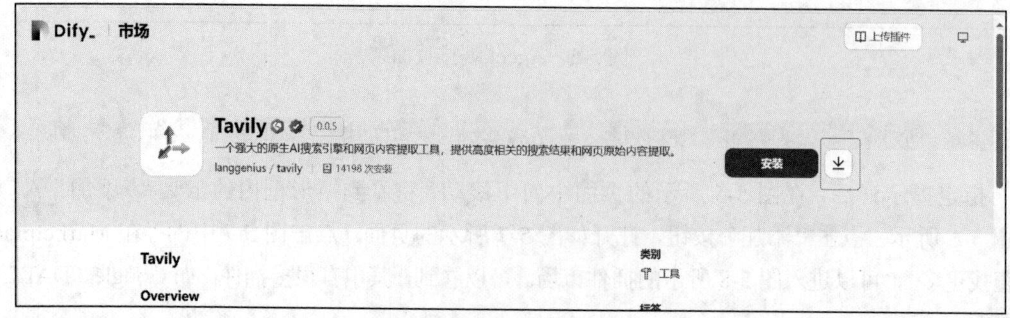

图 5-9　Tavily 插件主页

点击矩形框中的下载图标，将插件文件下载到本地。下载完毕后，返回图 5-3 的 DifyWebUI 主页，再点击右上角的“插件”，进入插件管理页面后点击“安装插件”，并选择“本地插件”，如图 5-10 所示。

图 5-10　插件管理

接下来，选择前面已下载到本地的 Tavily 插件文件，再点击“安装”按钮，如图 5-11 所示。

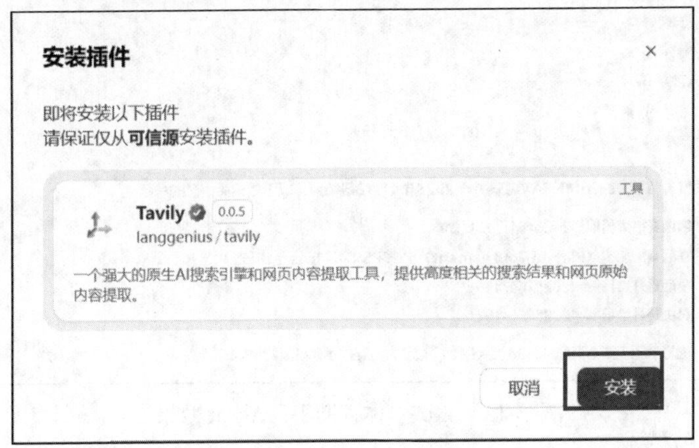

图 5-11　安装插件

安装插件后，回到如图 5-7 所示工具选择页面将看到 Tavily。Tavily 包含两个工具，一个负责搜索，另一个负责抓取页面内容。添加这些工具，结果如图 5-12 所示。

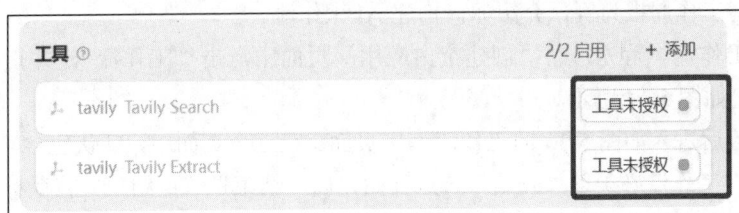

图 5-12　添加 Tavily 工具后

可以看到，工具未授权（Tavily 需要付费使用），因此需要获取 Tavily 的 API Key。为此，可前往其官网注册（新用户可免费调用 1000 次）。获取 API Key 后，点击图 5-12 矩形框中的“工具未授权”，再输入 API Key 完成授权。

添加搜索工具后，“体育助手” Agent 便编排好了，可在图 5-5 所示页面的左侧输入如下提示词，对“体育助手” Agent 进行测试。

```
1.  2025 年 NBA 常规赛什么时间结束?
```

测试效果如图 5-13 所示。

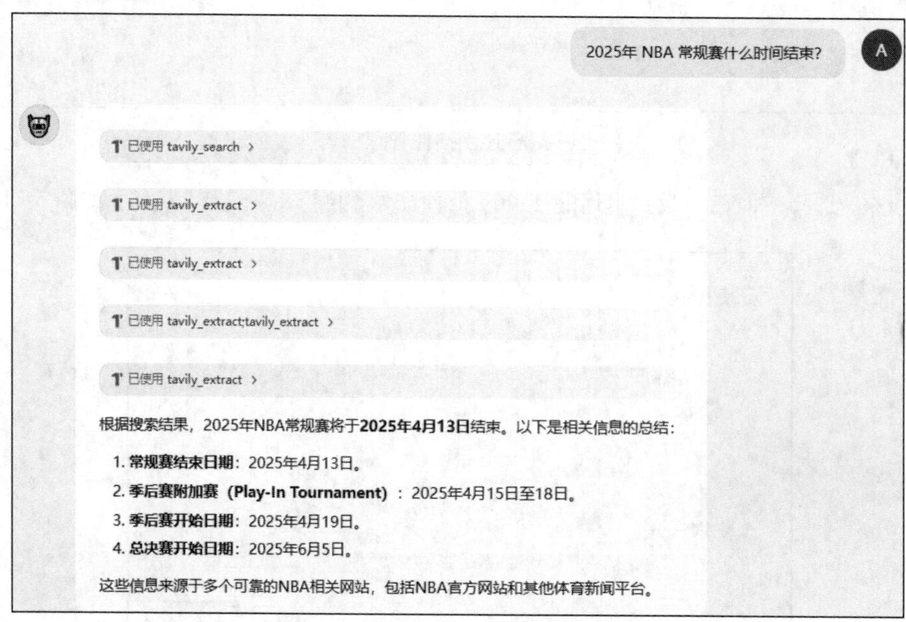

图 5-13 测试“体育助手” Agent 效果

可以看到，“体育助手” Agent 在多次调用 Tavily 工具后，给出了回复。

5.2.2 通过拖曳实现 AI 工作流

下面以撰写工作周报为例，介绍如何构建 AI 工作流。

（1）**创建工作流**。首先，在“创建空白应用”页面中点击“工作流”，并指定应用名称为“周报工作流”，如图 5-14 所示。

创建工作流后进入如图 5-15 的工作流编排页面。在这个页面中，默认包含一个“开始”节点。Dify 规定，工作流必须以“开始”节点开始，以“结束”节点结束。将鼠标光标指向“开始”节点，点击“+”添加节点。

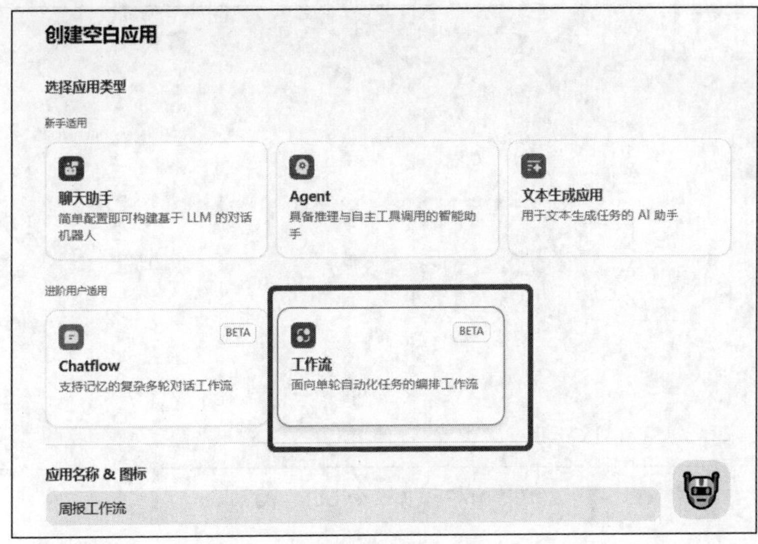

图 5-14　创建工作流

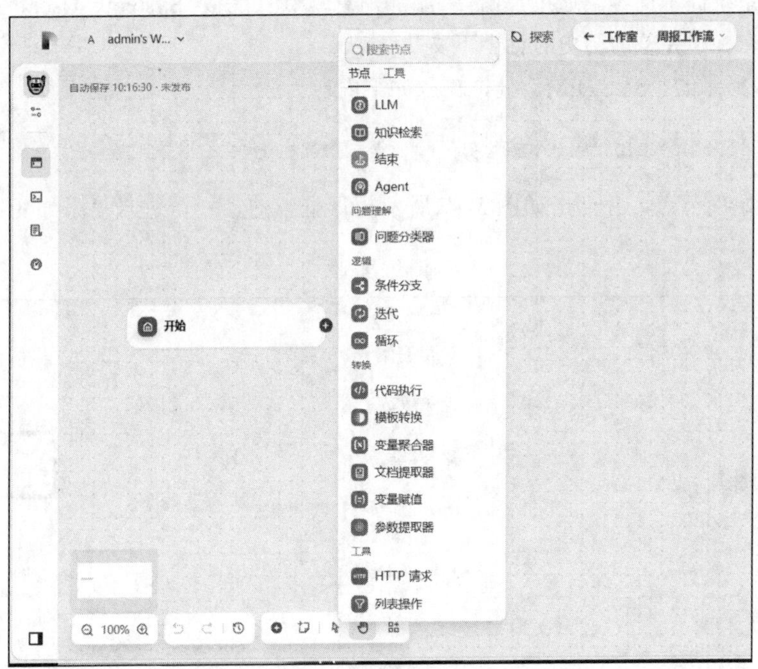

图 5-15　工作流编排

（2）**添加 LLM 节点并设置“开始”节点的参数**。节点有多种类型，有基本的 LLM、知识检索、Agent 等节点，还有代码执行、HTTP 请求等节点。在图 5-15 所示的列表中，选择“LLM”添加一个 LLM 节点，结果如图 5-16 所示。

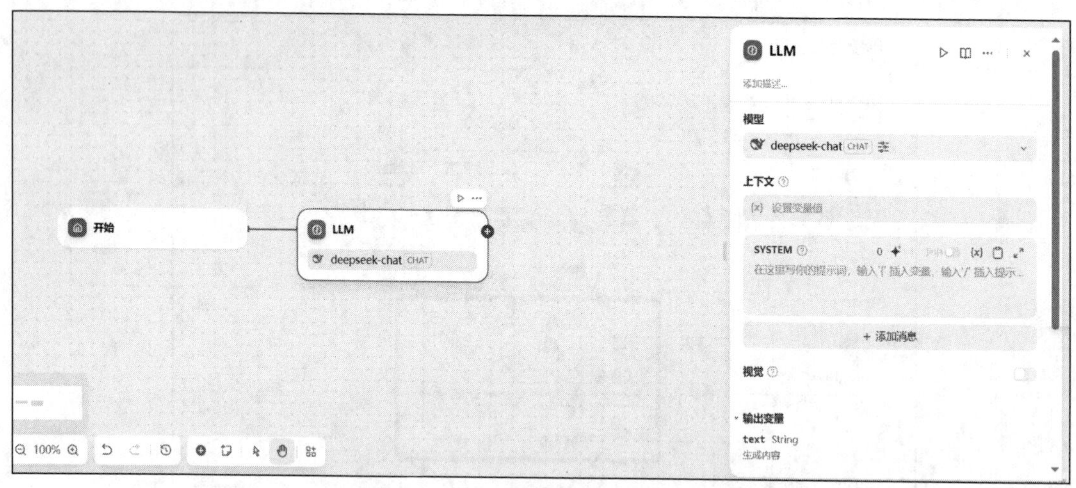

图5-16　添加一个LLM节点

可以看到，LLM节点自动连接到了“开始”节点。对于LLM节点，可以配置使用的模型、上下文设置及系统提示词等。通过点击“+添加消息”，还可引入System、User、Assistant等角色的对话内容，构建完整的历史对话上下文。

在图5-16所示的“SYSTEM”处，输入如下内容。

```
1.  你是一个周报助手，请根据用户输入的工作内容，生成一个完整的周报
```

选择“开始”节点，并点击如图5-17所示矩形框中的“+”，进入“添加变量”页面，如图5-18所示。

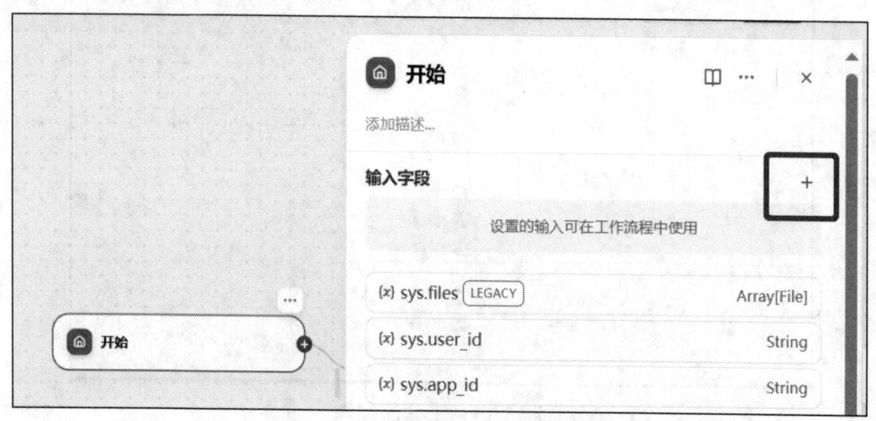

图5-17　“开始”节点的设置

在这个页面中，可添加文本等多种类型的变量，作为工作流的入参。这里添加了文本变量`job_description`，用于存储工作内容描述，如图5-19所示。

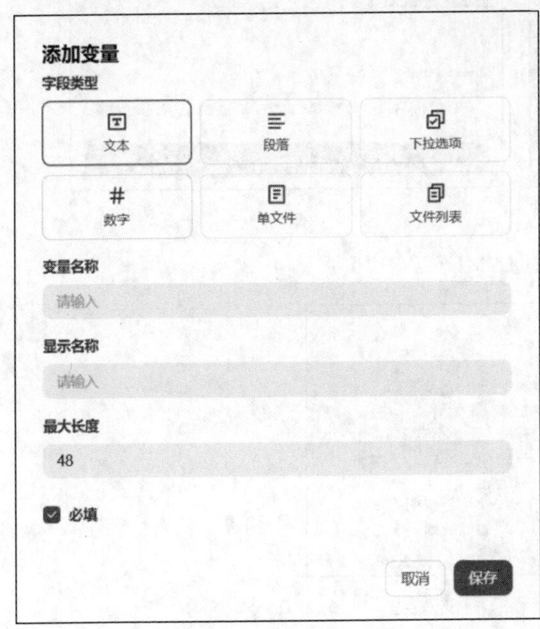

图 5-18 添加变量

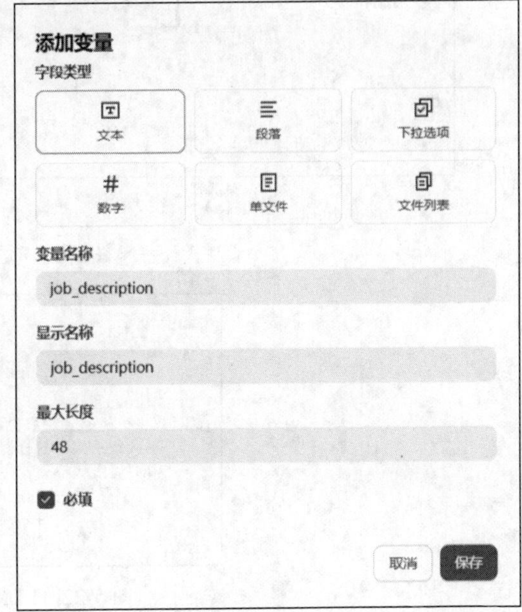

图 5-19 添加变量 `job_description`

选择 LLM 节点，并点击“+添加消息”，将弹出如图 5-20 所示的界面，在“USER”输入用户提示词“工作内容：/”，并从弹出的变量列表中选择`{x}job_description`。

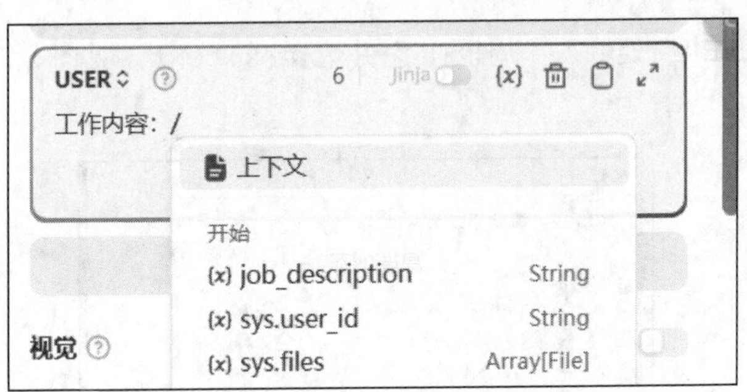

图 5-20 输入 USER 提示词

至此，LLM 节点就设置好了。点击如图 5-21（a）所示矩形框中的运行按钮，将弹出图 5-21（b）所示的测试页面，输入如下提示词进行测试。

```
1.  本周完成了 A 项目用户鉴权，模型仓库功能的编码与自测。支撑了××客户的平台部署等问题。
```

测试效果如图 5-22 所示。

可以看到，`"text"`后就是 LLM 生成的周报内容，说明 LLM 节点能够正常工作。

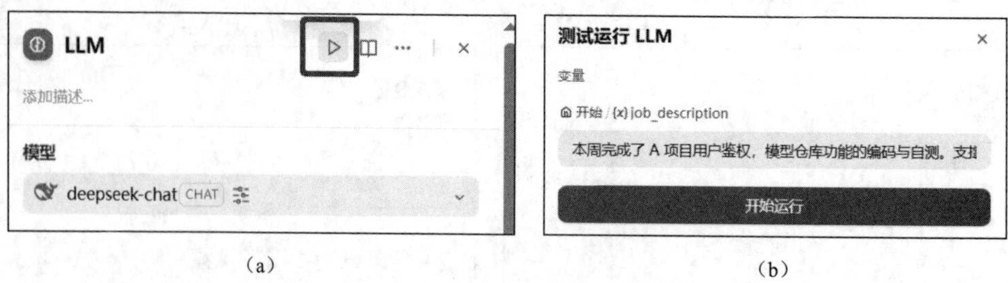

图 5-21 运行 LLM 节点

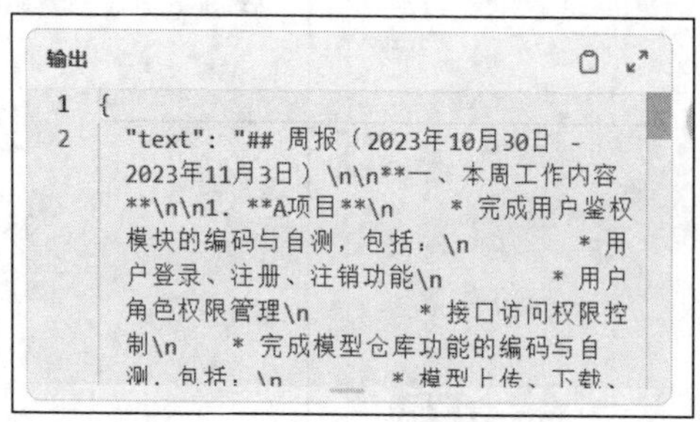

图 5-22 LLM 节点测试效果

（3）**添加第二个 LLM 节点**。添加节点 LLM 2 来润色生成的周报。为此，使用如下系统提示词。

```
帮我将输入的周报内容进行润色，生成一个完整的周报
```

接下来，在“USER”处输入“周报：/”并选择`{x}text`（见图 5-23），将前一步的输出作为这一步的输入。

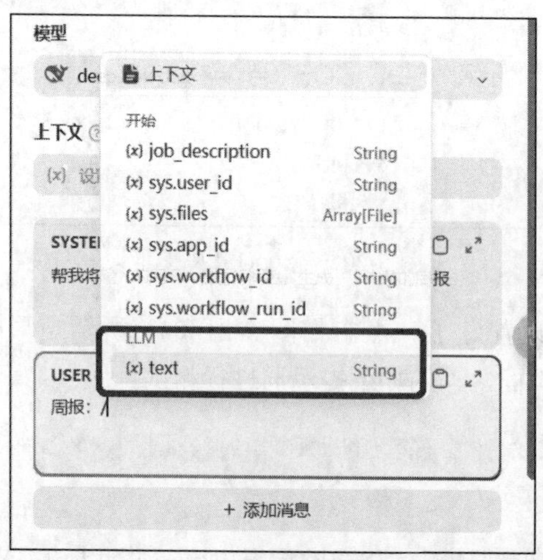

图 5-23 USER 提示词设置

设置好节点 LLM 2 后，将鼠标光标指向它，点击出现的加号“+”，添加“结束”节点形成完整的工作流，再将输出变量设置为 LLM 2 的输出 `text`，如图 5-24 所示。

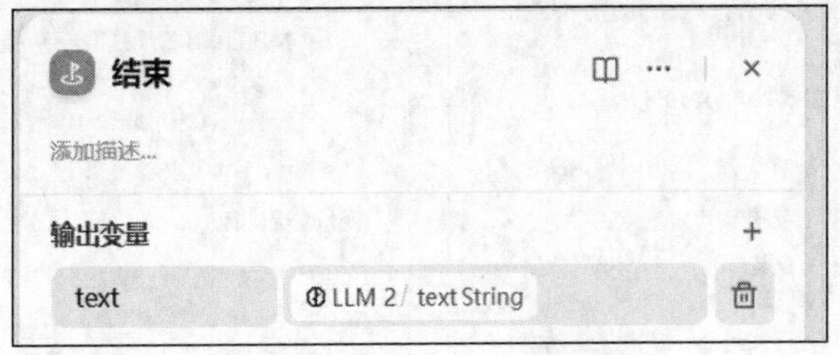

图 5-24　“结束”节点的设置

点击矩形框内的“▷运行”，如图 5-25 所示，对整个工作流进行测试。

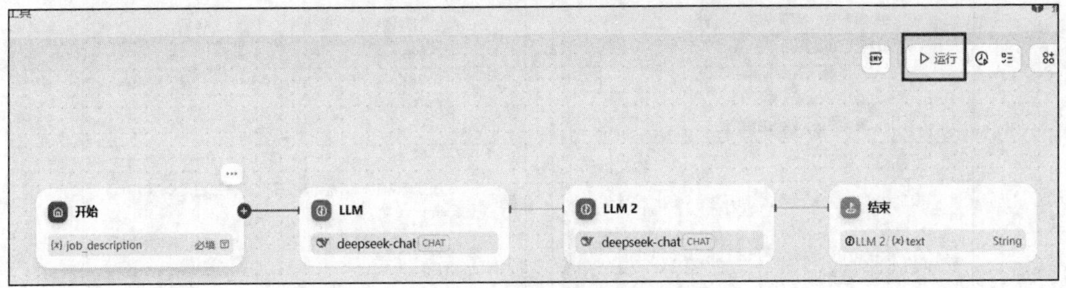

图 5-25　测试整个工作流

输入如下提示词，并点击“开始运行”，如图 5-26 所示。

```
2025年3月24日~2025年3月30日：本周完成了A项目用户鉴权，模型仓库功能的编码与自测；解决了××客户的平台部署等问题。
```

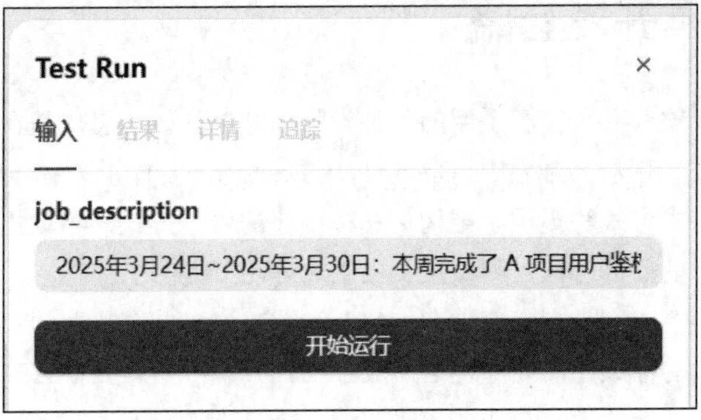

图 5-26　输入提示词

运行效果如图 5-27 所示。

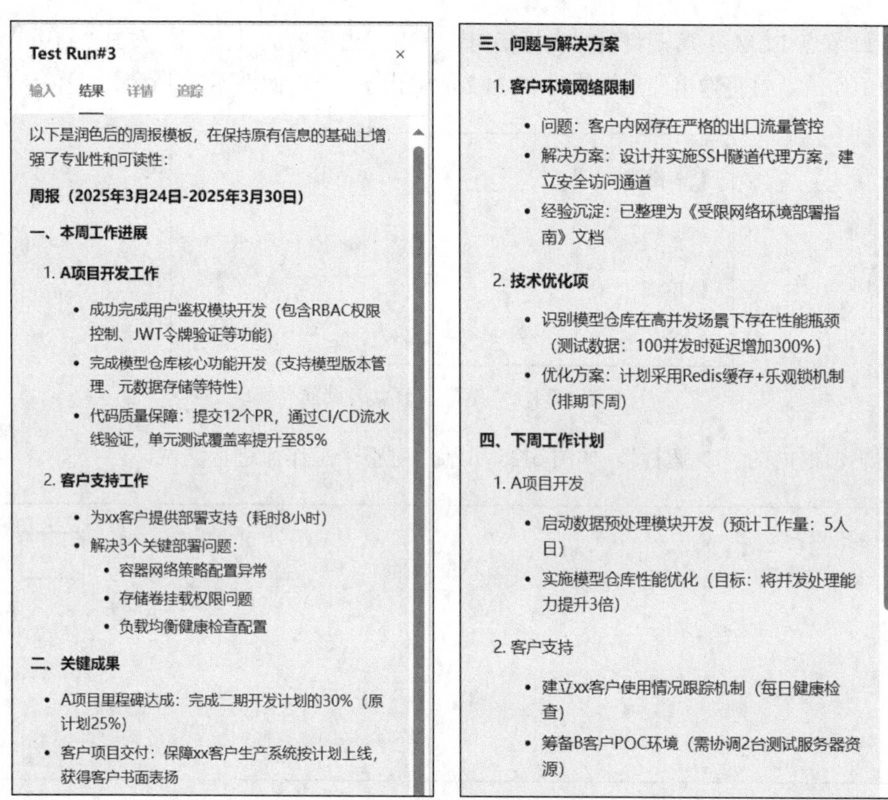

图 5-27　周报工作流运行效果

可以看到，AI 输出了完整的工作周报。有关工作流的基础用法就介绍到这里，下面介绍 Dify 自定义工具的开发套路。

5.3　API 工具开发套路

API 优先是现代软件开发广泛采用的一种设计理念，其核心思想是在开发流程启动后，先设计好 API，再编码。在这个过程中，OpenAPI（Swagger）发挥了关键作用，它为 API 的功能描述、参数定义、请求方式等提供了结构化和标准化的表达方式，不仅提升了接口设计的一致性和可理解性，还为前后端协作、测试及文档生成等环节提供了基础。

在 AI 时代，随着大模型调用普遍采用 API（如 OpenAI 提供的标准接口）的方式实现，为推动 Agent 工具开发的标准化，业界逐渐形成了一种共识：工具应以 API 的形式进行封装和描述。在此背景下，将标准的 OpenAPI 文档作为 Agent 工具描述信息的来源，成了主流做法。

这种做法具有显著优势。一方面，无须对现有后端业务系统进行任何修改，即可直接将既有 OpenAPI 接口文档转换为 Agent 可识别的工具描述；另一方面，不仅保留了原有系统的完整性和稳定性，还大大提升了工具集成的效率与规范性，降低了系统对接的复杂度。

因此，在 AI 驱动的新一代应用架构中，API 不仅是连接模型与现实世界的桥梁，更是构建 Agent 系统的核心载体。

本节将在 Dify 平台上将既有服务转换为 Agent 工具。

5.3.1 基于 Dify 配置自定义工具

本节以高德地图 API 为例，介绍如何在 Dify 平台上创建自定义工具，再创建一个地图助手 Agent，对自定义工具进行测试。

1. 创建自定义工具

在如图 5-28 所示的 Dify WebUI 中，点击右上角的“工具”，再依次点击“自定义”和“创建自定义工具”，将弹出图 5-29 所示的“创建自定义工具”页面。

图 5-28 Dify WebUI

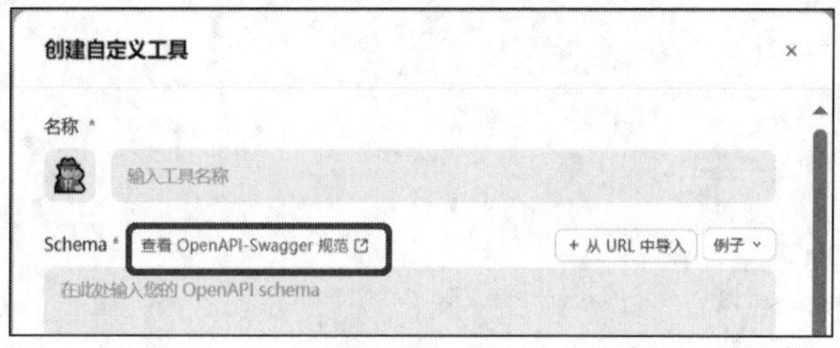

图 5-29 创建自定义工具

在“Schema”下的输入框中，可输入作为工具描述的 OpenAPI schema。OpenAPI schema 必须遵循 OpenAPI-Swagger 规范；要查看这种规范，可点击“查看 OpenAPI-Swagger 规范”。

本节使用如下 OpenAPI 文档定义调用高德地图 API 的工具。

```
openapi: 3.1.0
info:
```

```
3.    title: 高德地图
4.    description: 获取 POI 的相关信息
5.    version: v1.0.0
6.  servers:
7.    - url: https://restapi.amap.com/v5/place
8.  paths:
9.    /text:
10.     get:
11.       description: 根据 POI 名称，获得 POI 的经纬度坐标
12.       operationId: get_location_coordinate
13.       parameters:
14.         - name: keywords
15.           in: query
16.           description: POI 名称，必须是中文
17.           required: true
18.           schema:
19.             type: string
20.         - name: region
21.           in: query
22.           description: POI 所在的区域名，必须是中文
23.           required: false
24.           schema:
25.             type: string
26.       deprecated: false
27.   /around:
28.     get:
29.       description: 搜索给定坐标附近的 POI
30.       operationId: search_nearby_pois
31.       parameters:
32.         - name: keywords
33.           in: query
34.           description: 目标 POI 的关键字
35.           required: true
36.           schema:
37.             type: string
38.         - name: location
39.           in: query
40.           description: 中心点的经度和纬度，用逗号分隔
41.           required: false
42.           schema:
43.             type: string
44.       deprecated: false
45. components:
46.   schemas: {}
```

这个文档定义了高德地图的两个 API：`https://restapi.amap.com/v5/place/text` 与 `https://restapi.amap.com/v5/place/around`。在第 10～26 行和第 28～44 行，详

细描述了这两个 API 的 HTTP 方法、功能、对应的函数名称和参数。

将这个文档复制并粘贴到图 5-29 所示的输入框 `Schema` 中，如图 5-30 所示。

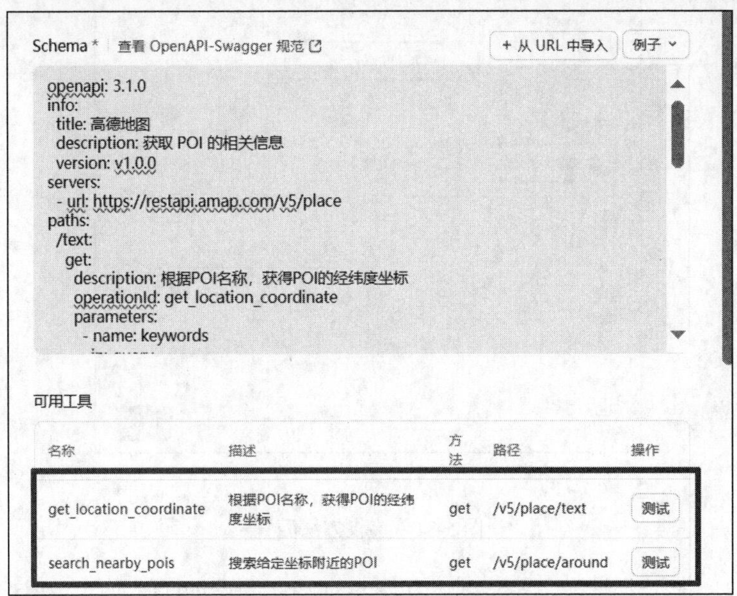

图 5-30 高德地图工具配置效果

从图 5-30 的矩形框中内容可知，Dify 将两个 API 转换成了工具。当然，要使用高德地图 API，还需前往高德地图官网申请 API Key，再在 Dify 中配置鉴权。

在图 5-30 所示的页面中向下滚动，将看到鉴权方法配置，如图 5-31（a）所示。

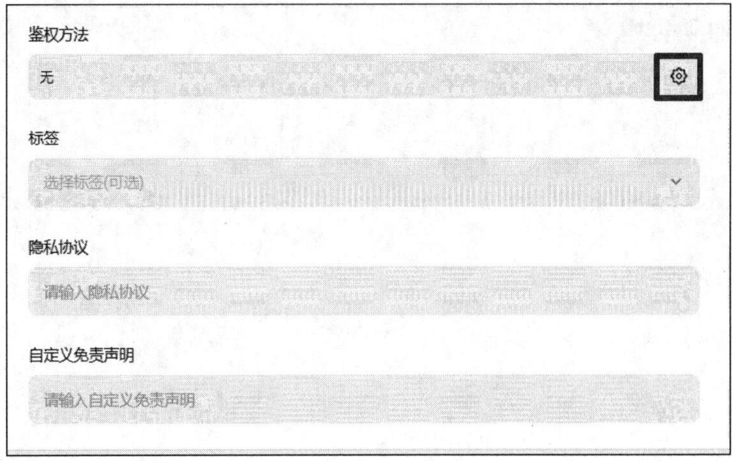

（a）

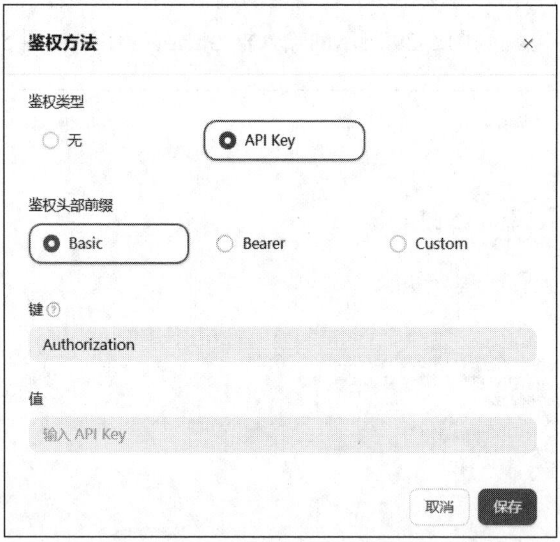

鉴权方法

鉴权类型

无 API Key

鉴权头部前缀

Basic Bearer Custom

键

Authorization

值

输入 API Key

取消 保存

（b）

图 5-31 鉴权方法配置

点击图 5-31（a）矩形框内图标，进入如图 5-31（b）所示的配置页面。在这个页面中，“鉴权类型”包括“无”和“API Key”，它们决定了调用工具时是否需要使用 API Key 进行身份验证；“鉴权头部前缀”包括 3 种设置 `Basic`、`Bearer` 和 `Custom`，需根据接入的 API 提供商的说明文档进行选择。

高德地图的 API 文档（见图 5-32）指出，需将 API Key 作为 `key` 参数值拼接到请求 URL 中。

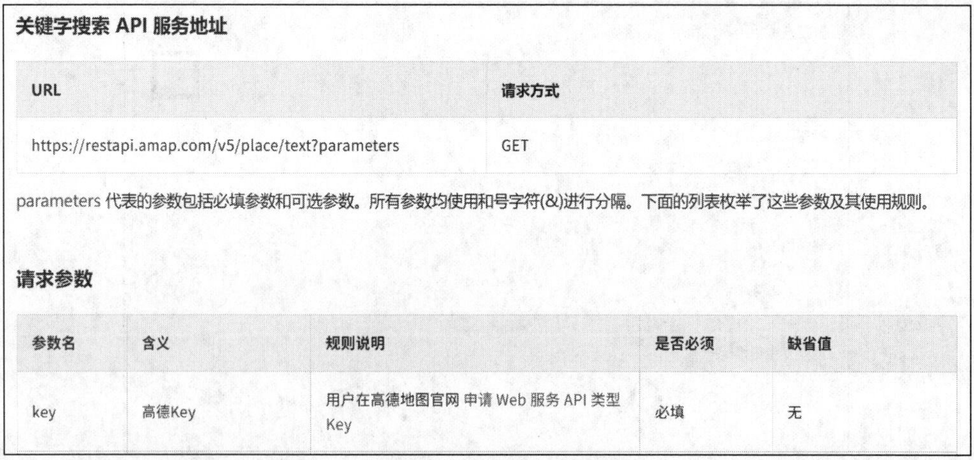

关键字搜索 API 服务地址

URL	请求方式
https://restapi.amap.com/v5/place/text?parameters	GET

parameters 代表的参数包括必填参数和可选参数。所有参数均使用和号字符(&)进行分隔。下面的列表枚举了这些参数及其使用规则。

请求参数

参数名	含义	规则说明	是否必须	缺省值
key	高德Key	用户在高德地图官网 申请 Web 服务 API 类型 Key	必填	无

图 5-32 高德地图 API 文档

这表明该接口采用的是 URL 参数形式的身份验证方式，因此在图 5-31（b）中，应选择“`Custom`”（也就是自定义参数的传递方式），并在“值”下的文本框中输入对应的 API Key。

配置好 API 鉴权方式后，回到图 5-30 所示的页面，并点击“测试”，对这两个工具进行测试。这里以 `get_location_coordinate` 为例，将参数“`keywords`”设置为“故宫”、将“`region`”设置为“北京”，再点击“测试”按钮，如图 5-33 所示。

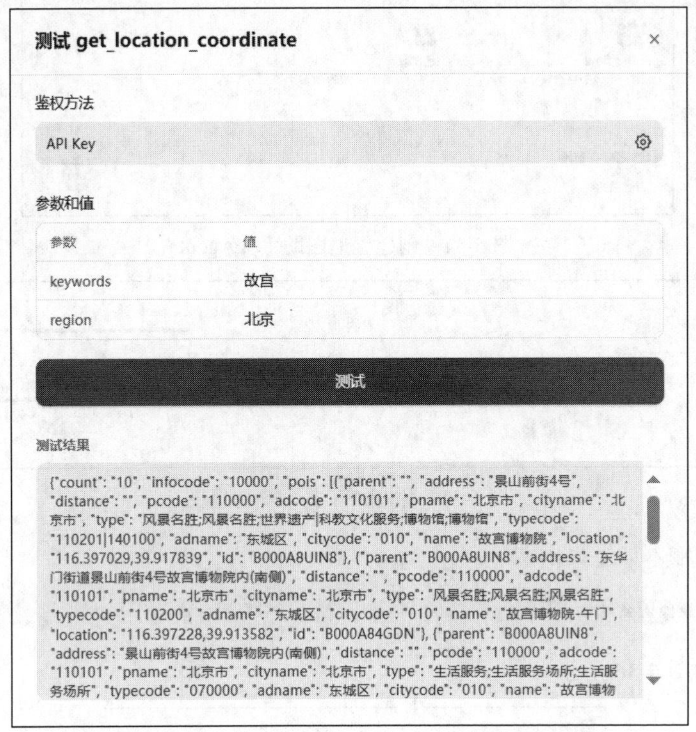

图 5-33 `get_location_coordinate` 的测试效果

可以看到，该 API 访问成功，并返回了 POI 列表。

测试通过后，在图 5-30 所示的页面中向下滚动，找到并点击“保存”按钮，完成自定义工具的创建。

2. 使用地图助手 Agent 测试自定义工具

接下来，创建一个“地图助手”Agent，如图 5-34 所示，用于测试这两个工具。

在“地图助手”Agent 的编排页面，输入如下提示词。

```
你是一个地图助手，可以回答关于兴趣点搜索的问题
```

添加“工具”高德地图，如图 5-35 所示。

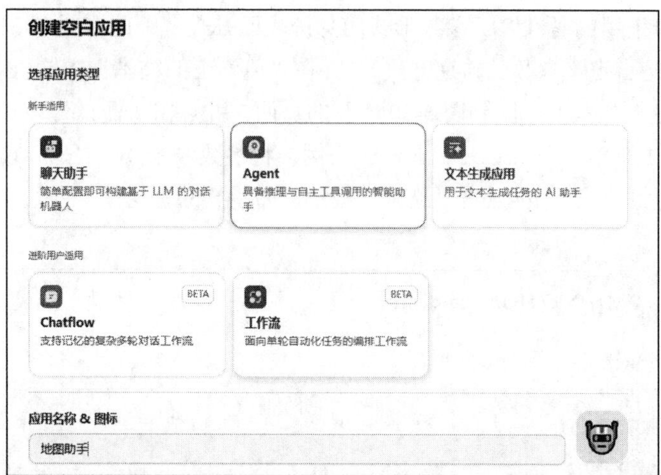

图 5-34 创建“地图助手”Agent

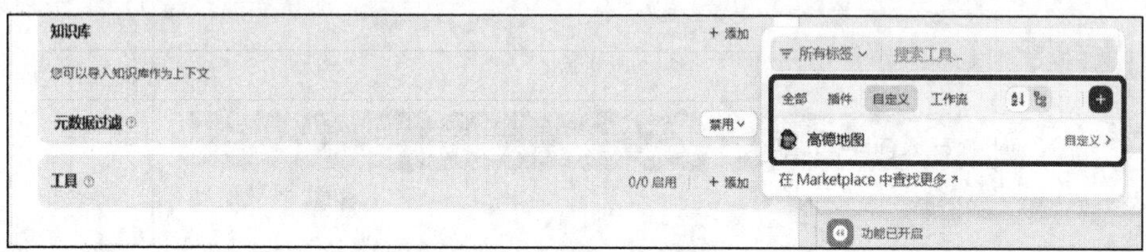

图 5-35 添加“工具”高德地图

在调试页面输入如下提示词。

```
1.  北京鼓楼附近有没有烤鸭店?
```

测试效果如图 5-36 所示。

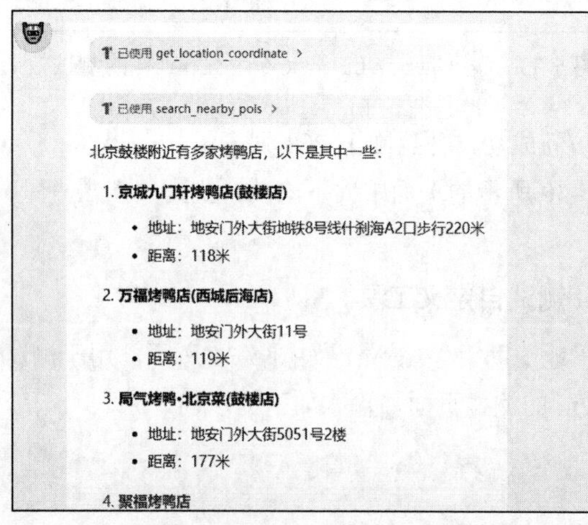

图 5-36 “地图助手”Agent 测试效果

从测试效果可知，“地图助手”Agent 调用了高德地图的两个工具，完成了在北京鼓楼附近搜索烤鸭店的工作。

5.3.2 基于 FastAPI 开发符合标准的工具

本节将以获取服务器显卡信息为例，演示如何基于 FastAPI 快速开发包含 OpenAPI 文档的工具。

1. 编写包含 OpenAPI 文档的工具

由于这里的工具需要以 API 形式对外发布，因此选择使用基于 Python 语言的 HTTP 框架（Django、FastAPI 等）来实现。在 AI 应用开发领域，推荐使用 FastAPI，主要原因是它支持自动生成标准化的 OpenAPI 文档，能够显著提升接口设计与调试效率，是当前构建 AI 相关服务接口的首选框架。

为提高开发效率，这里借助 AI 辅助编程工具（Cursor）来生成代码。Cursor 是一款集成了 AI 编程能力的代码编辑器，使用方法与 VS Code 很像，提供了良好的开发体验。关于 Cursor 的安装与配置，这里不做详细说明，读者可自行下载并进行安装。

打开 Cursor，新建一个名为 `server.py` 的文件，如图 5-37 所示。

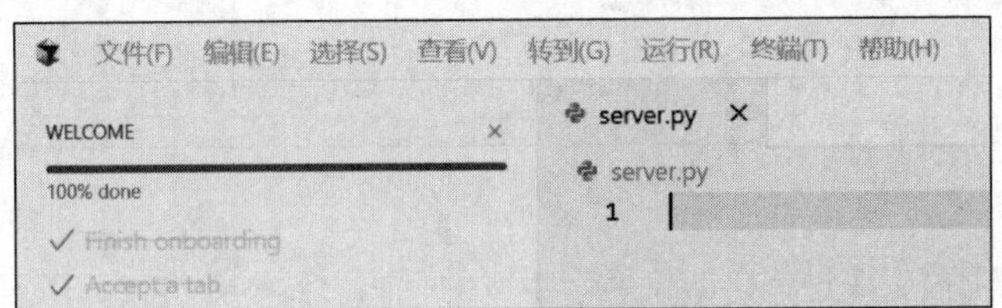

图 5-37 在 Cursor 中新建文件

按下组合键 Ctrl + K，打开如图 5-38 所示的对话框。

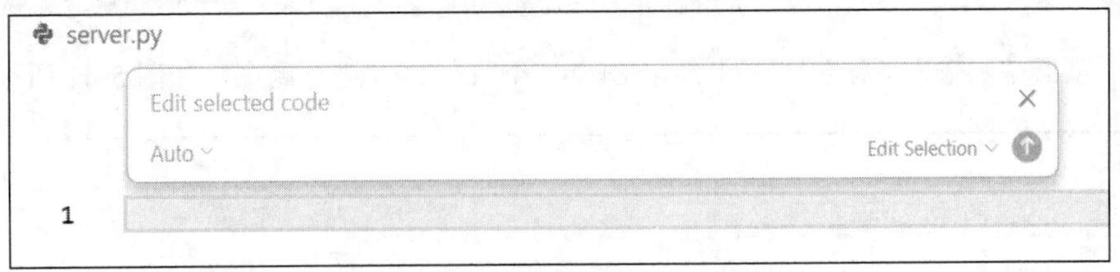

图 5-38 Cursor 代码生成对话框

在对话框中，先输入描述代码生成需求的如下提示词。

```
帮我用 FastAPI 开发一个 HTTP Server，该 Server 包含一条路由，路由的功能是使用 nvidia-smi 命令获取显卡相关信息。另外，你还需要把 OpenAPI 相关的配置写好，如 server、operator_id 等。
```

然后，点击矩形框中的图标生成代码，如图 5-39 所示。此时，生成代码的界面如图 5-40 所示。

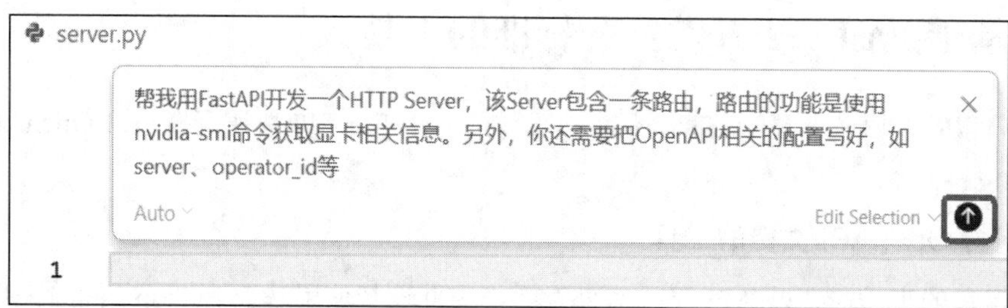

图 5-39　输入提示词

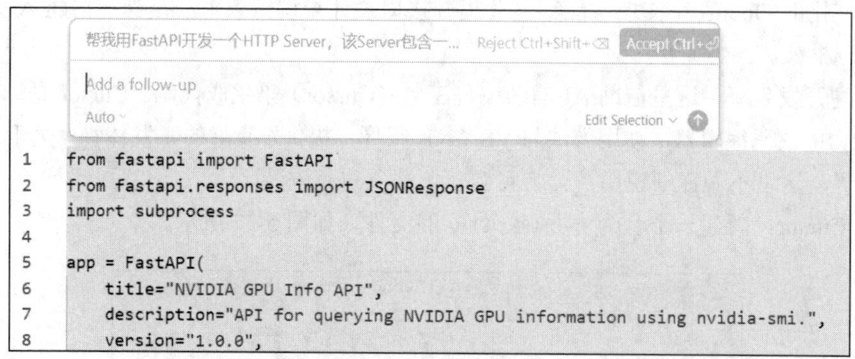

图 5-40　生成代码

这触发的是代码预生成过程，即仅展示生成的代码，而不会将代码写入文件。确定生成的代码符合预期且无须进一步修改后，点击图 5-40 矩形框内的按钮，将代码写入目标文件。

最后，使用下面的命令运行代码，以测试效果。

```
1.  python server.py
```

在浏览器中，输入<服务器公网 IP>:8000/gpu/info 进行测试，如图 5-41 所示。

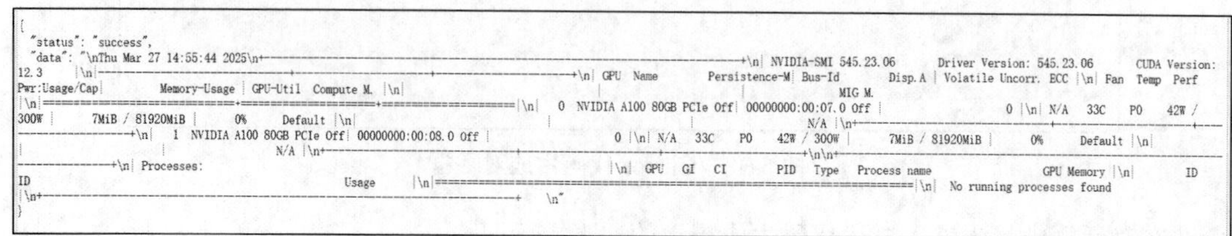

图 5-41　/gpu/info 路由测试效果

在浏览器中，输入<服务器公网 IP>:8000/openapi.json，以查看代码生成的 OpenAPI

文档，如图 5-42 所示。

```
{
  "openapi": "3.1.0",
  "info": {
    "title": "GPU Info Service",
    "description": "A service to get NVIDIA GPU information using nvidia-smi",
    "version": "1.0.0"
  },
  "paths": {
    "/gpu/info": {
      "get": {
        "tags": [
          "GPU"
        ],
        "summary": "Get GPU Information",
        "description": "Retrieves information about NVIDIA GPUs using nvidia-smi command",
        "operationId": "get_gpu_info",
        "responses": {
          "200": {
            "description": "GPU information from nvidia-smi",
            "content": {
              "application/json": {
                "schema": {
                  "type": "object",
                  "title": "Response Get Gpu Info"
```

图 5-42　查看代码生成的 OpenAPI 文档

FastAPI 还自动生成了 Swagger 文档，在浏览器中输入<服务器公网 IP>:8000/docs 可以打开这个文档，如图 5-43 所示。

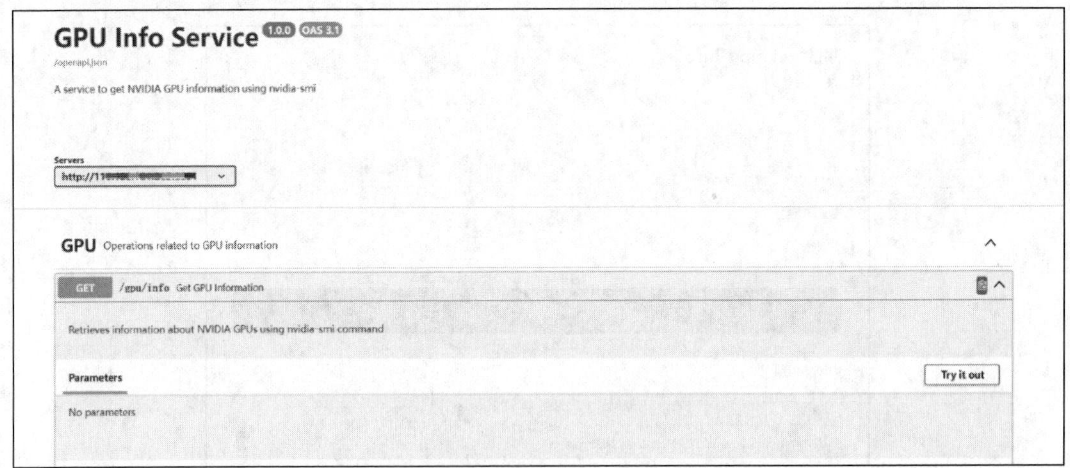

图 5-43　Swagger 文档

2．测试工具

生成并测试代码后，使用 Dify Agent 测试相应的工具。为此，复制图 5-42 所示的 OpenAPI 文档的内容，并将其粘贴到“创建自定义工具”页面中，如图 5-44 所示。

然后，点击图 5-44 下方的“测试”按钮确认能否访问前面启动的服务。如果可以看到类似图 5-45 所示的效果，说明启动成功了。

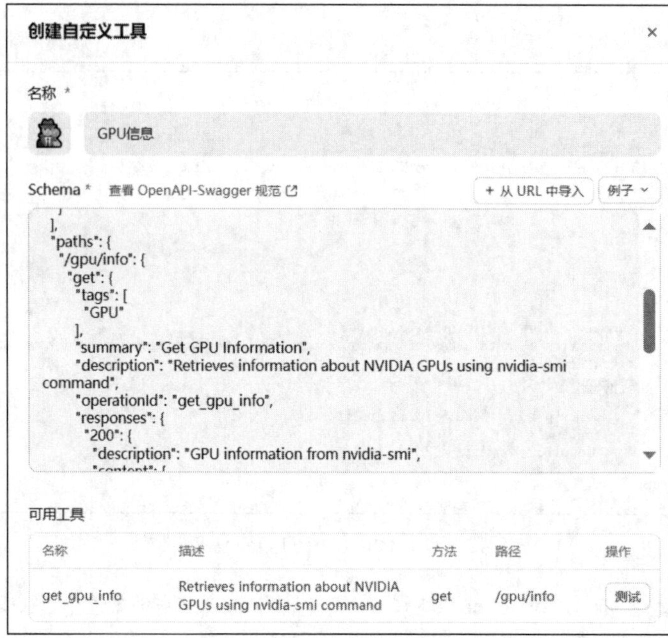

图 5-44 配置自定义工具

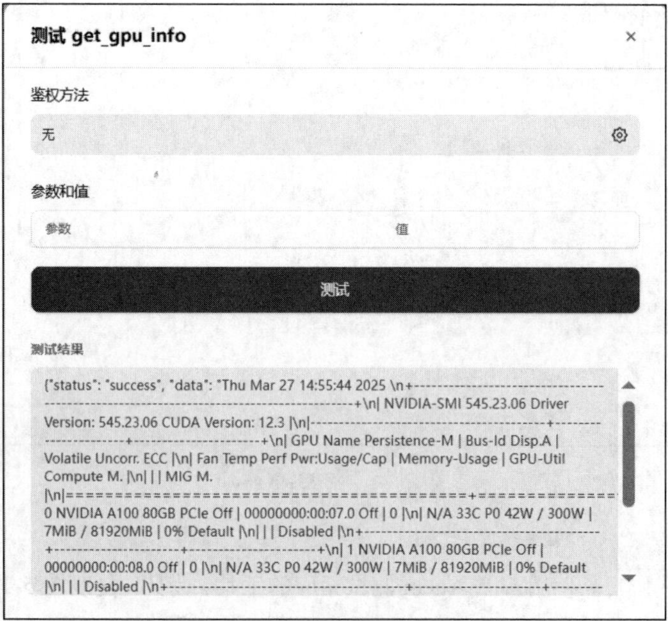

图 5-45 测试工具执行效果

接下来，按 5.3.1 节介绍的流程，创建一个 Agent 并接入工具，如图 5-46 所示。

图 5-46　将工具接入 Agent

在调试页面输入如下提示词。

```
1.  服务器上有几张卡，是什么型号的？
```

测试效果如图 5-47 所示。

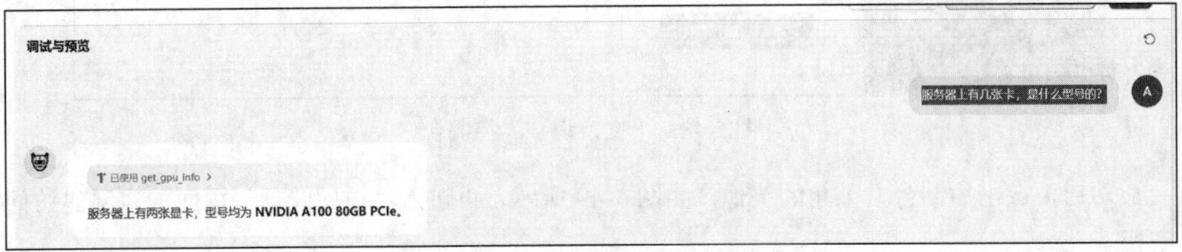

图 5-47　工具调用测试效果

可以看到，LLM 读懂了 `nvidia-smi` 命令返回的内容，并从中提取了关键信息作为回复。

5.4　视觉识别技术：识别试卷题目并分析解答

本节介绍如何开发 AI 版“作业帮”：严格遵循图 5-1 所示的流程图来实现整个项目，并采用工作流（Workflow）模式实现。

本节实现该流程图中的第一步——多模态题目识别环节：使用视觉识别技术对用户上传的试题图片进行解析，并提取题目内容作为解题模块的输入。另外，还将完成工作流的初步搭建，为整个系统的运行奠定基础。

5.4.1　OCR 识别技术

目前业界采用的视觉识别技术主要有两种，一是传统的 OCR 识别技术，二是 AI 时代出现的视觉模型。下面首先介绍如何使用腾讯云的 OCR 服务。

1. 开通 OCR 服务

要开通腾讯云的 OCR 服务，可前往腾讯云官网搜索“文字识别”，进入如图 5-48 所示的“文字识别”控制台，并开通服务。

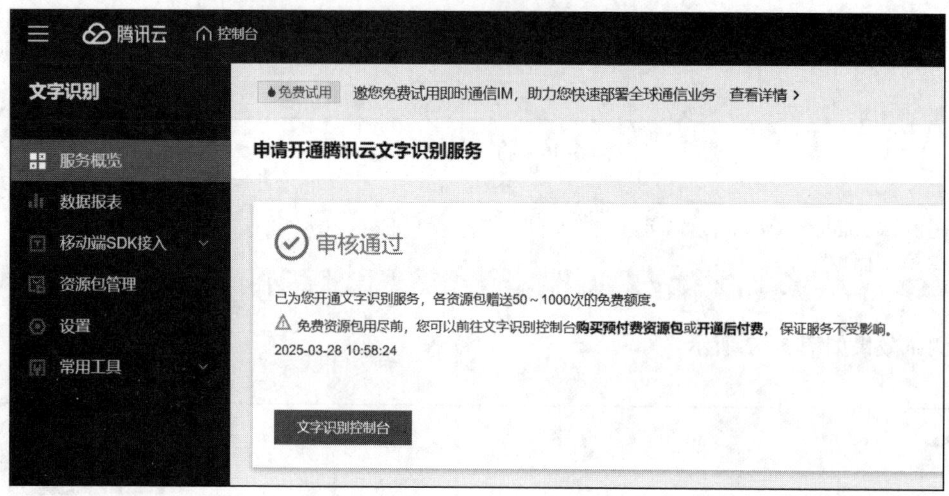

图 5-48　“文字识别”控制台

然后，点击控制台右上角的头像，如图 5-49 所示，再进入“访问管理”页面，并创建访问密钥。

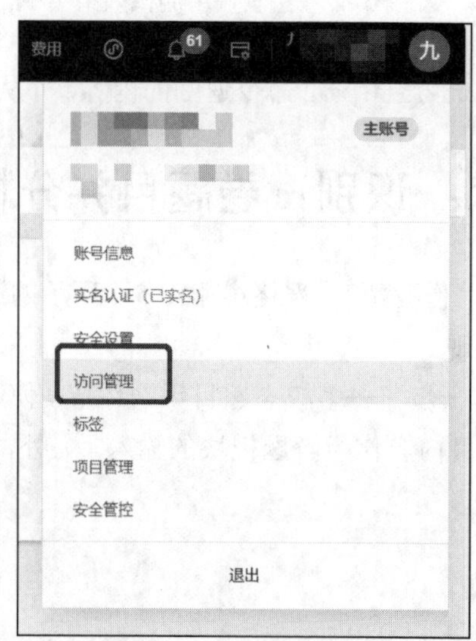

图 5-49　访问管理

现在可以以编写代码的方式使用该 OCR 服务了。

2. 编写使用 OCR 服务的代码

腾讯云 OCR 服务提供了 SDK，可使用如下命令进行下载和安装。

```
pip install --upgrade tencentcloud-sdk-python-ocr
```

接下来，可参考官网的示例编写代码，也可使用 Cursor 来生成相关的代码。这里使用 Cursor 来生成代码，使用的提示词如下。

```
请使用 tencentcloud-sdk-python-ocr 帮我编写从图片中识别出文字的代码
```

生成的代码如下。

```
from tencentcloud.common import credential
from tencentcloud.common.profile.client_profile import ClientProfile
from tencentcloud.common.profile.http_profile import HttpProfile
from tencentcloud.ocr.v20181119 import ocr_client, models

def recognize_text(image_path):
    try:
        # 实例化认证对象
        cred = credential.Credential("SecretID", "SecretKey")

        # 实例化 http 选项
        httpProfile = HttpProfile()
        httpProfile.endpoint = "ocr.tencentcloudapi.com"

        # 实例化 client 选项
        clientProfile = ClientProfile()
        clientProfile.httpProfile = httpProfile

        # 实例化 OCR client 对象
        client = ocr_client.OcrClient(cred, "ap-guangzhou", clientProfile)

        # 读取图片文件并转为 Base64
        with open(image_path, 'rb') as f:
            image = f.read()
        import base64
        image_base64 = base64.b64encode(image).decode()

        # 实例化请求对象
        req = models.GeneralBasicOCRRequest()
        req.ImageBase64 = image_base64

        # 发起 OCR 识别请求
        resp = client.GeneralBasicOCR(req)

        # 提取识别结果
        result = []
```

```
37.         for text_item in resp.TextDetections:
38.             result.append(text_item.DetectedText)
39.
40.         return '\n'.join(result)
41.
42.     except Exception as e:
43.         print(f"OCR 识别发生错误: {str(e)}")
44.         return None
```

将第 9 行的 SecretID 和 SecretKey 替换为在“访问管理”页面（图 5-49）中创建的密钥。

这段代码完全是通过调用 SDK 实现的，没有任何业务逻辑，因此无须深究其中的原理，只需知道这段代码是先对图片进行 base64 编码，再将结果传递给 OCR 接口。

现在，准备一张存储在本地的示例数学题图片，如图 5-50 所示。

观察下列单项式 - 2x，$4x^2$， - $8x^3$， $16x^4$， - $32x^5$， $64x^6$， …

（1）分别指出单项式的系数和指数是怎样变化的?

（2）写出第10个单项式;

（3）写出第n个单项式.

图 5-50 示例数学题

再编写一个 main 函数并调用前述代码，如下所示。

```
if __name__ == "__main__":
    image_path = "试题1.png"
    result = recognize_text(image_path)
    print(result)
```

运行效果如图 5-51 所示。

```
(d:\workspace\python\ocr\.conda) PS D:\workspace\python\ocr> & d:/workspace/python/ocr/.conda/python.exe d:/workspace/python/ocr/ocr.py
观察下列单项式-2x，4x2，
，-8x3,16x4,
- 32x5,
64x6
(1)分别指出单项式的系数和指数是怎样变化的?
(2)写出第10个单项式;
(3)写出第n个单项式.
```

图 5-51 OCR 识别效果

可以看到，识别结果是准确的。

5.4.2 使用豆包大模型

视觉模型指的是能够理解并解析图像中文字信息的 AI 模型。如果说大型语言模型（LLM）可以比作“大脑”，负责处理和生成自然语言文本，那么视觉模型犹如给这个“大脑”添加了一双“眼睛”，使其具备了理解和分析视觉信息的能力。

在国内，有多家公司推出了视觉模型，其中火山引擎推出的豆包大模型表现较为突出。抖音、西瓜视频等平台与火山引擎隶属于同一家母公司（字节跳动），这些平台积累了大量的视频和图像数据，为训练高效、准确的视觉模型提供了得天独厚的数据资源和技术积累。

下面开通豆包大模型，并在 Dify 上测试其识别效果。

1. 开通豆包大模型

DeepSeek 等模型提供商的服务是使用 API Key 通过 API 访问的，但火山引擎以云产品形式提供服务，这意味着需要注册并配置相应的云服务账户。

首先，进入火山引擎官网，如图 5-52 所示。

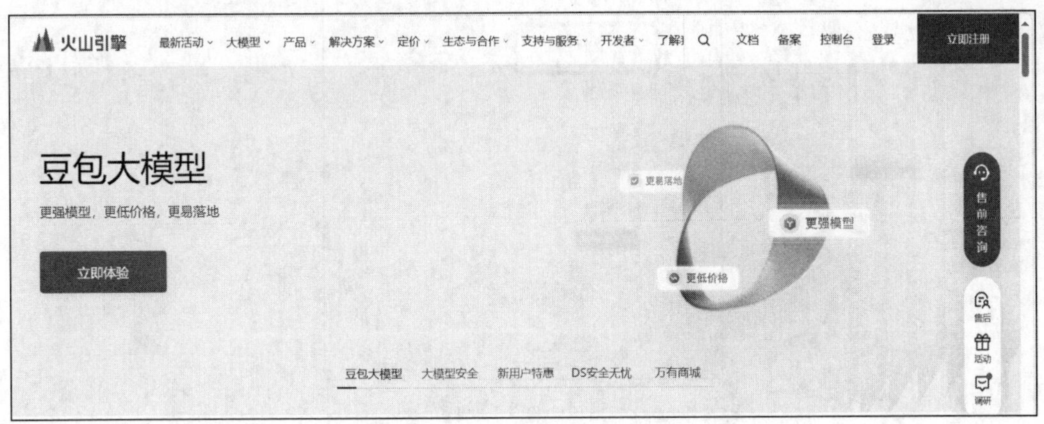

图 5-52 火山引擎官网

点击右上角的“立即注册”，完成火山引擎的注册。然后，点击导航栏中的“大模型”，并选择“视觉理解模型”，如图 5-53 所示。

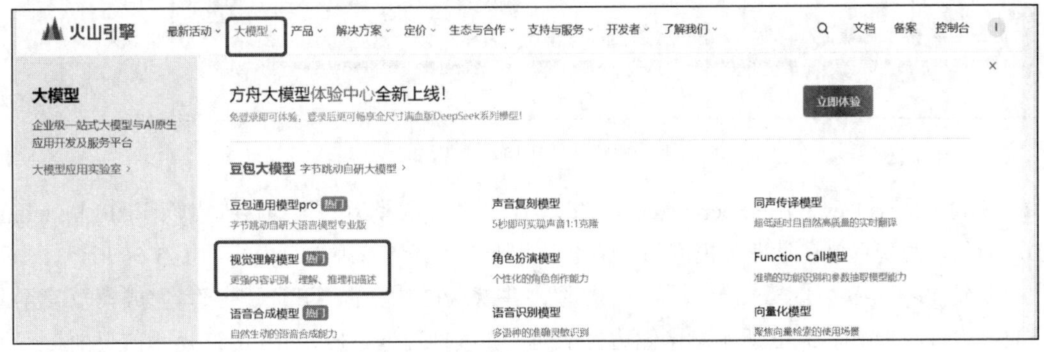

图 5-53 选择“视觉理解模型”

这将跳转到豆包视觉理解模型（如 Doubao-vision-pro-32k）的详情页。选择所需模型后，创建用于调用它的 Access Key ID 和 Secret Access Key。为此，点击右上角的头像，再点击“API 访问密钥”，如图 5-54 所示。

图 5-54　API 访问密钥

点击“新建密钥”，如图 5-55 所示。

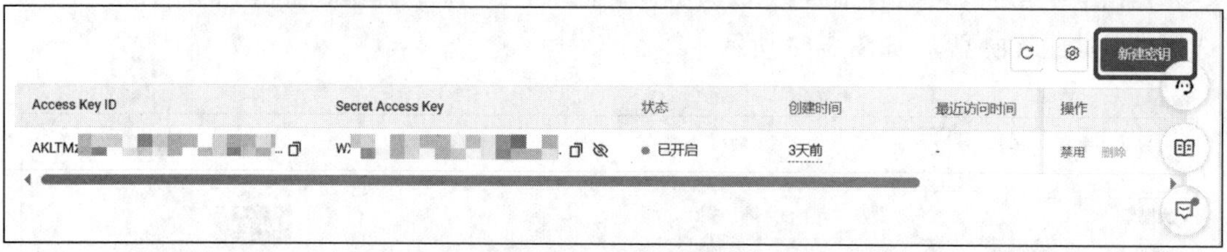

图 5-55　新建密钥

获取 Access Key ID 和 Secret Access Key 后，还需获取模型的推理接入点，即 API Endpoint ID。为此，回到豆包视觉理解模型的详情页，并进入“开通管理”页面，如图 5-56 所示。

找到 Doubao-vision-pro-32k 模型，并点击它右边的“开通服务”，完成模型服务的开通。然后，点击图 5-56 所示左侧侧边栏中的“在线推理”，进入如图 5-57 所示的页面。

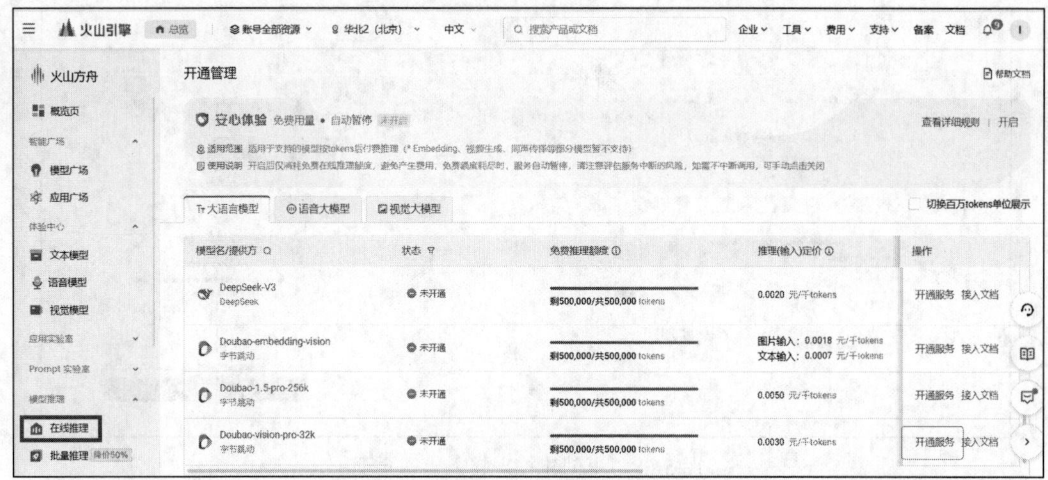

图 5-56　“开通管理”页面

图 5-57　“在线推理”页面

点击图 5-57 中的“创建推理接入点”，进入如图 5-58 所示的页面。

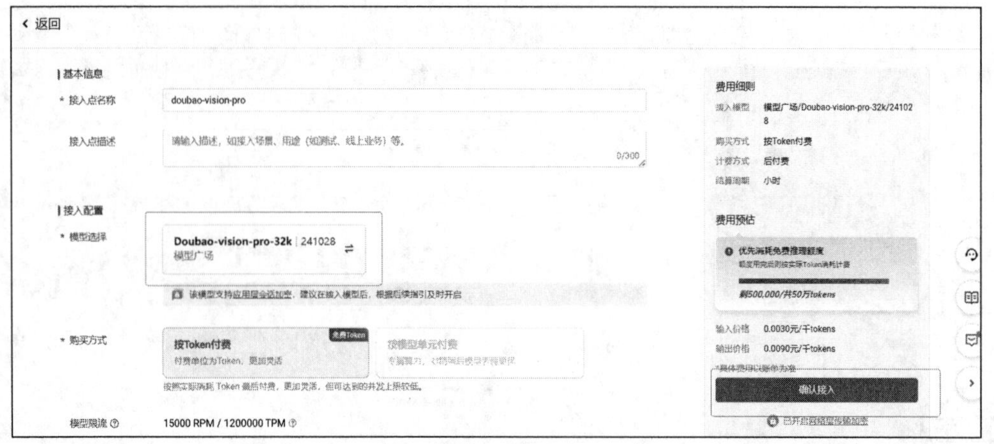

图 5-58　“创建推理接入点”页面

在“模型选择”右侧选择 Doubao-vision-pro-32k，再点击右下角的“确认接入”返回图 5-57 所示的“在线推理”页面，其中显示了 Doubao-vision-pro-32k，如图 5-59 所示（矩形框中的 ID 就是推理接入点）。

至此，便开通了豆包大模型。下面在 Dify 平台中配置并调用该视觉模型，将其集成到 AI 版“作业帮”工作流中，实现对题目图片的自动识别与内容提取。

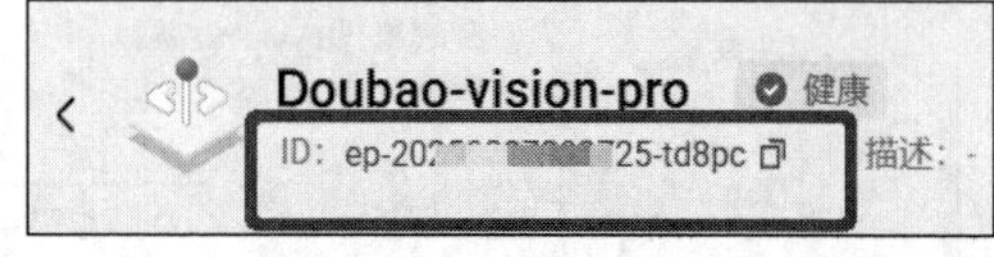

图 5-59　Doubao-vision-pro-32k ID

2．在 Dify 中添加豆包大模型

在 Dify WebUI 中，点击右上角的头像，再点击“设置”，如图 5-60 所示。

图 5-60　Dify 设置

找到模型提供商 Volcengine（火山引擎），如图 5-61 所示。

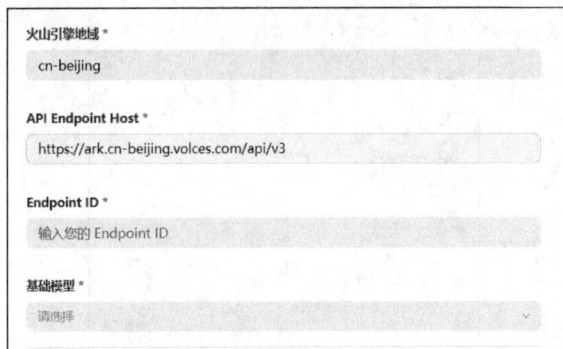

图 5-61　模型供应商 Volcengine

点击右下角的“添加模型”，进入如图 5-62 所示的页面。选择“LLM”，设置模型名称为“豆包大模型”；鉴权方式选择 Access Key/Secret Access Key，并填入在图 5-55 创建的 Access Key ID 和 Secret Access Key。

添加 Volcengine

模型类型 *

LLM

Text Embedding

模型名称 *

豆包大模型

鉴权方式 *

Access Key / Secret Access Key

Access Key *

输入您的 Access Key

Secret Access Key *

输入您的 Secret Access Key

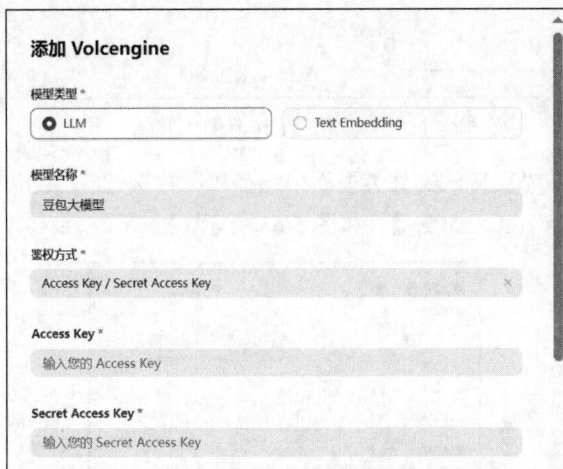

图 5-62　添加豆包大模型

然后，在图 5-62 所示页面中向下滚动，以便添加 Endpoint ID 并选择基础模型，如图 5-63 所示。填入图 5-59 所示的推理接入点，并选择基础模型 `Doubao-vision-pro-32k`，再保存。

火山引擎地域 *

cn-beijing

API Endpoint Host *

https://ark.cn-beijing.volces.com/api/v3

Endpoint ID *

输入您的 Endpoint ID

基础模型 *

请选择

图 5-63　添加 Endpoint ID

5.4.3　搭建“作业帮”工作流

现在在 Dify 中搭建“作业帮”工作流。为此，创建工作流并选择“开始”节点，再点击“输入字段”右侧的加号以添加变量，如图 5-64 所示。

图 5-64　“作业帮”工作流的“开始”节点

选择“单文件”，在“支持的文件类型”中选择“图片”，在“上传文件类型”中选择“本地上传”，再点击“保存”以添加变量，如图 5-65 所示。

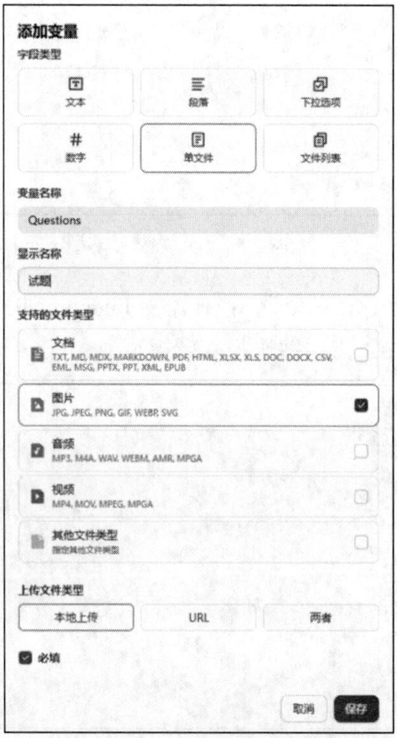

图 5-65　添加变量

在“开始”节点后添加一个 LLM 节点，如图 5-66 所示。

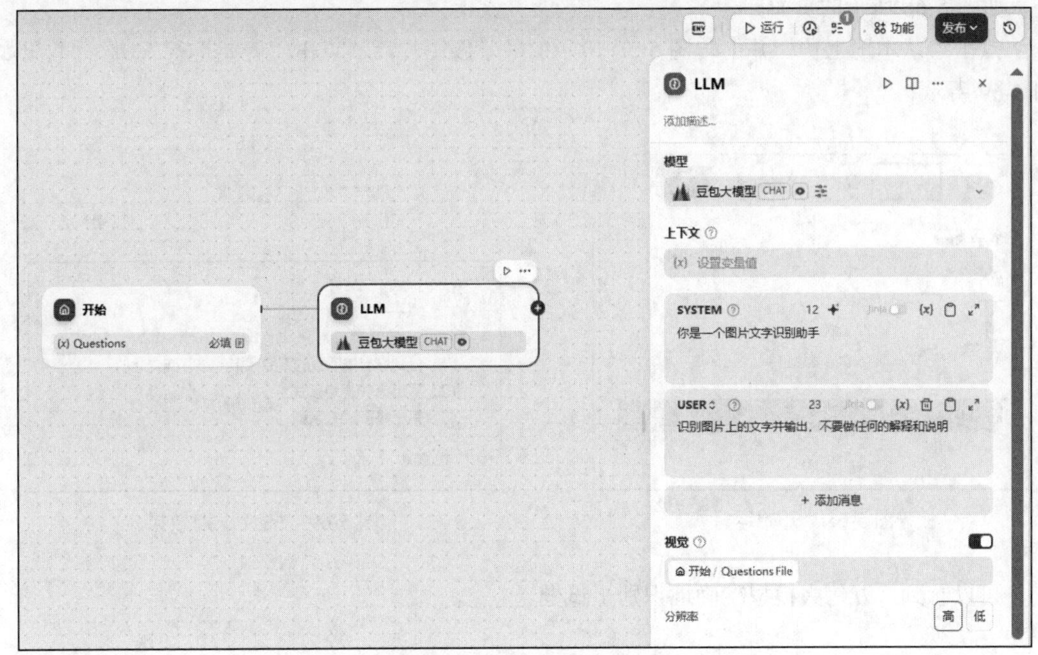

图 5-66 添加 LLM 节点

在“模型”中选择“豆包大模型”，在“SYSTEM”下的文本框输入提示词“你是一个图片文字识别助手”，在“USER”下的文本框输入提示词“识别图片上的文字并输出，不要做任何的解释和说明”。

将“视觉”右侧的开关打开，再选择“开始”节点中定义的 Questions 变量，如图 5-66 所示。至此，LLM 节点便设置好了。

最后，添加一个“结束”节点，完成工作流的初步搭建，如图 5-67 所示。

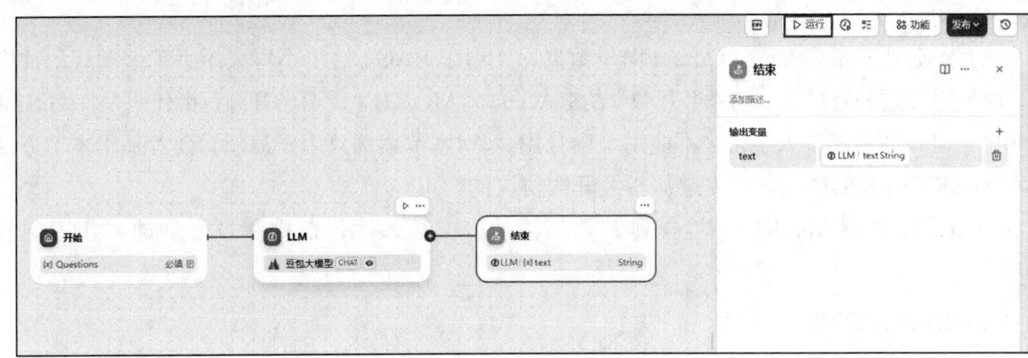

图 5-67 添加“结束”节点

现在来测试豆包大模型的图片识别效果，为此点击图 5-67 矩形框内的“▷运行”按钮，进入如图 5-68 所示的页面。

点击“从本地上传”并上传图 5-50 所示的数学题图片后，点击“开始运行”，运行效果如图 5-69 所示。

图 5-68　开始运行

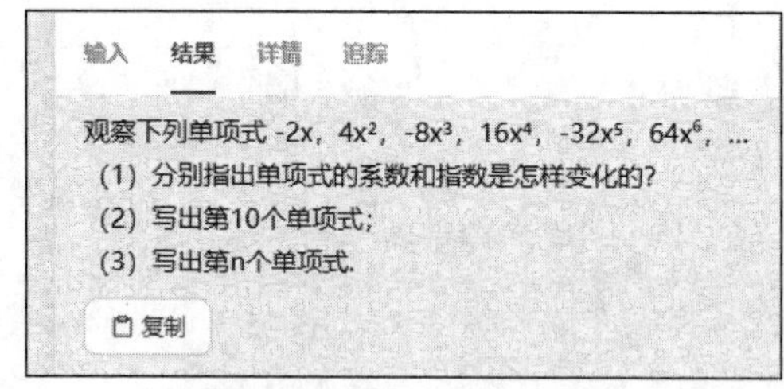

图 5-69　图片识别效果

可以看到，豆包大模型准确地识别了试题。

5.5　RAG 技术：借助题库提升答题准确率

随着技术的不断进步，DeepSeek 等模型在数学推理能力方面取得了显著进步，甚至能够完成包括考研数学题在内的复杂逻辑与计算任务。

本节将结合使用 DeepSeek R1 模型和 RAG 技术构建一个数学习题库，用于模拟类似“作业帮”产品的解题过程。

5.5.1　基于 RAG 实现题库

4.7 节使用 LangChain 和 Qdrant 向量数据库实现了 RAG，这里不再采用手工编写代码的方式，而使用飞致云公司旗下的“半开源”的 RAG 方案 MaxKB。所谓半开源，指代码是在 GitHub 开源的，但只能用于个人学习，不能用于商业用途。（本节案例只用于演示，读者基于本节方法使用 MaxKB 开发的产品，亦需遵从相关开源协议的约定。）

下面依次介绍 MaxKB 环境搭建、数据清洗、文档入库、命中测试及创建知识库问答助手。

1. MaxKB 环境搭建

搭建 MaxKB 环境，需完成部署与模型添加两个步骤。

（1）**部署 MaxKB**。要部署 MaxKB，可使用如下命令。

```
docker run -d --name=maxkb -p 38080:8080 \
  -v ~/.maxkb:/var/lib/postgresql/data \
  -v ~/.python-packages:/opt/maxkb/app/sandbox/python-packages \
  registry.fit2cloud.com/maxkb/maxkb
```

其中，`-p 38080:8080` 将容器端口 8080 映射到宿主机端口 38080；`-v ～/.maxkb:/var/lib/postgresql/data` 将宿主机的目录～`/.maxkb` 挂载到容器中的 `/var/lib/postgresql/data` 路径（PostgreSQL 数据库默认使用的数据存储目录）；`-v ～/.python-packages:/opt/maxkb/app/sandbox/python-packages` 将宿主机的～`/.python-packages` 目录挂载到容器中的 `/opt/maxkb/app/sandbox/python-packages` 路径，该路径用于存放 Python 第三方库，供 MaxKB 的 Docker 环境调用，避免重启容器后重新安装依赖。

启动 MaxKB 容器后，使用 `docker ps` 命令查看启动的容器，如图 5-70 所示。

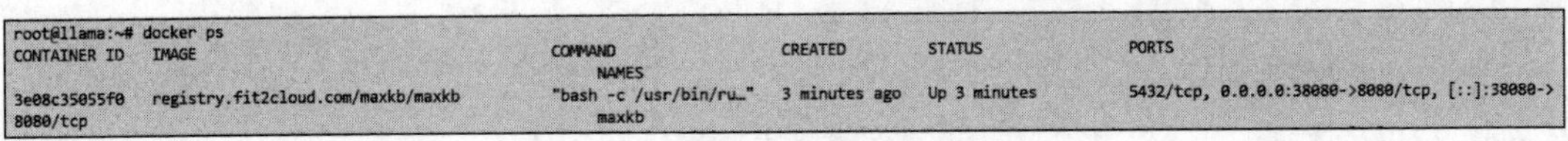

root@llama:~# docker ps
CONTAINER ID IMAGE COMMAND CREATED STATUS PORTS
NAMES
3e08c35055f0 registry.fit2cloud.com/maxkb/maxkb "bash -c /usr/bin/ru…" 3 minutes ago Up 3 minutes 5432/tcp, 0.0.0.0:38080->8080/tcp, [::]:38080->8080/tcp
maxkb

图 5-70 查看启动的 MaxKB 容器

在浏览器中输入<服务器公网 IP>:38080，可以访问 MaxKB 的 WebUI 控制台，如图 5-71 所示。

输入 MaxKB 内置的默认用户名（admin）与密码（MaxKB@123..），点击“登录”进入如图 5-72 所示的控制台主页。

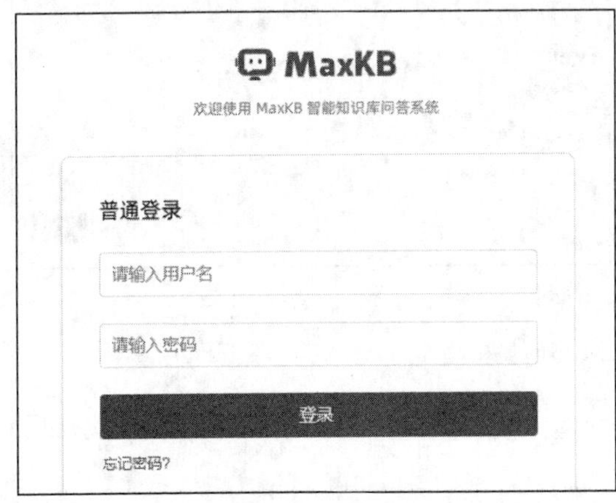

图 5-71 MaxKB WebUI 控制台

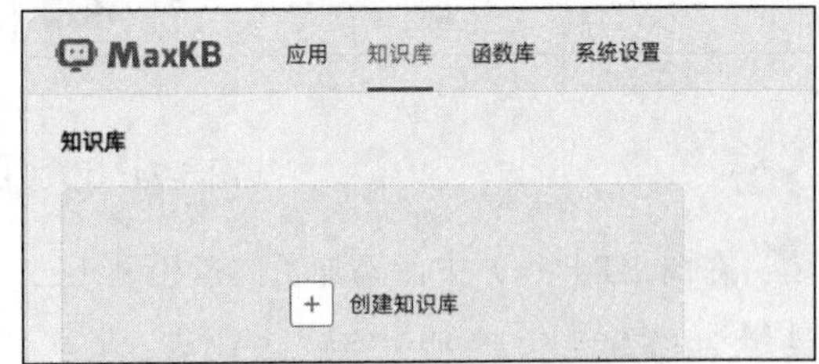

图 5-72 MaxKB 控制台主页

（2）**添加模型**。创建 RAG 知识库前，需要设置模型。为此，依次点击“系统设置”和“模型设置”，进入如图 5-73 所示的“模型设置”页面。

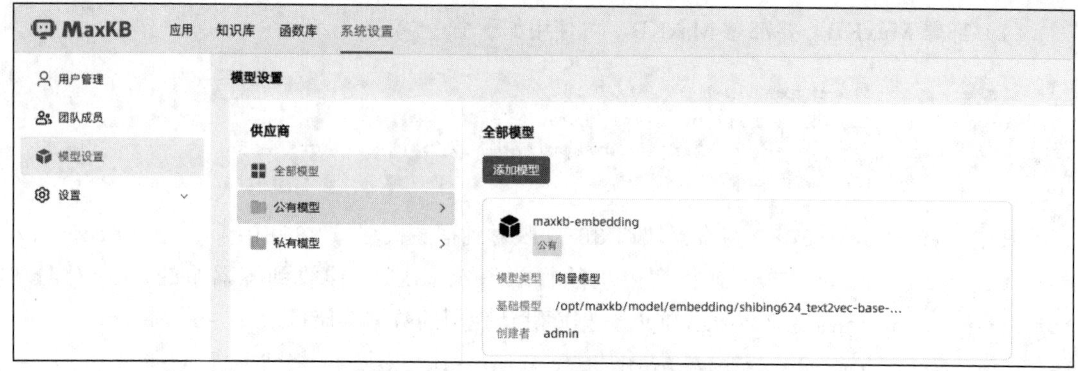

图 5-73 “模型设置”页面

点击“添加模型”以添加新模型。4.7 节提到要使用 RAG 技术需要 LLM 与向量模型的支持，因此添加这两种模型，如图 5-74 所示。

（a）

（b）

图 5-74 添加 LLM 与向量模型

在图 5-74（a）中，添加了向量模型 `text-embedding-v1`；在图 5-74（b）中，添加了 LLM `deepseek-reasoner`。

至此，MaxKB 环境便搭建好了。

2. 数据清洗

搭建 MaxKB 环境后，需要准备待入库文档，这里使用的是一份初中数学试卷。为方便自测，题目与答案等通常是分开的，如图 5-75 所示。

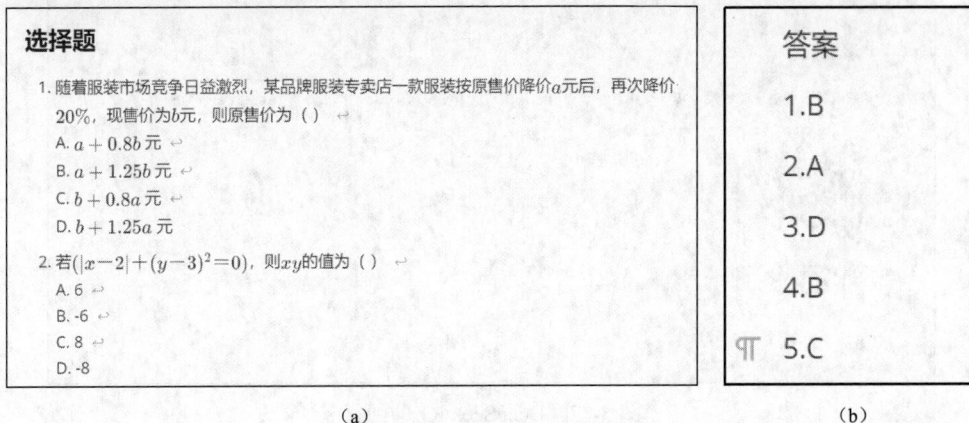

选择题

1. 随着服装市场竞争日益激烈，某品牌服装专卖店一款服装按原售价降价a元后，再次降价20%，现售价为b元，则原售价为（ ）
   A. $a+0.8b$ 元
   B. $a+1.25b$ 元
   C. $b+0.8a$ 元
   D. $b+1.25a$ 元
2. 若$(|x-2|+(y-3)^2=0)$，则xy的值为（ ）
   A. 6
   B. -6
   C. 8
   D. -8

（a）

答案

1.B

2.A

3.D

4.B

5.C

（b）

图 5-75　数学试卷与答案

然而，这种排版方式并不适用于构建 RAG 知识库。因为我们的目标是在匹配到相似题目后，直接获取其完整答案与解析，如果题目与答案在不同的文档中，将无法实现这一点。

因此，必须在导入 RAG 知识库前重新排版，并将每道题目同其答案和解析整合在一起。这项工作可借助 AI 来完成。

首先，将所有题目的图片上传到 DeepSeek R1，让它进行整合并生成一份 Markdown 格式的文档，如图 5-76 所示。

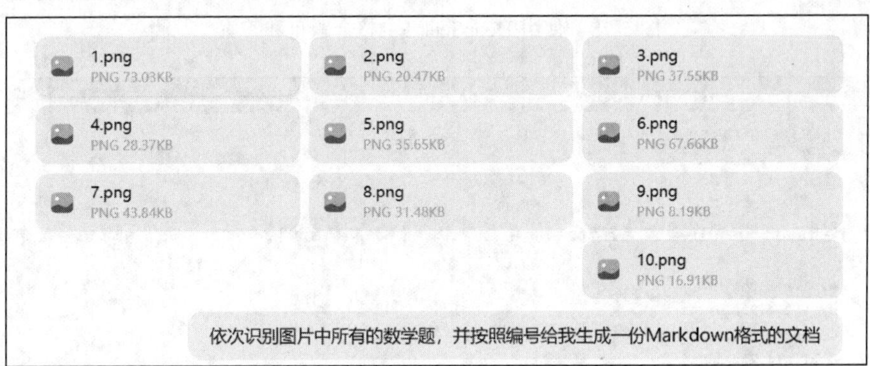

图 5-76　使用 DeepSeek R1 将题目图片转为 Markdown 格式的文档

DeepSeek R1 的回复如图 5-77 所示。

然后，将答案图片上传到 DeepSeek R1，让它进行整合并补充到图 5-77 所示的文档中，如图 5-78 所示。

DeepSeek R1 的回复如图 5-79 所示。

```markdown
# 数学题目汇编

## 选择题

1. 随着服装市场竞争日益激烈，某品牌服装专卖店一款服装按原售价降价a元后，再次降价20%，现售价为b元，则原售价为（ ）
   A. \(a+0.8b\) 元
   B. \(a+1.25b\) 元
   C. \(b+0.8a\) 元
   D. \(b+1.25a\) 元

2. 若 \(|x-2|+(y-3)^2=0\)，则 \(xy\) 的值为（ ）
   A. 6
   B. -6
   C. 8
   D. -8
```

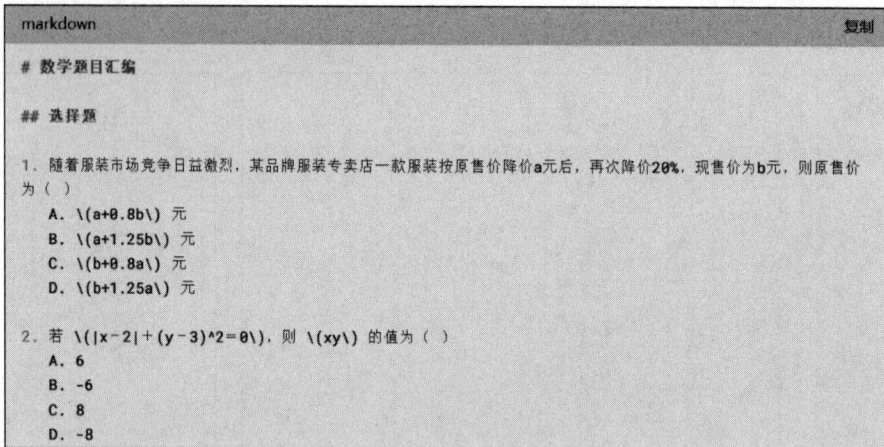

图 5-77 DeepSeek R1 的回复

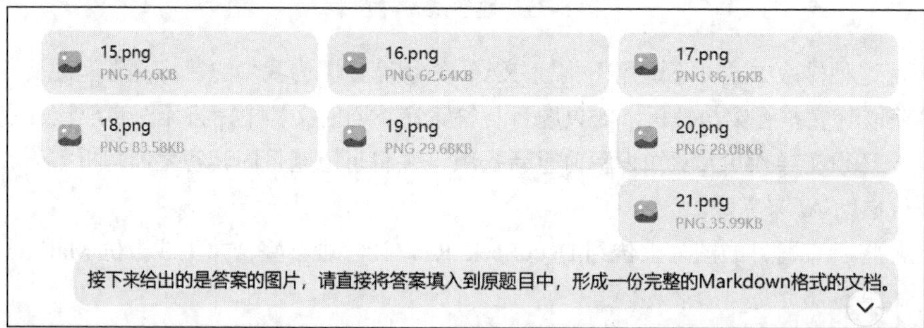

图 5-78 使用 DeepSeek R1 整合题目和答案

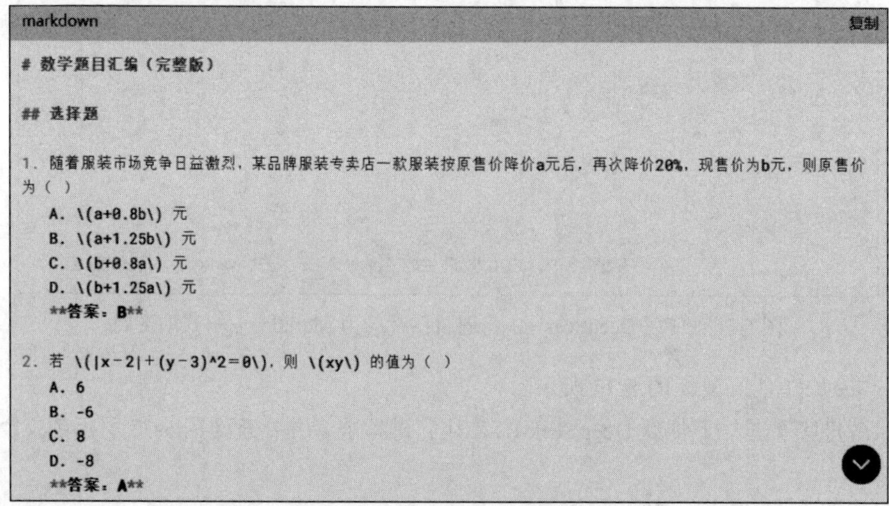

```markdown
# 数学题目汇编（完整版）

## 选择题

1. 随着服装市场竞争日益激烈，某品牌服装专卖店一款服装按原售价降价a元后，再次降价20%，现售价为b元，则原售价为（ ）
   A. \(a+0.8b\) 元
   B. \(a+1.25b\) 元
   C. \(b+0.8a\) 元
   D. \(b+1.25a\) 元
   **答案：B**

2. 若 \(|x-2|+(y-3)^2=0\)，则 \(xy\) 的值为（ ）
   A. 6
   B. -6
   C. 8
   D. -8
   **答案：A**
```

图 5-79 DeepSeek R1 的回复

最后，让 DeepSeek R1 将字符串格式的数学公式转为 Inline Math 格式，如图 5-80 所示。

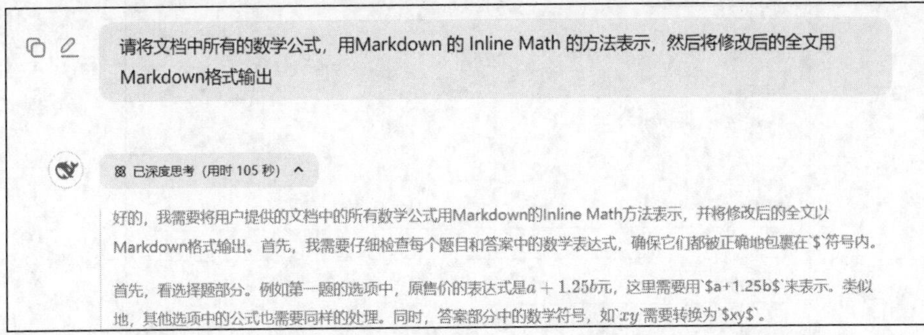

图 5-80 使用 DeepSeek R1 将数学公式转换为 Inline Math 格式

DeepSeek R1 的回复如图 5-81 所示。

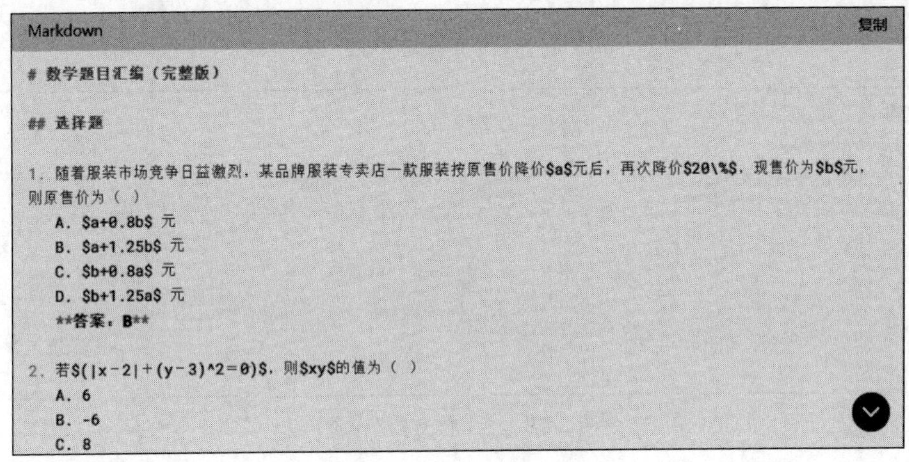

图 5-81 DeepSeek R1 的回复

至此，便完成了数据清洗，得到一份 Markdown 格式的数学试卷，其中包含多级标题，如一级标题“数学题目汇编（完整版）”、二级标题“选择题”等，且题目与答案在一起。

3. 文档入库

完成数据清洗后，进入文档入库环节。

在图 5-72 所示的 MaxKB 控制台主页中，点击“创建知识库”进入如图 5-82 所示的“创建知识库”页面。填写“知识库名称”“知识库描述”“向量模型”等信息，再点击“创建”进入如图 5-83 所示的“上传文档”页面。

上传图 5-81 所示的 Markdown 文件后，将自动分段并显示分段预览，供用户确定分段是否符合要求，如图 5-84 所示。

创建知识库

知识库名称 *

初中数学 4 / 64

知识库描述 *

涵盖了初中数学代数题目 11 / 256

向量模型 *

向量

知识库类型 *

通用型
上传本地文档

web 站点
同步Web网站文本数据

取消 创建

图 5-82 “创建知识库”页面

图 5-83 “上传文档”页面

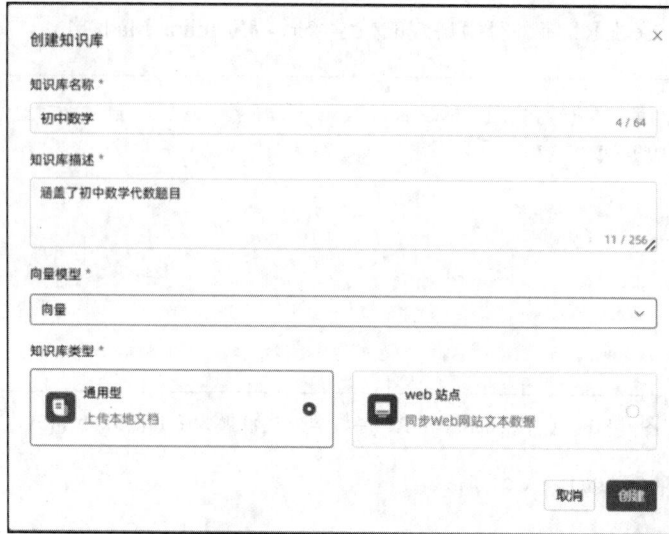

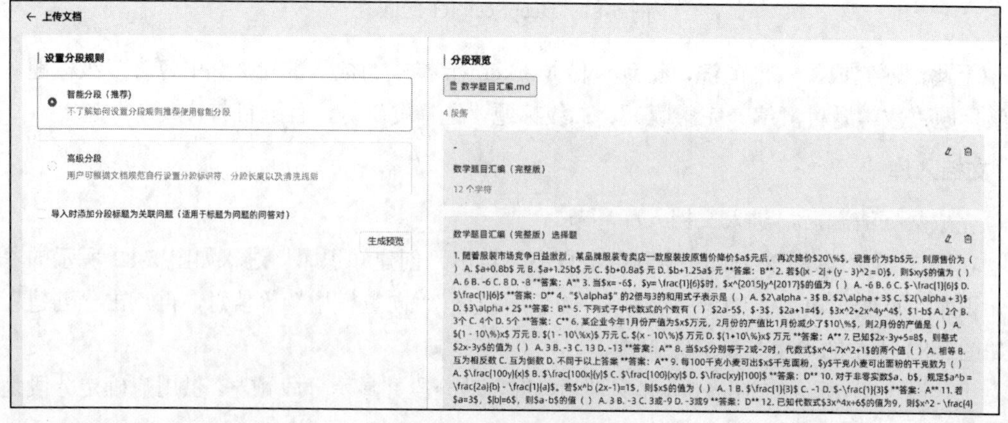

图 5-84 分段与预览

可以看到，存在多道数学题包含在一个分段中的情况，分段结果并不理想。这将导致干扰信息太多，不利于检索召回。最佳的分段结果是，每道数学题为一个分段。为此，点击图 5-84 中的“高级分段”，尝试自定义分段规则，如图 5-85 所示。

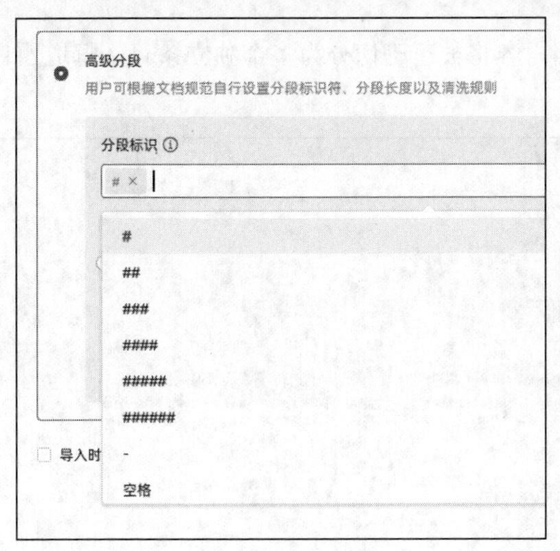

（a）

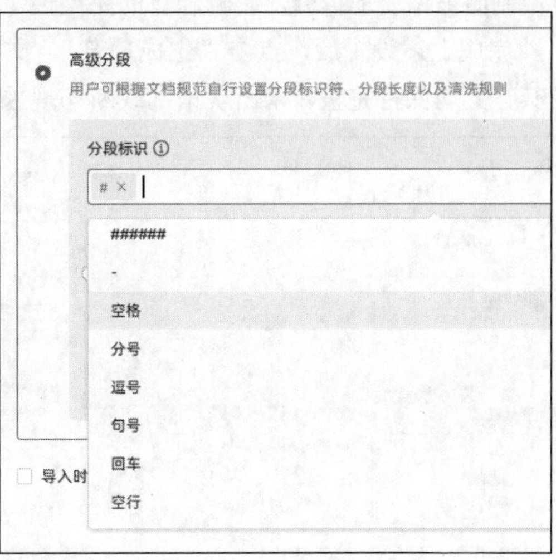

（b）

图 5-85　高级分段规则

从图 5-85 可知，可供选择的分段标识包括 Markdown 格式的#（一级标题）、##（二级标题）等标题及常见标点符号。为提高检索召回率，需对文件进行规范化，方法是在题目之间手动插入将用作分段标识的空行，如图 5-86 所示。这样处理后，每道题目及其答案将作为独立的语义单元，便于系统识别、索引与检索。

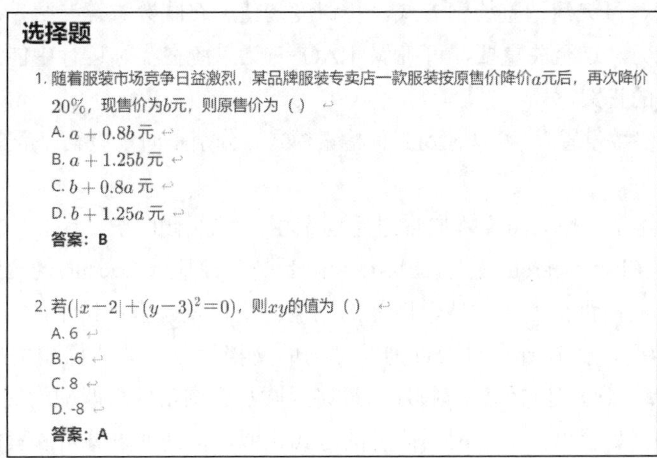

选择题

1. 随着服装市场竞争日益激烈，某品牌服装专卖店一款服装按原售价降价a元后，再次降价20%，现售价为b元，则原售价为（ ）↩
A. $a+0.8b$ 元 ↩
B. $a+1.25b$ 元 ↩
C. $b+0.8a$ 元 ↩
D. $b+1.25a$ 元 ↩
答案：B

2. 若$(|x-2|+(y-3)^2=0)$，则xy的值为（ ）↩
A. 6 ↩
B. -6 ↩
C. 8 ↩
D. -8 ↩
答案：A

图 5-86　调整文档格式

重新导入处理后的文件，如图 5-87 所示。选择“高级分段”模式。在“分段标识”选项中，指定按 #（一级标题）、##（二级标题）和空行进行分段，确保根据 Markdown 标题层级和手动添加的空行准确地切分内容。同时，将“分段长度”调整为 800，以免因题目长度超出默认长度限制而被错误地拆分，影响题目的完整性。

完成上述设置后，点击“生成预览”。文档内容将被正确切分为多个独立条目：每道题目及其答案均保持完整，未出现错乱或断句现象。

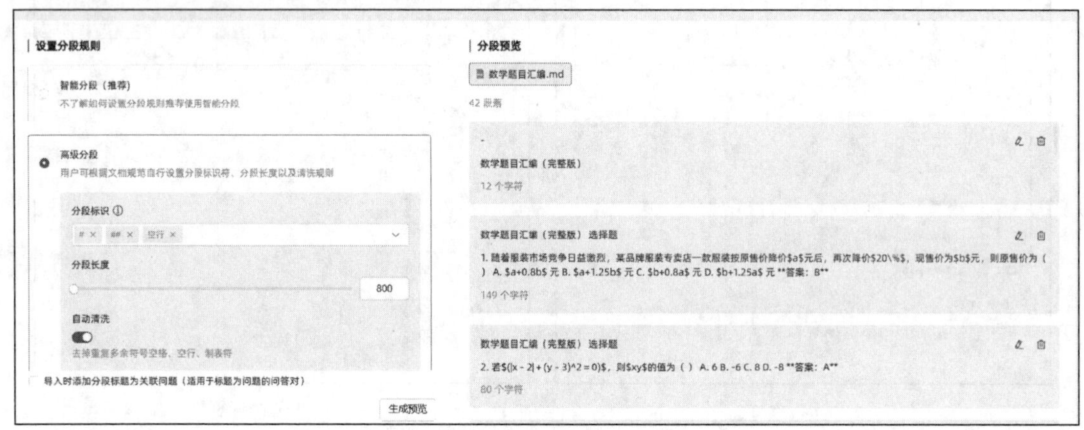

图 5-87　高级分段结果预览

这样导入的 Markdown 文件将被向量化分段并存入向量数据库。

4. 命中测试

将文档导入知识库后，不要立即着手构建知识库问答助手，而先利用 MaxKB 平台提供的命中测试工具对检索效果进行评估与调优。

借助这个工具，可灵活调整检索方式、相似度阈值、召回数量等参数，从而优化知识库的匹配精度与召回能力。这至关重要，可确保 RAG 对话系统在实际运行中能够准确识别用户问题并返回相关题目的答案。

为此，点击“参数设置”，可以看到 3 种检索模式，分别是向量检索、全文检索和混合检索，如图 5-88 所示。

向量检索就是 4.7 节用来将文本向量进行向量相似度匹配的方法。

全文检索基于 Elasticsearch 技术。Elasticsearch 是一种基于 Lucene 的搜索引擎，能够对文档进行全文索引，并提供接近实时搜索性能的功能。用户发起查询请求时，Elasticsearch 根据事先构建的倒排索引，找到所有包含查询关键词的文档片段，并依据相关性评分（使用诸如 TF-IDF 等算法计算得到）对它们进行排序，最终返回与查询条件最匹配的文档或文档片段。这个过程与搜索引擎（如百度）检索网页信息的方式相似，都是通过分析和索引文本内容来快速响应用户的查询请求。

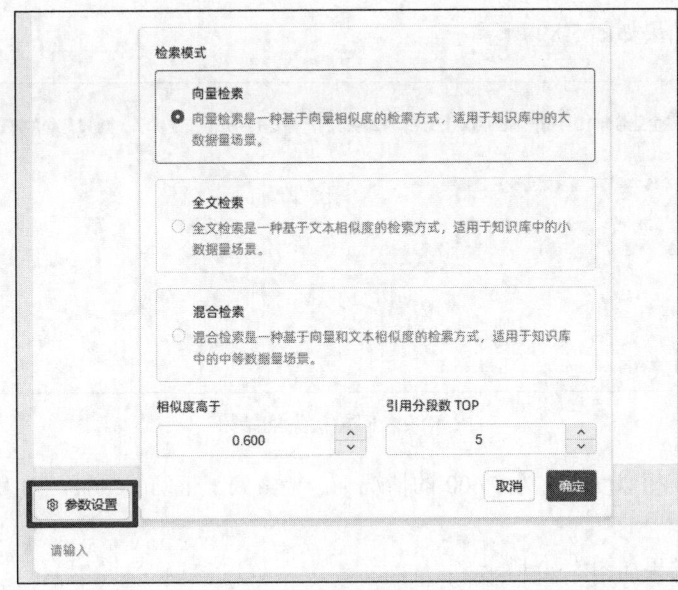

图 5-88　命中测试参数设置

混合检索是一种结合向量搜索和全文搜索的检索方法。在这种检索方法中，首先执行基于语义表达的向量检索及基于文本内容的全文检索，其中向量检索侧重于捕捉查询与文档之间的语义相似度，而全文检索关注文档中关键词的精确匹配及其频率分布。然后，通过特定算法对两者的结果进行融合和重新排序。

在重新排序过程中，可能采用倒数排名融合（Reciprocal Rank Fusion，RRF）等算法，或者根据具体业务需求设计的加权评分机制，综合考虑两种检索方式返回结果的相关性。最终目标是生成优化后的结果列表，其中的文档片段不仅与关键词匹配，语义相关性也很高。这种方法旨在弥补单一检索方法的不足，以提高整体检索效率。

MaxKB 官方就具体使用哪种检索方式给出了建议（图 5-88），例如，向量检索适用于知识库包含大量数据的场景。

除指定检索方式外，还可设置“相似度高于”参数，其默认值为 0.600。这个参数对应的是相似度阈值。在向量空间模型中，两个向量的相似度得分越高，意味着它们在语义或特征空间中的距离越近，即相似程度越高。通过设置这个阈值，可过滤掉与查询内容相关性较低、相似度不足的检索结果，从而提高返回结果的相关性和质量。

下面对一个题目稍做修改，并对其实施命中测试，以对比不同检索方式的返回结果。

- 原题目：某企业今年 1 月份产值为\(x\)万元，2 月份的产值比 1 月份减少了 10%，则 2 月份的产值是。
- 修改后的题目：某企业今年 10 月份产值为\(x\)万元，12 月份的产值比 1 月份增长了 10%，则 12 月份的产值是。

向量检索的结果如图 5-89 所示。

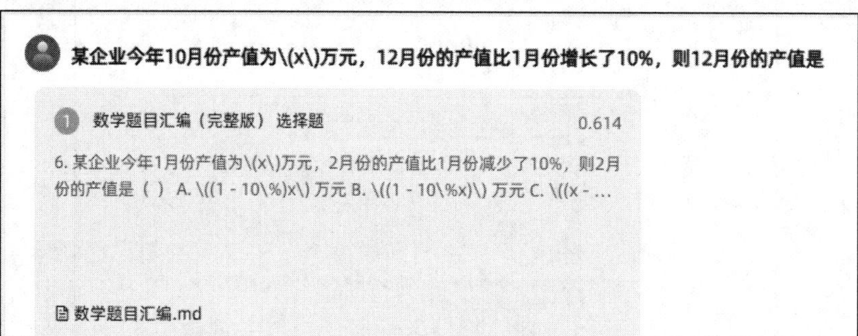

图 5-89　向量检索的结果

可以看到，在相似度阈值为 0.600 的情况下，检索到了正确的结果，因为两道题目的相似度为 0.614。

全文检索的结果如图 5-90 所示。

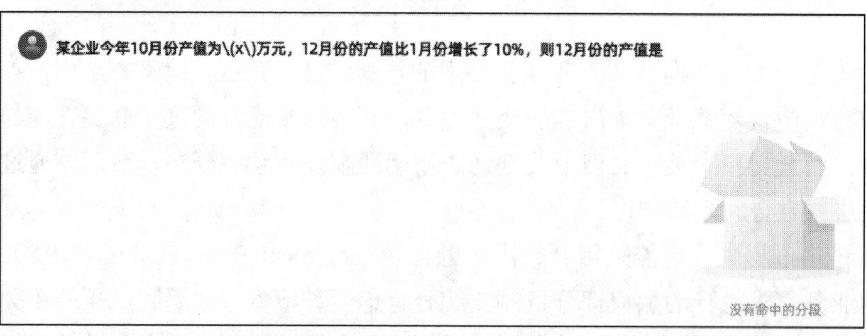

图 5-90　全文检索的结果

可以看到，使用全文检索并未检索到原题。

混合检索的结果如图 5-91 所示。

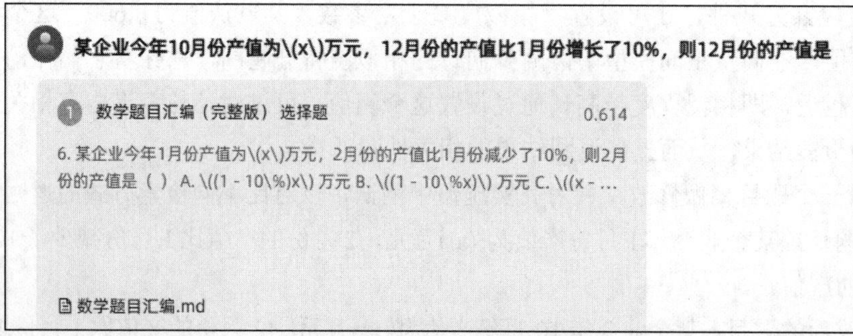

图 5-91　混合检索的结果

由于全文检索没有检索到任何内容，因此混合检索结果与向量检索结果相同。

5. 创建知识库问答助手

完成命中测试后，便可着手构建知识库问答助手了，为此在 MaxKB 主页的“应用”页面点击“创建应用”，并设置应用名称为“数学问答助手”、增加对应的“描述”，如图 5-92 所示。

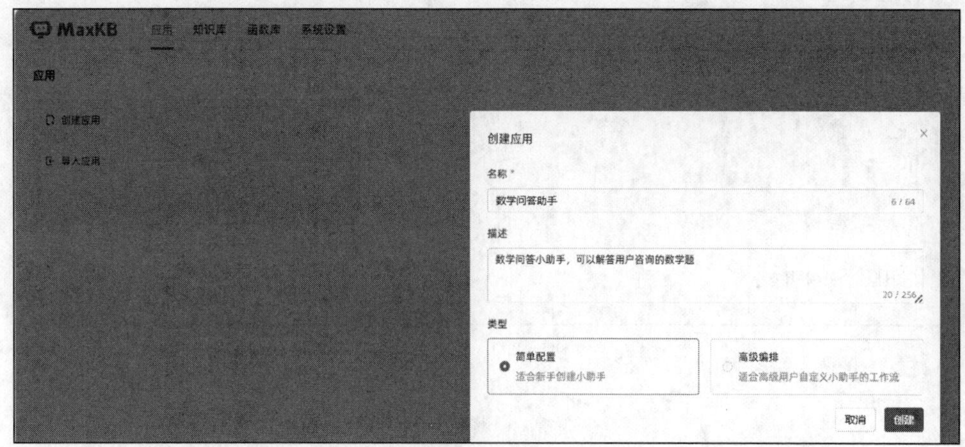

图 5-92 创建应用

点击“创建”进入如图 5-93 所示的设置与调试页面。在这个页面中，可配置要使用的关联知识库、提示词等。

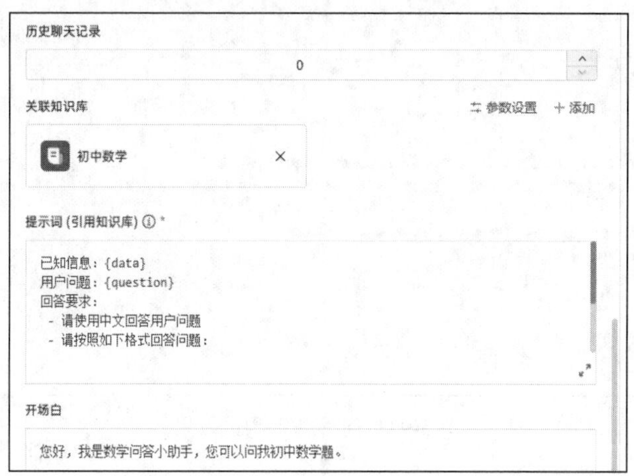

图 5-93 设置与调试页面

本例使用的提示词如下。

```
已知信息：{data}
用户问题：{question}
```

```
回答要求:
 - 请使用中文回答用户问题
 - 请按照如下格式回答问题:
   题目: {question}
   例题: {data}
   答案: 用户提问的题目的答案
   解析: 用户提问的题目的解题思路
```

使用如下问题进行调试。

```
某企业今年 10 月份产值为\(x\)万元，12 月份的产值比 1 月份增长了 10%，则 12 月份的产值是 ( )
A. ((1 + 10%)x) 万元
B. ((1 + 10%x)) 万元
C. ((x + 10%)) 万元
D. ((1-10%)x) 万元
```

效果如图 5-94 所示。

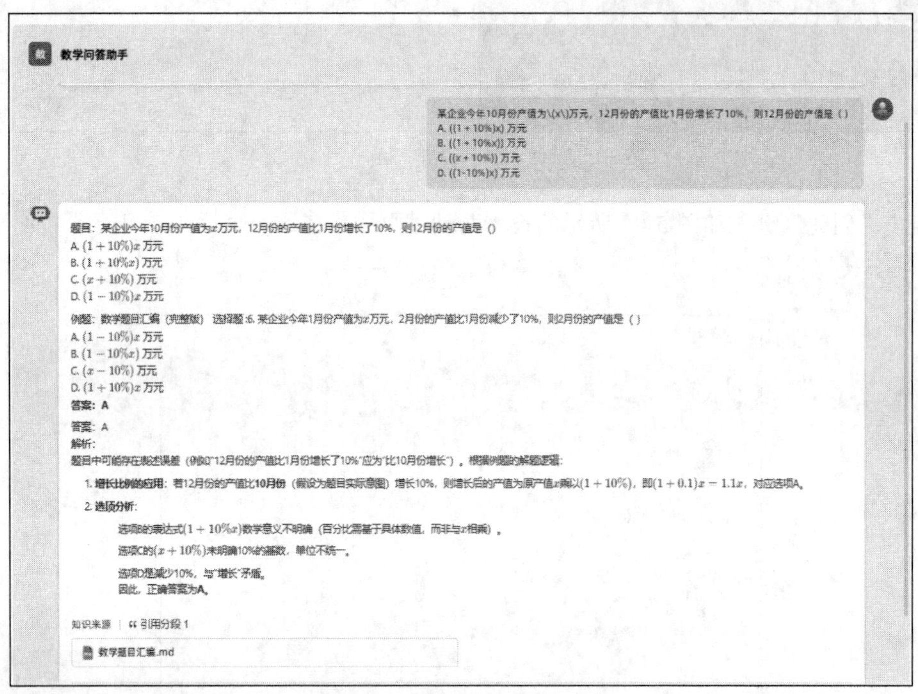

图 5-94 问答助手测试效果

可以看到，系统引用了一个分段内容，这表明成功地执行了 RAG 过程，还表明 LLM 具备了举一反三的能力，能够基于例题的解答思路回答新问题。

如果对当前效果满意，可进行保存并发布。发布的应用支持多种访问方式，包括生成独立的对话网页、嵌入第三方网页及通过 API 接口进行访问等。要将应用加入到 AI 版“作业帮”

工作流，需使用 API 接口访问方式。

5.5.2 将知识库问答助手加入工作流

借助 MaxKB 搭建知识库问答助手后，需将其作为节点集成到 AI 版“作业帮”工作流中。这里采取的方案是，在工作流中加入 HTTP 请求节点，通过 MaxKB 的 API 接口访问方式，完成知识库问答助手的接入。下面分步实现这个功能。

1. 查阅 MaxKB Swagger 文档

进入已发布的应用后，可在“应用信息”中看到“API 访问凭据”，如图 5-95 所示。

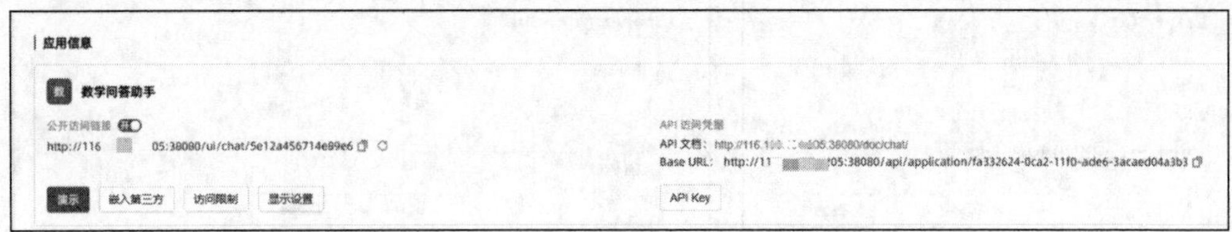

图 5-95 应用的 API 地址与 API 文档地址

要调用 API，首先需要点击图 5-95 的“API Key”进入如图 5-96 所示的页面，以创建密钥。

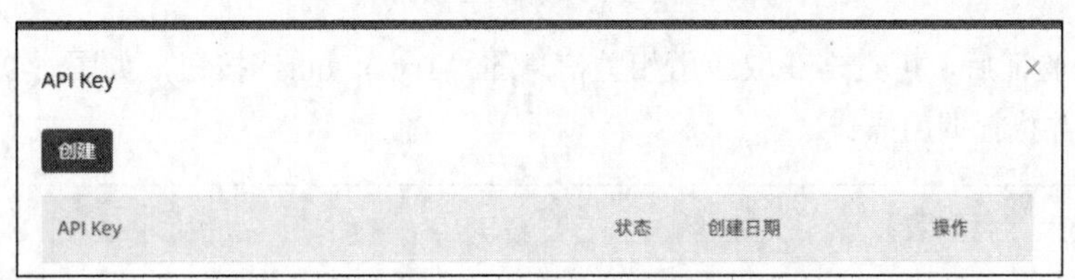

图 5-96 创建 API Key

然后，在图 5-95 所示的页面中，点击“API 文档”后面的链接，访问应用的 Swagger 文档，如图 5-97 所示。

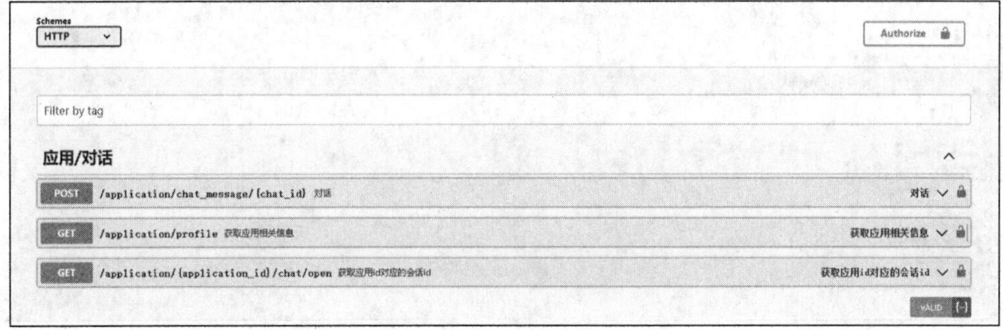

图 5-97 Swagger 文档

文档内容相对简洁，共包含三个 API。这三个 API 的调用顺序为：首先调用第二个 API 获取“应用相关信息”（含应用 id），再调用第三个 API 获取“应用 id 对应的会话 id”，最后调用第一个 API 进行对话交互。

为简化演示流程，我们预先获取会话 id，这样在“作业帮”工作流中只需调用第一个 API 进行对话交互。

会话 id 是通过调用后两个 API 来获取的，可以直接在 Swagger 文档界面中进行。调用 API 前，先点击相应 API 后面的图标🔒，并使用 API Key 进行身份验证，如图 5-98 所示。

（a）

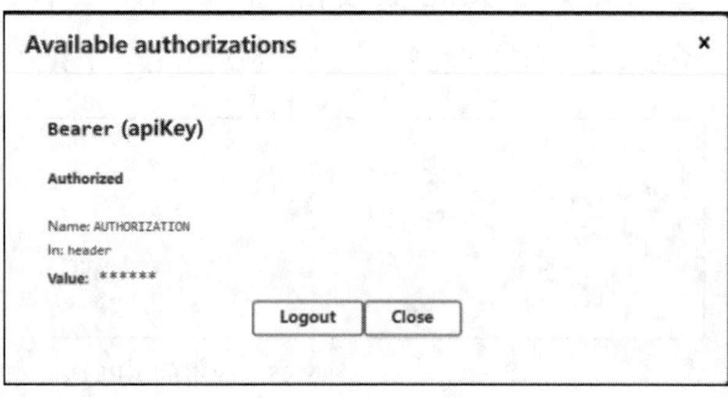

（b）

图 5-98　设置 API Key

完成身份验证后，可点击获取应用相关信息的“Try it out”按钮，如图 5-99 所示，进入 API 调用界面并执行调用操作。

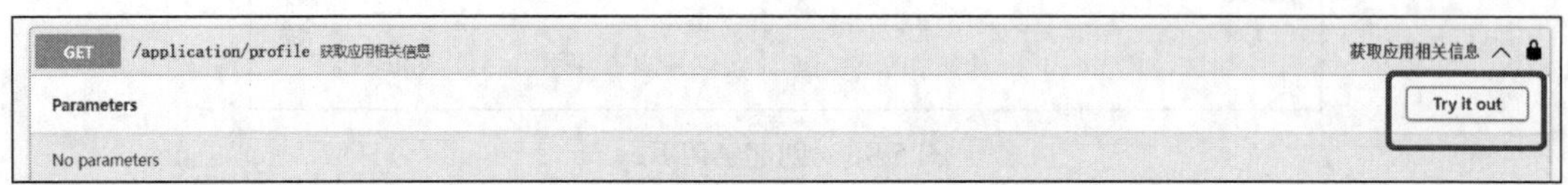

图 5-99　调用获取应用相关信息的 API

完成 API 调用后的效果如图 5-100 所示。


```
{
  "code": 200,
  "message": "成功",
  "data": {
    "id": "fa332624-0ca2-11f0-ade6-3acaed04a3b3",
    "name": "数学问答助手",
    "desc": "数学问答小助手，可以解答用户咨询的数学题",
    "prologue": "您好，我是数学问答小助手，您可以问我初中数学题。",
    "dialogue_number": 0,
    "icon": "/ui/favicon.ico",
    "type": "SIMPLE",
    "stt_model_id": null,
    "tts_model_id": null,
    "stt_model_enable": false,
    "tts_model_enable": false,
    "tts_type": "BROWSER",
    "tts_autoplay": false,
    "stt_autosend": false,
    "file_upload_enable": false,
    "file_upload_setting": {},
    "work_flow": {},
    "show_source": false,
    "language": null,
    "multiple_rounds_dialogue": false
  }
}
```


Download

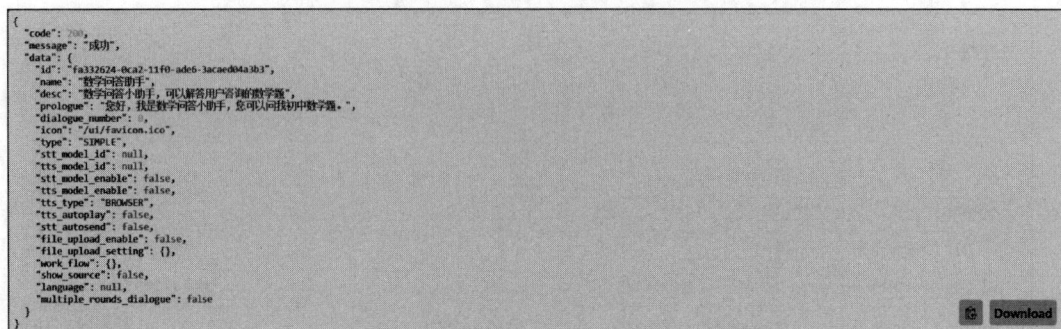

图 5-100　调用获取应用相关信息的 API 的效果

获取返回的结果后，需要从中提取字段 `id` 的值。然后，点击相关应用的“Try it out”按钮，将该 `id` 值填写到参数 `application_id` 对应的位置，再点击“Execute”调用相应的 API，如图 5-101 所示。

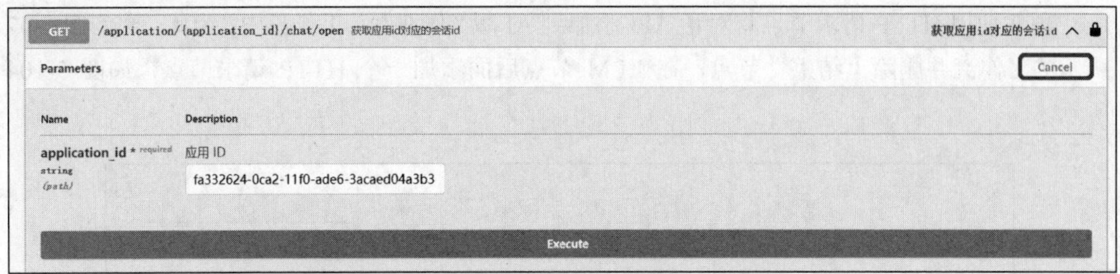

图 5-101 调用获取应用 id 对应的会话 id 的 API

调用结果如图 5-102 所示。

```
{
  "code": 200,
  "message": "成功",
  "data": "c93e3ce4-0e09-11f0-98a9-3acaed04a3b3"
}
```


图 5-102 调用结果

通过上述步骤，成功获取了会话 id。

最后，测试对话 API，以查看返回结果中各个字段的格式与内容，为后续集成与调试提供参考。测试效果如图 5-103 所示。

```
curl -X 'POST' \
  'http://116.███.███.35:38080/api/application/chat_message/50ce2ade-0e32-11f0-9e62-3acaed04a3b3' \
  -H 'accept: application/json' \
  -H 'AUTHORIZATION: application-923bdae303dd06aa174d88b2326682e7' \
  -H 'Content-Type: application/json' \
  -d '{
  "message": "你好",
  "re_chat": false,
  "stream": false
}'
```


```
{
  "code": 200,
  "message": "成功",
  "data": {
    "chat_id": "50ce2ade-0e32-11f0-9e62-3acaed04a3b3",
    "id": "eee58da0-0e39-11f0-bba6-3acaed04a3b3",
    "operate": true,
    "content": "你好！很高兴为你解答数学题。你可以直接告诉我具体的题目（拍照或文字都可以），我会一步步帮你分析、解答，并讲解其中用到的知识点。无论是代数、几何、统计还是其他初中数学问题，我都会尽力帮你解决。请开始吧！(@.@@)",
    "is_end": true,
    "reasoning_content": "",
    "answer_list": [
      {
        "content": "你好！很高兴为你解答数学题。你可以直接告诉我具体的题目（拍照或文字都可以），我会一步步帮你分析、解答，并讲解其中用到的知识点。无论是代数、几何、统计还是其他初中数学问题，我都会尽力帮你解决。请开始吧！(@.@@)",
        "reasoning_content": ""
      }
    ],
    "completion_tokens": 0,
    "prompt_tokens": 0
  }
}
```

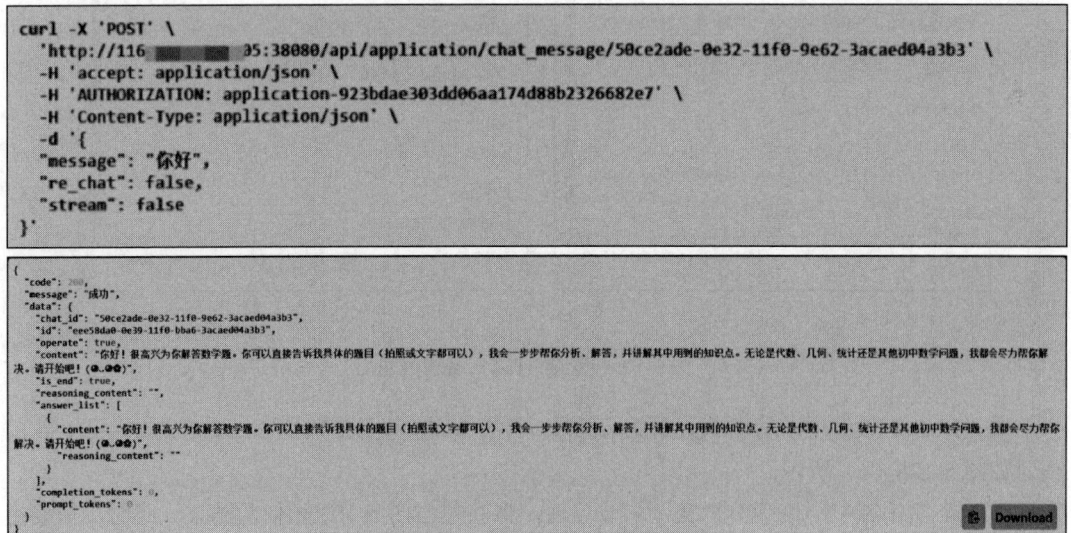

图 5-103 对话 API 的测试效果

可以看到，这个 API 的返回格式参考了 OpenAI 格式。在实际应用中，主要关注并提取字段 content 的值，即模型生成的对话内容。

2. 将对话 API 添加到工作流中

现在使用 HTTP 请求节点将对话 API 添加到 AI 版“作业帮”工作流中。为此，回到图 5-67 所示的工作流并删除“结束”节点，在 LLM 节点后面添加一个 HTTP 请求节点，如图 5-104 所示。

图 5-104　添加 HTTP 请求节点

点击“HTTP 请求”节点，并填入 Swagger 文档中对话 API 的信息，如图 5-105（a）所示。

（a）

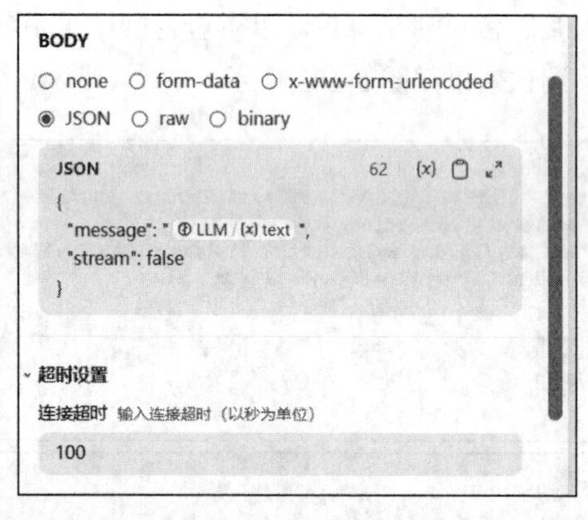

（b）

图 5-105　配置 HTTP 请求信息

在“Body”设置中，将格式设置为 JSON，再将 LLM 节点的输出 text 作为 message 的值，如图 5-105（b）所示。

在这个工作流中，执行 HTTP 请求节点后，将获得与图 5-103 相似的结果。此时，需要提取响应中参数 content 对应的内容，为此在 HTTP 请求节点后面添加一个代码执行节点，如图 5-106 所示。

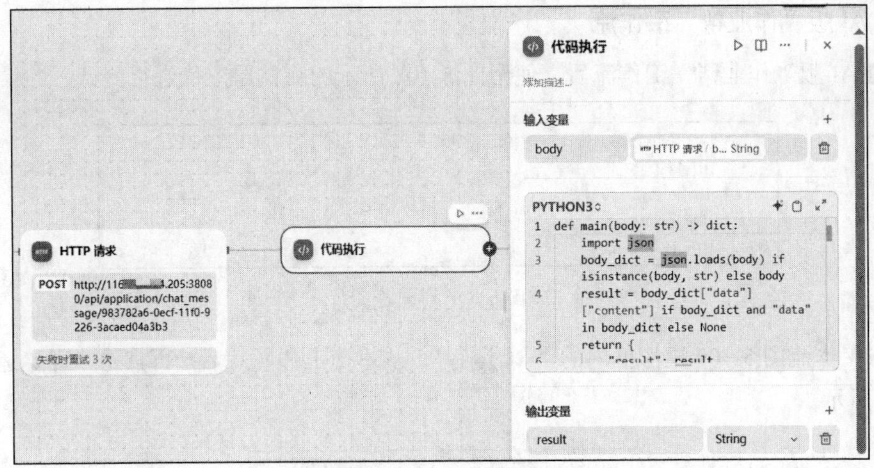

图 5-106　添加代码执行节点

代码执行节点用于执行如下 Python 代码。

```
def main(body: str) -> dict:
    import json
    body_dict = json.loads(body) if isinstance(body, str) else body
    result = body_dict["data"]["content"] if body_dict and "data" in body_dict else None
    return {
        "result": result,
    }
```

编写代码执行节点的代码时，必须严格遵循相关规范，否则代码执行节点将无法正常运行。根据规范要求，代码中必须包含一个 main 函数，且该函数的返回值类型必须为字典。如果未满足这些条件，Dify 在执行过程中将抛出错误。最后，在该节点中设置输出变量 result，用于返回提取的 content 内容。

添加这个节点后，在它后面添加“结束”节点，让“作业帮”工作流形成闭环，如图 5-107 所示。“结束”节点的输出变量为代码执行节点的输出变量 result。

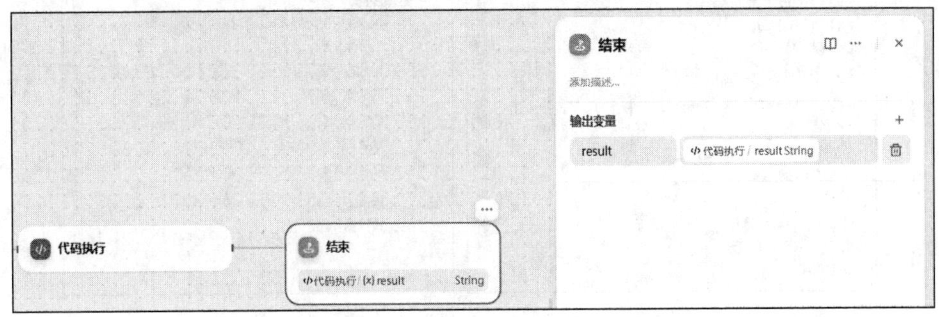

图 5-107　添加“结束”节点

3. 测试 AI 版“作业帮”工作流

构建 AI 版“作业帮”工作流后，使用图 5-108 所示的测试题图片进行测试。

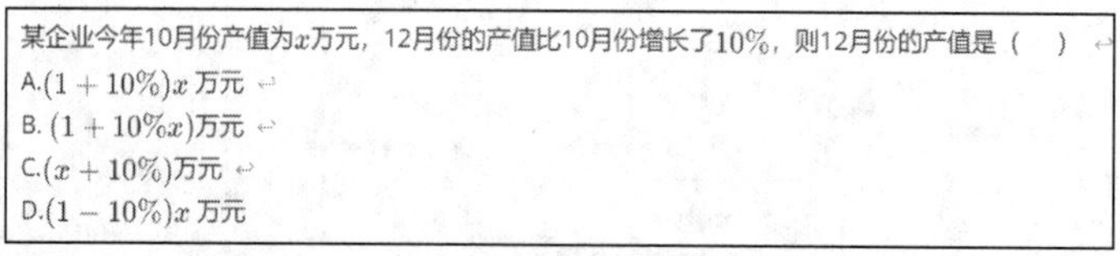

某企业今年10月份产值为x万元，12月份的产值比10月份增长了10%，则12月份的产值是（　）
A.$(1+10\%)x$ 万元
B. $(1+10\%x)$万元
C.$(x+10\%)$万元
D.$(1-10\%)x$ 万元

图 5-108　测试题图片

点击工作流图 5-109 矩形框内的“ ▷ 运行”，从本地上传图片后，再点击“开始运行”，如图 5-109 所示。

图 5-109　运行 AI 版“作业帮”工作流

节点依次运行完毕后将输出结果，如图 5-110 所示。

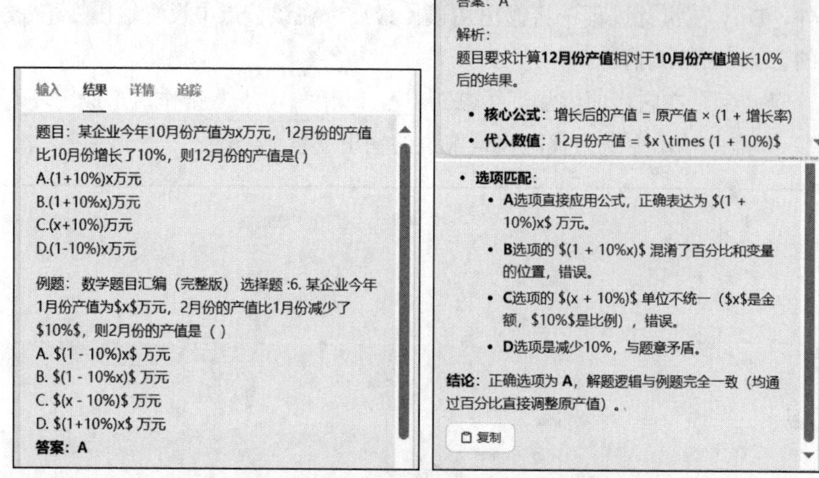

图 5-110　AI 版“作业帮”工作流运行结果

可以看到，首先豆包大模型精准地识别了测试题图片的内容，接着通过 HTTP 节点调用 MaxKB 知识库问答助手搜索题库，找到了满足相似度阈值要求的例题，然后给出测试题答案并进行解析。

至此，AI 版“作业帮”工作流已初步搭建完成。下面引入校验机制，以提升答题的准确率。

5.6 引入校验机制提升答题准确率

在 AI 版“作业帮”工作流中，DeepSeek R1 模型参考例题的解题思路解答了新题，但还需使用其他模型进行复核，确保解答的准确性与可靠性。本节将使用通义千问的 QwQ 模型来进行验证。

5.6.1 QwQ 模型简介

QwQ 模型，尤其是 320 亿参数的版本（QwQ-32B），标志着阿里巴巴在 AI 推理领域取得了重大突破。这款模型以性能卓越和资源利用效率高著称。QwQ-32B 的参数量约为 DeepSeek R1 满血版（参数量 671B）的 1/21，但通过优化架构设计和训练策略，在数学推理、编程能力、通用任务处理等方面的能力可以与 DeepSeek R1 比肩。

除在性能上可媲美 DeepSeek R1 外，QwQ-32B 在部署成本方面有较大优势。由于参数规模较小，该模型可以在消费级显卡上实现本地部署，大幅降低了使用成本，特别适合预算有限或需要快速迭代的场景。

总之，凭借高效能、低成本及易于部署的特点，QwQ-32B 模型为企业和个人提供了一个性价比极高的方案，打破了传统大型模型对计算资源的高度依赖，促进了 AI 技术向更广泛用户群体的普及。

QwQ-32B 模型已在阿里云百炼平台上线，用户可通过注册该平台，获取相应的 API Key 与访问地址，进而在自己的应用程序中接入和调用该模型。

要在 Dify 中接入 QwQ-32B 模型，可参考 5.4.2 节的方法，如图 5-111 所示。

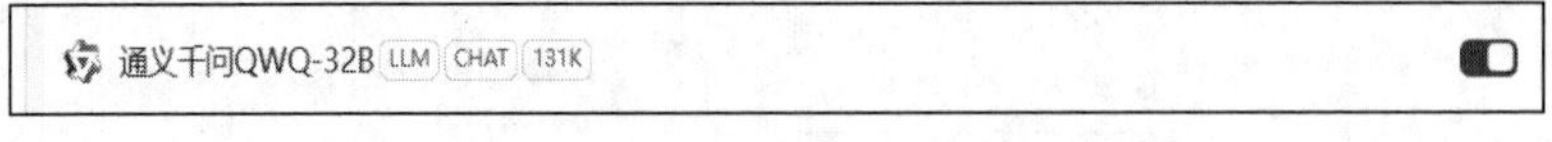

图 5-111 在 Dify 中接入 QwQ-32B 模型

5.6.2 添加校验机制

添加模型后，删除图 5-107 中的“结束”节点，再添加一个 LLM 节点（LLM 2），以便使用 QwQ-32B 对 DeepSeek R1 的输出结果进行复核。将如下系统提示词和用户提示词，分别填入 LLM 2 节点的“SYSTEM”和“USER”下的文本框，如图 5-112 所示。

```
SYSTEM
你是一位优秀的数学老师，擅长解答数学题以及检查学生的题目解答得是否正确。

USER
学生的作业：/result

学生的作业中包含题目、例题、解析、答案共 4 个部分。
你的工作包含如下几步：
1.阅读学生的解题过程和答案
2.自己计算一遍，从而检查学生的解题过程有没有问题。
3.如果学生做得没问题，则你的输出格式为：
题目：作业中的题目
例题：作业中的例题
解析：你解答题目的过程
答案：题目的最终答案

如果学生做得有问题，则你的输出格式为：
回答错误
---------------------
题目：作业中的题目
例题：作业中的例题
解析：你解答题目的过程
答案：题目的最终答案
```

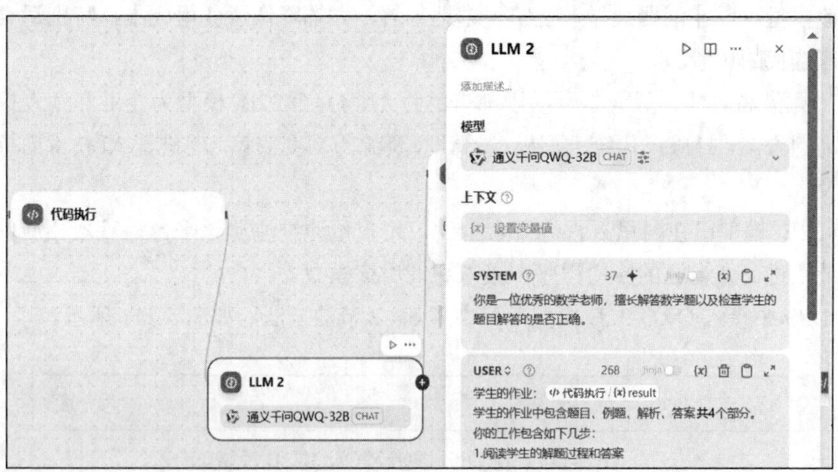

图 5-112 新增 LLM 节点 LLM2

这些提示词的核心目标是，引导 QwQ-32B 模型从教师的角度出发，对前一个节点的解题结果（result）进行复核，验证其准确性。

如果确认 result 准确无误，就按统一格式（题目、例题、解析与答案）输出，这些输出将是提供给用户的最终回复。如果发现 result 存在错误，就在输出开头添加“回答错误”字样。这种设计旨在明确指出审核结果，以便决定是否要人工介入复核（将在 5.6.3 节介绍），即由人工判断是否存在错误，确保最终输出的正确性与可靠性。

下面先测试一下当前的工作流，如图 5-113 所示。

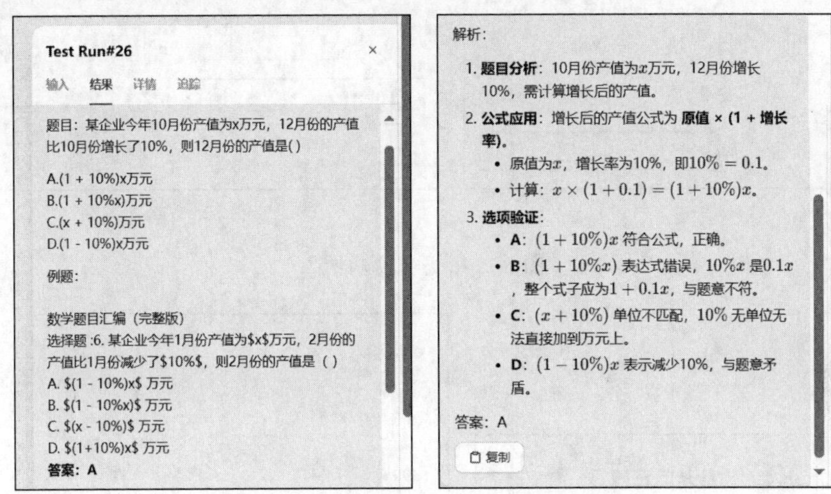

图 5-113 测试 AI 版“作业帮”工作流

可以看到，经 QwQ 模型审核与验证后，确认 DeepSeek R1 输出的结果正确无误。

5.6.3 通过飞书通知相关人员

如果输出的开头包含“回答错误”，需要使用通知机制由人工复核。这种通知机制并非 AI 时代的发明，而是一项已经被广泛使用的技术。其基本原理如下：检测到需要人工干预的事件（如运维中常见的集群故障告警等）后，自动调用钉钉、微信、飞书等平台提供的 API，通过群聊机器人将告警或提示信息发送给指定群组，从而及时提醒相关人员。

这里以飞书为例，介绍如何实现这种机制。

1. 创建飞书群机器人

首先，打开飞书，新建一个名为“作业帮问题群”的聊天群，再点击“群机器人”，如图 5-114（a）所示，进入如图 5-114（b）所示的“添加机器人”页面。

点击“自定义机器人”，完成群机器人的添加，并返回到群聊页面。点击图 5-115（a）矩形框内的图标，将进入图 5-115（b）所示的页面。点击“消息机器人”进入图 5-116 所示的机器人详情页。

详情页底部的“Webhook 地址”，就是 API 请求地址。使用飞书官方文档指定的 API 参数设置，向这个地址发送请求时，机器人将在群内发送相应的消息。

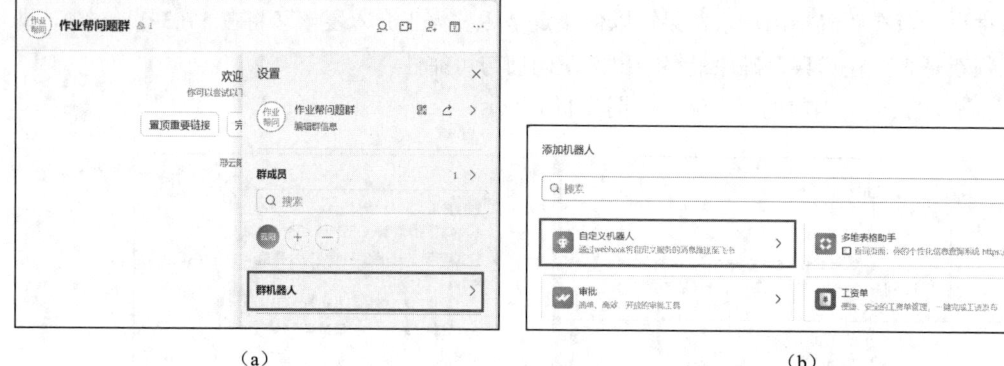

（a）　　（b）

图 5-114　添加群机器人

（a）　　（b）

图 5-115　点击机器人图标

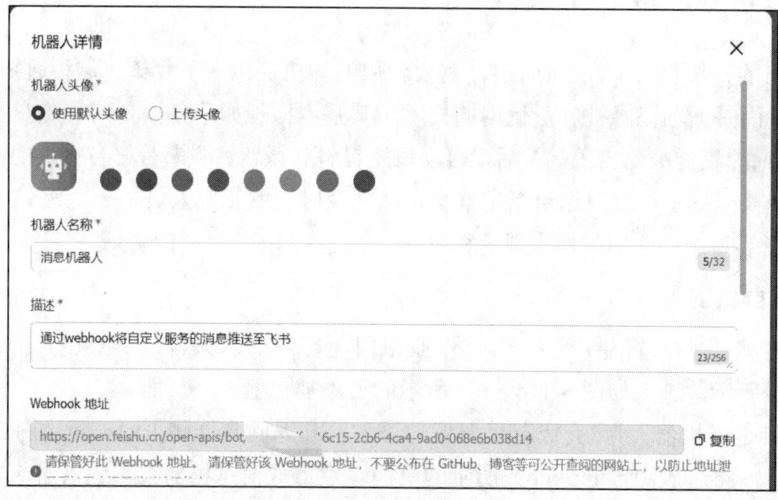

图 5-116　机器人详情

2. 在 Dify 中使用飞书群机器人

创建机器人后，在 Dify 中添加一个 HTTP 请求节点（以下简称“飞书节点”），将机器人集成到流程中，如图 5-117 所示。

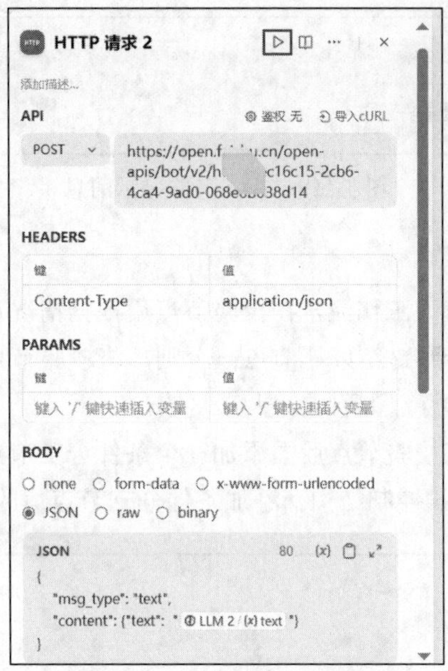

图 5-117　HTTP 请求节点的配置

在飞书节点中，HTTP 请求方法为 POST，地址为前面获取的 Webhook 地址。在“BODY”部分：根据飞书官方文档的描述，向自定义机器人的 Webhook 地址发送 POST 请求时，可使用的消息格式包括 JSON、raw、binary 等；这里使用的是如下的 JSON 格式。

```
{
  "msg_type": "text",
  "content": {"text": string}
}
```

其中 `text` 表示文本模式，`content` 表示文本内容。在图 5-117 中，将文本内容设置成了校验节点（`LLM 2` 节点）的输出变量 `text`。配置完毕后，点击图 5-117 顶部矩形框内的图标，运行飞书节点以测试发送功能。输入测试文本“回答错误”，再点击“开始运行”，如图 5-118 所示。

图 5-118　测试向飞书发送消息

过段时间后，将在飞书群中显示机器人发送的消息，如图 5-119 所示。

图 5-119　在飞书群显示消息

3. 加入条件分支节点

添加飞书节点后，需要修改工作流，在校验节点后根据情况选择不同的处理路径：如果校验节点确定回答正确，就跳转到“结束”节点；否则，将校验节点的答案反馈给用户，同时触发通知机制，即跳转到飞书节点，提醒进行人工复核。

为实现这种逻辑，需要在校验节点后面添加一个条件分支节点。这个节点根据校验结果确定流程走向，类似于 `if-else` 控制结构。添加条件分支节点后的工作流，如图 5-120 所示。

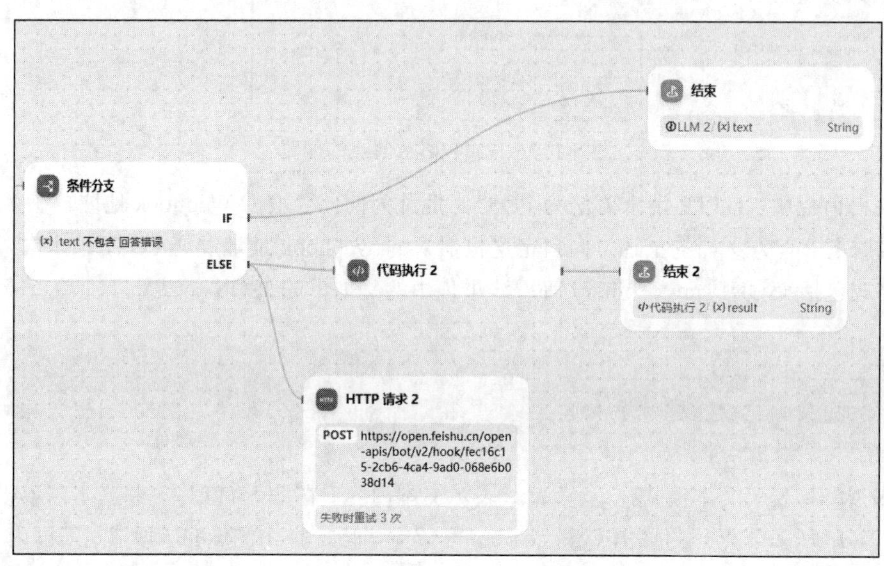

图 5-120　添加条件分支节点后的“作业帮”工作流

条件分支的判断条件为“不包含 回答错误”，即如果校验节点的输出中不包含“回答错误”，就表示回答正确，因此进入“结束”节点，否则就进入“代码执行 2”及“HTTP 请求 2”节点（飞书节点）。

“代码执行 2”节点的主要功能是将 LLM2 节点的输出中的“回答错误”字样去掉，只将题目解析、答案等内容反馈给用户。具体代码如下所示。

```
def main(text: str) -> dict:
    keyword = "回答错误\n---------------------\n"
```

```
    start_index = text.find(keyword)
    if start_index != -1:
        # 提取关键词之后的内容
        content_after = text
        [start_index + len(keyword):].strip()
        result = content_after
    else: # 如果未找到关键词，则返回空字符串或 None
        result = ""
    return {
        "result": result,
    }
```

这些代码会提取并返回“回答错误\n----------------------\n”之后的内容。这样，整个 AI 版“作业帮”工作流便按 5.1.2 节的设计形成了闭环。

第 6 章

基于 LangGraph 打造智能编程助手

在第 5 章中，借助 Dify 强大的工作流功能，仅编写少量代码便成功构建了 AI 版“作业帮”。

然而，作为专业的 AI 应用开发工程师，要真正实现技术上的突破，必须深入掌握原生代码开发能力：既能通过编程手段复现平台提供的功能，又能突破可视化工具的限制，构建更为复杂和灵活的架构。

只有具备对系统底层逻辑和运行机制的深刻理解，以及对代码级实现的掌控能力，我们才能在面对多样化的 AI 应用开发需求时游刃有余。这种代码层面的技术深度，正是我们在 AI 应用开发领域持续成长的核心竞争力。

因此，本章将引入 LangGraph，并使用它实现智能编程助手。在这个过程中，读者不仅将体验 DeepSeek 模型在代码生成方面的强大能力，还将深入掌握 LangGraph 框架的核心概念与用法。

6.1　基于 LangGraph 的代码生成

在 AI 时代，开发者可通过多种方式高效地利用 AI 模型生成高质量的代码，从而提升编码效率与开发体验。

代码生成方式多种多样，既可通过交互式大模型平台完成，也可借助集成开发环境（IDE）中的智能插件来实现。例如，可在 DeepSeek 等模型的网页对话界面中直接输入提示词，让模型生成所需的代码；也可使用 Cursor 等 IDE，在本地开发环境中无缝接入 AI 代码生成功能。

这两种方式都是在多轮对话中不断调整提示词，让生成的代码逐渐接近用户需求。然而，如果对生成的代码有严格的结构性要求，或希望生成稳定的定制化代码，通用对话界面和 IDE 内置的 AI 辅助功能可能难以满足需求。在这种情况下，需要结合使用 LangGraph 的流程控制功能和精细化的提示词，构建可控制、可复用、可扩展的代码生成流程。

本节首先介绍 LangGrph 的出现背景，再介绍智能编程助手的整体设计。

6.1.1　LangGraph 诞生的背景

从第 5 章可知，Dify 工作流是由多个节点组成的处理链条；其中每个节点负责完成特定任务，且前一个节点的输出是下一个节点的输入，形成数据逐级流转、任务依次执行的流程结构。

Dify 工作流还支持使用条件判断与局部循环实现更复杂的业务逻辑控制。例如，在图 6-1 所示的工作流中，可根据条件判断进入不同的分支路径，还可反复执行一组节点，直到满足退出条件。

这些功能大大提高了工作流的灵活性与表达能力，使其能够应对从简单任务串联到复杂决策流程的多种应用场景。

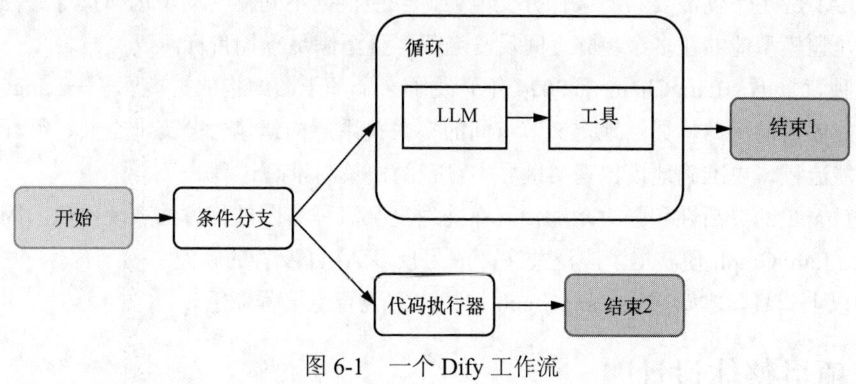

图 6-1　一个 Dify 工作流

尽管 Dify 的平台化开发方式在快速构建 AI 应用方面具有可视化、上手门槛低等优势，但也存在一定的局限性：AI 应用与平台深度耦合。

这意味着要运行基于 Dify 开发的 AI 应用，必须在部署环境中安装 Dify。这种依赖关系限制了应用的可移植性和部署灵活性，在需要与其他系统集成或对部署环境有严格控制要求的场景下，显得尤为不便。

相比之下，代码驱动的开发方式更灵活：开发者可以完全掌控应用的结构与流程，无须依赖特定平台即可实现功能复现与部署迁移。鉴于此，LangChain 等开源框架持续走热。

作为最早支持构建 AI 应用流程的框架之一，LangChain 可通过构建 Chain 实现类似工作流的效果。4.7.2 节借助 LangChain 实现了 RAG 系统。

然而，在实际落地复杂 AI 应用时，业界逐渐发现，传统的单向链式流程在面对复杂场景时存在明显局限。例如，在图 6-2 所示的 Agentic RAG 中，RAG 系统返回的结果不会直接交给用户，而要经过 Agent 的判断：判断给出的回复是否解决了用户的问题，如果没有解决，就重新执行 RAG 过程。

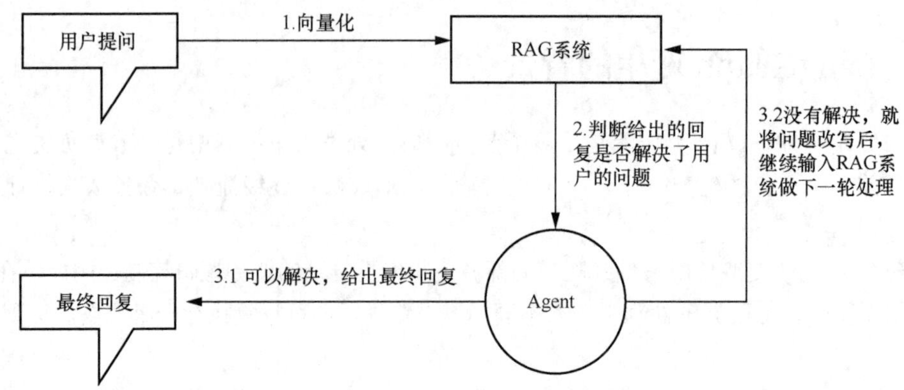

图 6-2　Agentic RAG 架构

这类 AI 应用不仅需要具备条件分支能力，以便根据不同输入动态选择执行路径，还需要循环结构，让模型能够在多个步骤之间反复迭代，直至满足预期目标。

在这种背景下，LangChain 于 2024 年开发了一个基于图结构的扩展库——LangGraph，让开发人员能够借助图结构灵活地定义节点间的多向关系，构建包含分支、合并、循环等多种控制流的智能流程，更准确地模拟真实世界中复杂的决策与推理过程。

LangGraph 的灵活性和强大功能使其在处理复杂流程与图结构方面表现出色。因此，自发布之日起，LangGraph 便获得了广泛关注，成为众多 AI 开发者的新宠。

基于以上背景，本章采用 LangGraph 框架来实现智能编程助手。

6.1.2　项目整体设计

在互联网时代，很多从事后端开发的程序员都有过编写 Web 后端代码（HTTP 服务器）的经验，因此这里将以生成 Web 后端项目为例进行讲解。

此外，为展现 DeepSeek 模型在代码生成方面的能力，这里的 Web 后端项目不采用较简单的 Python 框架（如 FastAPI），而选择使用更复杂的 Golang 语言来实现。

为此，将采用 LangGraph 构建一个基于图结构的工作流，用于生成 Web 后端项目的代码。Web 后端的每个功能模块都对应图中的一个节点，确保这个编程工作流结构清晰、流程可控。

基础的 Web 后端服务通常包括如下核心组成部分。

- 路由定义：负责接收 HTTP 请求并将其映射到对应的处理函数。
- 路由处理函数：实现具体的业务逻辑，响应客户端请求。
- main 函数：作为程序入口，负责初始化服务并启动 HTTP 服务器。

在 LangGraph 中，可以使用独立的节点对这些模块进行建模，如图 6-3 所示，其中的工作流包含 3 个节点，它们分别承担生成“路由定义”“路由处理函数”“main 函数”的任务。每个节点都使用合适的提示词来生成相应的代码，并最终整合为完整的 Web 后端项目。

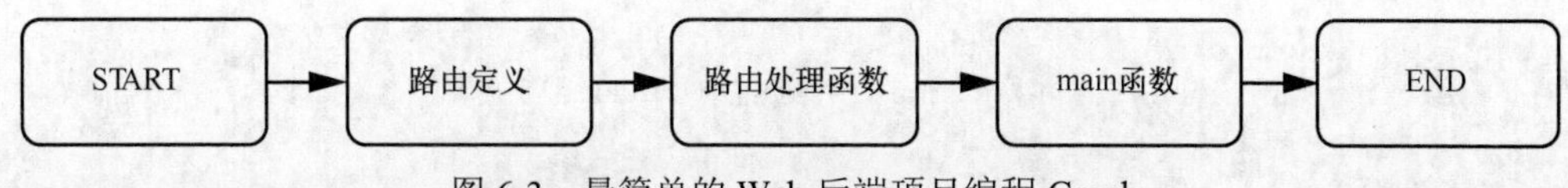

图 6-3　最简单的 Web 后端项目编程 Graph

然后，可根据实际需求进行完善，如根据数据字典生成实体类代码、复用历史代码等。

6.2　LangGraph 快速上手

本节将以由浅入深、循序渐进的方式，逐步引导读者掌握 LangGraph 的核心概念与基本用法。在这个过程中，将重点介绍 LangGraph 中最基础但又最关键的元素：边（Edge）、节点（Node）和状态（State）。这些元素是基于 LangGraph 的 AI 应用的基础单元，理解并熟练运用它们，将为后续开发复杂应用打下坚实的基础。

6.2.1　节点与边

在 Dify 工作流中，开始节点和 LLM 节点等组件，其实就是功能明确的“节点”，而这些节点之间的连线就是“边”。

在可视化流程设计工具中，通过拖曳和连线可以直观地构建逻辑关系；而在 LangGraph 中，需要通过代码来定义和控制这些结构。

1．安装 LangGraph

要使用 LangGraph，必须先搭建适合的编程环境。得益于 LangGraph 是基于 Python 语言实现的，其安装和配置都非常简单，只需执行如下命令，就可安装 LangGraph 及其依赖项。

```
pip install langgraph
```

2．使用节点、起始边和结束边

本节将以烹饪流程为例，演示如何通过编写代码来使用节点、起始边和结束边。

制作菜肴的过程通常包含几个关键步骤：食材采购、方法查询和烹饪实施。假设要制作一道“香煎羊排”，可以这样拆解整个流程。

- 食材采购：前往超市选购新鲜羊排。
- 方法查询：在抖音等平台搜索相关菜谱和教程。
- 烹饪实施：根据获取的信息制作香煎羊排。

首先使用 LangGraph 来模拟“食材采购”环节，代码如下。

```
from langgraph.graph import StateGraph, START, END

```

```
3.  def supermarket(state):
4.      return {"ret": "{}买到了".format(state["ingredients"])}
5.
6.  if __name__ == "__main__":
7.      sg = StateGraph(dict)
8.
9.      # 定义第一个节点
10.     sg.add_node("supermarket", supermarket)
11.
12.     # 定义起始边
13.     sg.add_edge(START, "supermarket")
14.     # 定义结束边
15.     sg.add_edge("supermarket", END)
16.
17.     graph = sg.compile()
18.     ret = graph.invoke({"ingredients": "羊排"})
19.
20.     print(ret)
```

这段代码首先创建一个状态图，再创建“去超市买羊排”的节点，最后通过起始边和结束边将这个节点连接到开始节点和结束节点。

第 1 行从 `langgraph.graph` 模块中导入了 3 个对象。

- `StateGraph`：用于创建状态图。
- `START`：表示图的起始节点。
- `END`：表示图的结束节点。

第 3～4 行定义了节点函数 `supermarket()`，它接收一个类型为字典的参数 `state`（包含当前状态的中央状态存储器），并返回一个字典，其中的 `ret` 键对应的值是根据 `state["ingredients"]`构造的一句话。例如，如果 `state["ingredients"]`的值为"羊排"，将返回`{"ret": "羊排买到了"}`。

第 6～20 行为主函数。第 7 行使用 `StateGraph` 创建一个带状态的图。`StateGraph` 的入参 `dict` 的类型为字典，用于记录在节点间流转的变量的值，在 Dify 平台中也有类似的机制。例如，在第 5 章为设置 Dify 工作流节点而输入“/”时，自动弹出此前各节点的输出变量，供我们在当前节点中调用，如图 6-4 所示。第 10 行创建一个节点，并将其绑定到节点函数 `supermarket`。第 13 与 15 行分别定义了起始边与结束边，其中起始边连接 START 节点与 `supermarket` 节点，而结束边连接 `supermarket` 节点与 END 节点，构成图 6-5。第 17 行使用 `compile()`方法构建图，第 18 行使用 `invoke()`方法启动图，并在启动时传入了状态`{"ingredients": "羊排"}`，这样便可在 `supermarket` 节点中获取 `ingredients` 的值“羊排”，并返回`{"ret": "羊排买到了"}`。

运行这段代码时，输出如下。

```
{'ret': '羊排买到了'}
```

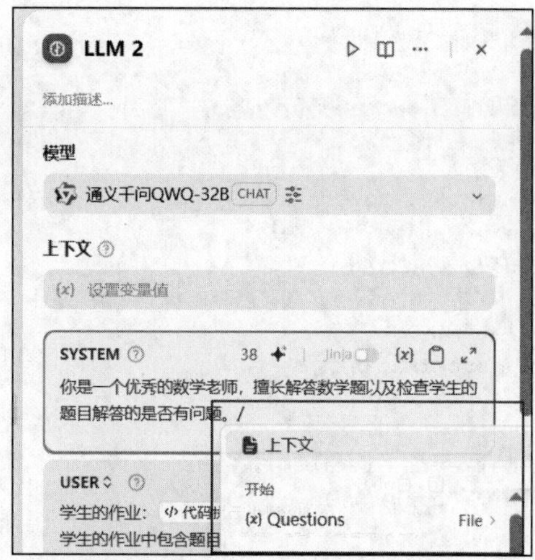

图 6-4 Dify 节点间的变量传递

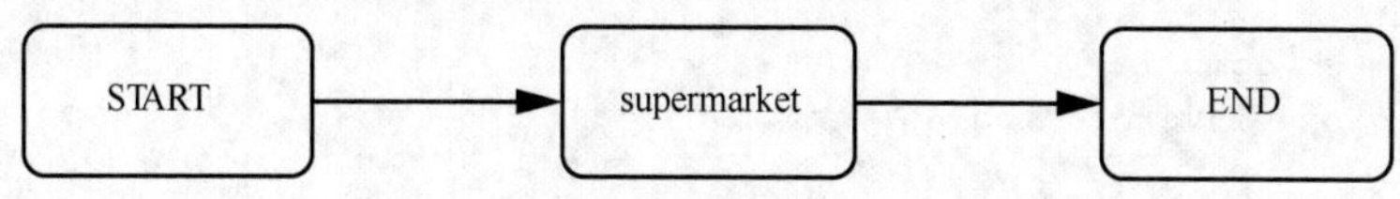

图 6-5 添加 `supermarket` 节点

6.2.2 普通边与多节点

现在添加搜索菜谱和制作菜肴的节点，形成图 6-6。

图 6-6 添加多节点后的图

代码编写起来非常简单，只需仿照 6.2.1 节的代码添加节点函数 `recipe()`和 `cooking()`，再使用边进行连接，如下所示。

```
#省略 supermarket 节点函数的代码
...

def recipe(state):
    print("recipe")
    return {"ret": "搜到了菜谱"}

def cooking(state):
    print("cooking")
    return {"ret": "做了一道菜"}
```

```
11.
12. if __name__ == "__main__":
13.     sg = StateGraph(dict)
14.
15.     # 定义节点
16.     sg.add_node("supermarket", supermarket)
17.     sg.add_node("recipe", recipe)
18.     sg.add_node("cooking", cooking)
19.
20.     # 定义起始边
21.     sg.add_edge(START, "supermarket")
22.
23.     # 定义普通边
24.     sg.add_edge("supermarket", "recipe")
25.     sg.add_edge("recipe", "cooking")
26.
27.     # 定义结束边
28.     sg.add_edge("cooking", END)
29.
30.     graph = sg.compile()
31.     ret = graph.invoke({"ingredients": "羊排"})
32.
33.     print(ret)
```

第 4～6 行与 8～10 行分别实现了搜索菜谱与制作菜肴的节点函数；第 17～18 行将节点与节点函数绑定；第 24～25 行使用边将这 3 个节点连接起来。可以看到，不管是起始边、普通边还是结束边，都是使用 add_edge() 方法在指定节点之间创建的，但由于连接的节点类型不同，边的名称也不同。

运行效果如下所示。

```
supermarket
recipe
cooking
{'ret': '做了一道菜'}
```

可以看到，依次执行了每个节点，且输出了最后一个节点的返回值。这说明构建的图正确无误。

6.2.3 状态在节点间的流转

现在来改造 recipe() 与 cooking() 节点函数，尝试在其中使用中央状态存储器 state，如下所示。

```
def recipe(state):
    print("recipe")
```

```
    return {"ret": "搜到了红烧{}的菜谱".format(state["ingredients"])}

def cooking(state):
    print("cooking")
    return {"ret": "做了一道红烧{}".format(state["ingredients"])}
```

代码的运行效果如图 6-7 所示。

```
  File "D:\workspace\python\class23\langgraph\.conda\Lib\site-packages\langgraph\uti
ls\runnable.py", line 371, in invoke
    ret = context.run(self.func, *args, **kwargs)
          ^^^^^^^^^^^^^^^^^^^^^^^^^^^^^^^^^^^^^^^^
  File "d:\workspace\python\class23\langgraph\02\main.py", line 10, in recipe
    return {"ret": "搜到了红烧{}的菜谱".format(state["ingredients"])}
                                         ~~~~~^^^^^^^^^^^^^^^
KeyError: 'ingredients'
During task with name 'recipe' and id 'ac139ce8-4da6-e6ac-3cb5-3965c6ff4645'
```

图 6-7 多节点程序的运行效果

从错误信息可知，在第二个节点（recipe 节点）使用 state["ingredients"]时，出现了无法访问的问题，这表明 state["ingredients"]未能传入第二个节点，即状态（参数）在节点间的流转存在问题。

在 Dify 中，参数在节点间的流转是通过定义输入输出参数实现的；在 LangGraph 中，可能也是这样的。为印证这种看法，在节点函数 recipe()中不再使用 state["ingredients"]，而是打印 state，并对节点函数 cooking()做同样的修改，如下所示。

```
def recipe(state):
    print("recipe")
    print(state) #打印状态
    return {"ret": "搜到了菜谱"}

def cooking(state):
    print("cooking")
    print(state) #打印状态
    return {"ret": "做了一道菜"}
```

再次运行代码，输出如下。

```
1. supermarket
2. recipe
3. {'ret': '羊排买到了'}
4. cooking
5. {"ret": "搜到了菜谱"}
6. {'ret': '做了一道菜'}
```

从第 3～5 行输出可知，state 存储的是上一节点的返回值——相当于 Dify 的节点输出参数。这印证了前面的看法。因此，要让 state["ingredients"]在节点间流转，需要在每个节点的返回值中都包含 state["ingredients"]，如下代码所示。

```
1.  class State(TypedDict):
2.      ingredients: str
3.      ret: list
4.
5.  def supermarket(state):
6.      print("supermarket")
7.      return {
8.          "ingredients": state["ingredients"],
9.          "ret": ["{}买到了".format(state["ingredients"])]
10.     }
11.
12. def recipe(state):
13.     print("recipe")
14.     last_ret = state["ret"]
15.     return {
16.         "ingredients": state["ingredients"],
17.         "ret": last_ret + ["搜到了红烧{}的菜谱".format(state["ingredients"])]
18.     }
19.
20. def cooking(state):
21.     print("cooking")
22.     last_ret = state["ret"]
23.     return {
24.         "ingredients": state["ingredients"],
25.         "ret": last_ret + ["做了一道红烧{}".format(state["ingredients"])]
26.     }
```

这次的修改主要集中在第 1～3 行，涉及以下两个方面。

- 在状态的表示方式上，不再使用字典类型，而是定义一个专用的 State 类。这个类包含两个属性：一是 ingredients，用于存储每步所需的原材料（如“羊排”）；二是 ret，用于保存各步的返回值。
- 考虑到需要存储多个返回结果，将 ret 属性的类型从单一变量改为列表，以便能够记录和管理多个返回值。

另外，对每个节点函数的返回值进行了改造，以适配新的 State 格式，如第 7～10 行、第 14～18 行和第 22～26 行所示。代码运行效果如下所示。

```
supermarket
recipe
cooking
{'ingredients': '羊排', 'ret': ['羊排买到了', '搜到了红烧羊排的菜谱', '做了一道红烧羊排']}
```

从输出可知，这次修改成功地解决了只能在第一个节点使用 state["ingredients"]

的问题，让状态得以在节点间流转。

下面以“智能编程助手”项目为例，逐步深入介绍 LangGraph 的高级功能。

6.3 定制编写 Web 后端项目

本节运用第 6.2 节介绍的基础知识，生成一个基础 Golang Web 后端项目。

6.3.1 生成简单的 Golang Web 后端代码

在 Python 中，可使用 FastAPI 框架来开发 Web 后端；同样，在 Golang 中，也有用于辅助开发的框架，其中较常用的是 Gin 框架。下面是一段基于 Gin 框架编写的 Web 后端代码。

```
1.  package main
2.
3.  import (
4.         "GitHub.com/gin-gonic/gin"
5.  )
6.
7.  func main() {
8.         r := gin.Default()
9.         r.GET("/hello", helloHandler)
10.        r.Run(":8080")
11. }
12.
13. func helloHandler(c *gin.Context) {
14.        c.String(200, "hello")
15. }
```

这段代码定义一条名为`/hello`的路由；用户访问该路由时，将返回字符串`hello`。第 1 行定义了包名`main`；第 3～5 行导入了 Gin 框架的包；第 7～11 行定义了`main`函数。在`main`函数中，第 8 行初始化一个 HTTP Server；第 9 行创建路由`/hello`，并将其绑定到路由处理函数`helloHandler`；第 10 行启动这个 HTTP Server，并让它监听端口`8080`；第 13～15 行实现了路由处理函数`helloHandler`——返回状态码`200`和字符串`hello`。

这些代码的整体结构较为清晰，主要分三部分：`main`函数、路由定义和路由处理函数。要借助 LangGraph 框架按上述结构生成代码，可将整个生成过程设计为如图 6-8 所示的图，即先生成路由与路由处理函数，再生成`main`函数。

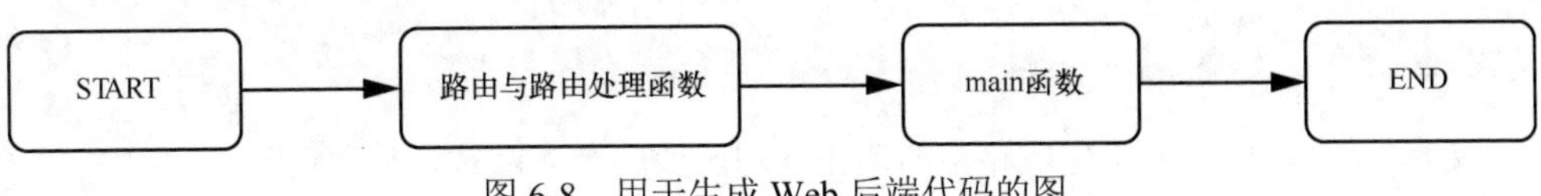

图 6-8 用于生成 Web 后端代码的图

下面基于这种思路，按顺序逐步生成并组织代码。

1．组织代码

将整个项目划分为两个独立的文件：llm.py 和 main.py。其中 llm.py 负责初始化 LLM 客户端，而 main.py 用于实现完整的图逻辑。

2．实现 LLM 模块

无论是否采用 LangGraph 框架，Gin 代码的生成最终都将依赖 LLM 来完成，因此首先需要编写 llm.py 文件的代码，在其中初始化 LLM 客户端，为后续调用做好准备。这里使用 LangChain 封装的 OpenAI 客户端，并将其配置为访问 DeepSeek 的客户端，如下所示。

```
import os

from langchain_openai import ChatOpenAI

def DeepSeek():
    return ChatOpenAI(
        model= "deepseek-chat",
        api_key= os.environ.get("deepseek"),
        base_url="https://api.deepseek.com",
    )
```

运行这段代码前，需执行 pip install langchain_openai 命令安装 LangChain 相关的依赖包。在 main.py 中，只需按如下方式编写代码，即可调用该 LLM 客户端。

```
from llm import DeepSeek

llm = DeepSeek()
```

3．定义 State 并实现生成路由和路由处理函数的节点

LLM 模块准备就绪后，开始在 main.py 文件中编写业务代码。首先需要构建用于管理中央状态的 State 数据结构。这里要生成的 Web 后端代码的整体结构比较简单，其中仅需一个 main 函数，因此使用字符串类型表示，而路由与路由处理函数可能需要定义多个，因此使用列表类型进行存储和管理。State 的定义如下。

```
class State(TypedDict):
    main: str
    routes: list[str]
    handlers: list[str]
```

定义好 State 后，定义生成路由与路由处理函数的节点函数，如下所示。

```
1.  systemMessage = """
2.  你是一位 Golang 开发者，擅长使用 Gin 框架，你将编写基于 Gin 框架的 Web 后端程序
3.  你只需直接输出代码，不要做任何解释和说明，不要将代码放到 ```go ``` 中
4.  """
5.
6.  def split_route_handler(message:str)->List[str]:
7.      codes = message.split('###')
8.      if len(codes) != 2:
9.          raise Exception("Invalid message format")
10.     return codes
11.
12. def route_node(state):
13.     prompt = """
14. 生成路由和路由处理函数，它们之间使用字符串'###'隔开
15. route_hello:
16.     GET /hello
17. handler_hello:
18.     输出字符串"hello"
19. """
20.
21.     message=llm.invoke([SystemMessage(content=systemMessage),HumanMessage
    (content=prompt)])
22.     codes = split_route_handler(message.content)
23.
24.     state["routes"]+=[codes[0]]
25.     state["handlers"]+=[codes[1]]
26.     return state
```

第 1～4 行定义了系统提示词，为 LLM 设置了“Golang 开发者”的人设。第 6～10 行定义了函数 split_route_handler()，用于根据分隔符###对输入参数 message 进行拆分。拆分逻辑较为简单，使用的是 Python 内置字符串方法 split()。第 12～26 行定义了方法 route_node()，用于生成路由与路由处理函数。实现这个方法时，关键在于提示词设计。

为简化演示流程，这里用一个节点生成路由与路由处理函数，并使用###分隔路由代码和路由处理函数代码，旨在方便后面将生成的代码拆分为两部分，并分别存入 State 中的列表 routes 和 handlers 中。

指定提示词后，第 21 行调用 LLM，并将 LLM 的回答赋给变量 message；这行代码是使用 LangChain 框架实现的。

获取 LLM 的回答后，调用函数 split_route_handler()对生成的代码（包含在 content 字段中）进行拆分。LLM 生成的代码如下。

```
r.GET("/hello", helloHandler)
###
func helloHandler(c *gin.Context) {
```

```
        c.String(200, "hello")
}
```

4. 实现生成 main 函数的节点

生成路由与路由处理函数后，接下来需要生成 main 函数。这里的思路与前面基本相同，主要区别在于提示词，代码如下所示。

```
def main_node(state):
    prompt = """
1.创建 Gin 对象
2.拥有路由代码
{routes}
路由处理函数代码已经生成，无须再处理
3.启动端口为 8080
    """

    prompt=prompt.format(routes=state["routes"][-1])
    message=llm.invoke([SystemMessage(content=systemMessage),HumanMessage(content=prompt)])
    state["main"]+=message.content
    return state
```

期望生成的 main 函数代码如下所示。因此，提示词中的第一条（创建 Gin 对象）对应于代码行 r := gin.Default()；第二条要求生成路由代码，并使用{routes}占位符让 LLM 在生成 main 函数时保持代码格式的一致性。

```
func main() {
        r := gin.Default()
        r.GET("/hello", helloHandler)
        r.Run(":8080")
}
```

所谓“格式的一致性”，是指当 LLM 看到传入的路由代码使用的是变量名 r（如 r.GET）时，将意识到该变量已经在 main 函数中定义，并让后续涉及该变量的代码保持一致，而不会错误地生成类似 abc := gin.Default()这样不一致的代码。这种做法展示了一种提示词设计技巧，即通过提供上下文信息，引导模型生成更符合预期的代码。

此外，为防止大模型重新生成路由处理函数，在提示词中还特别注明：“路由处理函数代码已经生成，无须再处理”。

最后，对于服务启动，要求 LLM 使用端口 8080，对应的代码为 r.Run(":8080")。

其他部分的实现逻辑与生成路由和路由函数代码的节点完全相同，这里不再赘述。

5. 组成图

最后一步是将各个节点组合成完整的图并运行，如下所示。

```
1.  if __name__ == "__main__":
2.      sg = StateGraph(State)
3.
4.      #添加节点函数
5.      sg.add_node("route_node", route_node)
6.      sg.add_node("main_node", main_node)
7.
8.      #边的连接
9.      sg.add_edge(START, "route_node")
10.     sg.add_edge("route_node", "main_node")
11.     sg.add_edge("main_node", END)
12.
13.     #运行 Graph
14.     graph = sg.compile()
15.     code = graph.invoke({"main":"", "routes":[], "handlers":[]})
16.
17.     #打印运行结果
18.     print(code["main"])
19.     for handler in code["handlers"]:
20.         print(handler)
```

这些代码的原理与 6.2.2 节的代码完全相同，但有两点需要注意。首先，第 15 行为图的运行提供初始值。在 6.2.2 节的示例中，传入的初始值是“羊排”，但这里要让 LLM 从零开始生成代码，因此将初始值设置为空字符串。其次，第 18～20 行输出生成的代码，但没有输出 `code["routes"]`，这是因为路由代码包含在 `main` 函数中，无须重复展示。

整个程序的执行效果如图 6-9 所示，符合预期。

```
(d:\workspace\python\class23\langgraph\.conda)
package main

import "github.com/gin-gonic/gin"

func main() {
    r := gin.Default()
    r.GET("/hello", helloHandler)
    r.Run(":8080")
}

func helloHandler(c *gin.Context) {
    c.String(200, "hello")
}
```

图 6-9 生成的 Web 后端代码

6.3.2 生成实体类代码

在 Web 后端代码中，实体类即模型（Model），用于表示诸如数据库表结构、业务对象等。这些实体类在程序中承担着数据载体的角色，常用于与数据库进行交互、定义接口参数结构或实现业务逻辑中的数据封装。

除添加生成实体类代码的节点外，这里还将使用两个节点来分别生成路由和路由处理函数，如图 6-10 所示。

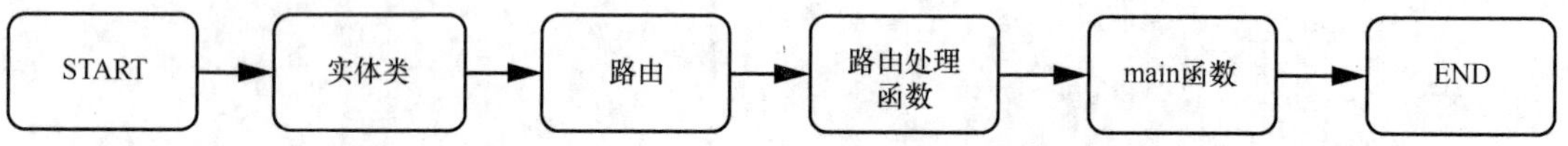

图 6-10 包含实体类生成节点并用两个节点分别生成路由和路由处理函数

1. 实现生成实体类的节点

首先来实现生成实体类的节点，代码如下。

```
models_prompt = """
#模型
1.用户模型，包含字段：UserID(int), UserName(string), UserEmail(string)
生成上述模型对应的 struct。struct 名称示例：UserModel
"""

def models_node(state):
    message=llm.invoke([SystemMessage(content=systemMessage),HumanMessage(content=models_prompt)])
    state["models"]+=[message.content]
    return state
```

这里的代码实现与前面的路由节点类似，也使用提示词来指定如何生成代码。这里的提示词要求生成一个包含 3 个字段的用户模型。

2. 实现生成路由的节点

生成路由的节点实现如下。

```
route_prompt = """
#任务
生成 Gin 的路由代码

#路由
1.Get /version 获取应用的版本
2.Get /users 获取用户列表

#规则
字符串分 3 段：Method、请求 PATH、代码注释

#示例
r.Get("/version", version_handler) // 用于获取应用版本的路由，路由处理函数名示例：version_handler
```

```
"""

def route_node(state):
    message=llm.invoke([SystemMessage(content=systemMessage),HumanMessage
(content=route_prompt)])
    state["routes"]+=[message.content]
    return state
```

这个节点生成的代码包含两条路由：一条用于获取应用的版本，另一条用于获取用户列表。

3. 实现生成路由处理函数的节点

生成路由处理函数的节点实现如下。

```
handler_prompt = """
#任务
生成 Gin 的路由所对应的路由处理函数代码

#规则
你只需要生成提供的路由代码对应的路由处理函数代码，不需要生成额外代码
路由处理函数代码是和路由代码一一对应的，路由处理函数的名称在路由代码的注释中已经给出
如果路由处理函数需要用到模型，则在模型代码中选择

#路由代码
{routes}

#模型代码
{models}

#路由处理函数功能
1.输出应用的版本为 1.0
2.输出用户列表
"""

def handler_node(state):
    prompt=handler_prompt.format(routes=state["routes"], models=state["models"])
    message=llm.invoke([SystemMessage(content=systemMessage),HumanMessage
(content=prompt)])
    state["handlers"]+=[message.content]
    return state
```

生成路由处理函数时，需要参考生成的路由定义，因此需要将路由代码作为上下文信息加入提示词中。此外，在路由处理函数中，通常会用到实体类，如从数据库中读取数据并封装到对应的实体对象中，再返回给前端。因此，也需要将生成的模型定义传入当前节点。

除此之外，还需在提示词中清晰地描述业务功能，明确告知 LLM 需要实现的具体逻辑。只要能够将这几点准确传达给 LLM，便可获得符合预期的代码。

4．组成图

实现所有的节点函数后，将各个节点组合成图并运行，如下所示。

```
if __name__ == "__main__":
    sg = StateGraph(State)

    #添加节点函数
    sg.add_node("models_node", models_node)
    sg.add_node("route_node", route_node)
    sg.add_node("handler_node", handler_node)
    sg.add_node("main_node", main_node)

    #边的连接
    sg.add_edge(START, "models_node")
    sg.add_edge("models_node", "route_node")
    sg.add_edge("route_node", "handler_node")
    sg.add_edge("handler_node", "main_node")
    sg.add_edge("main_node", END)

    #运行图
    graph = sg.compile()
    code = graph.invoke({"main":"", "routes":[], "handlers":[], "models":[]})

    #打印运行结果
    print(code["models"][0])
    print(code["main"])
    for handler in code["handlers"]:
        print(handler)
```

这些代码的原理与 6.3.1 节的相应代码相同，这里不再赘述。运行效果如图 6-11 所示。

在图 6-11（a）中，按指定提示词生成了符合预期的实体类代码；在图 6-11（b）中，生成了包含两条路由的 Web 后端代码。

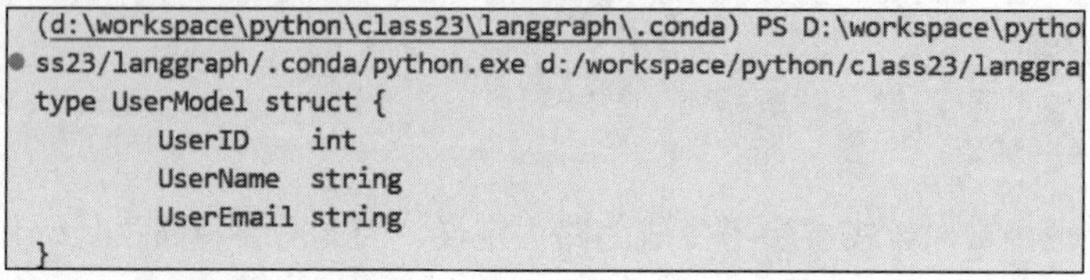

```
(d:\workspace\python\class23\langgraph\.conda) PS D:\workspace\pytho
ss23/langgraph/.conda/python.exe d:/workspace/python/class23/langgra
type UserModel struct {
        UserID    int
        UserName  string
        UserEmail string
}
```

（a）

```go
import (
	"github.com/gin-gonic/gin"
)

func main() {
	r := gin.Default()

	r.GET("/version", version_handler)
	r.GET("/users", users_handler)

	r.Run(":8080")
}
func version_handler(c *gin.Context) {
	c.JSON(200, gin.H{
		"version": "1.0",
	})
}

func users_handler(c *gin.Context) {
	users := []UserModel{
		{UserID: 1, UserName: "User1", UserEmail: "user1@example.com"},
		{UserID: 2, UserName: "User2", UserEmail: "user2@example.com"},
	}
	c.JSON(200, gin.H{
		"users": users,
	})
}
```

（b）

图 6-11 包含实体类生成节点并用两个节点分别生成路由和路由处理函数的图的运行效果

6.4 根据数据字典文档自动生成实体类

在日常研发过程中，遵循“先设计后编码”原则，即先编写设计文档再开发代码，是确保研发过程准确性与高效性的重要保障。设计文档不仅能够明确系统功能与架构，还能为后续开发提供清晰的指南，有助于减少沟通成本、降低实现偏差，从而提升开发效率与质量。

在设计文档中，通常包含用于定义数据结构的文档——数据字典。数据字典用于详细描述系统涉及的各类实体及其属性信息，包括字段名称、数据类型、约束条件、业务含义，是系统开发和数据库设计的重要参考依据，也为后续实体类的代码编写提供了标准化的数据来源。

因此，6.3.2 节通过编写提示词来生成实体类的做法在项目实践中并不规范，而应基于数据字典这种标准化文档来驱动实体类代码的生成，以确保代码的一致性、准确性和可维护性。

基于这一原则，本节将重构前面生成实体类的节点函数。具体地说，将这个节点函数升级为 Agent，并将生成实体类代码的核心业务逻辑封装为 Agent 工具。同时，这个工具不再依赖模糊的自然语言提示词，而通过解析数据字典中的结构化信息（如字段名、数据类型、约束条件等）来自动生成符合预期的实体类代码。

6.4.1 实现 LangGraph Agent

首先介绍如何在 LangGraph 中实现 Agent 和 Agent 工具。

1．实现 LangGraph Agent 工具

LangGraph 是基于 LangChain 构建的扩展框架，并没有独立的 Agent 工具实现机制。这意味着要编写具备特定功能的 Agent 工具，仍需借助 LangChain 提供的相关接口与类库。

下面以生成实体类代码为例，演示如何使用 LangChain 编写自定义的 Agent 工具，如下所示。

```
1.  from langchain_core.tools import tool
2.
3.  @tool
4.  def modelsTool(model_name: str):
5.      """该工具可用于生成实体类代码"""
6.
7.      model_name = model_name.lower()
8.
9.      if "user" or "用户" in model_name:
10.         return """
11. type UserModel struct
12. {
13.     UserID int64 `json:"user_id"`
14.     UserName string `json:"user_name"`
15.     UserEmail string `json:"user_email"`
16. }
17. """
18.     return ""
```

这里的代码封装了 `modelsTool` 函数，当传入的模型名称为“user”或“用户”时，返回第 11～16 行的实体类 `UserModel` 的代码。第 3 行使用`@tool` 装饰器将这个函数从普通函数转换为 Agent 工具，类似第 4 章介绍的 MCP Server 工具实现。

2．实现 LangGraph Agent

在 LangGraph 中，可借助框架编写采用多种设计模式（如 ReAct、ReWoo 等）的 Agent，但在简单的工具选择场景中，最常用的是 Function Calling 模式。本节将使用 Function Calling 来调用刚才定义的工具。

（1）**将工具绑定到 LLM**。1.2 节在不使用任何框架的情况下实现了 Function Calling：采用 OpenAI SDK 定义的工具描述格式，手动构造工具描述，并在对话过程中将描述赋给 `tools` 变量，从而将外部工具绑定到 LLM。

在 LangChain 中，这个流程被高度封装和简化，因此无须手动构建复杂的工具描述，而只需使用如下两行代码注册并绑定工具。

```
1.  tools = [modelsTool]
2.  llm = DeepSeek().bind_tools(tools)
```

其中第 1 行代码构造工具列表，第 2 行使用 `bind_tools()` 方法将工具与 LLM（这里为

初始化好的 deepseek-chat 模型）绑定。

（2）**设计提示词**。绑定工具后，要与 LLM 对话，需要先设计好提示词。由于这里的工具在入参为“User”或“用户”时，会返回实体类 UserModel 的代码，因此可将提示词设计为：

```
models_prompt="""
#模型
生成 User 相关模型
"""
```

在提示词中应明确包含关键词“User”，以便 LLM 在选择工具时，能够根据对工具参数描述的理解，自动从提示词中识别并提取该关键词作为对应的工具参数。

（3）**调用工具**。工具与提示词都设计好后，需要与 LLM 对话，获取并调用 LLM 选择的工具，如下所示。

```
1.  tools_names = {tool.name: tool for tool in tools}
2.
3.  def models_node(state):
4.      message=llm.invoke([SystemMessage(content=systemMessage),HumanMessage
    (content=models_prompt)])
5.      print(message)
6.      for tool_call in message.tool_calls:
7.          tool_name = tool_call["name"]
8.          get_tool = tools_names[tool_name]
9.          result = get_tool.invoke(tool_call["args"])
10.         state["models"].append(result)
11.     return state
```

第 1 行使用字典推导式创建 tools_names 字典：遍历 tools 列表中的每个 tool 对象，以 tool.name 作为字典的键（工具名称）、以 tool 对象作为字典的值（工具对象）。这种简洁的写法等价于如下冗长但更直观的循环赋值代码。

```
tools_names = {}
for tool in tools:
    tools_names[tool.name] = tool
```

1.2 节说过，大模型决定要调用工具时，返回的字段 content 为空，并通过一个结构化字段（如 tool_calls）返回所选工具的名称和参数。

第 5 行显示 LLM 返回的内容 message。通过分析 message 的内容，发现 LLM 将所选工具的信息存储在字段 tool_calls 中，因此编写了第 6～9 行的代码，对字段 tool_calls 进行解析，从中提取出所选工具的名称和参数，再调用相应的工具。

第 8 行根据工具名称 tool_name 从 tools_names 字典中获取实际的工具函数对象，是这段代码中的难点。

第 10 行将工具函数的执行结果存入到中央状态存储器 state 中。

运行效果如图 6-12 所示。

```
type UserModel struct
{
    UserID int64 `json:"user_id"`
    UserName string `json:"user_name"`
    UserEmail string `json:"user_email"`
}
```

图 6-12 运行效果

可以看到，LLM 向工具传递了包含“User”的字符串，让工具返回了实体类 UserModel 的代码。

6.4.2 根据数据字典生成实体类

本节分两步演示如何根据数据字典文档生成实体类，一是数据字典文档的设计，二是代码的实现。

1．设计数据字典文档

这里按 MySQL 数据库的格式设计数据字典文档：设计两个表——用户表与商品表，分别如表 6-1 和表 6-2 所示。

表 6-1 用户表

字段名	类型	是否非空	是否主键	注释
user_id	Int(8)	是	是	用户的 id，自增主键
user_name	varchar(30)	是	否	用户的名称
user_email	varchar(100)	是	否	用户的邮箱地址

表 6-2 商品表

字段名	类型	是否非空	是否主键	注释
id	Int(8)	是	是	商品的 id，自增主键
prod_name	varchar(30)	是	否	商品名称
prod_price	float	是	否	商品价格

设计这两个数据表后，需要达到如下效果：用户输入提示词“生成用户实体模型”时，LLM 自动从数据字典中识别并提取用户表的结构信息，并据此生成用户实体模型代码。实现思路与 4.7 节浓缩简历的实现思路高度相似，也依赖于关键技术 RAG。

2．代码实现

本节使用 Agent 与 RAG，根据数据字典文档生成实体类代码。其中，RAG 部分的实现方法与 4.7.2 节相同，即使用 LangChain 和 Qdrant 向量数据库。

（1）**数据字典文档的向量化与入库**。4.7.2 节说过，实现 RAG 的第一步是，将文档切片后转换为向量并存入向量数据库。因此，相关代码与 4.7.2 节相同。这一步成功后，将在 Qdrant 控制台中看到 Collections，如图 6-13 所示。

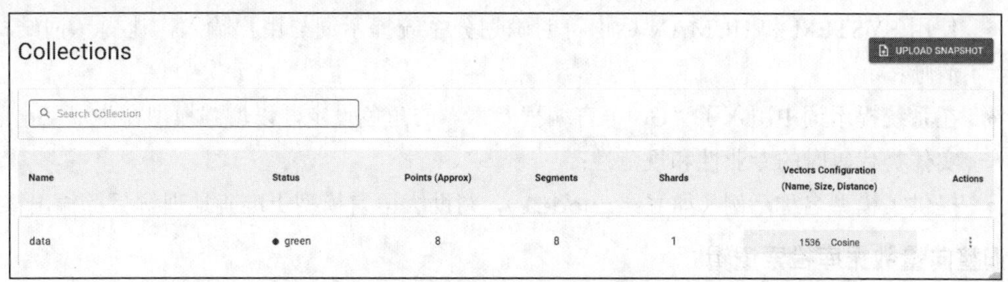

图 6-13　Qdrant Collections

（2）**在 Agent 工具中实现 RAG**。数据准备就绪后，在 6.4.1 节所示代码的基础上进行修改，将原来的工具业务逻辑替换为基于 RAG 的实现过程，如下所示。

```
def qdrant_search(query:str):
    vec_store=QdrantVecStore(collection_name="data")
    prompt="""
SYSTEM
你是一位 Go 语言编程专家，擅长根据问题生成模型实体类代码。
使用上下文来创建实体 struct。你只需输出 Golang 代码，无须任何解释和说明。不要将代码放到 ```go ``` 中。

上下文：
{context}

模型名称例子：UserModel

HUMAN
模型或数据表信息：{question}
"""

    retriver=vec_store.as_retriever(search_kwargs={"k":5})
    #省略构建 chain 与 LLM 对话的代码，与 4.7.2 节代码完全一致
    ......
    return ret

@tool
def modelsTool(model_name: str):
    """该工具可用于生成实体类代码"""
    return qdrant_search(model_name)
```

RAG 实现代码与 4.7.2 节的代码基本相同，但在提示词和向量数据库检索逻辑方面进行了适配性改造，下面详细介绍。

1. 改造提示词

在第 4.7.2 节中，使用的是 LangChain Hub 提供的标准 RAG 提示词模板。这个模板适用于通用场景，但缺乏对特定任务的定制化支持。

这里对提示词进行了针对性重构，主要体现在以下 3 个方面：

- 使用 SYSTEM 和 HUMAN 标识符明确划分系统提示词与用户输入，让提示词结构更清晰；
- 在系统提示词中引入了“Go 语言编程专家”的角色设定，以增强模型在生成 Go 语言实体类代码时的专业性和规范性；
- 提供了模型名称示例（如 `UserModel`），帮助大语言模型更准确地理解目标输出格式。

2. 调整向量数据库检索逻辑

前述代码的第 17 行是在向量数据库中匹配相关数据字典，其中`"k":5` 表示从向量数据库中提取相似度高于阈值的前 5 条结果。

选择`"k":5` 依据的是字典的内容结构。在本节的设计中，每个表都包含 3 个字段，但由于文本分割机制的影响，这些字段信息可能被拆分为多个片段存储。例如，用户表就被拆分成了 4 个文档片段，如图 6-14 所示。

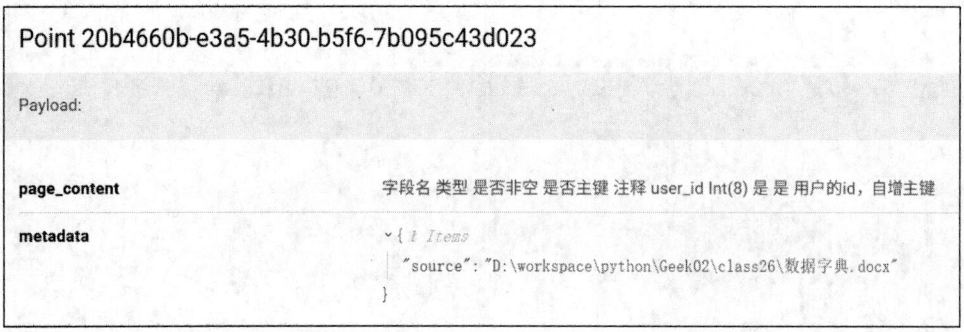

Point 20b4660b-e3a5-4b30-b5f6-7b095c43d023

Payload:

page_content	字段名 类型 是否非空 是否主键 注释 user_id Int(8) 是 是 用户的id，自增主键
metadata	{ 1 Items "source": "D:\workspace\python\Geek02\class26\数据字典.docx" }

（a）

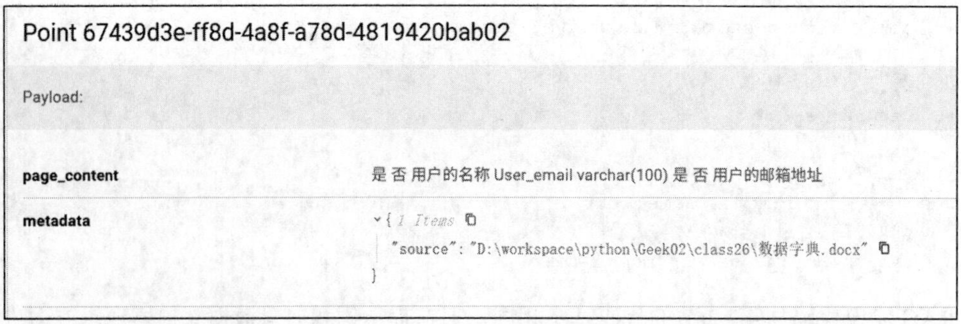

Point 67439d3e-ff8d-4a8f-a78d-4819420bab02

Payload:

page_content	是 否 用户的名称 User_email varchar(100) 是 否 用户的邮箱地址
metadata	{ 1 Items "source": "D:\workspace\python\Geek02\class26\数据字典.docx" }

（b）

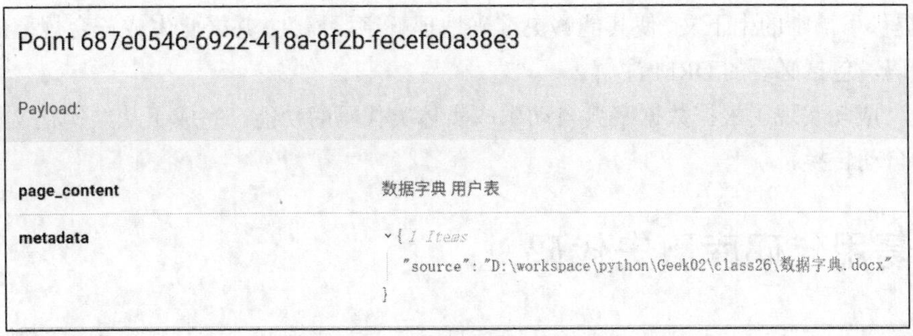

Point 687e0546-6922-418a-8f2b-fecefe0a38e3

Payload:

page_content	数据字典 用户表
metadata	{ 1 Items "source": "D:\workspace\python\Geek02\class26\数据字典.docx" }

（c）

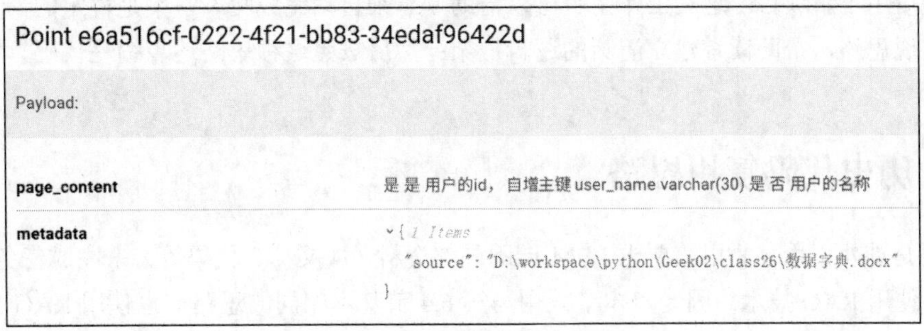

Point e6a516cf-0222-4f21-bb83-34edaf96422d

Payload:

page_content	是 是 用户的id，自增主键 user_name varchar(30) 是 否 用户的名称
metadata	{ 1 Items "source": "D:\workspace\python\Geek02\class26\数据字典.docx" }

（d）

图 6-14 切分得到的用户表片段

因此，为确保能够召回所有与当前请求相关的字段信息，至少需要提取前 5 条结果。如果未来用户表字段数量增加，应相应地增大 k 值以确保检索的完整性和准确性。

编写好执行 RAG 过程的业务函数后，需要使用@tool 装饰器将其封装成 Agent 工具。如前述代码的第 22～25 行所示。

根据数据字典生成实体类的代码的执行结果如图 6-15 所示。

```
type UserModel struct {
        UserId    int    `gorm:"column:user_id;primaryKey;autoIncrement" json:"user_id"`
        UserName  string `gorm:"column:user_name;size:30;not null" json:"user_name"`
        UserEmail string `gorm:"column:User_email;size:100;not null" json:"user_email"`
}
```

图 6-15 根据数据字典生成实体类的代码的执行结果

可以看到，DeepSeek 生成的代码非常出色，甚至自动添加了与 gorm 相关的注解。gorm 是 Golang 语言中广泛使用的 ORM（对象关系映射）库，常用于简化数据库操作。为了让 gorm 能够正确映射数据库表结构，通常需要在实体类字段后添加相应的注解信息，如字段类型、主键约束等，而 DeepSeek 准确地生成了这些注解。

DeepSeek 能够如此精准地生成代码，主要归功于我们在数据字典中采用了数据库表风格的描述方式，如使用了 varchar、主键等数据库关键字。这种贴近数据库语义的结构化描述方式，为 LLM 提供了清晰的上下文，使其能够更准确地理解字段属性，并据此生成符合规范的 Golang 实体类代码，包括必要的 ORM 注解。

至此，成功实现了根据数据字典自动生成实体类代码的功能，完成了从结构化文档到可执行代码的自动转换。

6.5 复用代码库历史代码

在日常开发工作中，尤其是在维护公司项目时，常常需要从已有代码库中提取部分代码，稍作调整后用于新项目。这类工作是否可以借助 AI 来自动完成呢？答案是肯定的。本节将首先介绍实现思路，帮助读者建立清晰的逻辑框架；然后按照这种思路逐步编写代码，完成功能实现。

6.5.1 历史代码复用思路

只要是涉及引用、复用等要求 LLM 借助外部资料（如文档、代码等）来完成任务的场景，通常需要使用 RAG 技术。因此，本节采用与第 6.4 节基本相同的思路，也使用 RAG 来实现相关业务功能。

本节实现历史代码复用的方法主要包括以下 3 个步骤。

（1）将中间件代码文件中的各个函数进行拆分，分别存入向量数据库。

（2）收到具体需求（如“生成一个跨域中间件函数”）时，基于向量相似度匹配算法，查找与需求最相关的历史代码片段。

（3）将匹配到的代码示例作为上下文提供给 LLM，用于生成符合当前需求的新代码。

6.5.2 基于 RAG 实现历史代码复用

明确设计思路后，结合使用 LangChain 和 Qrant 向量数据库来分步实现 RAG。

1．准备历史代码

这里将如下 Golang Web 后端项目的中间件文件 middleware.go 作为历史代码。

```
// 中间件：记录请求日志
func LoggerMiddleware() gin.HandlerFunc {
    return func(c *gin.Context) {
        #省略具体细节
        ......
    }
}

```

```
// 中间件：跨域请求处理
func CorsMiddleware() gin.HandlerFunc {
    return func(c *gin.Context) {
        c.Writer.Header().Set("Access-Control-Allow-Origin", "*")
        c.Writer.Header().Set("Access-Control-Allow-Methods", "GET, POST, PUT, DELETE, OPTIONS")
        c.Writer.Header().Set("Access-Control-Allow-Headers", "Content-Type, Authorization")

        if c.Request.Method == "OPTIONS" {
            c.AbortWithStatus(204)
            return
        }

        c.Next()
    }
}

// 中间件：请求超时控制
func TimeoutMiddleware(timeout time.Duration) gin.HandlerFunc {
    return func(c *gin.Context) {
        #省略具体细节
        ......
    }
}
```

这段代码包含 3 个中间件函数，其中重要的是给每个函数添加了相应的注释。后面进行向量相似度匹配时，这些注释将发挥重要作用，决定能否准确地匹配到相关代码片段。

2. 代码切分入库

不同于 4.7.2 节和 6.4.2 节，这里要切分入库的不是 Word 文档，因此代码稍有不同，如下所示。

```
import os
from langchain_community.document_loaders import TextLoader
from langchain_text_splitters import CharacterTextSplitter
from llm import QdrantVecStoreFromDocs

def load_code(ext:str,dir_path:str):
    files=[]
    #收集目标文件
    for file in os.listdir(dir_path):
        if file.endswith(ext):
            print(f"加载文件{file}")
            files.append(os.path.join(dir_path,file))

```

```
14.     all_docs=[]
15.     #初始化文本分割器
16.     code_text_splitter = CharacterTextSplitter(separator="\n",chunk_size=500,chunk_
    overlap=100,length_function=len)
17.
18.     #使用循环切分所有目标文件
19.     for file in files:
20.         loader=TextLoader(file, encoding='utf-8').load()
21.         docs=code_text_splitter.split_documents(loader)
22.         for doc in docs:
23.             doc.metadata["source"]=file
24.             all_docs.append(doc)
25.
26.     #存入向量数据库
27.     QdrantVecStoreFromDocs(all_docs,"code")
28.
29. if __name__ == '__main__':
30.     load_code(".go","D:\\workspace\\python\\class23\\langgraph\\code05\\
    middleware")
```

第 2 行导入了用于处理普通文本的 `TextLoader`，而不是导入专门用于处理 Word 文档的 `UnstructuredWordDocumentLoader`。

第 6 行定义了加载代码文件并进行切片入库的函数 `load_code()`。这个函数接受两个参数，分别是指定文件扩展名的 `ext` 及指定文件所在文件夹的 `dir_path`。第 9～12 行收集模板文件：遍历 `dir_path` 指定的目录下的所有文件，并检查每个文件的扩展名，如果是参数 `ext` 指定的值（如 `.py`），就将其完整路径添加到 `files` 列表中。第 16 行初始化文本拆分器，其中的参数 `separator="\n"` 表示优先尝试在换行符处拆分，`chunk_size=500` 表示每块最多包含 500 个字符，`chunk_overlap=100` 表示相邻文本块有 100 个重叠的字符，这旨在保持上下文连贯性。

第 19～24 行遍历所有目标文件，并使用文本拆分器对文件进行切分。

第 27 行将所有切片转换为向量，并存入 Qdrant 向量数据库，结果如图 6-16 所示。

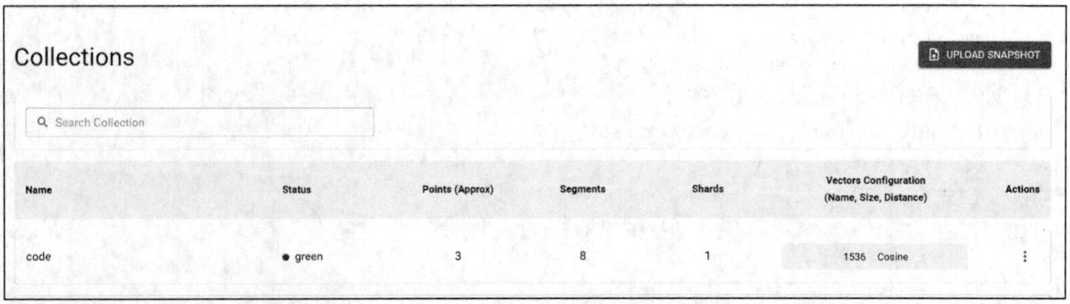

图 6-16　Qrant Collections

3. 实现 Agent 工具

6.4 节说过，准备好数据后，需要在 Agent 工具中实现 RAG。这里的 Agent 工具实现与 6.4 节很像，唯一不同的是提示词和工具描述。这里使用的提示词如下。

```
1.  SYSTEM
2.  你是一位 Go 语言编程专家，擅长根据问题及代码库的代码进行代码生成。
3.  使用上下文来生成代码。你只需输出 Golang 代码，无须任何解释和说明。不要将代码放到 ```go ``` 中。
4.
5.  上下文:
6.  {context}
7.
8.  HUMAN
9.  问题: {question}
```

其中最重要的是第 2 行的“擅长根据问题及代码库的代码进行代码生成”，这些内容明确了 LLM 的任务，那就是参考历史代码生成新代码。

这里要生成的是中间件函数的代码，因此使用如下工具描述。

```
该工具可用于生成中间件函数，参数需传入具体的生成代码的需求，例如：跨域中间件
```

工具描述指出了工具的作用，并描述了工具的参数。

4. 在 LangGraph 中添加生成中间件代码的节点

准备好工具后，在 LangGraph 中添加生成中间件代码的节点，如图 6-17 所示。

图 6-17 添加生成中间件代码的节点

接下来需要完成代码实现。

（1）在中央状态存储器 `State` 中添加用于保存中间件代码的字段，如下所示。

```
1.  class State(TypedDict):
2.      main: str
3.      models: list[str]
4.      routes: list[str]
5.      handlers: list[str]
6.      middleware: list[str]
```

第 6 行定义了与中间件相关的字段。由于中间件函数可能有多个，因此指定了列表类型。

（2）编写中间件节点函数，如下所示。

```
1.  middleware_prompt = """
2.  #中间件
3.  创建用于跨域的中间件函数
4.  """
5.
6.  def middleware_node(state):
7.      message=llm.invoke([SystemMessage(content=systemMessage),HumanMessage
    (content=middleware_prompt)])
8.      for tool_call in message.tool_calls:
9.          tool_name = tool_call["name"]
10.         get_tool = tools_names[tool_name]
11.         result = get_tool.invoke(tool_call["args"])
12.         state["middleware"].append(result)
13.     return state
```

这里的实现思路与生成模型的节点函数相同，也使用了 Function Caling 机制，唯一不同的是第 2～3 行的用户提示词。

至此，生成中间件函数的节点函数就编写好了。

然而，在 Golang Web 后端中，需要在创建路由前注册中间件函数，如下面的 Golang 示例代码所示。

```
1.  func main() {
2.          r := gin.Default()
3.
4.          r.Use(CorsMiddleware())
5.
6.          r.GET("/version", version_handler)
7.          r.GET("/users", users_handler)
8.
9.          r.Run(":8080")
10. }
```

第 4 行使用 `r.Use` 注册中间件。因此，在 LangGraph 的 `main` 函数中，需要修改提示词，让 LLM 生成这行代码，如下所示。

```
1.  1.创建 Gin 对象
2.  2.中间件的代码为{middleware}，请提取其函数名称，并使用 r.Use 注册这些中间件
3.  3.拥有路由代码
4.
5.  {routes}
6.  路由处理函数代码已经生成，无须再进行处理
7.  4.启动端口为 8080
```

其中的第 2 行是生成 `r.Use` 代码的提示词。

（3）添加显示中间件函数的代码并进行测试。测试效果如图 6-18 所示。

```
func CorsMiddleware() gin.HandlerFunc {
	return func(c *gin.Context) {
		c.Writer.Header().Set("Access-Control-Allow-Origin", "*")
		c.Writer.Header().Set("Access-Control-Allow-Methods", "GET, POST, PUT, DELETE, OPTIONS")
		c.Writer.Header().Set("Access-Control-Allow-Headers", "Content-Type, Authorization")
		if c.Request.Method == "OPTIONS" {
			c.AbortWithStatus(204)
			return
		}
		c.Next()
	}
}
```

（a）

```
func main() {
	r := gin.Default()

	r.Use(CorsMiddleware())

	r.GET("/version", version_handler)
	r.GET("/users", users_handler)

	r.Run(":8080")
}
```

（b）

图 6-18　添加生成中间件代码的节点后的运行效果

可以看到，生成的中间件代码与历史代码中的跨域中间件代码完全相同，这说明 RAG 过程执行成功。另外，在 main 函数中也生成了代码 r.Use，这说明对 main 函数中提示词所做的修改是有效的。

6.6　使用 GraphRAG 分析代码结构

在前几节使用 LangGraph 生成的 Golang Web 后端项目代码中，可以清晰地看到，不同模块之间存在关联关系，如下面的路由处理函数与实体类代码。

```
type UserModel struct {
    UserID int
    UserName string
    UserEmail string
}

func usersInfo() []UserModel{
    users :=[]UserModel{
        {UserID: 1, UserName: "User1", UserEmail: "user1@example.com"},
        {UserID: 2, UserName: "User2", UserEmail: "user2@example.com"},
    }

    return users
}

func getUsersHandler(c *gin.context){
```

```
    users := usersInfo()
    c.JSON(200,gin.H{
        "users": users,
    })
}
```

其中的 getUsersHandler() 函数通过调用 usersInfo() 函数，使用了实体类 UserModel，因此在 getUsersHandler 函数和实体类 UserModel 之间，存在关联关系。

如果按 6.5 节介绍的方法将这些代码纳入 RAG 系统中进行管理，并要求 LLM 新增一个用于“创建用户”的 handler 处理函数，LLM 能否通过 RAG 检索完成代码生成呢？

很遗憾，答案是否定的。因为在传统 RAG 实现中，检索机制主要依赖于文本之间的语义相似性进行匹配，而无法有效识别和利用与文本相关联的结构化信息或实体关系。

这意味着虽然 RAG 可能成功匹配到类似 getUsersHandler() 函数的实现，但无法进一步获取该函数所依赖的实体类 UserModel 的字段结构和属性定义。因此，在缺乏这些关键信息的情况下，系统无法生成“创建用户”的代码。

为描述这种关联关系，一种常见的改进思路是引入 GraphRAG，即“知识图谱”方法。通过构建代码模块之间的结构化关系图谱，GraphRAG 能够更有效地捕捉和利用代码中的语义关联，从而提升检索的准确性和生成结果的完整性。

6.6.1 从传统 RAG 到 GraphRAG

传统 RAG 机制基于文本向量间的相似性进行检索，这种检索方式仅能依据预设的相似度阈值来匹配符合条件的文本块，而无法主动识别与当前内容存在语义关联的信息。

例如著名作家鲁迅先生，鲁迅是他的笔名，周树人才是他的真实姓名。如果在我们的大脑中无法建立“鲁迅=周树人”这样一个实体关系图谱，就无法得知这两个名字指的是同一个人。

类似的问题也广泛存在于传统 RAG 的跨文本块检索中。一方面，部分相关内容可能因相似度未达到阈值而未被检索到，导致信息缺失；另一方面，即便成功检索出相关文本，其内部的语义联系仍需人工进行整合与判断，导致使用成本增加。

为解决这些问题，GraphRAG 应运而生。它通过引入图结构，将文本片段中的实体及其关系显式建模，从而实现更深层次、更具逻辑性的信息检索。相比传统 RAG，GraphRAG 不仅能检索语义相似的内容，还能自动挖掘并利用实体间的关联，大大提升了信息检索的准确性和完整性。

6.6.2 GraphRAG 原理

GraphRAG 的核心是知识图谱和图搜索。

1. 构建知识图谱

实现 GraphRAG 的第一步，是从非结构化文本中提取关键信息，并基于这些信息构建结构化的知识图谱。这可借助 LLM 来实现：利用其强大的语义理解和信息抽取能力，自动识别文本中的实体、关系及属性等结构化信息。

假设有以下两段文本。

```
1.　周树人发表了第一部中国现代白话小说《狂人日记》
2.　《狂人日记》的作者是鲁迅
```

如果此时构建知识图谱，形成的结构化数据将呈现如下形式。

```
1.　（周树人，发表，狂人日记）
2.　（狂人日记，作者，鲁迅）
```

其中实体之间的关系清晰可见，为后续的图检索奠定了坚实基础。

2. 图搜索

在检索阶段，GraphRAG 不再依赖于向量相似度匹配，而通过图谱的遍历机制来获取完整的上下文信息。当用户提问“周树人和鲁迅是一个人吗？”时，GraphRAG 能够沿着图谱中的路径进行推理，迅速得出结论：周树人与鲁迅实为同一人。推理结果如下所示。

```
1.　周树人->狂人日记->鲁迅
```

GraphRAG 将结构化的图谱信息提供给 LLM，这相当于将零散的信息整合后再交给 LLM，让 LLM 能够更高效地应对多跳推理或因果关系分析。

6.6.3 GraphRAG 实战

本节将尝试在一个 Golang Web 后端项目的代码结构之间构建知识图谱关系，并进行查询测试，以演示 GraphRAG 的实际使用。这个 Golang Web 后端项目的代码结构如图 6-19 所示。

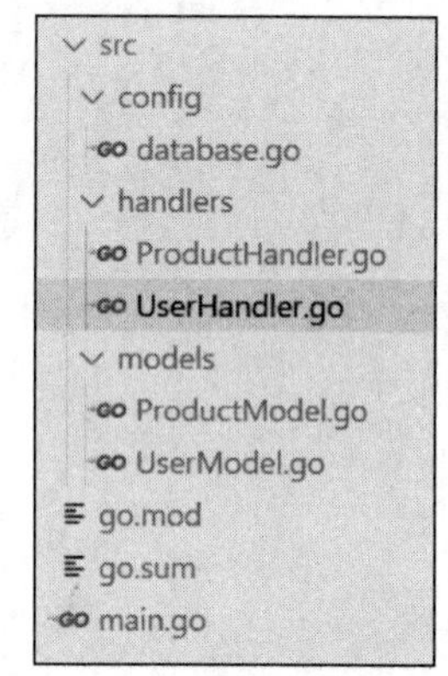

图 6-19　Golang Web 后端项目的代码结构

在这个项目的代码结构中，包含用于存放主函数的 `main` 文件、定义实体类的 `models` 包及处理路由逻辑的 `handlers` 包，以及包含处理数据库增、删、改、查操作的相关配置和逻辑的 `config` 文件夹。

1. 提取代码描述

代码型文本通常由多个函数组成，存在较强的逻辑性和层次性，因此直接构建知识图谱将面临较大困难（无论如何对代码进行切分，都难以保证每个函数在语义和语法上的完整性；而将代码截图交由视觉模型识别后再进行处理，流程烦琐、效率低下、实用性较低。

有鉴于此，先对代码进行预处理，再构建知识图谱。为此，可借助 LLM 提取每个代码文件的语义描述，再基于这些结构化或半结构化的描述文本构建知识图谱，这样既能保留代码的核心含义，又能提升知识图谱构建的可行性与效率。

这里使用 Cursor 来生成代码文件的描述信息。具体做法是，先在 Cursor 中打开项目，再打开代码文件并通过快捷键 Ctrl + L 进入对话模式，最后使用如下提示词生成文件的语义描述，如图 6-20 所示。

```
请按照以下格式对该文件进行内容描述：

#文件名（含路径）：
#文件注释：
#package:
#引用包：
#struct 定义：
##struct 名称：字段（含类型）：用途：
#函数列表：
##函数注释：函数入参：函数返回值：函数功能：

以上内容如果代码中有就填，没有就不填
```

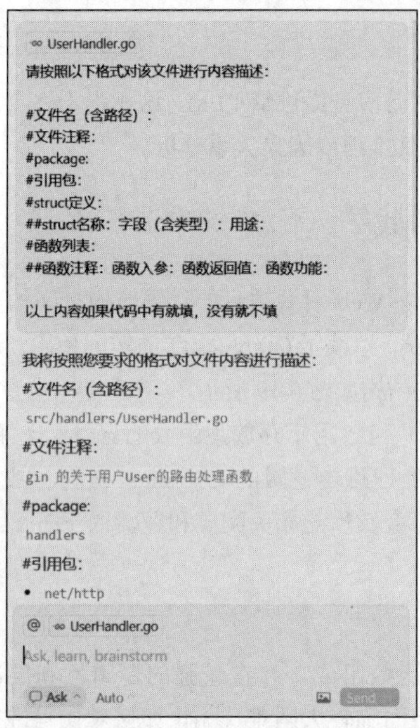

图 6-20　生成语义描述

使用这种方式生成所有代码文件的语义描述，并汇总到一个.txt 文件中，供 GraphRAG 用来构建知识图谱。

2. 构建知识图谱

当前，有多种开源的 GraphRAG 实现方案。如果不想使用现成的开源实现，也可结合使用 LangChain 和 Neo4j 图数据库自行构建 GraphRAG 实现，其难度与使用 LangChain 和 Qdrant 构建传统 RAG 系统相当。

这里采用微软开源的一款名为 GraphRAG 的 GraphRAG 工具。GraphRAG（微软的开源工具）旨在利用 LLM 的强大能力，从非结构化文本中提取有意义的结构化信息，其使用流程简洁高效：通过 Python 安装相应的命令行工具后，只需几条命令就能构建知识图谱，并支持后续查询测试。

本书编写期间，微软开源工具 GraphRAG 的最新稳定版本为 2.1.0，因此这里以这个版本为例进行讲解（建议读者也使用这个版本，以免版本差异导致配置细节有所不同）。

（1）安装 GraphRAG。首先，使用如下 pip 命令安装 GraphRAG 的 SDK 包，其中包含用于构建图谱与执行查询的命令行工具 GraphRAG。

```
1.  pip install graphrag==2.1.0
```

（2）初始化 GraphRAG 项目。安装 GraphRAG 后，先在当前工作目录下新建一个文件夹（如 graphrag），作为 GraphRAG 的项目空间。然后，执行如下命令初始化 GraphRAG 项目。

```
1.  graphrag init --root ./graphrag/
```

如果成功地初始化了项目，将在文件夹 graphrag 中看到如图 6-21 所示的项目结构和文件。

```
root@llama:~# ls graphrag/
prompts  settings.yaml
```

图 6-21 项目结构与文件

需要特别关注的是文件 settings.yaml，其中包含系统配置，如使用的 LLM、嵌入模型等相关参数的设置。

使用如下命令打开这个配置文件，其内容如图 6-22 所示。

```
1.  vi graphrag/settings.yaml
```

为适应国内的使用环境，需要修改 settings.yaml 文件中的 default_chat_model 和 default_embedding_model，将其从默认的 OpenAI 模型改为国内可访问的模型，如 DeepSeek 的模型。

```
### This config file contains required core defaults that must be set, along with a handful of common optional settings.
### For a full list of available settings, see https://microsoft.github.io/graphrag/config/yaml/

### LLM settings ###
## There are a number of settings to tune the threading and token limits for LLM calls - check the docs.

models:
  default_chat_model:
    type: openai_chat # or azure_openai_chat
    # api_base: https://<instance>.openai.azure.com
    # api_version: 2024-05-01-preview
    auth_type: api_key # or azure_managed_identity
    api_key: ${GRAPHRAG_API_KEY} # set this in the generated .env file
    # audience: "https://cognitiveservices.azure.com/.default"
    # organization: <organization_id>
    model: gpt-4-turbo-preview
    # deployment_name: <azure_model_deployment_name>
    # encoding_model: cl100k_base # automatically set by tiktoken if left undefined
    model_supports_json: true # recommended if this is available for your model.
    concurrent_requests: 25 # max number of simultaneous LLM requests allowed
    async_mode: threaded # or asyncio
    retry_strategy: native
    max_retries: -1                   # set to -1 for dynamic retry logic (most optimal setting based on server response)
    tokens_per_minute: 0              # set to 0 to disable rate limiting
    requests_per_minute: 0            # set to 0 to disable rate limiting
  default_embedding_model:
    type: openai_embedding # or azure_openai_embedding
    # api_base: https://<instance>.openai.azure.com
    # api_version: 2024-05-01-preview
    auth_type: api_key # or azure_managed_identity
    api_key: ${GRAPHRAG_API_KEY}
    # audience: "https://cognitiveservices.azure.com/.default"
    # organization: <organization_id>
    model: text-embedding-3-small
"settings.yaml" 152L, 5239B
```

图 6-22 settings.yaml 的内容

如图 6-23 展示了一个修改后的配置示例，它将 DeepSeek 官方的 deepseek-chat 作为聊天模型（default_chat_model），将阿里云的通义千问 text-embedding-v1 作为嵌入模型（default_embedding_model）。

```
models:
  default_chat_model:
    type: openai_chat # or azure_openai_chat
    api_base: https://api.deepseek.com/v1
    # api_version: 2024-05-01-preview
    auth_type: api_key # or azure_managed_identity
    api_key:                                # set this in the generated .env file
    # audience: "https://cognitiveservices.azure.com/.default"
    # organization: <organization_id>
    model: deepseek-chat
    # deployment_name: <azure_model_deployment_name>
    encoding_model: cl100k_base # automatically set by tiktoken if left undefined
    model_supports_json: true # recommended if this is available for your model.
    concurrent_requests: 25 # max number of simultaneous LLM requests allowed
    async_mode: threaded # or asyncio
    retry_strategy: native
    max_retries: -1                   # set to -1 for dynamic retry logic (most optimal setting based on server response)
    tokens_per_minute: 0              # set to 0 to disable rate limiting
    requests_per_minute: 0            # set to 0 to disable rate limiting
  default_embedding_model:
    type: openai_embedding # or azure_openai_embedding
    api_base: https://dashscope.aliyuncs.com/compatible-mode/v1
    # api_version: 2024-05-01-preview
    auth_type: api_key # or azure_managed_identity
    api_key: s
    # audience: "https://cognitiveservices.azure.com/.default"
    # organization: <organization_id>
    model: text-embedding-v1
    # deployment_name: <azure_model_deployment_name>
    encoding_model: cl100k_base # automatically set by tiktoken if left undefined
    model_supports_json: true # recommended if this is available for your model.
    concurrent_requests: 25 # max number of simultaneous LLM requests allowed
```

图 6-23 修改模型相关配置

此外，还需启用原本被注释掉的 encoding_model 配置项，如图 6-24 所示。这个配置指定用于文本编码的模型，以避免在后续启动过程中报错。

```
            return model_encoding_name

    if encoding_name is None:
        raise KeyError(
            f"Could not automatically map {model_name} to a tokeniser. "
            "Please use `tiktoken.get_encoding` to explicitly get the tokeniser you expe
        ) from None

                  locals
          encoding_name = None
    model_encoding_name = 'cl100k_base'
             model_name = 'text-embedding-v1'
           model_prefix = 'ft:babbage-002'

KeyError: 'Could not automatically map text-embedding-v1 to a tokeniser. Please use `tiktoken.get_encoding` to explicitly get the tokeniser you expect.'
```

图 6-24　启用 encoding_model 配置项

在这个配置文件中，还有一个关键设置需要特别注意：指定原始文本数据存放路径的 input 部分，如图 6-25 所示。具体地说，它要求在 graphrag 工作目录下创建名为 input 的子目录，并将待处理的原始文件放在其中；同时，这个原始文件必须是文本文件。

因此将前面使用 Cursor 提取的代码描述内容整理成一个 .txt 文件，并将其存放在 input 目录中，作为构建知识图谱的输入数据源，如图 6-26 所示。

```
### Input settings ###

input:
  type: file # or blob
  file_type: text # [csv, text, json]
  base_dir: "input"
```

图 6-25　文本类型配置

```
root@llama:~/graphrag/input# ls
analyze.txt
```

图 6-26　用于构建知识图谱的输入数据源

一切准备就绪后，便可构建知识图谱了。为此，只需执行如下命令，效果如图 6-27 所示。

```
graphrag index --root ./graphrag/
```

```
root@llama:~# graphrag index --root ./graphrag/

Logging enabled at /root/graphrag/logs/indexing-engine.log
 LLM Config Params Validated
 Embedding LLM Config Params Validated
Running standard indexing.
 create_base_text_units
                                              id                                             text                                     document_ids  n_tokens
0  25fdc5d14c0afcb7ee5e3b6d32a2a60ac447ceb3eb2642...  #文件名（含路径）：\nsrc/handlers/UserHandler.go\n#文件注释...  [4cb328c7833c563f5d72d6d268c6fb35914ffa7347f12...
1200
1  54912bb91d4b168170ba2d039e00488b94c14af1c7698e...  在数据库中对应的表名为"users"\n\n#文件名（含路径）：\nmain.go\n#文件...
[4cb328c7833c563f5d72d6d268c6fb35914ffa7347f12...      283
 create_final_documents
                                              id  human_readable_id  ...              creation_date metadata
0  4cb328c7833c563f5d72d6d268c6fb35914ffa7347f121...                  1  ...  2025-04-18 23:32:25 +0800      NaN

[1 rows x 7 columns]
 extract_graph
{'entities':              title          type                                        text_unit_ids  frequency                                          description
0       USERHANDLER  ORGANIZATION  [25fdc5d14c0afcb7ee5e3b6d32a2a60ac447ceb3eb264...          1  A handler file in the gin-demo project that ma...
1      PRODUCTMODEL  ORGANIZATION  [25fdc5d14c0afcb7ee5e3b6d32a2a60ac447ceb3eb264...          1  A model file in the gin-demo project that defi...
2         USERMODEL  ORGANIZATION  [25fdc5d14c0afcb7ee5e3b6d32a2a60ac447ceb3eb264...          1  A model file in the gin-demo project that defi...
3   DATABASE CONFIG  ORGANIZATION  [25fdc5d14c0afcb7ee5e3b6d32a2a60ac447ceb3eb264...          1  A configuration file in the gin-demo project t...
4              MAIN  ORGANIZATION  [25fdc5d14c0afcb7ee5e3b6d32a2a60ac447ceb3eb264...          1  The entry point file of the gin-demo project t...
5              GORM  ORGANIZATION  [25fdc5d14c0afcb7ee5e3b6d32a2a60ac447ceb3eb264...          2  **GORM** is an Object-Relational Mapping (ORM)...
6             MYSQL  ORGANIZATION  [25fdc5d14c0afcb7ee5e3b6d32a2a60ac447ceb3eb264...          2  MySQL is a widely used open-source relational ...
7         GIN-GONIC  ORGANIZATION  [25fdc5d14c0afcb7ee5e3b6d32a2a60ac447ceb3eb264...          2  GIN-GONIC is the organization responsible for ...
8          GIN-DEMO  ORGANIZATION  [25fdc5d14c0afcb7ee5e3b6d32a2a60ac447ceb3eb264...          1  The name of the project/organization where thi...
9          GIN-DEMO  ORGANIZATION  [25fdc5d14c0afcb7ee5e3b6d32a2a60ac447ceb3eb264...          1
```

图 6-27　构建知识图谱的命令及效果

构建知识图谱后，便可进行查询测试了。

3．查询测试

首先，使用如下命令查询“UserModel 相关的代码有哪些”，如图 6-28 所示。

```
graphrag query --root ./graphrag/ --method local --query "UserModel 相关的代码有哪些 "
```

```
root@llama:~# graphrag query --root ./graphrag/ --method local --query "UserModel相关的代码有哪些"


INFO: Vector Store Args: {
    "default_vector_store": {
        "type": "lancedb",
        "db_uri": "/root/graphrag/output/lancedb",
        "url": null,
        "audience": null,
        "container_name": "==== REDACTED ====",
        "database_name": null,
        "overwrite": true
    }
}
```

```
SUCCESS: Local Search Response:
Here's a detailed breakdown of the code and components related to UserModel in the gin-demo project:

### UserModel Definition
The UserModel is defined in `src/models/UserModel.go` and contains:
- A `User` struct with fields:
  - `ID` (primary key)
  - `Username` (unique, not null)
  - `Email` (unique, not null)
  - `Password` (not null, hidden in JSON)
  - `CreatedAt` and `UpdatedAt` timestamps
- A `TableName()` method that specifies the database table name as "users" [Data: Sources (4)]

### Database Interactions
UserModel relies on:
1. **GORM** for database operations (CRUD functionality) [Data: Relationships (6)]
2. **Database Config** for establishing database connections [Data: Relationships (5)]
3. **MySQL** as the underlying database system [Data: Entities (6), Relationships (11)]

### Integration with Other Components
UserModel is used by:
1. **UserHandler** - which contains route handlers for:
   - `GetUsers` (get all users)
   - `GetUser` (get single user by ID)
   - `CreateUser` (create new user)
   - `UpdateUser` (update existing user)
   - `DeleteUser` (delete user) [Data: Sources (0), Relationships (0)]

2. **Main Application** - where routes are configured to connect UserHandler endpoints to HTTP methods [Data: Sources (6)]
```

图 6-28 查询“UserModel 相关的代码有哪些”

可以看到，查询结果中不仅列出了所有与查询内容相关的代码描述信息，还对这些信息做了归纳总结，让结果更清晰、更易于理解。

接下来，查询如图 6-29 所示的函数调用了哪个实体类模型。

```
// GetProduct 获取单个产品
func GetProduct(c *gin.Context) {
    id := c.Param("id")
    var product models.Product
    if err := config.DB.First(&product, id).Error; err != nil {
        c.JSON(http.StatusNotFound, gin.H{"error": "Product not found"})
        return
    }
    c.JSON(http.StatusOK, product)
}
```

图 6-29 待查询的函数示例

查询命令如下：

```
graphrag query --root ./graphrag/ --method local --query "获取单个产品用到了哪个模型"
```

查询结果如图 6-30 所示。

```
SUCCESS: Local Search Response:
# 获取单个产品所使用的模型分析

在gin-demo项目中，获取单个产品的功能是通过**ProductModel**模型实现的。这个模型专门负责处理与产品相关的数据结构和数据库交互。

## ProductModel的核心功能

ProductModel是一个模型文件，主要定义了以下内容：
- 产品的数据结构（包括ID、名称、描述、价格、库存等字段）
- 与数据库表"products"的映射关系
- 通过GORM库实现数据库操作 [Data: Entities (1); Relationships (4)]

## 模型的具体实现

根据源代码分析，ProductModel.go文件中定义了Product结构体，包含以下字段：
```go
type Product struct {
    ID          uint      `json:"id" gorm:"primaryKey"`
    Name        string    `json:"name" gorm:"not null"`
    Description string    `json:"description"`
    Price       float64   `json:"price" gorm:"not null"`
    Stock       int       `json:"stock" gorm:"not null"`
    CreatedAt   time.Time `json:"created_at"`
    UpdatedAt   time.Time `json:"updated_at"`
}
```
[Data: Sources (1, 3)]

数据库交互机制

ProductModel通过以下方式与数据库交互：
1. 依赖Database Config进行数据库连接初始化 [Data: Relationships (3)]
2. 使用GORM库执行具体的CRUD操作 [Data: Relationships (4)]
3. 通过TableName方法明确指定使用"products"表 [Data: Sources (1, 3)]
项目架构中的位置

在整个gin-demo项目架构中：
- ProductModel位于src/models/目录下
- 被主程序和其他处理程序调用进行产品数据操作
- 与UserModel并列作为项目的主要数据模型之一 [Data: Entities (1, 2)]

这种设计遵循了MVC模式，将数据模型与业务逻辑分离，提高了代码的可维护性和可扩展性。
```

图 6-30 查询“获取单个产品用到了哪个模型”的结果

可以看到，查询结果中不仅完整地列出了 Product 实体类的结构信息，还对其做了推理，展现出了非常出色的查询与推理能力。这种将知识图谱与 LLM 相结合的方式，让语义关系更清晰、上下文理解更准确，是传统基于 LLM 和 RAG 的架构难以实现的。总之，GraphRAG 通过引入结构化信息，显著提升了复杂查询场景下的表现力和精准度。

第 7 章

基于 A2A 打造多 Agent 金融项目

第 6 章利用 LangGraph 框架实现了定制化的 Golang Web 后端生成，本章更深入地讨论 LangGraph，并以股票数据分析作为项目实践的背景，力图提升读者综合使用 LangGraph 框架的能力。此外，本章还将介绍 Google 发布的 A2A 协议，并探索基于该协议的多 Agent 系统，帮助读者了解当前 Agent 间协作的技术发展趋势与应用场景。

7.1 基于 LangGraph 与 A2A 的 AI 金融项目

本节首先介绍将金融领域的项目作为实战案例的原因，再概述该项目的整体架构与设计思路。

7.1.1 AI 金融项目的背景

近年来，随着 AI 技术的不断发展及其在行业内的应用落地，许多知名平台展开了针对医疗、金融等特定行业的 AI 应用竞赛。例如，智谱 AI 与清华大学合作创建的清竞平台，于 2024 年年末举办了一场金融行业大模型挑战赛。该竞赛要求开发具备股票领域问答能力的智能助手；主办方提供初级、中级和高级 3 类不同难度的问题，用于评估参赛者设计的智能助手在不同复杂度下回答的准确率。

- 初级问题主要涉及基础信息查询，如股票代码、涨跌幅等基本信息的识别与回应。
- 中级问题主要涉及数据分析能力，如统计近半年涨停次数超过 10 次的股票数量。
- 高级问题的综合性更强，通常涵盖财务分析等专业知识，对系统的理解深度与推理能力提出了更高的要求。

本章将实现一个具备股票信息问答、财报分析及量化分析功能的金融项目。

7.1.2 项目简介

下面简单介绍本章 AI 金融项目的开发流程。

首先，获取并清洗金融数据，包括如何使用工具抓取实时与历史股票数据，以及排序等重要的数据预处理步骤。

其次，基于 LangGraph 框架逐步构建 3 个核心功能模块：股票问答助手 Agent、股票数据分析 Agent 与股票量化分析 Agent。在此过程中，将介绍 LangGraph 的相关知识，帮助读者进一步掌握 LangGraph Agent 的开发方法；还将引入 Manus、扣子空间等通用 Agent 平台广泛采用的“计划-执行”模式（Plan-and-Execute），以提升 Agent 面对复杂任务时的推理能力与结构化决策水平。

最后，结合 Google 推出的 Agent-to-Agent 协议（A2A），探索新的 Agent 之间标准化的通信与协作范式。这个协议被视为当前多 Agent 系统发展的前沿方向，具有高度可扩展性与跨平台兼容性，为本章项目的实现提供了更为规范和高效的协作机制。

7.2 量化分析师的金融数据抓取“神器”

开发 AI 金融项目时，获取高质量的金融数据是首要且关键的一步。本节将介绍功能强大且免费的金融数据获取工具 AKShare，再以抓取股票日 K 线数据为例详细讲解其基本用法。

7.2.1 AKShare 与日 K 数据相关概念

要获取股票数据，如 A 股市场的股票名称、股票代码、收盘价、涨跌幅等信息，主要途径有两种。一是付费购买证券公司提供的接口服务，其优势在于数据全面且实时性较高，但成本较高，适合对数据质量要求较高的专业机构或个人。二是借助金融数据抓取工具，适合对公开数据源的金融数据进行分析的用户。本章采用第二种方式，并选择使用 AKShare。

在搜索引擎中搜索“AKShare”，并找到 AKShare 官方文档链接，如图 7-1 所示。

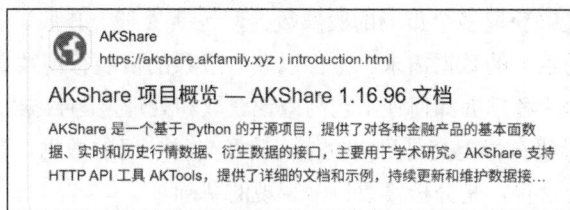

图 7-1 AKShare 官方文档链接

AKShare 安装指南详细说明了安装步骤。安装过程非常简单，只需执行如下 pip 命令即可：

```
pip install akshare -upgrade
```

安装完成后，在 AKShare 官方文档中切换到“AKShare 数据字典”页面，如图 7-2 所示。在这个页面中，列出了 AKShare 支持的各种金融数据获取接口，涵盖股票、期货、债券等。

点击“AKShare 股票数据”，进入股票数据抓取接口的详情页，如图 7-3 所示。这个接口原本是面向使用纯 HTTP 请求方式的用户设计的，但本章将使用 Python 编程语言来访问它，因此无须手动发送 HTTP 请求，可调用封装在 Python 包 AKShare 中的相应方法，更高效、便捷地获取所需的数据。

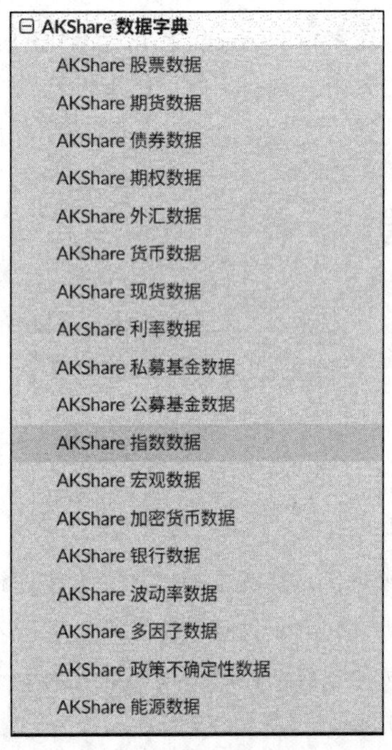

图 7-2 “AKShare 数据字典”页面

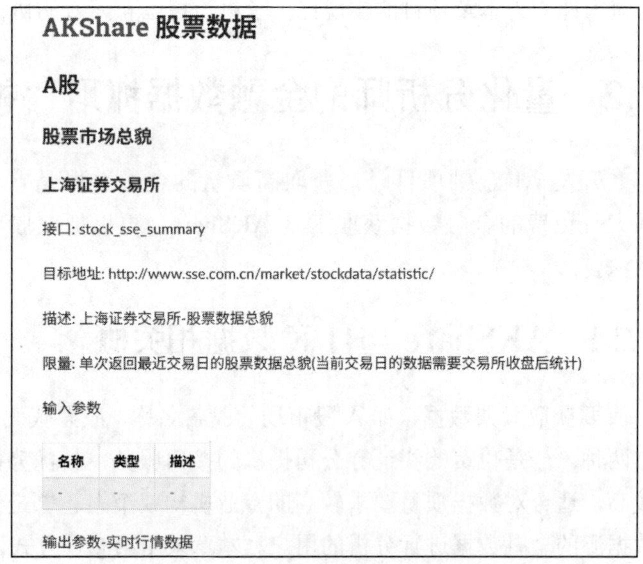

图 7-3 股票数据抓取接口

AKShare 让用户能够获取多个市场的股票数据，包括 A 股、B 股、新股、次新股、美股、港股等，以满足不同场景下的数据需求。下面以获取股票的日线行情数据为例，演示 AKShare 工具的使用方法，帮助读者掌握如何使用它高效地获取和处理金融数据。

日线数据是反映股票在特定交易日内价格变动及交易情况的数据，包括开盘价、收盘价、最高价、最低价及成交量等，是分析股票日常表现的基础。

在 AKShare 中，可调用历史行情数据接口来获取日线数据。具体地说，AKShare 提供了便捷的方法，用于抓取不同市场中个股的日线行情，让用户能够轻松访问所需的交易数据。

依次点击“A 股”和“历史行情数据”（见图 7-4），进入历史行情数据接口的详情页，如图 7-5 所示。

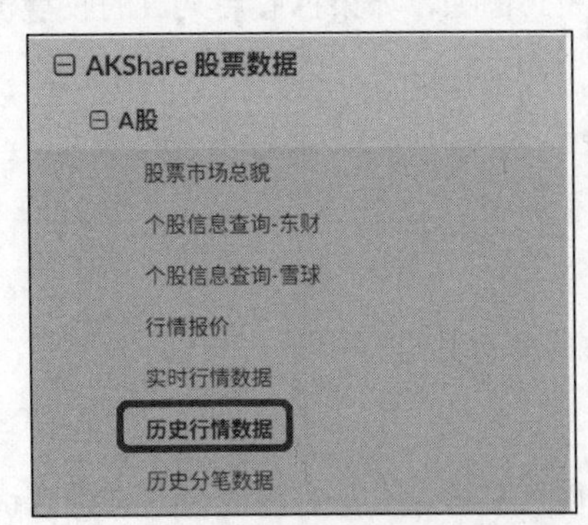

图 7-4 切换到历史行情数据接口的详情页

历史行情数据-东财

接口: stock_zh_a_hist

目标地址: https://quote.eastmoney.com/concept/sh603777.html?from=classic(示例)

描述: 东方财富-沪深京 A 股日频率数据; 历史数据按日频率更新, 当日收盘价请在收盘后获取

限量: 单次返回指定沪深京 A 股上市公司、指定周期和指定日期间的历史行情日频率数据

输入参数

名称	类型	描述
symbol	str	symbol='603777'; 股票代码可以在 ak.stock_zh_a_spot_em() 中获取
period	str	period='daily'; choice of {'daily', 'weekly', 'monthly'}
start_date	str	start_date='20210301'; 开始查询的日期
end_date	str	end_date='20210616'; 结束查询的日期
adjust	str	默认返回不复权的数据; qfq: 返回前复权后的数据; hfq: 返回后复权后的数据
timeout	float	timeout=None; 默认不设置超时参数

图 7-5 历史行情数据接口的详情页

可以看到，使用这个接口可获取特定股票在指定时段内的日线、周线或月线行情。在列出的参数中，adjust 用于指定返回的数据是否经过复权。

那么，什么是复权呢？为展示股票在一段时间内的价格走势，通常使用如图 7-6 所示的 K 线图。

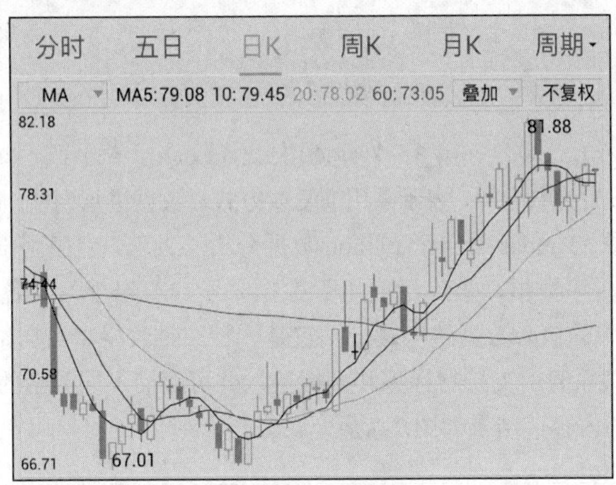

图 7-6 K 线图

日 K 线图中的柱子反映了每个交易日的股价信息。通常情况下，这些数据是连续的，不会出现明显的缺口。然而，如果上市公司进行了拆股，如一股拆分为两股，那么股价将相应地减半。在这种情况下，日 K 线图上将出现明显的缺口，导致价格走势不连贯，影响对趋势的判断。

为解决这种问题，通常有两种修复方式。一是“前复权”，即以当前股价为基准，按比例调整历史价格。例如，如果拆股前一日的收盘价为 100 元，则调整为 50 元；前一日之前的 80 元则调整为 40 元。通过这种方式，历史价格被调整为与当前价格一致的比例关系，从而消除因股本变动造成的断层，使 K 线恢复平滑状态，便于观察短期的历史走势。

二是“后复权”，即将当前价格按照拆股比例进行放大。例如，如果拆股后某日的收盘价为 43 元，则在后复权处理中将其调整为 86 元。

无论是前复权还是后复权，都旨在改善 K 线图的视觉表现，使其更易于理解和分析。

7.2.2　历史日 K 数据的抓取与排序

本节以宁德时代股票为例，演示如何抓取历史日 K 数据并对其进行排序。

1．抓取日 K 数据

抓取日 K 数据的代码较为简单。首先，需要确定宁德时代的股票代码；通过公开渠道查询可知，宁德时代的股票代码为 300750。然后，根据相关接口文档编写代码，如下所示。

```
1.  import akshare as ak
2.
3.  df = ak.stock_zh_a_hist(symbol="300750",
4.                                    period="daily",
5.                                    start_date="20250407",
6.                                    end_date='20250411',
7.                                    adjust="qfq")
8.  print(df)
```

第 1 行导入了 akshare 包。第 3～7 行调用 stock_zh_a_hist() 方法抓取日线数据，其中参数 adjust 被设置为"qwq"，表示采用前复权方式对数据进行调整；返回结果 df 是 Pandas 库中的 DataFrame 对象。Pandas 是一个 Python 数据分析工具包，专门用于高效地处理结构化数据，如表格型数据和时序数据，被广泛应用于数据科学、机器学习及各类数据分析场景中。DataFrame 是 Pandas 中的核心数据结构之一，它是一种二维表格型数据结构，类似于 Excel 表格或数据库中的二维关系表，支持行标签和列标签，并可存储不同类型的列数据。

第 8 行输出 df 的内容，结果如图 7-7 所示。

```
● (d:\w& d:/workspace/python/akshare/.conda/python.exe d:/workspace/python/akshare/DailykLine.py
           日期    股票代码     开盘     收盘     最高     最低    成交量             成交额    振幅    涨跌幅
   涨跌额   换手率
0  2025-04-07  300750  226.09  215.22  230.00  209.11  723646  1.581139e+10  8.59 -11.46 -27.86  1.85
1  2025-04-08  300750  219.95  219.05  225.00  216.40  476594  1.047195e+10  4.00   1.78   3.83  1.22
2  2025-04-09  300750  212.92  211.39  218.75  210.09  536023  1.145971e+10  3.95  -3.50  -7.66  1.37
3  2025-04-10  300750  221.00  217.98  222.79  215.46  372741  8.168675e+09  3.47   3.12   6.59  0.96
4  2025-04-11  300750  216.00  224.00  225.55  214.70  302991  6.696905e+09  4.98   2.76   6.02  0.78
```

图 7-7　宁德时代的日 K 数据

获取数据后，通常将其保存到本地文件中，供以后分析与使用。DataFrame 提供了将数据保存为 CSV 文件的方法，调用方法如下。

```
df.to_csv('300750.csv', index=False)
```

在 DataFrame 中，index 表示每行数据前的序号，如 0、1、2、3 等，其作用类似于数据库表中的主键。将 index 参数设置为 False 表示保存数据时不包含这些行索引。

上述代码在当前工作目录下创建文件 300750.csv，并将 DataFrame 中的数据以 CSV 格式写入这个文件中，以持久化存储数据。

2. 数据排序

在股票分析领域常用的技术指标是移动平均线（Moving Average，MA），简称均线。常见的均线包括 MA5 和 MA10，分别表示 5 日和 10 日的平均收盘价。以 MA5 为例，其计算方法是以某一交易日为基准，向前选取连续 5 个交易日的收盘价，并计算它们的算术平均值。对于每个交易日，都可以得到对应的 5 日移动平均值，将这些平均值依次连接起来，便形成了 5 日均线。

要计算这种指标，通常需要将数据按日期逆序排列，以便从最早的时间点开始逐日滚动计算平均值。

数据存储在 Pandas DataFrame 中时，进行这种排序只需几行代码。

```
1.  df.set_index('日期', inplace=True)
2.  df.sort_index(ascending=False, inplace=True)
3.  df.to_csv('300750.csv')
```

第 1 行调用 set_index()方法，将“日期”列设置为 DataFrame 的索引。第 2 行使用 sort_index()方法对数据进行排序，其中参数 ascending=False 表示按索引降序排列（即倒序），inplace=True 表示就地修改 DataFrame 而不创建副本。第 3 行将处理后的数据保存为 CSV 文件，与之前不同的是，这里省略了 index=False 参数，这是因为此时 DataFrame 的索引是“日期”字段，而非默认的整数序号，所以保存时会自动将日期作为索引写入文件。

是否能成功运行上述代码，取决于“日期”列的数据类型是否正确。有鉴于此，需要打印并查看获取的股票数据的类型，为此可使用如下代码。

```
print(df.dtypes)
```

打印结果如图 7-8 所示。

```
日期        object
股票代码      object
开盘       float64
收盘       float64
最高       float64
最低       float64
成交量        int64
成交额      float64
振幅       float64
涨跌幅      float64
涨跌额      float64
换手率      float64
dtype: object
```

图 7-8 获取的股票数据的类型

可以看到，“日期”列的数据类型为 object，这通常意味着该列存储的是字符串类型的数据。对于 object 类型的字段，Pandas 在排序时按字符串的字典序进行比较。表 7-1 所示为字典序的一些示例。

表 7-1 字典序示例

字符串	字符序列	ASCII 值序列
2025-2-15	“2” “0” “2” “5” “-” “2” “-” “1” “5”	50、48、50、53、45、50、45、49、53
2025-12-15	“2” “0” “2” “5” “-”、“1” “2” “-” “1” “5”	50、48、50、53、45、49、50、45、49、53

字典序比较机制基于字符串中各个字符的 ASCII 值，从左至右依次进行比较，直到找到不同的字符。如果开头若干个字符完全相同，则继续比较下一个字符，直至确定顺序关系。最终的排序结果反映的是字符值的大小顺序，而非数值或日期意义上的顺序。

例如，“2025-12-15”排在“2025-2-15”前面，因为比较到第 6 个字符时，前者为 1（ASCII 值为 49），后者为 2（ASCII 值为 50），因此按照字典序规则“2025-12-15”小于“2025-2-15”，这显然不符合日期的先后排列逻辑。

为确保根据“日期”列排序时，能够按时间顺序正确排列，需要将“日期”列的数据类型转换为用于处理时间的 datetime 类型。转换代码如下。

```
df['日期'] = pd.to_datetime(df['日期'])
print(df.dtypes)
```

这些代码的输出如图 7-9 所示。

```
日期        datetime64[ns]
股票代码            object
开盘             float64
收盘             float64
最高             float64
最低             float64
成交量             int64
成交额            float64
振幅             float64
涨跌幅            float64
涨跌额            float64
换手率            float64
dtype: object
```

图 7-9 将“日期”列的类型转为 datetime 后

可以看到，“日期”列的数据类型已成功转换为 datetime64[ns]——Pandas 中用于表示时间的标准数据类型。现在对数据进行排序时，将严格按日期的先后顺序排列，如图 7-10 所示。

```
日期,股票代码,开盘,收盘,最高,最低,成交量,成交额,振幅,涨跌幅,涨跌额,换手率
2025-04-11,300750,216.0,224.0,225.55,214.7,302991,6696905324.0,4.98,2.76,6.02,0.78
2025-04-10,300750,221.0,217.98,222.79,215.46,372741,8168675412.0,3.47,3.12,6.59,0.96
2025-04-09,300750,212.92,211.39,218.75,210.09,536023,11459705354.0,3.95,-3.5,-7.66,1.37
2025-04-08,300750,219.95,219.05,225.0,216.4,476594,10471952816.0,4.0,1.78,3.83,1.22
2025-04-07,300750,226.09,215.22,230.0,209.11,723646,15811389636.0,8.59,-11.46,-27.86,1.85
```

图 7-10 按时间顺序正确排列的股票数据

7.3 用自然语言查询股票名称与代码

本节将使用 AKShare 来获取股票的实时行情数据，并将这种功能封装为查询股票信息的 Agent 工具，再基于 LangGraph 框架构建一个股票助手 Agent。

7.3.1 实现股票信息查询工具

股票信息查询工具的实现过程主要包括两个步骤：

（1）使用 AKShare 库抓取股票的实时行情数据，以获取最新的市场信息，包括价格、涨跌幅、成交量等关键指标；

（2）基于获取的实时行情数据，编写查询股票信息的工具函数，让用户能够了解股票动态。

1. 抓取实时行情数据

在“AKShare 数据字典”中，点击“实时行情数据”（见图 7-11），切换到实时行情数据接口的详情页。

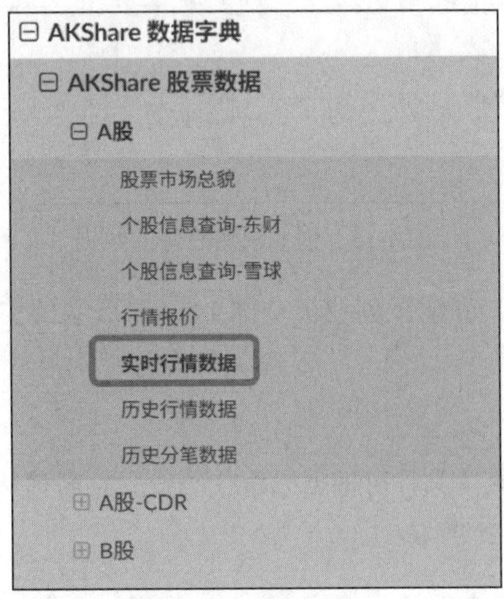

图 7-11 切换到实时行情数据接口的详情页

这些接口用于抓取各市场所有股票的实时行情数据，涵盖沪 A、深 A、创业板等板块，图 7-12 展示了获取创业板实时行情数据的接口。

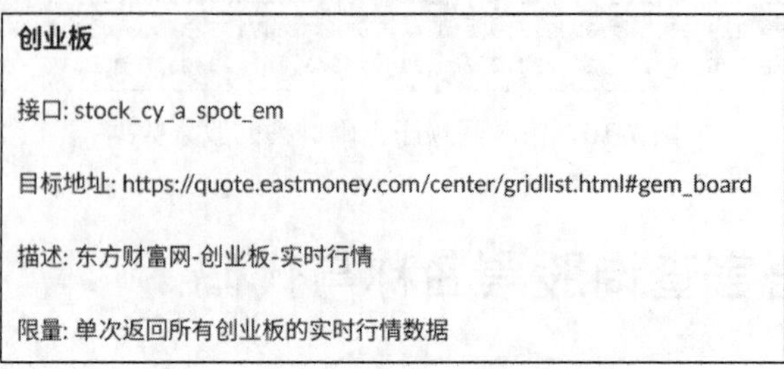

创业板
接口: stock_cy_a_spot_em
目标地址: https://quote.eastmoney.com/center/gridlist.html#gem_board
描述: 东方财富网-创业板-实时行情
限量: 单次返回所有创业板的实时行情数据

图 7-12 创业板实时行情接口

使用这个接口来获取创业板实时行情的代码如下。

```
1.   import akshare as ak
2.
3.   stock_cy_a_spot_em_df = ak.stock_cy_a_spot_em()
4.   print(stock_cy_a_spot_em_df)
```

第 3 行调用这个接口，并将返回的 DataFrame 赋给 `stock_cy_a_spot_em_df`；第 4 行打印 `stock_cy_a_spot_em_df`，结果如图 7-13 所示。

```
PS D:\workspace\python\akshare> & D:/workspace/python/akshare/.conda/python.exe d:/workspace/python/akshare/test.py
       序号     代码    名称    最新价    涨跌幅    涨跌额       成交量  ...   市净率          总市值          流通市值    涨速
 5分钟涨跌  60日涨跌幅  年初至今涨跌幅
0        1  300765   新诺威  63.00  20.00  10.50  126650.0  ...  24.06  8.848936e+10  7.856556e+10  0.00   0.00   61.66   137.11
1        2  300584  海辰药业  34.32  20.00   5.72  229934.0  ...   4.01  4.118400e+09  2.818191e+09  0.00   0.00   77.09    70.24
2        3  300921  南凌科技  31.99  19.99   5.33  192154.0  ...   5.12  4.212821e+09  2.540553e+09  0.00   0.00   -3.06    18.04
3        4  300920  润阳科技  46.99  16.66   6.71   67618.0  ...   4.03  4.699000e+09  3.085939e+09 -0.02  -1.09  144.23   177.72
4        5  300255  常山药业  43.41  15.12   5.70  690719.0  ...  25.48  3.989643e+10  3.976693e+10  0.16   0.09  113.00   117.16
...    ...     ...   ...    ...    ...    ...       ...  ...    ...           ...           ...   ...    ...     ...      ...
1412  1413  300089   文化退    NaN    NaN    NaN       NaN  ...    NaN           NaN           NaN   NaN    NaN    0.00     0.00
1413  1414  300064   金刚退    NaN    NaN    NaN       NaN  ...    NaN           NaN           NaN   NaN    NaN    0.00     0.00
1414  1415  300038   数知退    NaN    NaN    NaN       NaN  ...    NaN           NaN           NaN   NaN    NaN    0.00     0.00
1415  1416  300028   金亚退    NaN    NaN    NaN       NaN  ...    NaN           NaN           NaN   NaN    NaN    0.00     0.00
1416  1417  300023   宝德退    NaN    NaN    NaN       NaN  ...    NaN           NaN           NaN   NaN    NaN    0.00     0.00

[1417 rows x 23 columns]
```

图 7-13 创业板实时行情数据

可以看到，通过这个接口获取了创业板全部 1417 只股票的实时信息，包括代码、名称、最新价等。

2. 实现股票信息查询工具

获取数据后，要实现查询工具，可根据股票代码或股票名称从 DataFrame 中筛选出相应的股票信息，如下所示。

```
from langchain_core.tools import tool
import akshare as ak
```

```
3.
4.  @tool
5.  def get_stock_info(code: str, name: str) -> str:
6.      """根据传入的股票代码或股票名称获取股票信息
7.      Args:
8.          code: 股票代码
9.          name: 股票名称
10.     """
11.     #校验 code 与 name
12.     code_isempty = (code == "" or len(code) <= 2)
13.     name_isempty = (name == "" or len(name) <= 2)
14.
15.     if code_isempty and name_isempty:
16.         return []
17.
18.     df = ak.stock_cy_a_spot_em() # 获取创业板实时行情数据
19.
20.     #根据条件筛选股票数据
21.     ret = None
22.     if code_isempty and not name_isempty:
23.         ret = df[df['名称'].str.contains(name)]
24.     elif not code_isempty and name_isempty:
25.         ret = df[df['代码'].str.contains(code)]
26.     else:
27.         ret = df[df['代码'].str.contains(code) & df['名称'].str.contains(name)]
28.
29.     return ret.to_dict(orient='records')
```

这里使用了 LangChain 提供的 `tools` 库进行封装。

第 4～29 行为工具函数 `get_stock_info()`，它接收两个参数，分别是 `code`（股票代码）和 `name`（股票名称）。第 12～16 行检查传入的参数 `code` 和 `name`，如果为空或长度少于两个字符，则无效。第 18 行调用 `stock_cy_a_spot_em()` 获取创业板实时行情数据。第 21～29 行实现了数据筛选逻辑，根据输入条件从数据中提取对应的股票信息。如果只有传入的股票名称（`name`）有效，就根据名称匹配并返回相应的股票数据；如果只有传入的股票代码（`code`）有效，就根据代码匹配并返回相应的股票数据；如果传入的名称和代码都有效，就返回“代码中包含指定 code”且“名称中包含指定 name”的股票信息。

至此，实现了查询股票信息的 Agent 工具。

7.3.2 LangGraph 进阶

第 6 章说过，在 LangGraph 框架中，Function Calling 是实现 Agent 的一种方式，并被广泛用于简单的工具调用场景。LangGraph 提供了两种实现 Function Calling 的方式。一是通过手动编写代码，基于框架的核心机制来实现函数调用。这种方式让开发者能够精细地控制 Function

Calling的内部流程，因此灵活性较高，适用于需要深度定制的场景。二是调用封装了Function Calling通用流程的预置方法，这种方式被称为Pre-built Agent。其优势在于实现过程简洁高效，但也牺牲了一定的可定制性，适合无须过多干预内部机制的开发场景。

本节将分别采用这两种方式来构建股票信息查询助手，帮助读者全面掌握它们的实现原理与使用技巧，进而能够在实际业务场景中根据具体需求选择最合适的技术路径。

1. Function Calling

在工具已准备就绪的情况下，要实现Function Calling，只需绑定工具，并在与LLM的多轮对话中循环调用工具。

（**1**）**工具绑定**。工具绑定的方法是调用LangGraph提供的`bind_tools()`将工具描述发送给LLM，如下所示。

```
tools = [get_stock_info]
tools_by_name = {tool.name: tool for tool in tools}
llm = DeepSeek()
llm_with_tools = llm.bind_tools(tools)
```

（**2**）**定义节点函数**。绑定工具后，需要定义与LLM对话并调用工具的节点函数。

在第6.4.1节中，这是在单个节点函数中完成的，但这里采用更复杂的设计，将与LLM对话的逻辑和工具调用逻辑分别放在两个节点中，并让这两个节点以循环执行的方式协同工作，从而实现多轮对话。这种设计不仅让代码结构更清晰，还提高了可维护性和灵活性，为后续功能扩展提供了便利。

首先来编写这两个节点函数的代码，如下所示。

```
from langgraph.graph import MessagesState
from langchain_core.messages import SystemMessage, HumanMessage, ToolMessage
from typing_extensions import Literal
from tools import tools_by_name, llm_with_tools

#与LLM进行对话的节点
def llm_call(state: MessagesState):
    # 创建消息列表
    messages = [
        SystemMessage(
            content="你是一个股票助手，如果用户询问股票代码或股票名称，请直接给出代码或名称，而不要给出其他信息"
        )
    ] + state["messages"]

    # 调用 LLM
    response = llm_with_tools.invoke(messages)

```

```
18.     return {
19.         "messages": [response]
20.     }
21.
22. # 调用工具的节点
23. def tool_node(state: dict):
24.     result = []
25.     for tool_call in state["messages"][-1].tool_calls:
26.         tool = tools_by_name[tool_call["name"]]
27.         observation = tool.invoke(tool_call["args"])
28.         # 将观察结果转换为字符串格式
29.         if isinstance(observation, list):
30.             # 如果是列表，将其转换为字符串表示
31.             observation = str(observation)
32.
33.         result.append(ToolMessage(content=observation, tool_call_id=tool_call["id"]))
34.     return {"messages": result}
```

第 7～20 行定义了与 LLM 对话的节点，其中第 9～13 行构建用于对话的消息列表；第 16 行调用 LangChain 提供的 `invoke()` 方法，完成与 LLM 的交互；第 18～20 行将 LLM 的回复返回给流程控制器。

第 23～34 定义了调用工具的节点，其中第 25 行从 LLM 的回复中提取 `tool_call` 信息，第 26 行根据工具名称获取对应的工具实例，第 27 行执行这个工具，第 28～31 行将工具执行结果转换为字符串形式，而第 33 行将其追加到消息历史中供后续对话使用。

在这里，中央状态存储器 `State` 为 LangGraph 官方提供的 `MessagesState`（专门用于存储与 LLM 的对话记录），其核心源码如下。

```
class MessagesState(TypedDict):
    messages: Annotated[list[AnyMessage], add_messages]
```

从上述源码可知，`MessagesState` 继承了 `TypedDict`，而 `TypedDict` 是一种特殊的 Python 字典类型，让开发者能够将字典的不同键指定为不同的类型。对话记录存储在 `messages` 参数中，其类型是经过 `Annotated` 包装的 `list[AnyMessage]`。

（3）构建流程图。根据 Function Calling 的原理，与 LLM 对话的节点和工具调用节点是循环执行的，仅当 LLM 的回复中不包含工具选择信息（tool_calls）时，才意味着 LLM 得到了最终答案，无须再调用工具。因此在构建流程图时，需要使用条件函数与条件边，其中条件函数用于判断 LLM 是否选择了工具，而条件边用于实现循环。具体代码如下。

```
def should_continue(state: MessagesState) -> Literal["tool_node", "END"]:
    messages = state["messages"]
    last_message = messages[-1]
    # 判断 LLM 是否选择了工具
```

```
5.      if last_message.tool_calls:
6.          return "Action"
7.      # 如果没选择，则进入 END 节点
8.      return "END"
9.
10. # 添加节点
11. agent_builder.add_node("llm_call", llm_call)
12. agent_builder.add_node("tool_node", tool_node)
13.
14. # 通过边连接节点
15. agent_builder.add_edge(START, "llm_call")
16. agent_builder.add_conditional_edges( #条件边
17.     "llm_call",
18.     should_continue,
19.     {
20.         #构建条件分支：Action 表示进入 tool_node 节点函数，END 表示进入 END 节点
21.         "Action": "tool_node",
22.         "END": END,
23.     },
24. )
25. agent_builder.add_edge("tool_node", "llm_call")
```

第 1～8 行的 should_continue 条件节点函数判断 LLM 的回复中是否包含 tool_calls 字段，进而决定流程走向。

- 如果 LLM 的回复中包含 tool_calls 信息，说明 LLM 要求调用工具，因此进入 Action 阶段，即跳转到 tool_node 节点——调用相应的工具。
- 如果 LLM 未返回 tool_calls，表示无须调用工具，因此直接进入结束节点（END），结束流程图。

第 11～12 行添加了两个节点，并将它们关联到相应的节点函数。第 15 行使用 add_edge() 方法连接起始节点（START）与对话节点（llm_call）；第 16 行定义了一条条件边，将 llm_call 节点连接到条件函数 should_continue。

第 25 行将 tool_node 节点连接到 llm_call 节点，实现了循环。

（4）显示流程图。通过 LangGraph 调用绘图接口构建流程图，以方便判断其逻辑是否存在问题。具体代码如下。

```
# 构建流程图
agent = agent_builder.compile()

# 将流程图保存到文件
graph_png = agent.get_graph(xray=True).draw_mermaid_png()
with open("agent_graph.png", "wb") as f:
    f.write(graph_png)
```

首先，第 2 行使用 compile()方法构建流程图，并将构建结果赋给 agent；其次，第 5 行通过 agent 调用 get_graph()方法绘制流程图；最后，第 6～7 行将生成的图片保存到 agent_graph.png 文件中。绘制出的流程图如图 7-14 所示。

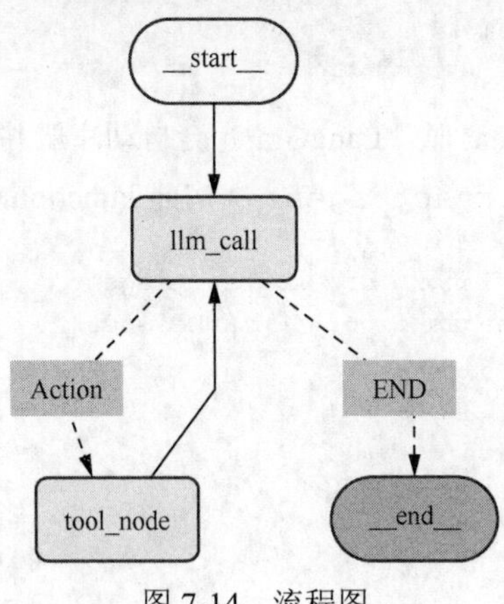

图 7-14　流程图

可以看到，流程图的逻辑与前面构建的完全相同。

（**5**）**测试股票信息查询助手**。测试代码如下。

```
1.  messages = [HumanMessage(content="300750是哪只股票的代码？")]
2.  messages = agent.invoke({"messages": messages})
3.  for m in messages["messages"]:
4.      m.pretty_print()
```

第 1 行构建人类提示词“300750 是哪只股票的代码？”，第 2 行调用 invoke()方法运行流程图，第 3～4 行将对话消息全部打印出来，结果如图 7-15 所示。

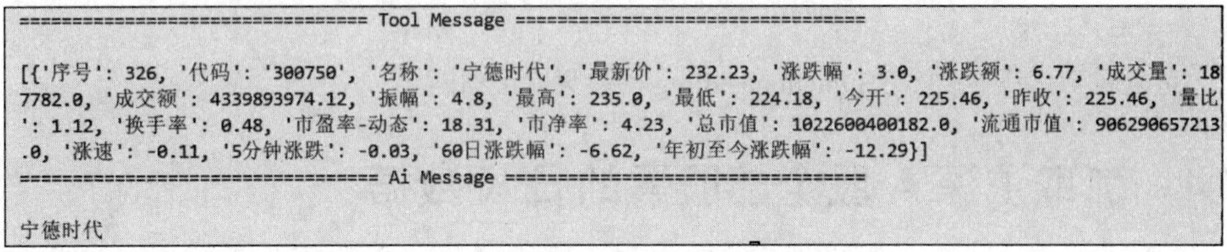

```
================================= Tool Message =================================

[{'序号': 326, '代码': '300750', '名称': '宁德时代', '最新价': 232.23, '涨跌幅': 3.0, '涨跌额': 6.77, '成交量': 18
7782.0, '成交额': 4339893974.12, '振幅': 4.8, '最高': 235.0, '最低': 224.18, '今开': 225.46, '昨收': 225.46, '量比
': 1.12, '换手率': 0.48, '市盈率-动态': 18.31, '市净率': 4.23, '总市值': 1022600400182.0, '流通市值': 906290657213
.0, '涨速': -0.11, '5分钟涨跌': -0.03, '60日涨跌幅': -6.62, '年初至今涨跌幅': -12.29}]
================================== Ai Message ==================================

宁德时代
```

图 7-15　股票信息查询助手的运行效果

可以看到，股票信息查询助手调用工具获取 300750 的股票信息，然后 LLM 通过分析得出了结论。

2. Pre-built Agent

现在采用 LangGraph 提供的第二种 Function Calling 实现方式——Pre-built Agent，重构手

动实现的股票信息查询助手，使其代码更简洁、更高效。

首先，删除如下与工具绑定相关的代码。

```
tools_by_name = {tool.name: tool for tool in tools}
llm = DeepSeek()
llm_with_tools = llm.bind_tools(tools)
```

这是因为使用 Pre-built Agent 时，LangGraph 会自动注册并绑定工具，无须手动绑定。

然后，调用方法 `create_react_agent()` 构建 Function Calling 流程图，如下所示。

```
1.  from langgraph.prebuilt import create_react_agent
2.  from langchain_core.messages import HumanMessage
3.  from llm import DeepSeek
4.  from tools import tools
5.
6.  llm = DeepSeek()
7.
8.  #构建 Function Calling
9.  agent = create_react_agent(llm, tools=tools)
```

第 9 行调用 `create_react_agent()` 构建流程图；其他代码与前面完全相同。这些代码的运行效果如图 7-16 所示。

```
================================ Tool Message =================================

[{'序号': 326, '代码': '300750', '名称': '宁德时代', '最新价': 232.23, '涨跌幅': 3.0, '涨跌额': 6.77, '成交量': 18
7782.0, '成交额': 4339893974.12, '振幅': 4.8, '最高': 235.0, '最低': 224.18, '今开': 225.46, '昨收': 225.46, '量比
': 1.12, '换手率': 0.48, '市盈率-动态': 18.31, '市净率': 4.23, '总市值': 1022600400182.0, '流通市值': 906290657213
.0, '涨速': -0.11, '5分钟涨跌': -0.03, '60日涨跌幅': -6.62, '年初至今涨跌幅': -12.29}]
================================= Ai Message ==================================

宁德时代
```

图 7-16 股票信息查询助手的运行效果

可以看到，与手动构建 Function Calling 的效果完全相同。

7.4 抓取沪深 A 股全部股票的日 K 数据

本节介绍如何高效地抓取股票数据，为后续构建数据分析 Agent 奠定基础。由于涉及大规模数据获取，对执行效率有较高要求，因此必须采用并发方式实现批量数据抓取。

7.4.1 日 K 数据并发抓取技巧

7.2 节使用 AKShare 获取了个股在特定时段内的历史日 K 线数据，并在排序后写入 CSV 文

件。然而，这种方法存在一定的局限性：数据抓取过程采用的是单进程顺序执行方式。具体地说，如果要获取多只股票的历史数据，必须逐个请求、依次处理，最终按顺序写入文件，如下面的代码所示。

```
1.  from typing import List
2.  import akshare as ak
3.  import pandas as pd
4.
5.  def save_data(codes:List[str], start_date:str, end_date:str):
6.      all_data= pd.DataFrame()
7.      for code in codes:
8.          df=load_data(code,start_date,end_date)
9.          all_data=pd.concat([all_data, df],axis=0)
10.     filename="{}_{}.csv".format(start_date,end_date)
11.     all_data.to_csv("D:\\workspace\\python\\akshare\\code04\\data\\{}".format(filename))
12.     print("已保存所有日线数据,文件名是:{}".format(filename))
13.
14. def load_data(symbol, start_date, end_date):
15.     df = ak.stock_zh_a_hist(
16.         symbol=symbol,
17.         period="daily",
18.         start_date=start_date,
19.         end_date=end_date,
20.         adjust="qfq"
21.     )
22.
23.     df['日期'] = pd.to_datetime(df['日期'])
24.     df.set_index('日期', inplace=True)
25.     df.sort_index(ascending=False, inplace=True)
26.
27.     return df
28.
29. if __name__ == "__main__":
30.     save_data(["300750", "600519"], "20250407", "20250411")
```

第 5～12 行的 `save_data()` 函数接收参数 `codes`（股票代码列表）、`start_date`（开始日期）和 `end_date`（结束日期），它使用循环遍历股票代码列表、调用 `load_data()` 函数抓取历史数据并将其保存到变量 `all_data` 中，然后将所有数据都写入 CSV 文件。第 14～27 行通过 `load_data()` 函数调用 AKShare 接口获取历史数据，并按日期排序，这在 7.2 节介绍过。

代码的执行效果如图 7-17 所示。

```
日期,股票代码,开盘,收盘,最高,最低,成交量,成交额,振幅,涨跌幅,涨跌额,换手率
2025-04-11,300750,211.45,219.45,221.0,210.15,302991,6696905324.0,5.08,2.82,6.02,0.78
2025-04-10,300750,216.45,213.43,218.24,210.91,372741,8168675412.0,3.54,3.19,6.59,0.96
2025-04-09,300750,208.37,206.84,214.2,205.54,536023,11459705354.0,4.04,-3.57,-7.66,1.37
2025-04-08,300750,215.4,214.5,220.45,211.85,476594,10471952816.0,4.08,1.82,3.83,1.22
2025-04-07,300750,221.54,210.67,225.45,204.56,723646,15811389636.0,8.76,-11.68,-27.86,1.85
2025-04-11,600519,1579.97,1568.98,1579.97,1545.0,32634,5087359924.0,2.26,1.29,19.98,0.26
2025-04-10,600519,1550.99,1549.0,1555.0,1528.0,38620,5963650791.0,1.75,0.52,7.96,0.31
2025-04-09,600519,1525.02,1541.04,1556.8,1520.55,55630,8562928225.0,2.35,-0.26,-3.96,0.44
2025-04-08,600519,1513.0,1545.0,1545.0,1495.0,73876,11226977557.0,3.33,3.0,45.0,0.59
2025-04-07,600519,1520.01,1500.0,1536.85,1462.0,101953,15314738235.0,4.77,-4.39,-68.88,0.81
```

图 7-17　抓取股票 300750 和 600519 的历史日 K 数据

沪深 A 股市场目前有 5000 多只股票，如果采用这种方式抓取全部股票的历史数据，执行效率将很低且耗时很长。为解决这个问题，本节介绍如何使用 Python 库 asyncio 实现多协程并发抓取。

协程是一种用户态的轻量级线程，支持暂停执行和恢复执行，提供了一种更高效的并发编程方式。不同于线程，协程的切换由程序自身（而非操作系统）控制，因此切换成本更低，且没有与上下文切换相关的系统开销。此外，协程避免了多线程编程中常见的竞争条件和死锁问题，因为它们通常在同一个线程内运行，共享同一个线程的栈空间。简而言之，协程是更高效、更易于管理的并发执行单元。

下面使用 asyncio 库对前述代码进行改造，实现并发抓取，如下所示。

```
import asyncio
from typing import List
import akshare as ak
import pandas as pd

async def save_data(codes:List[str], start_date:str, end_date:str):
    all_data= pd.DataFrame()
    tasklist=[]
    for code in codes:
        task=asyncio.create_task(load_data(code,start_date,end_date))
        tasklist.append(task)
    ret=await asyncio.gather(*tasklist)
    for r in ret:
        all_data=pd.concat([all_data, r],axis=0)
    filename="{}_{}".format(start_date,end_date)
    all_data.to_csv("D:\\workspace\\python\\akshare\\code04\\data\\{}".format
(filename))
    print("已保存所有日线数据,文件名是:{}".format(filename))

async def load_data(symbol, start_date, end_date):
   # 由于 akshare 的 API 是同步的，因此需要在线程池中运行它
   loop = asyncio.get_event_loop()
   df = await loop.run_in_executor(None, lambda: ak.stock_zh_a_hist(
      symbol=symbol,
```

```
            period="daily",
            start_date=start_date,
            end_date=end_date,
            adjust="qfq"
        ))

    df['日期'] = pd.to_datetime(df['日期'])
    df.set_index('日期', inplace=True)
    df.sort_index(ascending=False, inplace=True)

    return df

if __name__ == "__main__":
    asyncio.run(save_data(["300750", "600519"], "20250407", "20250411"))
```

上述代码的执行方式由串行改成了并发：在 load_data() 函数中，对调用 stock_zh_a_hist 接口的代码做了重大改造。

从本质上说，这个接口通过 HTTP 请求从东方财富网获取数据，属于同步阻塞式调用，即程序必须等待接口返回结果后才能继续执行后续逻辑。在异步编程中，这种特性会阻塞协程的运行，影响并发性能。

为解决这个问题，引入了异步处理机制。

- 获取事件循环（Event Loop）：事件循环是 Python 异步编程的核心组件，负责调度和管理所有的异步任务。
- 使用 run_in_executor() 方法：将原本同步的 stock_zh_a_hist 调用放入线程池中执行，这样可以将阻塞操作从主线程中剥离出来，避免它干扰协程的正常运行。具体实现方式是，通过 loop.run_in_executor() 方法将同步函数提交到一个默认的线程池执行器中运行，从而实现异步效果。

在 save_data() 函数中，核心改造点是利用异步任务机制实现了真正的并发执行。

- 使用 asyncio.create_task() 创建任务：对于每个股票代码对应的 load_data 调用，分别创建一个独立的任务对象，并将其添加到任务列表中。
- 统一执行任务并等待完成：使用 await asyncio.gather(*tasks) 统一调度所有任务的并发执行，并等待它们全部完成。最终返回的结果 ret 是一个包含所有任务执行结果的列表。

最终输出与本节开头的非并发抓取完全相同，但通过引入异步机制和并发任务调度，执行效率得到了显著提升。

7.4.2 抓取过去两年的沪深 A 股日 K 数据

现在可以着手抓取沪深 A 股全部股票在过去两年的日 K 数据，整个过程分为以下 3 步。

（1）获取股票代码。要获取股票代码，可使用 7.3 节介绍的获取实时行情数据的接口，如下所示。

```
1.  def get_all_codes():
2.      df=ak.stock_zh_a_spot_em()
3.      codes=df['代码']
4.      bool_list=df['代码'].str.startswith(('60','30','00','68'))
5.      return codes[bool_list].to_list()
```

第 2 行调用 stock_zh_a_spot_em 接口，以获取所有沪深京 A 股数据，如图 7-18 所示。

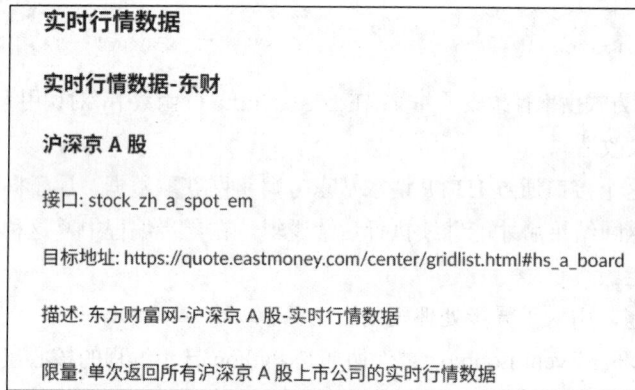

实时行情数据

实时行情数据-东财

沪深京 A 股

接口: stock_zh_a_spot_em

目标地址: https://quote.eastmoney.com/center/gridlist.html#hs_a_board

描述: 东方财富网-沪深京 A 股-实时行情数据

限量: 单次返回所有沪深京 A 股上市公司的实时行情数据

图 7-18　获取沪深京 A 股实时行情数据的接口

然而，这里不需要京 A 股（在北交所上市的股票）的数据，因此对股票数据进行过滤，只保留以 60、30、00 或 68 打头的股票代码，如第 4 行所示。

这段代码的运行效果如图 7-19 所示。

```
02', '002091', '300928', '688130', '300087', '300978', '603348', '600359', '300538', '000401', '300181', '002715',
 '605056', '603106', '301113', '301195', '688589', '600488', '688197', '300190', '300993', '002887', '600916', '30
1535', '600827', '600848', '600812', '600820', '301296', '000921', '600750', '600335', '301295', '600660', '301429
', '300897', '600897', '301097', '301150', '600901', '301196', '000554', '000037', '601566', '000573', '002560', '
300671', '600801', '002202', '300161', '600792', '603700', '688699', '688665', '600988', '300
(d:\workspace\python\akshare\.conda) PS D:\workspace\python\akshare> 
```

图 7-19　获取沪深 A 股全部股票代码

（2）根据股票代码并发抓取日 K 数据。获取全部股票代码后，即可按前文所述并发地抓取数据。如果遍历所有股票并为每只股票创建任务，将带来一定的性能开销。这里采用分组并发处理的方式：将 5000 多只股票分组，每组包含 100 只股票，再针对每组股票分别执行并发抓取流程。这样不仅可减少任务调度开销，还能更充分地利用异步 I/O 资源，进一步加快抓取速度。具体实现代码如下。

```
1.  def save_all_data():
2.      codes=get_all_codes()
3.      print("共有{}只股票需要抓取".format(len(codes)))
4.      n=100
5.      for i in range(0, len(codes), n):
6.          subset = codes[i:i + n]
7.          if len(subset) > 0:
8.              asyncio.run(save_data(subset,'20230422','20250422',
9.                                   prefix=f"{i}_"))
10.             print("抓取了{}".format(i))
```

第 2 行获取全部股票代码；第 5 行以每组 100 只股票的方式进行遍历，第 6 行将当前组的股票代码保存到变量 subset 中；第 8 行调用第 7.4.1 节实现的并发抓取函数，并发地抓取当前组中 100 只股票的数据。

运行效果如图 7-20 所示。

```
共有5442只股票需要抓取
保存所有日线数据完成,文件名是:0_ 20230422_20250422.csv
抓取了0
保存所有日线数据完成,文件名是:100_ 20230422_20250422.csv
抓取了100
保存所有日线数据完成,文件名是:200_ 20230422_20250422.csv
抓取了200
```

图 7-20 分组并发抓取

可以看到，总共有 5442 只股票，以 100 只一组的方式抓取数据，并将每组的数据分别保存为文件。

（3）合并为一个 CSV 文件。分组并发抓取数据后，将生成的文件合并成一个 CSV 文件，如下代码所示。

```
#读取 CSV 文件内容
def load_df(file:str)->pd.DataFrame:
    df=pd.read_csv("D:\\workspace\\python\\akshare\\code05\\data\\{}".format(file))
    if df.empty:
        raise Exception("文件不存在")
    df['日期'] = pd.to_datetime(df['日期'])
    df['股票代码']=df['股票代码'].astype(str)
    return df

#合并 CSV 文件
def concat_csv(file_name:str):
    folder_path = 'D:\\workspace\\python\\akshare\\code05\\data'
    # 列出文件夹中的所有文件和目录
    files = os.listdir(folder_path)
```

```
    # 定义一个正则表达式，匹配以数字开头的文件名
    pattern = re.compile(r'^\d+_.+\.csv$')
    # 遍历文件，筛选出符合条件的文件名
    filtered_files = [file for file in files if pattern.match(file)]
    ret=pd.DataFrame()
    # 打印结果
    for file in filtered_files:
        df=load_df(file)
        ret=pd.concat([ret,df])
    ret.to_csv("D:\\workspace\\python\\akshare\\code05\\data\\{}".format(file_name))
    print("合并完成,文件名是{}".format(file_name))
```

这段代码定义了以下两个函数。

- `load_df()`函数：读取指定 CSV 文件的内容，并将其加载到 DataFrame 中。
- `concat_csv()`函数：将多个 CSV 文件合并为一个 CSV 文件。

在`concat_csv()`函数中，首先遍历包含 CSV 文件的`data`目录，并使用正则表达式对其中的文件名进行匹配，仅筛选出扩展名为`.csv`的文件。然后，调用`load_df()`方法逐个读取这些 CSV 文件的内容，并利用 Pandas 提供的`concat()`函数将生成的所有 DataFrame 对象沿行方向拼接，得到一个包含全部数据的 DataFrame。

7.4.3　增量抓取技巧

假设当前拥有 2023 年 4 月 22 日～2025 年 4 月 22 日的日 K 数据，但随着研究或分析的深入，需要将时间范围向前延伸一年，即需要获取 2022 年 4 月 22 日～2025 年 4 月 22 日的数据。在这种情况下，不必重新抓取全部时间段的数据，可使用增量抓取方式获取新增时间段内的数据，并将其合并到原有数据集中。具体地说，可抓取 2022 年 4 月 22 日～2023 年 4 月 22 日的增量数据，再将其与 2023 年 4 月 22 日～2025 年 4 月 22 日的既有数据合并。

需要注意的是，这两个数据集都包含 2023 年 4 月 22 日的数据，直接合并将导致重复记录。因此，在合并过程中必须去重，确保在最终的数据集中，每条记录都是唯一的。这是增量抓取后合并操作与普通数据合并的关键区别所在：不仅要拼接数据，还需处理时间交集带来的重复项问题。

下面是实现去重合并逻辑的代码。

```
def join_csv(file1:str, file2:str):
    df1=load_df(file1).loc[:, cols]
    df2=load_df(file2).loc[:, cols]
    df=pd.concat([df1, df2], axis=0)
    df.sort_values(['股票代码', '日期'], ascending=False, inplace=True)
    df.drop_duplicates(subset=['股票代码', '日期'], keep='first', inplace=True)
```

```
7.     df.reset_index(drop=True, inplace=True)
8.     print(df)
```

第 2～3 行将两个 CSV 文件分别加载到 DataFrame 中；第 4 行使用 `pd.concat()` 方法将两个 DataFrame 纵向拼接为一个数据集；第 5 行根据日期等字段对合并后的数据进行排序，以保证数据顺序的连贯性；第 6 行调用 `drop_duplicates()` 方法去除重复记录，确保每条数据的唯一性。

合并数据后，原数据行的索引序号会出现重复或顺序错乱的情况，为保证每行都有唯一且连续的序号，第 7 行调用了 `reset_index()` 方法，对最终的 DataFrame 进行索引重置，确保输出文件中的每行都有正确的序号。

7.5　计划模式：让 Agent 有计划地分析股票数据

数据分析是一项相对复杂的任务，通常涉及多个维度的指标分析，如技术指标分析（波动率、涨跌幅等）、基本面分析（财报数据等）、趋势预测等。为提升分析结果的准确性与全面性，本节将引入一种新的 Agent 设计模式——计划模式（Planning Mode）。

这种模式旨在让 Agent 有条理地分步制定分析计划，并依次执行各项分析任务，而非一次性完成整个分析过程。借助这种模式，Agent 能够在面对复杂问题时更具条理性，同时能够灵活地调整分析路径，从而增强系统的可解释性与扩展性。

下面采用这种模式设计并实现一个智能股票数据分析系统，自动地规划分析流程、调用分析工具并整合分析结果。

7.5.1　抓取财报数据

在股票数据分析中，判断股票是否具有投资价值的两个基本维度是技术指标和财务报表。

技术指标通常基于历史价格与成交量数据计算得出，用于评估股票的风险收益特征，如年化收益率、波动率、最大回撤率等。这些指标均可基于 7.4 节抓取的沪深 A 股过去两年的日 K 线数据，通过公式计算得到。

财务报表包含公司的关键财务指标，如营业收入、净利润等，这些信息有助于判断公司的盈利能力、成长性与财务稳健性。

财报数据也可通过 AKShare 抓取。在“AKShare 股票数据”中，在“年报季报”栏目找到“业绩报表”，如图 7-21 所示。

点击“业绩报表”，可显示相应的接口文档，如图 7-22 所示。

这个接口的输入参数为 `date`，表示查询“指定日期后发布的财报数据”，其格式为 YYYYMMDD，其中 YYYY 表示年份（如 2024、2025），MMDD 只能是以下 4 个时间点之一。

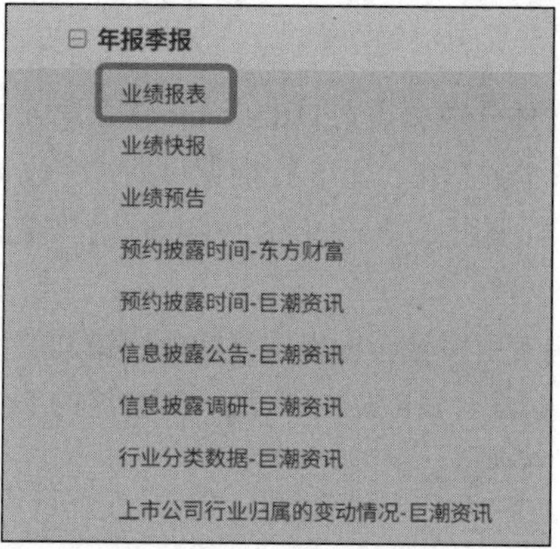

图 7-21 业绩报表

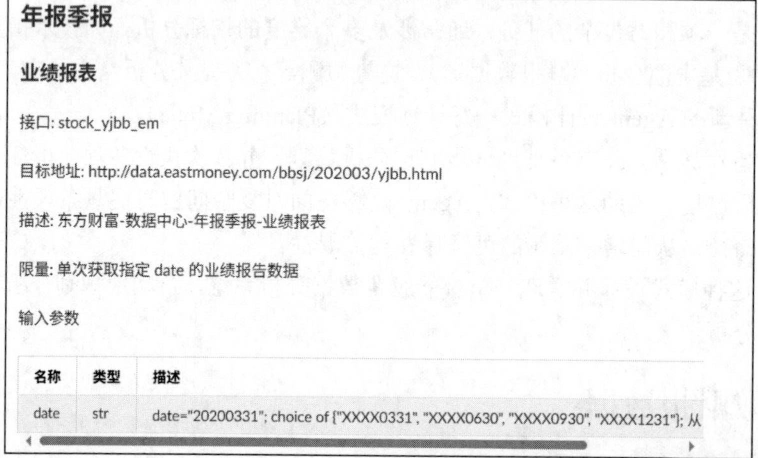

年报季报

业绩报表

接口: stock_yjbb_em

目标地址: http://data.eastmoney.com/bbsj/202003/yjbb.html

描述: 东方财富-数据中心-年报季报-业绩报表

限量: 单次获取指定 date 的业绩报告数据

输入参数

名称	类型	描述
date	str	date="20200331"; choice of {"XXXX0331", "XXXX0630", "XXXX0930", "XXXX1231"}; 从

图 7-22 业绩报表接口文档

- 0331：一季度报告；
- 0630：半年度报告；
- 0930：三季度报告；
- 1231：年度报告。

下面的代码演示了如何使用这个接口。

```
import akshare as ak
import pandas as pd

df = ak.stock_yjbb_em(date="20241231")
df.to_csv('financial_report.csv')
```

第 4 行将参数 date 设置成了 20241231，表示抓取 2024 年的年报。抓取的数据来源于东方财富网的 2024 年年报业绩大全。

7.5.2 实现指标计算工具与财报工具

数据准备就绪后，需要实现供 Agent 调用的工具。在数据分析中，需要用到两个工具：指标计算工具和财报工具。有关如何实现 Agent 工具，在第 6 章和第 7.3 节介绍过，这里不再赘述，而将重点放在工具的业务代码实现上。

1. 指标计算工具

指标的计算主要基于日 K 线数据。本节选取 2024 年 4 月 22 日～2025 年 4 月 22 日的数据，并计算 3 个指标：年化波动率、最大回撤率和区间涨跌幅。

首先，需要根据所选日期范围及股票代码，从 CSV 文件中筛选并读取相应的数据到 DataFrame 中，供后续处理与分析。具体代码如下。

```
stock_data = df[df['股票代码'].astype(str).str.zfill(6) == stock_code].copy()
# 筛选日期范围
stock_data = stock_data[(stock_data['日期'] >= start_date) & (stock_data['日期'] <= end_date)]
```

提取数据后，便可开始计算指标了。

（1）计算年化波动率。年化波动率是衡量股票价格在一年内波动幅度的重要统计指标，常用于评估投资的风险水平。其计算步骤如下：首先，获取股票在特定时间范围内的每日收盘价，并据此计算每日收益率；其次，求取该收益率序列的标准差，以获得日波动率；最后，乘以年化因子（通常为 252 的平方根），得到年化波动率，其中 252 为年均交易日数（剔除节假日和周末后的有效交易天数）。

上述计算过程看似复杂，但借助数据处理库 Pandas，只需两行代码即可完成，如下所示。

```
# 计算日收益率
stock_data['日收益率'] = stock_data['收盘'].pct_change()

# 计算年化波动率（假设一年有 252 个交易日）
volatility = stock_data['日收益率'].std() * np.sqrt(252) * 100
```

（2）计算区间涨跌幅。区间涨跌幅计算起来比较容易，只需用区间最后一个交易日的收盘价减去区间首个交易日的收盘价，再除以区间首个交易日的收盘价，如下所示。

```
start_price = stock_data.iloc[0]['收盘']
end_price = stock_data.iloc[-1]['收盘']
total_return = (end_price - start_price) / start_price * 100
```

（3）计算最大回撤率。最大回撤率计算起来也比较容易，只需在所选区间内，找出每个时点相对于前期最高点的下跌幅度，并取其中的最大值。具体地说，就是从初始日至当前日依次追踪收盘价的峰值，并在价格低于该峰值时计算相应的回撤比例：（峰值收盘价 – 当前收盘价） / 峰值收盘价。

下面以连续 6 个交易日的收盘价为例，说明如何计算最大回撤率。

- 第 1 个交易日（100 元）：峰值为 100 元，无回撤。
- 第 2 个交易日（105 元）：新峰值为 105 元，无回撤。
- 第 3 个交易日（95 元）：回撤率 ＝(105 – 95) / 105 ≈ 9.52%。
- 第 4 个交易日（90 元）：回撤率 ＝(105 – 90) / 105 ≈ 14.29%。
- 第 5 个交易日（110 元）：新峰值为 110 元，无回撤。
- 第 6 个交易日（85 元）：回撤率 ＝(110 – 85) / 110 ≈ 22.73%。

由此可知，这个时间段内的最大回撤率为 22.73%。

计算最大回撤率的代码如下。

```
1.  stock_data['max_price'] = stock_data['收盘'].cummax()
2.  stock_data['min_price'] = stock_data['收盘'].cummin()
3.  stock_data['drawdown'] = (stock_data['max_price'] - stock_data['min_price']) /
    stock_data['max_price'] * 100
4.  max_drawdown = stock_data['drawdown'].max()
```

第 1～2 行分别获取收盘价的累加最大值与累加最小值；第 3 行根据前述公式计算回撤率；第 4 行计算整个时间段内的最大回撤率。

编写好工具代码后，可选取几个股票代码进行测试。这里选择的是 600600、300054、600698 和 600573，运行效果如图 7-23 所示。

分析结果:

	股票代码	起始价格	结束价格	区间涨跌幅(%)	最大回撤(%)	年化波动率(%)
0	600600	76.87	77.75	1.144790	36.607143	34.511840
1	300054	20.83	30.60	46.903505	41.743265	42.860727
2	600698	3.92	5.66	44.387755	60.025063	57.205323
3	600573	9.22	11.07	20.065076	27.917027	28.383615

图 7-23 指标计算工具的运行效果

2. 财报工具

财报工具的实现比较简单：不涉及复杂的计算逻辑，只需根据给定的股票代码，在 CSV 文件中查找并返回相应的财报数据，如下代码所示。

```
# 读取 CSV 文件
df = pd.read_csv(os.path.join(data_dir, 'financial_report.csv'))
print("成功从本地文件读取数据")

# 确保股票代码列是字符串类型
```

```
df['股票代码'] = df['股票代码'].astype(str).str.zfill(6)

# 创建结果字典
result = {}

# 获取每个股票的数据
for code in stock_codes:
    # 确保股票代码格式一致（6 位数字）
    code = str(code).zfill(6)
    # 筛选该股票的数据
    stock_data = df[df['股票代码'] == code]

    if not stock_data.empty:
        # 将数据转换为字典格式，包含列名
        result[code] = {
            'data': stock_data.to_dict('records')
        }
    else:
        result[code] = {
            'data': []
        }

return result

except Exception as e:
print(f"读取数据时出错: {str(e)}")
return None
```

7.5.3 全新的 Agent 设计模式——计划模式

简而言之，ReAct 模式可概括为“摸着石头过河”。在这种模式下，LLM 在收到问题后先推理再调用工具，并根据工具返回的结果继续思考，如此循环往复，直至任务完成。这种模式结构清晰、实现简单，适用于大多数中等复杂度的推理任务。使用这种模式时，即便在执行过程中出现偏差，模型也能够通过反思机制完成自我纠正，虽然可能走些弯路，但终究能够达成目标。

然而，在实际工作中，通常希望按照明确的计划推进任务，以提升整体效率与可靠性，同时也便于提前评估计划的合理性，避免无效劳动。第 4 章强调过，在 AI 应用开发中要把 LLM 当人类对待。既然如此，是否可以要求 LLM 在执行任务前，先制定清晰的行动计划，再依据计划逐步执行呢？答案是肯定的，这便是计划模式。

1. 计划模式的设计与代码实现

计划模式实现方式的流程，如图 7-24 所示。

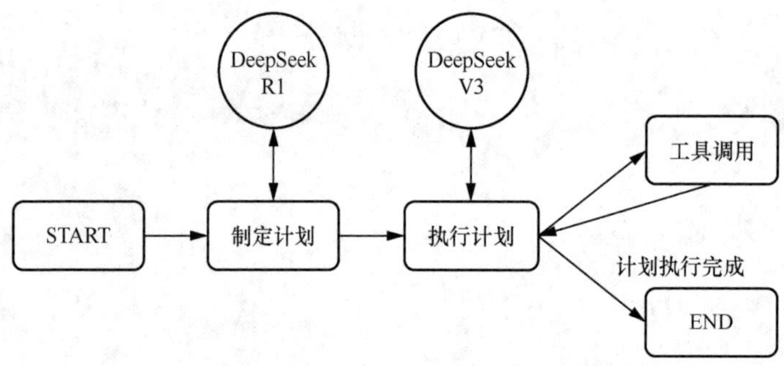

图 7-24 计划模式的流程

整个流程图分如下两大部分。

- 制定计划：这部分的核心是提示词工程。借助精心设计的提示词，让 LLM 针对用户提出的问题制定详细的行动计划。这个阶段的关键是确保提示词足够清晰、具体，让 LLM 能够理解任务需求，并据此制定合理的分步计划。制定好的计划将通过 State（状态）传递给后续节点加以执行。
- 执行计划：这部分的流程与 Function Calling 存在一些重要差别。在 Function Calling 模式下，每步操作都涉及工具调用，等到不再需要调用工具时，就意味着 LLM 已获得最终答案，可退出循环。在计划模式中，在 LLM 列出的计划中，并非每步都需要调用工具，因此不能将是否需要调用工具作为判断循环结束的标准，而应将是否完成了计划中的所有步骤作为判断依据。

要确定是否执行到了计划的最后一步，有赖于 LLM 自身的判断能力。这要求在提示词中加入特定的指示（如 Final Answer），以便 LLM 能够在计划完成时明确告知，让我们能够基于其回复做出判断。

综上所述，计划模式的设计主要集中在如何有效地引导 LLM 制定并执行详细的行动计划。下面以数据分析 Agent 为例说明如何编写代码。

（1）计划阶段提示词设计。下面是一个计划阶段提示词示例。

```
你是一位金融分析师，擅长使用工具对股票、上市公司财报等进行分析。请针对用户提出的问题制定分析方案。

可调用工具列表：
get_financial_report:
    根据股票代码列表获取财报数据

    Parameters:
    -----------
    stock_codes : list
        股票代码列表

    Returns:
    --------
```

```
    dict
        包含每个股票代码对应的财报数据的字典

analyze_stocks:
    根据股票代码列表获取股票的起始价格、结束价格、区间涨跌幅、最大回撤率、年化波动率

    Parameters:
    -----------
    stock_codes : list
        股票代码列表

    Returns:
    --------
    DataFrame
        包含每个股票代码对应的起始价格、结束价格、区间涨跌幅、最大回撤率、年化波动率

要求：
1.用中文列出清晰步骤
2.每个步骤标记序号
3.明确说明需要分析和执行的内容
4.只需输出计划内容，不要做任何额外的解释和说明
5.设计的方案步骤要紧密贴合我的工具所能返回的内容，不要超出工具返回的内容
```

整个提示词分 3 个部分。第一部分给出了人设及任务目标。第二部分详细描述了可调用的工具。将这些工具信息嵌入提示词中旨在让 LLM 在制定计划时能够清晰了解当前可用的工具资源，并据此构建合理的执行步骤，而非脱离现实地进行设想。这有助于提升计划的可行性与执行效率，确保制定的计划能够在现有工具支持下得以实现。第三部分明确了具体的任务要求，除规范输出格式外，还再次强调设计的操作步骤必须紧密贴合工具能够提供的返回内容。

（2）State 的设计。将上述提示词连同用户问题一并发送给 LLM 后，LLM 将基于问题和可用工具制定执行计划。该计划将以结构化形式输出，并通过 State 在流程中传递，以便后续节点按计划逐步执行。有鉴于此，这里设计了如下 State 结构。

```
class State(MessagesState):
    plan: str
```

MessagesState 在第 7.3 节介绍过，它主要用于维护 LLM 与用户间的对话消息历史，包括用户输入、LLM 回复等，是实现对话连续性和上下文理解的重要基础。

这里自定义了一个新的 `State` 类，它从 `MessagesState` 派生而来，并新增了字段 `plan`，用于存储 LLM 制定的执行计划。这样做旨在在保留原有对话上下文能力的同时，增强状态管理功能，为计划模式下的流程控制与任务推进提供支持。

（3）执行阶段提示词与代码实现。实现计划传递机制后，计划执行阶段的提示词设计与代码实现变得相对简单，其整体结构与第 7.3.2 介绍的 `llm_call` 节点完全相同，如下所示。

```
def llm_call(state):
    messages = [
        SystemMessage(
            content=f"""
你是一位思路清晰，有条理的金融分析师，必须严格按照以下金融分析计划执行：

当前金融分析计划：
{state["plan"]}

如果你认为计划已经执行到最后一步了，请在内容的末尾加上\nFinal Answer 字样

示例：
分析报告××××××××
Final Answer
            """
        )
    ] + state["messages"]

    # 调用 LLM
    response = llm_with_tools.invoke(messages)

    # 将响应添加到消息列表中
    state["messages"].append(response)

    return state
```

这里的核心是系统提示词设计。提示词引导 LLM 按预定步骤依次执行，并在完成最后一步后，在输出末尾添加 Final Answer，用于判断 LLM 是否已执行全部计划步骤，得到了最终答案。

（4）条件分支节点的循环退出逻辑。

7.3.2 节采用的判断方法是，检查 LLM 的返回内容中是否包含 tool_calls 字段，如果不包含，就进入 END 节点。

在这里，并非每个步骤都要调用工具，因此需要使用在提示词中添加的 Final Answer 来做出判断，如下所示。

```
1.  def should_continue(state) -> Literal["tool_node", "END"]:
2.      messages = state["messages"]
3.      last_message = messages[-1]
4.      if "Final Answer" in last_message.content:
5.          return "END"
6.      return "Action"
```

第 2 行提取与 LLM 的历史对话消息。第 3 行提取最后一条对话消息。第 4 行判断对话消息中是否包含 Final Answer，如果包含就进入 END 节点；否则，就进入 Action，即 tool_node 节点。

至此，股票数据分析 Agent 的核心代码就介绍完了。

2. 数据分析 Agent 效果测试

在对数据分析 Agent 的测试中，选取了啤酒行业的 4 只股票作为测试对象，它们分别是青岛啤酒（600600）、珠江啤酒（002461）、燕京啤酒（000729）和惠泉啤酒（600573）。需要特别说明的是，这里的测试无意提供投资建议，也不构成对任何证券的买卖决策依据，而仅用于个人学习与数据分析 Agent 效果测试。

首先，构建测试提示词，如下所示。

```
对比一下'600600','002461','000729','600573'这 4 只股票的股价表现和财务情况，哪家更值得投资
```

运行代码，首先出现的是计划阶段的输出，如图 7-25 所示。

```
1. 调用analyze_stocks工具获取4只股票价格表现数据
2. 提取各股票起始价格、结束价格并计算绝对价格变化幅度
3. 对比区间涨跌幅指标评估收益能力
4. 分析最大回撤指标评估风险水平
5. 比较年化波动率指标衡量价格波动程度
6. 调用get_financial_report工具获取最新财报数据
7. 分析各公司利润表关键指标：营业收入增长率、净利润率
8. 分析资产负债表关键指标：资产负债率、流动比率
9. 提取现金流量表经营活动净现金流数据
10. 计算比较ROE(净资产收益率)指标
11. 综合价格表现指标与财务健康指标
12. 根据风险收益比和财务稳健性进行排序评级
```

图 7-25　计划阶段的输出

可以看到，LLM 基于可用工具制定了详细的计划。

接下来出现的是执行阶段的输出，读者可自行运行代码分析输出结果。在分析时，可重点关注 LLM 是否按预定计划调用了相关工具，对股票价格和财务健康状况进行分析；是否结合各项分析结果给出了综合评估意见，最终得出了相应的评级结论；以及，输出末尾出现了 `Final Answer` 标识，这标志着 LLM 执行完了计划中所有的步骤。

7.6　简易金融量化策略分析

在金融投资领域，探索如何借助计算机技术做出更为理性与精准的投资决策一直是重点研究方向。有鉴于此，量化投资作为一种新兴策略逐渐兴起，其核心理念是通过编写程序代码，将经验丰富的投资者的操作思路和策略转化为自动化的交易系统。

本节将首先对其做简单的介绍，再基于该策略构建一个量化分析 Agent。

7.6.1　量化策略之量能策略

在量化投资领域，量能策略是一种基于成交量变动进行分析的基础策略，其核心在于通过

观察成交量变化来评估市场情绪、资金流向及价格趋势的可持续性。简而言之，就是分析量价关系。

通过组合量能增减与价格涨跌，可形成如下 4 种量价关系。

- 量增价涨：价格上涨伴随着成交量增加，这通常被视为市场趋势健康的标志，表明多方力量占据优势。
- 量缩价涨：价格上涨而成交量减少，可能昭示着上涨动能不足，需要警惕可能出现的价格回调。
- 量增价跌：价格下跌伴随成交量上升，可能表明抛售压力增强，预示着空方力量主导市场。
- 量缩价跌：价格下跌且成交量萎缩，可能反映出市场观望情绪浓厚，投资者行动迟缓。

图 7-26 以青岛啤酒的 K 线图为例，展示什么是量增价涨。

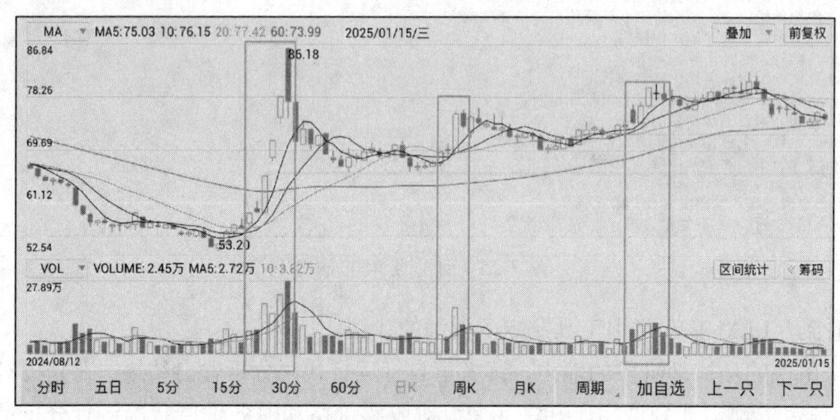

图 7-26　青岛啤酒的 K 线图

K 线图通常由两部分构成。第一部分位于图表的上半区域，是由柱体组成的折线图，其中 X 轴表示时间，Y 轴表示价格，通过它可以清晰地观察到价格的变化趋势。图表的下半部分则由柱状图组成，代表的是每个交易日的成交数量，其中 X 轴表示时间，Y 轴表示成交量，由此可观察成交量的变化趋势。

在图 7-26 中，用 3 个矩形框标出了 3 个时间周期，其间股价均出现了上涨趋势，同时成交量也较上涨前有显著提升，这正是量增价涨的典型表现。

7.6.2　量化分析 Agent 实战

前述量能分析主要依赖于人工对 K 线图进行观察与判断。为提升分析效率与准确性，可借助 LLM 自动执行这种任务。下面以青岛啤酒为例，演示如何构建量化分析 Agent，自动地完成量能分析过程。

1. Agent 工具的实现

要构建量化分析 Agent，首先需要实现 Agent 工具。从 7.6.1 节介绍的量能策略可知，量能分析涉及两个因素——股价和成交量，因此需要围绕这两个因素构建相应的工具。

（1）构建成交量计算工具。首先，需要构建用于判断成交量是否放大的工具。根据图 7-26 所示青岛啤酒出现量增价涨的时段，应获取 2024 年 9 月 1 日～2024 年 9 月 30 日的历史行情数据。有关数据抓取的技术细节，在 7.2.2 节介绍过。抓取到的数据如图 7-27 所示。

```
日期,股票代码,开盘,收盘,最高,最低,成交量,成交额,振幅,涨跌幅,涨跌额,换手率
2024-09-02,600600,58.85,57.05,58.85,56.93,60986,352801602.0,3.23,-4.04,-2.4,0.86
2024-09-03,600600,57.08,57.83,58.35,56.89,43423,250953234.0,2.56,1.37,0.78,0.61
2024-09-04,600600,57.44,57.16,58.18,57.1,32004,183529876.0,1.87,-1.16,-0.67,0.45
2024-09-05,600600,57.01,57.56,57.63,57.01,28135,161612386.0,1.08,0.7,0.4,0.4
2024-09-06,600600,57.56,56.86,57.58,56.85,30389,173289451.0,1.27,-1.22,-0.7,0.43
2024-09-09,600600,56.27,55.97,56.7,55.8,35823,201117462.0,1.58,-1.57,-0.89,0.51
2024-09-10,600600,55.98,56.07,56.69,55.53,42304,236856605.0,2.07,0.18,0.1,0.6
2024-09-11,600600,55.8,56.62,56.82,55.53,33624,189626733.0,2.3,0.98,0.55,0.47
2024-09-12,600600,56.62,55.48,56.98,55.4,35246,197758199.0,2.79,-2.01,-1.14,0.5
2024-09-13,600600,55.4,53.96,55.7,53.94,57467,313861000.0,3.17,-2.74,-1.52,0.81
2024-09-18,600600,53.8,54.46,54.54,53.2,51236,275924273.0,2.48,0.93,0.5,0.72
2024-09-19,600600,54.46,56.41,56.85,54.13,94270,527746294.0,4.99,3.58,1.95,1.33
2024-09-20,600600,56.51,57.53,57.73,55.85,73297,417923333.0,3.33,1.99,1.12,1.03
2024-09-23,600600,57.45,56.91,58.54,56.89,43815,252249655.0,2.87,-1.08,-0.62,0.62
2024-09-24,600600,57.81,59.46,59.46,56.94,85542,500356032.0,4.43,4.48,2.55,1.21
2024-09-25,600600,60.2,59.57,61.5,59.48,91087,552199202.0,3.4,0.18,0.11,1.28
2024-09-26,600600,59.58,65.53,65.53,59.4,190696,1204869097.0,10.29,10.01,5.96,2.69
2024-09-27,600600,68.5,71.23,71.25,67.94,153223,1067899557.0,5.05,8.7,5.7,2.16
2024-09-30,600600,75.0,78.35,78.35,74.0,225072,1728525070.0,6.11,10.0,7.12,3.17
```

图 7-27　2024 年 9 月的青岛啤酒日 K 数据

通常，要判断成交量是否放大，需要选取一个特定日期，将其作为锚定时间点，再计算该时间点前后若干个交易日的成交量比值，并据此确定是否存在明显的放量现象。

具体选取多少个交易日进行比较，往往依赖于实际场景和经验判断。例如，在超短线行情中，放量过程可能仅持续两三天；而在趋势较强的行情中，成交量放大可能持续 5 天甚至更长时间。因此，这个参数并非固定不变的，而应根据策略需求和市场特征灵活设定。

下面以 3 天为例，使用 Pandas 编写判断成交量是否放大的代码，如下所示。

```
def calc_vol_ratio_around_date(df, target_date, days_before=3, days_after=3):
    """
    计算指定日期前后的成交量比值
    :param df: DataFrame，包含股票数据
    :param target_date: str，目标日期，格式：'YYYY-MM-DD'
    :param days_before: int，目标日期前的天数
    :param days_after: int，目标日期后的天数
    :return: float，成交量比值
    """
    # 将目标日期转换为 datetime
    target_date = pd.to_datetime(target_date)
```

```
12.
13.     # 获取目标日期在数据中的位置
14.     date_mask = df['日期'] == target_date
15.     if not date_mask.any():
16.         print(f"未找到日期 {target_date}")
17.         return None
18.
19.     # 获取目标日期的索引
20.     target_idx = df[date_mask].index[0]
21.
22.     # 获取前后的数据
23.     before_data = df.iloc[target_idx-days_before:target_idx]['成交量']
24.     after_data = df.iloc[target_idx:target_idx+days_after]['成交量']
25.
26.     # 计算比值
27.     if len(before_data) == days_before and len(after_data) == days_after:
28.         return after_data.mean() / before_data.mean()
29.     else:
30.         print("数据不足，无法计算比值")
31.         return None
```

第 1 行 `calc_vol_ratio_around_date()` 函数接收 4 个参数：包含历史行情数据的 DataFrame；目标日期；在目标日期前后各取多少天的数据进行比较。

第 11～20 行确定传入的目标日期在 DataFrame 中的索引位置（行号）。例如，如果目标日期为 `2024-10-11`，且该日期位于第一行，则其索引值为 0。

第 23～24 行使用 DataFrame 提供的 `iloc` 索引器提取指定时间段内的成交量数据；其中表达式 `[target_idx - days_before : target_idx]` 表示从目标日期前 `days_before` 天开始，到目标日期的前一天为止。之所以不包括目标日期，是因为 iloc 的切片操作遵循“左闭右开”原则。

第 27～28 行计算目标日期前后两个时间段内成交量的算术平均值，并确定两者的比值（成交量变化比例），用于判断是否存在明显的放量现象。

现在使用如下代码进行测试。

```
1. if __name__ == '__main__':
2.     df = load_df('600600.csv')
3.     ratio = calc_vol_ratio_around_date(df, '2024-09-26')
4.     print(f"日期 2024-09-26 后 3 个交易日与前 3 个交易日的成交量比值: {ratio:.2f}")
```

第 4 行指定的目标日期为 `2024-09-26`，测试效果如图 7-28 所示。

```
日期 2024-09-26 后3个交易日与前3个交易日的成交量比值: 2.58
```

图 7-28 成交量计算工具的测试结果

从测试结果可知，9 月 26、27 和 30 日的平均成交量是 25、24 和 23 日的平均成交量的 2.58 倍，说明成交量是放大的。

（**2**）**构建股价信息获取工具**。获取成交量数据后，还需结合股价信息，才能进行量能分析。为此，需要实现一个用于获取股价信息的工具：根据指定的目标日期，从本地存储的 CSV 文件中读取目标日期前后三个交易日的收盘价数据。具体的实现代码如下所示。

```
1.  @tool
2.  def stock_price(target_date:str):
3.      """
4.      获取股票指定日期前 3 个交易日与后 3 个交易日（包含指定日期）的收盘价
5.      param target_date: str，指定日期
6.      return: float，最新价格
7.      """
8.      df = load_df('600600.csv')
9.  
10.     # 将目标日期转换为 datetime
11.     target_date = pd.to_datetime(target_date)
12. 
13.     # 获取目标日期在数据中的位置
14.     date_mask = df['日期'] == target_date
15.     if not date_mask.any():
16.         return f"未找到日期 {target_date}"
17. 
18.     # 获取目标日期的索引
19.     target_idx = df[date_mask].index[0]
20. 
21.     # 获取指定日期前后的数据并合并
22.     combined_data = pd.concat([
23.         df.iloc[target_idx-3:target_idx][['日期', '收盘']],
24.         df.iloc[target_idx:target_idx+3][['日期', '收盘']]
25.     ])
26. 
27.     # 格式化日期为字符串
28.     combined_data['日期'] = combined_data['日期'].dt.strftime('%Y-%m-%d')
29. 
30.     # 返回结果
31.     return combined_data.to_string(index=False)
```

第 1 行 `stock_price()` 函数只接收一个参数 `target_date`（目标日期）。

第 8 行使用 `load_df()` 函数从文件 `600600.csv` 中读取青岛啤酒 2024 年 9 月的日 K 数据，并将其保存到 DataFrame 中。第 11 行将字符串格式的目标日期（`target_date`）转换为 `datetime` 类型。第 14 行筛选出 DataFrame 中“日期”列等于 `target_date` 的行。第 19 行获取 `target_date` 在 DataFrame 中的索引位置。第 22～25 行取出 `target_date` 之前 3 个

交易日（不包含 target_date）和之后 3 个交易日（包含 target_date）对应的行，并使用 concat 将它们拼接在一起。第 28 行将合并后的数据中的“日期”列格式化为字符串形式 %Y-%m-%d。最后，第 31 行将处理后的数据以字符串形式返回。

输出如图 7-29 所示。

```
          日期     收盘
2024-09-23 56.91
2024-09-24 59.46
2024-09-25 59.57
2024-09-26 65.53
2024-09-27 71.23
2024-09-30 78.35
```

图 7-29 股价信息获取函数的输出

2. Agent 的实现

实现 Agent 工具后，采用 Pre-built Agent 实现 Agent，如下所示。

```
1.  #构建 Pre-built Agent
2.  pre_built_agent = create_react_agent(llm, tools=[stock_price, vol_info])
3.
4.  prompt = """
5.  你是一位金融分析师，擅长使用工具对股票进行量能分析。
6.  工具 1: stock_price
7.      获取股票指定日期前 3 个交易日与后 3 个交易日（包含指定日期）的收盘价
8.
9.  工具 2: vol_info
10.     计算指定日期后 3 个交易日（含指定日期）与前 3 个交易日的成交量比值
11.
12. 要求:
13. 需要分析出股票属于以下量价关系（量增价涨，量缩价涨，量增价跌，量缩价跌）中的哪一种，并给出分析结论
14. """
15. messages = [SystemMessage(content=prompt), HumanMessage(content="600600 这只股票在
    2024-09-26 前后的表现如何？")]
16. messages = pre_built_agent.invoke({"messages": messages})
17. for m in messages["messages"]:
18.     m.pretty_print()
```

第 2 行使用 Pre-built Agent 构建流程图，并将其存储在变量 pre_built_agent 中。第 4～14 行构建系统提示词。这里的提示词依然采用了三段式写法（人设、工具和要求），要求 LLM 对股票进行量价分析。第 15 行定义了用户提示词，要求 LLM 分析“600600 这只股票在 2024-09-26 前后的表现如何？”，并将系统提示词和用户提示词都存入对话消息列表。最后，第 16 行与 LLM 进行对话，第 17～18 行打印完整的对话消息。

运行效果如图 7-30 所示。

```
================================ Ai Message =================================

根据分析，600600这只股票在2024-09-26左右的表现如下：

### 量价关系分析
1. **价格表现**：
   - 前3个交易日（2024-09-23至2024-09-25）的收盘价分别为56.91、59.46、59.57。
   - 后3个交易日（2024-09-26至2024-09-30）的收盘价分别为65.53、71.23、78.35。
   - 价格呈现明显的上涨趋势。

2. **成交量表现**：
   - 后3个交易日与前3个交易日的成交量比值为2.58，表明成交量显著增加。

### 结论
该股票在2024-09-26左右的表现属于**量增价涨**的量价关系。这种形态通常表明市场对该股票的买入兴趣浓厚，价格上涨得到了
成交量的有力支撑，可能预示着进一步的上涨潜力。
```

图 7-30 量化分析 Agent 的运行效果

可以看到，LLM 调用工具获取了目标日期前后 3 个交易日的收盘价，还调用了判断成交量是否放大的工具，再根据计算结果给出了准确的分析结论。

7.7 A2A 协议

A2A 是一种与 Agent 相关的协议，旨在为不同来源的 Agent 提供统一的封装标准。通过该协议，不同开发者或平台所构建的 Agent 能够彼此调用与交互，从而有效打破信息壁垒，避免 Agent 成为孤立的功能单元或“信息孤岛”。这种互通性对于促进 Agent 之间的协同合作、构建开放型 Agent 生态体系具有重要意义。

作为全球领先的科技公司，Google 推出的 A2A 协议迅速获得了业界的广泛响应与支持，目前已有超过 50 家知名服务提供商加入该生态，其中包括 LangChain、MongoDB 等行业领先企业。

鉴于 A2A 协议的热度及其在促进 Agent 间通信和协作方面的重要性，本节将对其进行深入解读，并基于 7.3 节、7.5 节和 7.6 节构建的 3 个 Agent 实现多 Agent 通信。

7.7.1 A2A 与 MCP

A2A 协议发布后，业界对其与 MCP 之间的异同展开了广泛讨论。部分观点认为，A2A 与 MCP 是两种相互竞争的协议，代表着不同科技巨头在 Agent 领域争夺标准制定权和市场主导地位。然而，我认为二者并非对立关系，而是处于不同的技术层面，各自解决的问题也有所差异，因此有较强的互补性。

下面比较一下这两种协议。

1. MCP

首先，回顾一下 MCP 的架构与功能，如图 7-31 所示。

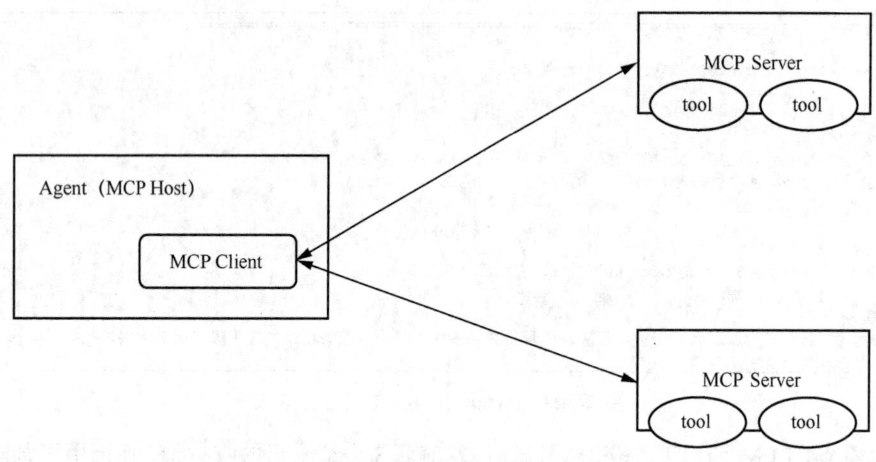

图 7-31　MCP 架构与功能

MCP 由 MCP Host、MCP Client 与 MCP Server 组成。从 Agent 调用工具的角度看，MCP Host 本质上是一个 Agent，可通过 Function Calling、ReAct 等多种方式实现其功能；MCP Client 提供了获取工具列表及调用工具的接口，支持将工具描述传递给 Agent 以供其选择使用；MCP Server 对工具实现进行了标准化封装，让所有工具均可通过 MCP Client 进行调用。

因此，MCP 解决的核心问题是如何对工具及其调用流程进行标准化封装，其应用维度在 Agent 内部。

2．A2A

A2A 的架构与功能，如图 7-32 所示。

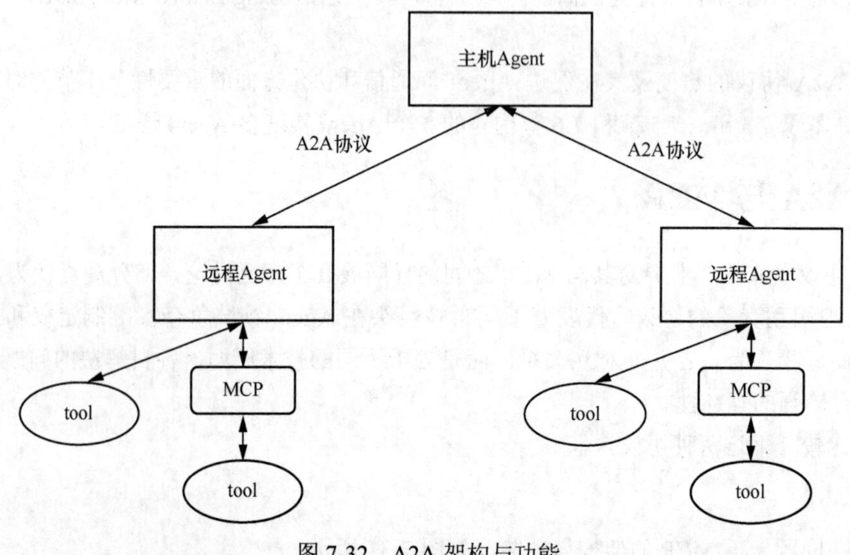

图 7-32　A2A 架构与功能

在图 7-32 中，Agent 分为主机 Agent 与远程 Agent。其中主机 Agent 仅负责管理与分发，而远程 Agent 是具体处理业务的 Agent，如“体育助手”Agent。

每个远程 Agent 都可以调用自身的工具，调用方式既可以是传统的 FunctionCalling，也可以通过 MCP 实现。借助 A2A 协议，可通过一个主机 Agent 管理多个远程 Agent。

为何要让一个主机 Agent 管理多个 Agent 呢？有读者提出疑问：如果为 Agent 提供一万个工具，它能否有效地选择并使用呢？对此，我的回答是否定的。

在互联网时代，通常会对 API 进行分组管理，例如，`/v1/user/xxx` 和 `/v1/prod/xxx` 等路径划分了不同的功能模块。进入 AI 时代后，同样不应期望 Agent 成为“全能管家”，而应使其专注于特定领域的能力构建。因此，赋予 Agent 的工具也应限定为其专业领域内的若干个（如几个或几十个）核心工具。

以图 7-33 为例，左侧的远程 Agent 可能是体育助手，集成了“懂球帝”相关功能；右侧的远程 Agent 可能是地图助手，具备高德地图查询能力。如果没有 A2A 协议，这两个远程 Agent 将各自独立工作、无法协同；有了 A2A 协议后，当用户向主机 Agent 提问“今晚的××比赛的比赛地点附近是否有烧烤店？”时，主机 Agent 将先调用左侧的体育助手 Agent，获悉××比赛的比赛地点，再调用右侧的高德地图 Agent，查询比赛地点附近有哪些烧烤店，从而回答这个看似简单实则涉及多个领域的用户提问。这展现了不同 Agent 遵循统一协议、实现标准化所带来的协作优势。

综上所述，A2A 解决的核心问题是 Agent 如何进行标准化封装，从而实现多 Agent 协同。A2A 的抽象层级高于 MCP，并同 MCP 构成互补的协议体系。

7.7.2 A2A 协议详解

本节详细介绍 A2A。

1. A2A 核心概念

在 A2A 中，有几个核心概念。

（1）A2A Server 与 A2A Client。在 A2A 架构中，主机 Agent 与远程 Agent 之间通过 HTTP 进行通信。主机 Agent 主动发起调用请求，因此需要实现 A2A Client 的功能；远程 Agent 负责接收调用请求，因此需要实现 A2A Server 的功能，如图 7-33 所示。

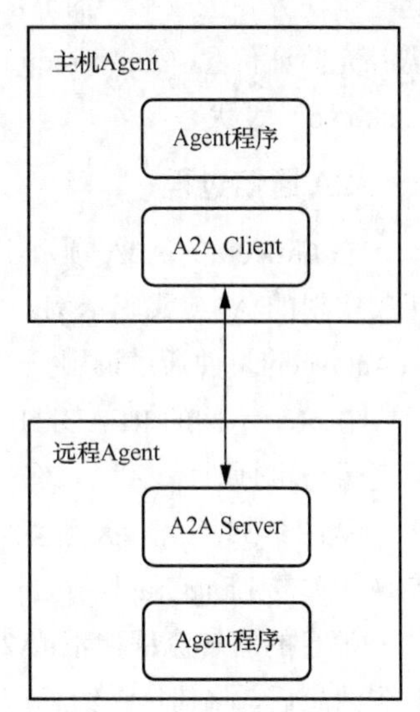

图 7-33 A2A 服务器-客户端架构

（2）Agent Card（Agent 名片）。为支持 Agent 工具调用，需要将工具描述提供给 LLM；同理，在 A2A 中，为方便主机 Agent 了解远程 Agent 的能力，也提供了类似于工具描述的组件——Agent Card。

Agent Card 使用 JSON 格式详细说明了 Agent 的名称

(name)、描述(description)、通信端点(url)和技能(skills)等,如图7-34所示。

Agent Card

```json
//agent card
{
  "name": "Google Maps Agent",
  "description": "Plan routes, remember places, and generate directions",
  "url": "https://maps-agent.google.com",
  "provider": {
    "organization": "Google",
    "url": "https://google.com"
  },
  "version": "1.0.0",
  "authentication": {
    "schemes": "OAuth2"
  },
  "defaultInputModes": ["text/plain"],
  "defaultOutputModes": ["text/plain", "application/html"],
  "capabilities": {
    "streaming": true,
    "pushNotifications": false
  },
  "skills": [
    {
```

图7-34　Agent Card

(3)任务(Task)。任务用于管理Agent调用过程的生命周期。每次调用Agent时,都创建一个任务并生成唯一的ID。任务的整个生命周期包含提交(submitted)、工作中(working)、需补充验证信息(input-required)、完成(completed)、取消(canceled)、失败(failed)、未知(unkown)等状态。

2. A2A通信过程

在GitHub的A2A项目下,有一个名为a2a-samples的子项目,其中有多个基于不同脚手架实现的A2A代码示例。例如,基于LangGraph的实现示例,利用LangGraph构建了一个ReAct Agent,并通过调用汇率计算工具,实现了汇率助手Agent的功能。

在这个示例的README文档中,有一张时序图(见图7-35),清晰地说明了模块之间的交互逻辑与执行时序。

从图7-35可知,示例包含4个模块:与A2A协议相关的A2A Client和A2A Server;与Agent实现相关的LangGraph Agent模块;与工具相关的Frankfuter API模块。

消息的流转流程如下:A2A Client向A2A Server发送消息(如用户的查询请求);A2A Server收到消息后,将其传递给相应的Agent,由该Agent选择并调用工具;调用工具后,通过Server将结果返回给Client。

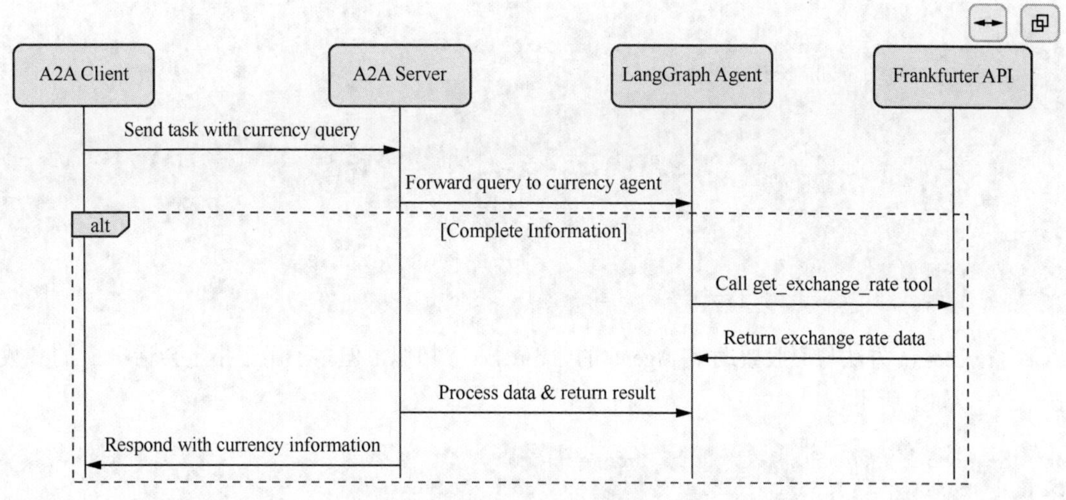

图 7-35 示例代码时序图

7.7.3 实现基于 A2A 的多 Agent 金融助手

在 7.3 节、7.5 节和 7.6 节，分别实现了 3 个独立的 Agent，本节将使用 A2A 协议将它们整合起来，通过主机 Agent 以统一的方式访问和调用它们，从而实现一个综合性的多 Agent 金融助手。

1. 为 Agent 封装 A2A Server

A2A 官方提供了配套的 Python SDK 及示例代码，旨在帮助开发者快速构建 A2A Server 和 A2A Client。本节以 7.3 节实现的股票助手 Agent 为例，演示如何为其封装 A2A Server，从而将其转化为标准化的远程 Agent。

A2A Server 封装过程主要包括 4 个步骤：改造原股票助手 Agent 的代码结构、增加对 A2A 任务的处理、添加 Agent Card、使用 Starlette 启动 Agent。

（1）改造原股票助手 Agent 的代码结构。在 GitHub 的 A2A 项目下，基于 LangGraph 的示例代码表明，需要使用类来封装 Agent 代码。在这个类中，需要定义`__init__`方法，用于构建流程图；还需定义两个接口，一个是 `invoke` 接口，用于以非流式模式与 Agent 对话，另一个是 `stream` 接口，用于以流式模式与 Agent 对话。另外，还需定义一个常量，用于指定 A2A Client 与 A2A Server 之间传递的消息格式，如文本、图片等。这个类的代码结构如下。

```
class StockAgent:
    def __init__(self):
        #省略构建流程图的代码
        ...
```

```

    async def invoke(self, query, context_id):
        #省略 invoke 代码
        ...

    async def stream(self, query, context_id) -> AsyncIterable[dict[str, Any]]:
        #省略 stream 代码
        ...

    #表示消息格式为文本
    SUPPORTED_CONTENT_TYPES = ['text', 'text/plain']
```

invoke()方法与原股票助手 Agent 的 invoke()相似，但多了用于指定会话 id 的参数 config，如下所示。

```
async def invoke(self, query, context_id):
    config = {'configurable': {'thread_id': context_id}}
    messages = [HumanMessage(content=query)]
    self.graph.invoke({"messages": messages},config)
```

stream()方法调用 LangGraph 的 stream()方法，如下所示。

```
async def stream(self, query, context_id) -> AsyncIterable[dict[str, Any]]:
    inputs = {'messages': [('user', query)]}
    config = {'configurable': {'thread_id': context_id}}

    for item in self.graph.stream(inputs, config, stream_mode='values'):
        message = item['messages'][-1]
        #省略对 message 的处理
```

流式传输需将报文拆分为多个片段进行传输。因此，在上述代码中，使用 for 循环逐个接收并处理这些报文片段，以正确解析并处理流式数据。

（2）增加对 A2A 任务的处理。任务用于管理 A2A Client 与 A2A Server 之间通信的生命周期，其中包含多个状态。然而，A2A 协议只定义了这些状态，状态内容需由 LLM 在回答用户提问时动态生成并返回。

因此，要实现这种功能，首先需要对原始股票助手 Agent 的系统提示词进行相应修改，以支持状态信息的生成与返回，如下所示。

```
1.  你是一位股票信息问答助手，你的唯一的职责是使用'get_stock_info'工具去回答有关股票信息的问题。
2.  如果用户询问与股票信息无关的问题，礼貌地说明您无法帮助处理该主题，不要试图回答无关的问题或将工具用
    于其他目的。
3.  如果需要用户提供更多信息，将响应状态设置为 input_required。
4.  如果在处理请求时出现错误，将响应状态设置为 error。
5.  如果请求已完成，将响应状态设置为 completed。
```

上述提示词的重点是第 3～5 行，它们让 LLM 根据不同的场景设置不同的响应状态。

另外，还需引导 LLM 以 JSON 格式输出最终结果，如下面的示例所示。

```
{
    "status": "input_required"
    "message": "xxxxx"
}
```

因此，需要引入一个关键概念——LLM 的结构化输出（Structured Outputs），以引导 LLM 以预定义的 JSON 格式返回结果，从而提升输出的一致性与可解析性，以方便后续数据处理和通信交互。

然而，目前仅有少数模型（如 GPT-4o）支持结构化输出，DeepSeek、Qwen3 等模型目前还不支持。不过，可通过 Function Calling 方式间接实现相同的效果，下面来演示这种方式的代码实现。

首先，使用 Python 库 `pydanic` 中的 `BaseModel` 基类定义结构化输出，如下所示。

```
1.  from pydantic import BaseModel
2.
3.  class ResponseFormat(BaseModel):
4.      status: Literal['input_required', 'completed', 'error'] = 'input_required'
5.      message: str
```

第 4～5 行定义了两个字段——`status` 与 `message`，其中 `status` 对应于前述提示词中提及的响应状态，可能取值为 `input_required`、`completed` 和 `error`，默认为 `input_required`；`message` 字段用于存储 LLM 的回复，类型为字符串。

定义结构化输出后，将其与 `get_stock_info` 一起作为工具进行绑定，如下所示。

```
tools = [get_stock_info, ResponseFormat]
llm = DeepSeek()
llm_with_tools = llm.bind_tools(tools)
```

这样，LLM 给出最终回复后，LangGraph 将参考 `ResponseFormat` 定义的结构，引导 LLM 对最终回复进行 JSON 结构化，其效果等同于使用如下提示词。

```
你是一位 JSON 格式化专家，请将用户输入按如下 JSON 格式转化为结构化输出，不要做额外的思考。
JSON 格式：
{
    "status": Literal['input_required', 'completed', 'error'] = 'input_required'
    "message": str
}
```

完成上述步骤后，需要调整中央状态存储器 `State`。在原股票助手 Agent 中，使用的是 LangGraph 提供的 `MessagesState`，这个类专门用于存储用户与 LLM 之间的对话历史。然而，在当前场景中，LLM 的最终输出将采用结构化形式，因此需要在 `MessagesState` 的基础上新增一个字段，用于保存结构化输出的结果，如下所示。

```
1.  class AgentState(MessagesState):
2.      structured_response: ResponseFormat
```

第 2 行新增了字段 `structured_response`，其类型为 `ResponseFormat` 类。

最后，还需在流程图的 END 节点前面添加 respond 节点，用于将结构化后的 JSON 字符串转换为目标格式 ResponseFormat，并将其存入 AgentState，供后续输出使用。经过这样的调整后，流程图结构如图 7-36 所示。

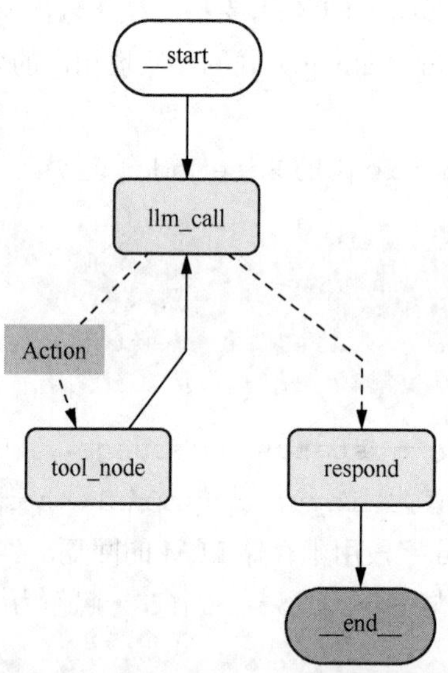

图 7-36 添加 respond 节点后的流程图

可以看到，由 `llm_call` 和 `tool_node` 节点负责的 Agent 对话循环结束后，将进入 `respond` 节点。在 `respond` 节点中，结构化的 JSON 字符串被转换为 `ResponseFormat` 格式，并存入 `AgentState`，然后进入 `END` 节点。`respond` 节点的代码如下。

```
1.  def respond(state: AgentState):
2.      # 取出 LLM 最后一次调用工具的结果
3.      format_tool_call = state["messages"][-1].tool_calls[0]
4.      print("\nformat_tool_call:", format_tool_call)
5.      #将 JSON 字符串转为 ResponseFormat
6.      response = ResponseFormat(**format_tool_call["args"])
7.      print("response:", response)
8.
9.      return {"structured_response": response}
```

第 3 行从 `state` 中取出了 LLM 最后一次调用工具的结果，并将其保存到 `format_tool_call`

变量中。第 6 行取出了 format_tool_call 的 args 字段，并将其转换为 ResponseFormat 对象，如图 7-37 所示。

```
format_tool_call: {'name': 'ResponseFormat', 'args': {'status': 'completed', 'message': '股票代码300750对应的是宁德时代。当前最新价为250.5元，涨幅为3.03%，成交量为279934手，成交额约为700.64亿元。'}, 'id': 'call_0_5dcbe633-366a-4f12-b69f-2608ab23a131', 'type': 'tool_call'}
response: status='completed' message='股票代码300750对应的是宁德时代。当前最新价为250.5元，涨幅为3.03%，成交量为279934手，成交额约为700.64亿元。'
```

图 7-37 对工具调用结果进行转换

可以看到，format_tool_call 的 args 是 JSON 格式的字符串。转换时，将该字符串中的 status 值赋给了 ResponseFormat 的 status 字段，将 message 值赋给了 ResponseFormat 的 message 字段。

经过转换后，便可判断状态（status），进而按 A2A 协议规定的格式组装消息，以便向 A2A Client 发送对应的消息，如下所示。

```
1.  #判断 state 的 structured_response 的 status 是否是 input_required,error,completed 中的一个
2.  if structured_response.status == 'input_required':
3.      return {
4.          'is_task_complete': False,
5.          'require_user_input': True,
6.          'content': structured_response.message,
7.      }
8.  if structured_response.status == 'error':
9.      return {
10.         'is_task_complete': False,
11.         'require_user_input': True,
12.         'content': structured_response.message,
13.     }
14. if structured_response.status == 'completed':
15.     return {
16.         'is_task_complete': True,
17.         'require_user_input': False,
18.         'content': structured_response.message,
19.     }
```

这里使用了 3 条 if 语句分别处理 status 为 input_required、error、completed 的情形。在每种情形下，都返回 3 个字段（如第 4～6 行、第 10～12 行和第 16～18 行所示），这是 A2A 协议规定的 A2A Server 向 A2A Client 发送的消息格式。其中 is_task_complete 表示任务是否是完成；require_user_input 表示是否需要用户提供补充信息；content 表示 LLM 的返回内容。

如果状态为 input_required 或 error，表示任务没有完成，需要用户接着提问，以便进行下一次的 Agent 交互。因此，is_task_complete 为 False，require_user_input

为 True。如果状态为 completed，则 is_task_complete 为 True，require_user_input 为 False。

（3）**添加 Agent Card**。完成前述两步后，需要为 Agent 添加 Agent Card，让 A2A Client 能够获悉 Agent 的能力，如下所示。

```
1.  capabilities = AgentCapabilities(streaming=False, pushNotifications=True)
2.  skill = AgentSkill(
3.      id='股票信息',
4.      name='股票信息查询工具',
5.      description='可以查询股票的代码，名称，收盘价等信息',
6.      tags=['股票信息'],
7.      examples=['300750 是哪只股票的代码？'],
8.  )
9.  agent_card = AgentCard(
10.     name='stock_Agent',
11.     description='可以查询股票的代码，名称，收盘价等信息',
12.     url=f'http://{host}:{port}/',
13.     version='1.0.0',
14.     defaultInputModes=StockAgent.SUPPORTED_CONTENT_TYPES,
15.     defaultOutputModes=StockAgent.SUPPORTED_CONTENT_TYPES,
16.     capabilities=capabilities,
17.     skills=[skill],
18. )
```

第1行创建了 Agent Card 的 capabilities（能力），其包含两个参数：streaming（表示是否使用流式模式）和 pushNotifications（表示是否允许 Server 向 Client 推送消息）。第2～8行创建了 Agent Card 的 skill（技能）——Agent 工具能力的描述。第9～18行创建了 AgentCard，其中主要包含名称（name）、描述（description）、A2A Server 的访问地址（url）、版本（version）、输入格式（defaultInputModes）、输出格式（defaultOutputModes）、能力（capabilities）和技能（skills）。

（4）**使用 Starlette 启动 Agent**。Starlette 是一个高性能的轻量级 Python Web 框架，A2A 基于它封装了接口 A2AStarletteApplication，用于创建 Starlette 应用。使用 Starlette 启动 Agent 的代码如下。

```
#定义一个异步 HTTP 客户端
httpx_client = httpx.AsyncClient()
#设置向客户端发起请求的方法
request_handler = DefaultRequestHandler(
    agent_executor=StockAgentExecutor(),
    task_store=InMemoryTaskStore(),
    push_notifier=InMemoryPushNotifier(httpx_client),
)
```

```
9.  #创建 Starlette
10. server = A2AStarletteApplication(
11.     agent_card=agent_card, http_handler=request_handler
12. )
13. #启动 Starlette 应用
14. uvicorn.run(server.build(), host=host, port=port)
```

第 2 行创建一个异步 HTTP 客户端，用来创建 `request_handler`（请求处理器）。第 4～8 行构建一个 `request_handler`，并配置了 3 个关键参数。

- `agent_executor`：用于指定调用 Agent 的执行函数。
- `task_store`：用于存储与任务相关的信息。
- `push_notifier`：用于向客户端推送实时消息。

第 10～12 行创建一个 Starlette 应用实例，并将定义好的 `AgentCard` 和 `request_handler` 作为参数传入，完成服务端组件的集成配置。

第 14 行以异步方式启动 Starlette 应用，让服务进入监听和响应状态，准备接收来自客户端的请求。这里设置的默认 `host` 为 `localhost`，设置的 `port` 为 `10000`。启动过程如图 7-38 所示。

```
(D:\workspace\python\LangGraph-a2a\.conda) PS D:\workspace\python\LangGraph-a2a> & D
:/workspace/python/LangGraph-a2a/.conda/python.exe d:/workspace/python/LangGraph-a2a
/stock/main.py
INFO:     Started server process [17604]
INFO:     Waiting for application startup.
INFO:     Application startup complete.
INFO:     Uvicorn running on http://localhost:10000 (Press CTRL+C to quit)
```

图 7-38 A2A Server 启动过程

可以看到，A2A Server 已成功启动，并开始监听本地的 10000 端口。

至此，完成了为股票助手 Agent 封装 A2A Server 的工作，使其能够作为标准化远程 Agent 被调用。对于数据分析 Agent 和量化分析 Agent，封装方式完全相同，这里不再赘述。

下面来编写 A2A Client 的代码，以实现主机 Agent，用于对远程 Agent 进行调用测试：核实其功能是否正确、通信是否稳定。

2. 使用 A2A Client 实现主机 Agent

使用 A2A Client 实现主机 Agent 的方式，与 MCP Host 的实现方式类似。

实现 MCP Host 时，首先使用 Function Calling 方式构建一个 Agent，并调用 `list_tool()` 方法获取 MCP Server 支持的工具列表。然后，将这些工具描述作为上下文信息传递给 LLM。LLM 根据输入选择要调用的工具后，通过调用 `call_tool()` 方法向 MCP Server 发送请求，以调用相应的工具。

同样，在基于 A2A Client 的实现中，主机 Agent 可将远程 Agent 视为工具：通过解析远程 Agent 的 Agent Card 获取功能描述，并将其作为工具描述。然后，借助 A2A Client 提供的接口与远程 Agent 建立连接并发起调用，从而实现标准化访问与交互。

然而，相比于调用工具，调用远程 Agent 有一些不同之处。调用工具时，LLM 可直接从提示词中提取关键词作为工具的输入参数，但在调用远程 Agent 的场景下，LLM 需要更深入地理解用户的问题，从中识别出可以拆解为独立语义单元的子问题，再将这些子问题分别发送给相应的远程 Agent 进行处理。

例如，对于 7.7.1 节提及的问题“今晚的 XX 比赛的比赛地点附近是否有烧烤店？”需要由 LLM 将其拆解为两个子问题：“今晚 XX 比赛的比赛地点在哪？”和“比赛地点附近是否有烧烤店？”然后，将它们分别给发送给体育助手 Agent 和地图助手 Agent。相较于简单的参数提取，这种基于语义理解的任务拆解要复杂得多。

在这个示例中，如果采用对 LLM 的能力要求较高且功能固化的 Function Calling 方式，将难以满足任务拆解的准确性和可控性需求。更合适的选择是采用 ReAct 模式，并通过设计合理的提示词来引导 LLM 明确执行步骤和推理过程，从而实现对远程 Agent 的有序调用。

编写本节示例的代码时，将在 4.6.3 节实现的 MCP Host 代码的基础上进行修改：使用 A2A Client 代码替换 MCP Client 代码，并使用 ReAct 替换 Function Calling，从而以较低的开发成本实现 A2A 主机 Agent 功能。

下面来编写代码。与实现 A2A Server 一样，实现 A2A Client 时，也可参考相关的示例代码。从示例代码可知，A2A Client 需要实现 3 个方法：第一个方法负责与 A2A Server 建立连接；第二个方法负责读取所有 Agent Card，以获悉远程 Agent 的能力；第三个方法负责向 A2A Server 发送消息。

（1）与 A2A Server 建立连接。A2A SDK 提供了 `A2ACardResolver` 方法，用于根据远程 Agent 的地址获取 Agent Card，并保存到 `AgentCard` 实例中。使用这个 `AgentCard` 实例便可与远程 Agent 建立连接并进行通信。具体代码如下。

```
remote_agent_addresses = [
    "http://localhost:10000",
    "http://localhost:10001",
    "http://localhost:10002",
]

async def connect_to_server(self):
    #遍历远程 Agent 地址列表
    for address in self.remote_agent_addresses:
        #创建 Agent Card 解析器
        card_resolver = A2ACardResolver(httpx_client=self.httpx_client, base_url=address)
        #解析 Agent Card
```

```
13.         card = await card_resolver.get_agent_card()
14.         #建立连接
15.         remote_connection = RemoteAgentConnections(self.httpx_client, card)
```

第 7～15 行定义了异步函数 `connect_to_server()`，用于建立到 A2A Server 的连接。第 9 行遍历包含远程 Agent 地址列表的 `self.remote_agent_addresses`，这个属性是在第 1～5 行定义的。第 11 行使用 A2A SDK 中的 `A2AcardResolver` 创建一个 Agent Card 解析器，并指定了两个参数：`httpx_client` 是异步的 HTTP 客户端，即在 A2A Server 中定义过的 `httpx.AsyncClient()`；`base_url` 为远程 Agent 地址。第 13 行使用 Agent Card 解析器的 `get_agent_card()`方法完成了解析工作。第 15 行使用 `RemoteAgentConnections()`方法建立连接，这个方法接受两个参数：异步的 HTTP 客户端 `self.httpx_client` 和 Agent Card 实例。

（**2**）**读取所有 Agent Card**。与 A2A Server 建立连接前，使用 `A2ACardResolver` 解析了 Agent Card，并将其存储到了 `AgentCard` 实例中。将 Agent Card 转换为工具描述时，需要用到其中的 `name` 和 `description` 字段；因此需要实现一个读取函数，用于提取并返回这些关键信息，如下所示。

```
1.  def list_remote_agents(self) -> List[dict]:
2.      remote_agent_info = []
3.      #遍历 Agent Card
4.      for card in self.cards.values():
5.          #将 name 与 description 存储到列表中
6.          remote_agent_info.append(
7.              {'name': card.name, 'description': card.description}
8.          )
9.      return remote_agent_info
```

第 2 行定义了空列表 `remote_agent_info`，用于存储后面将读取的 Agent Card 信息。第 4 行遍历 Agent Card，第 6～8 行读取 `name` 与 `description`，并以字典形式将这些信息存储到 `remote_agent_info` 中。

（**3**）**向 A2A Server 发送消息**。这个方法的实现分为 3 个部分：按规定格式组装消息；调用接口以发送消息；处理从 A2A Server 返回的消息。具体代码如下。

```
async def send_message(self, agent_name: str, message: str) -> List[dict]:
    #获取已建立的连接
    client = self.remote_agent_connections[agent_name]
    if not client:
        raise ValueError(f'Client not available for {agent_name}')

    #组装消息
    messageId = str(uuid.uuid4())
```

```
9.      request: MessageSendParams = MessageSendParams(
10.         id=str(uuid.uuid4()),
11.         message=Message(
12.             role='user',
13.             parts=[TextPart(text=message)],
14.             messageId=messageId
15.         ),
16.         configuration=MessageSendConfiguration(
17.             acceptedOutputModes=['text'],
18.         ),
19.     )
20.     #发送消息
21.     response = await client.send_message(request, self.task_callback)
22.
23.     #处理从 A2A Server 返回的消息
24.     if isinstance(response, Message):
25.         return [{"type": "message", "content": response.parts[0].text}]
26.     elif isinstance(response, Task):
27.         if response.artifacts and len(response.artifacts) > 0:
28.             for artifact in response.artifacts:
29.                 if artifact.parts and len(artifact.parts) > 0:
30.                     return [{"type": "task", "content": artifact.parts[0].root.text}]
31.         return [{"type": "task", "content": ""}]
32.
33.     return []
```

第 3 行获取已建立的到 A2A Server 的连接，并将其赋给变量 `client`。第 8～19 行组装消息，消息主要由以下 3 个部分组成。

- `messageId`：使用 uuid 随机生成的，用于唯一地标识当前请求。
- `message`：具体的消息内容。
- `configuration`：指定 A2A Server 以什么格式返回消息。

第 21 行调用 A2A SDK 提供的 `send_message()` 方法，将构造好的消息发送给 A2A Server，并将返回的结果赋给变量 `response`。

第 24～31 行根据 A2A Server 返回的结果类型做相应的处理。

- 消息：相关内容存储在 `response.parts[0].text` 中，如第 25 行所示。
- 任务：相关内容存储在 `response.artifacts.parts[0].root.text` 中，如第 27～30 行所示。

如果返回的结果不是上述两种类型之一，函数的返回值将为空。

编写好 A2A Client 的主体部分后，需要在 ReAct Agent 与 A2A Client 之间进行衔接。为此，首先编写 ReAct 提示词。这种提示词的结构与第 1.4 节定义的模板基本相同，但需要调整以下 3 个部分的内容，以适配当前调用远程 Agent 的场景。

（1）在 Action Input 描述部分添加一句说明，以明确告知 LLM：Action Input 的内容应来源于对用户问题的语义拆解。

修改后的 Action Input 描述如下。

```
use Action Input to indicate the input to the Action, which is a disassembly of the
content for the user's question, then return PAUSE.
```

（2）需要修改原提示词中的 Sample，以适配对 Action Input 所做的修改，如下所示。

```
Question: 贵州茅台的收盘价是多少？
Thought: 我需要调用 staock_Agent 获取贵州茅台的收盘价
Action: staock_Agent
Action Input: 贵州茅台的收盘价是多少？

PAUSE

You will be called again with this:

Observation: 1700.

You then output:
Final Answer: 贵州茅台的收盘价是 1700.
```

这里的 Action Input 不再是参数，而是一个子问题。

（3）将在原提示词中注入的工具列表，改为远程 Agent 列表，如下所示。

```
Your available actions are:

{agent_info}
```

agent_info 为前面读取的 Agent Card 的 name 与 description 信息。

现在修改 ReAct Agent 多轮对话循环中调用工具的代码。在原来的代码中，从 LLM 的回复中拆解出 Action 与 Action Input 后，需要调用工具，但这里应调用向 A2A Server 发送消息的 send_message() 方法，将 Action Input 的内容发送给 Action 对应的远程 Agent 的 A2A Server，如下所示。

```
1.  action_match = re.search(r'Action:\s*(\w+)', message.content)
2.  action_input_match = re.search(r'Action Input:\s*(.*?)(?=\n|$)', message.content)
3.
4.  agent = action_match.group(1)
5.  content = action_input_match.group(1).strip()
6.
7.  result = await self.send_message(agent, content)
```

第 1～4 行使用正则表达式提取 Action 与 Action Input 对应的内容，对 LLM 输出结果进行结构化解析。第 7 行调用 send_message()方法，将解析得到的子问题发送给相应的远程 Agent。

至此，实现了 ReAct Agent 与 A2A Client 之间的适配，只需再适当地修改 main 函数，就可完成整个系统的集成，如下所示。

```
1.  async def main():
2.      remote_agent_addresses = [
3.          "http://localhost:10000",
4.          "http://localhost:10001",
5.          "http://localhost:10002",
6.      ]
7.      # 创建异步 HTTP 客户端
8.      async with httpx.AsyncClient() as client:
9.          # 初始化 host agent
10.         host = HostAgent(
11.             remote_agent_addresses=remote_agent_addresses,
12.             http_client=client
13.         )
14.         await host.connect_to_server()
15.         #省略启动 Agent 代码
16.         ...
```

第 2～5 行定义了远程 Agent 的地址列表 remote_agent_addresses，用于指定待连接的多个 A2A Server 地址。第 8 行初始化异步 HTTP 客户端 client，用于与远程 Agent 通信。第 10～13 行实例化 HostAgent 类，并将前面定义的 remote_agent_addresses 列表与异步客户端 client 作为参数传入，以初始化主机 Agent 的配置。最后，第 14 行调用 connect_to_server()方法，与各个远程 A2A Server 建立连接，为后续 Agent 调用与交互做准备。

3. 测试 A2A Client 与 A2A Server 的交互

编写好 A2A Server 与 A2A Client 的代码后，对这两者之间的交互进行测试。为此，首先启动股票助手等 3 个远程 Agent，再启动主机 Agent，如图 7-39 所示。

```
(d:\workspace\python\LangGraph-a2a\.conda) PS D:\workspace\python\LangGrap
h-a2a> & d:/workspace/python/LangGraph-a2a/.conda/python.exe d:/workspace/
python/LangGraph-a2a/client/client.py

A2A Client Started!
Type your queries or 'quit' to exit.

Query: 
```

图 7-39　启动主机 Agent

然后，使用如下提示词测试调用多个远程 Agent 的效果，如图 7-40 所示。

```
查询 600600 的股票名称是什么? 2.分析一下 600600 的股价表现和财务情况，是否值得投资
```

```
(d:\wo& d:/workspace/python/LangGraph-a2a/.conda/python.exe d:/workspace/py
thon/LangGraph-a2a/client/client.py

A2A Client Started!
Type your queries or 'quit' to exit.

Query: 1.查询600600的股票名称是什么？2.分析一下600600的股价表现和财务情况，
是否值得投资

message: Thought: 用户提出了两个问题。第一个问题是查询股票代码600600对应的
股票名称是什么；第二个问题是分析股票代码600600的股价表现和财务情况，并给出
是否值得投资的意见。对于第一个问题，我可以通过调用stock_Agent来获取相关信息
。而第二个问题，则需要使用data_analyze_Agent来进行综合分析。
```

（a）

```
Action: stock_Agent
Action Input: 600600的股票名称是什么？

PAUSE

需使用智能体stock_Agent

message: Observation: 股票代码600600对应的股票名称是青岛啤酒。

Thought: 现在我已经知道了股票代码600600对应的是青岛啤酒。接下来，我需要分析
青岛啤酒的股价表现和财务情况，以判断其是否值得投资。这一步骤将通过调用data_
analyze_Agent来完成。
```

（b）

```
Action: data_analyze_Agent
Action Input: 分析青岛啤酒（股票代码600600）的股价表现和财务情况，是否值得
投资

PAUSE

需使用智能体data_analyze_Agent

message: Observation: 青岛啤酒（600600）的股价表现和财务情况分析报告如下：

1. **股价表现分析**:
   - 起始价格：76.87元
   - 结束价格：77.75元
   - 区间涨跌幅：1.14%（小幅上涨）
   - 最大回撤：36.61%（较高，表明投资风险较大）
   - 年化波动率：34.51%（较高，价格波动显著）
```

（c）

图 7-40 调用多个远程 Agent 的测试效果

这里的提示词包含两个相关但独立的子问题，旨在展示如何通过多 Agent 协同来满足复杂的金融查询需求。

首先，LLM 对用户提出的问题进行了拆解，并确定了为回答每个子问题，应调用的远程 Agent，如图 7-40（a）所示。

其次，调用 stock_Agent 处理了第一个子问题（600600 的股票名称是什么？），如图 7-40（b）所示。

最后，调用 data_analyze_Agent 处理了第二个子问题（分析青岛啤酒（股票代码 600600）的股价表现和财务情况，是否值得投资），如图 7-40（c）所示。

通过上述步骤，基于 A2A 协议的多 Agent 金融助手得以有效运转。它能够将复杂的金融咨询分解为多个易于处理的任务，并借助不同的专业 Agent 提供精准的服务。

A2A 为 Agent 提供的标准化封装，让所有遵循该协议的远程 Agent 都能以统一的方式进行发布和调用。这意味着需要扩展系统时，只要远程 Agent 遵循了 A2A 协议，并提供了可访问的 URL 地址，主机 Agent 就可快速接入并使用它。这种通用性与扩展性，为构建大规模的分布式 Agent 协同系统提供了坚实的基础。